INTRODUCTION

BOOK

제 4 판

AN INTRODUCTION TO DRONE

드론학 개론

B.C.Info

강창구 · 신정호 · 오인선 · 김기원 공저

DRONE

머리말

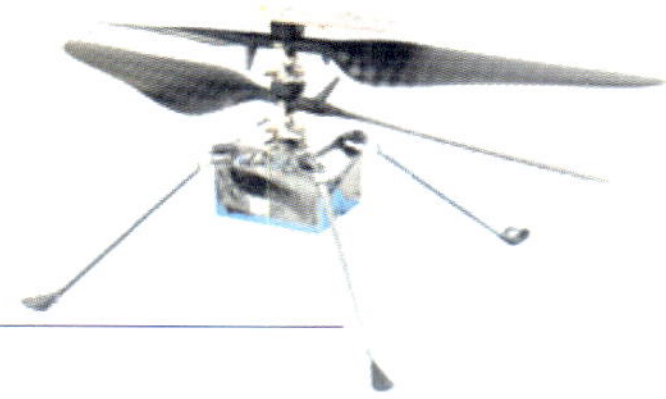

드론! 무한한 잠재시장!
대한민국 4차 산업혁명의 Blue Ocean!

드론시장이 우리 인류가 현재 우리 인류가 직면하고 있는 코로나 팬데믹 시대에서 과연 어디까지 어떻게 얼마나 빨리 성장할 것인가?

21년 4월 초에 우주로부터 기쁜 소식이 날아왔다. 미국 항공우주국(NASA)의 화성탐사 소형 드론 '인제뉴어티'(Ingenuity)가 처음으로 화성에서 비행하며 화성 표면을 촬영한 사진을 전송한 것이다. 그 이후 지금까지 인제뉴어티는 화성의 예제로 분화구 지역에서 생명체의 흔적을 찾기위한 노력의 첨병 역할을 하고 있다. 또한 22년 초에 시작된 우크라이나와 러시아의 전쟁에서 드론의 활약을 소개하는 미디어의 소식을 자주 접하고 있으며, 세계의 여러 선진국들은 드론을 국가안보와 UTM 등 다양한 산업에 접목시키고자 부단히 연구하고 이를 실증하면서 상용화를 위하여 노력을 배가하고 있다. 인류가 꿈꾸어오던 드론을 이용한 하늘 교통시대가 눈 앞의 현실로 가까이 다가올 것이 분명하다.

수년전과 비교하면 그야말로 드론에 대한 열풍이 불고 있는 것이다. 미래를 예측하는 세계의 여러 기관에서도 드론산업이 현재 진행중인 제4차 산업혁명 Blue Ocean중의 하나로서 미래에는 다양한 분야로 더욱 확대되어 비약적으로 발전할 것이라는 긍정적인 전망치를 연일 내놓고 있다. 우리 정부에서도 '17년 연말 "드론산업발전 기본계획" 청사진을 발표한 이후 22년 6월 "드론 활용의 촉진 및 기반 조성에 관한 법률"(일명 "드론법")을 제정하고 22년 연말에는 "드론시장 경쟁력 강화방안"을 발표하는 등 드론산업을 활성화하기 위해서 관련 규제를 개혁하고, 관련 기업들을 국제 경쟁력을 갖춘 기업으로 성장시키기 위해서 지원을 아끼지 않고 있다. 이를 직접 지원하기 위해 중앙행정기관, 공공기관, 지방자치단체에서는 드론을 이용한 다양한 공공사업을 적극적으로 추진하고 있다.

전국의 많은 대학에서도 시대적인 흐름과 정부의 정책에 부합하여 드론학과를 개설하거나 드론관련 과목을 학과 교육에 반영하여 향후 대한민국의 드론산업을 이끌어 나갈 인재를 양성하기 위하여 대학 강의실에서, 실습실에서, 산업현장에서 다양한 방법으로 교수님들과 관련 인원들이 많은 노력을 경주하고 있으나 아직은 시작단계로서 발전시킬 분야가 무궁무진하다 하겠다.

저자들도 대학교육에 드론과목을 도입하여 지난 몇해동안 드론의 이론과 실습, 현장학습 등 다양한 교육 진행을 통해 많은 성과를 얻었으나 돌이켜보면 아쉬운 점도 있는 것이 사실이다. 가장 아쉬운 점이라면 이제 시작하는 드론교육의 중심서적의 대부분이 드론 조종자 자격을 취득하기 위한 조종교육과 드론 조립 및 비행 등 드론 운용의 한 면에 대해서만 기술된 단면적인 참고서적이라는 것이었다.

이러한 아쉬움과 함께 대학 강의를 진행하면서 드론에 대한 일반적인 이론서가 필요하다는 것을 절실히 느끼게 되었고 조종자 자격증 취득을 위한 교재를 집필한 경험, 대학강단에서 드론 강의를 진행한 경험, 특히, 국내를 대표하는 산업용 드론회사에서 근무하면서 다양한 드론을 제작하고 현장에서 많은 시행착오를 겪으면서 운용한 경험을 바탕으로 드론을 공부하는 학생들 뿐만 아니라 드론에 처음으로 관심을 갖는 남녀노소 누구라도 드론에 대해서 쉽게 접하고 드론의 미래를 그려볼 수 있는 '드론학 개론'서를 집필하게 되었고 독자들의 의견을 반영, 내용을 심층 보완하여 4판을 새롭게 출간하게 되었다.

본 책자는 4개로 구분하여 첫 번째 단원인 드론 입문 단원에서는 드론의 역사부터 드론의 분류, 드론시장의 전망과 드론에 적용되는 항공역학에 대해서 기술하여 누구나 쉽게 전반적으로 드론을 이해할 수 있도록 하였다.

두 번째 드론 시스템 단원에서는 드론시스템 구성과 구동원리, 드론에 적용되는 통신, 드론에 탑재되는 다양한 센서, 소프트웨어 프로그램, 드론을 하늘에 뜨게하는 구동부의 역할과, 드론의 비행원리와 조종의 기본원리에 대해서 기술하고, 드론을 처음 접하는 학생이나 일반인들이 많이 어려워하는 드론 조립의 기본절차와 방법, 세팅요령에 대해서 대표적인 DIY기체인 DJI FC 드론과 Pixhawk FC 드론의 조립 및 세팅을 단계별로 비교하면서 이해할 수 있도록 기술하였고, 4차 산업 교육의 핵심인 드론 제어 코딩과 최근 뜨겁게 달아오르고 있는 메타버스(Metaverse)가 드론산업과 드론교육분야에 어떻게 시작되고 있는지에 대해서도 담으려고 노력하였다.

세 번째 드론관련 법규 및 항공기상 단원에서는 드론을 조종하고 연구하는데 반드시 알아야 할 항공안전법, 드론법에 대해 기술하였고 드론 비행에 영향을 미치는 7대 기상요인에 대해서 핵심내용을 기술하였다.

네 번째 드론의 미래 파트에서는 드론산업이 발전에 따라 같이 발생하고 있는 드론 안전문화와 드론으로 인한 윤리적 문제, 이에 따른 법적인 검토 및 논의 사항, 드론 산업 발전으로 대두되고 있는 드론 방호의 문제에 대해서도 기술하였고, 드론의 미래 핵심기술과 우리나라를 포함한 세계주요국가의 주요 기업들이 추진하였고 추진중인 현재와 미래 군사용·민수용 무인기의 개발에 대한 최근 현황에 대해서도 조사하여 기술하였다.

마지막 부록에서는 독자들의 이해를 돕고자 드론 학습시에 자주 등장하는 드론관련 용어를 요약해 놓았다.

본 서적은 드론의 전 분야에 대해서 상세하게 기술한 전문서적은 아니다. 드론에 대해서 공부하고자 하는 학생들과 일반인에게 드론에 대한 전반적인 지식과 미래 드론시장에 대한 시각과 방향에 대해서 도움을 주고자 하는 목표로 집필된 드론 입문서 성격의 책이다. 드론의 각 분야에 대한 상세한 전문지식을 공부하기 위해서는 별도의 구체화된 전문서적의 도움을 받을 것을 권장한다.

이 책이 나오기까지 '무인멀티콥터 드론 조종자 교과서'에 이어서 출판을 허락해주신 복두출판사 송광헌 대표이사님과 정성을 다해서 편집해주신 한승희 상무님께 감사를 드린다. 또한 대한민국 드론산업을 태동시키고 발전시키기 위해서 다양한 교육 및 산업현장에서 고군분투하고 계신 모든 선배·동료·후배 여러분께 존경과 감사를 표하고 싶다.

이 책이 독자들의 드론에 대한 관심과 시작에 조금이라도 도움이 되기를 간절히 바라며 4차 산업을 이끌어 갈 대한민국의 젊은이들과 함께 드론산업의 발전을 위해 더욱 노력할 것을 다시 한 번 다짐해 본다.

저자 일동

국내 연구개발이 진행중인 유인드론 PAV가 여는 미래의 드론교통시대 ㈜숨비 사진제공)

Contents 차례

1 PART 드론 입문

2 PART 드론 시스템

3
PART

드론 관련법규 및 항공기상

PART 4

드론의 미래

PART 1

드론 입문

드론의 역사

01
CHAPTER

1 무인체계와 드론

무인항공기는 무인체계로 운용되는 항공기이다. 그렇다면 무인체계(Unmanned Systems)란 무엇인가? 미국 국방부에서 발간한 "무인체계 로드맵(Unmanned Systems Roadmap)"에 무인 체계와 무인추진체의 관계에 대한 정의를 다음과 같이 제시하고 있다.

> "무인 추진체란 조종사의 탑승없이 무인 자율 또는 원격조종으로 운용되며, 소모될 수도 있고 재사용될 수도 있으며, 살상 장비나 비살상장비를 탑재하고 동력을 이용하는 추진체이다. 탄도 또는 반 탄도비행체, 크루즈 미사일, 포탄, 어뢰, 지뢰, 위성 그리고 동력추진장치를 이용하지 않는 단독의 무인센서들은 무인 추진체로 볼 수 없다. 여기서 동력이란 엔진이나 모터 등을 이용하여 구동하는 장치로 이해하면 쉬울 듯 하다. 포탄은 엔진의 힘으로 비행하는 것이 아니라 장약을 태우면서 날아가 목표에 떨어지는 것이다. 무인 추진체는 무인체계의 가장 중요한 요소이다."

무인체계로 움직이는 장치(Vehicle)는 무인항공기(UAV, Unmanned Aerial Vehicle), 무인 지상차량(UGV : Unmanned Ground Vehicle), 해양무인체계(UMS, Unmanned Martime System)가 있다.

무인항공기(UAV, Unmanned Aerial Vehicle)는 공중에서 운용되는 무인체계로 군사적 목적으로는 대공표적용, 정찰용, 기만용, 공격용, 전투용 등으로, 상업적 목적으로는 화재진압, 항공방제, 재난 감시, 공간 정보 측량 등의 용도로 활용된다.

무인 지상 차량(UGV : Unmanned Ground Vehicle)은 지상에서 운용되는 무인체계로 우주 행성탐사, 화생방 오염지역 탐지/제독, 화재 지역 진화/구조, 지뢰지대 통로개척 등의 용도로 활용된다.

해양무인체계(UMS, Unmanned Martime System)는 해표면에서 운용되는 무인체계로 **무인 수상정(USV : Unmanned Surface Vehicle)**과 심해수중탐사, 적 잠수함 색출, 수중 지형/장애물 파악 등의 용도로 활용되는 **무인 잠수정(UUV : Unmanned Underwater Vehicle)**이 있다.

무인항공기(무인기)는 우리나라 항공안전법에서는 '사람이 탑승하지 아니하고 연료를 제외한 무게가 150 kg 이하인 무인동력 비행장치이다.'라고 정의하고 있다. 무인동력 비행장치 중에서 사람이 탑승하지 않으면서 프로펠러를 여러 개 가진 비행체라는 뜻에서 **"무인멀티콥터"**라고 하고 비슷한 시기에 미국에서 드론이란 용어가 유행함에 따라 무인멀티콥터를 드론으로 많이 부르게 되었는데, 이는 실제로 무인항공기 전체를 지칭한다.

2 무인항공기 용어의 시대적 변화

1) 1970년대 이전

"Drone"(드론)은 무인기를 지칭하는 최초의 용어라 해도 과언이 아니다. 2차대전이 한창이던 때부터 미국에서 최초로 불렸던 용어이고 최근 들어 다시 사용하기 시작한 용어이다. 초기 드론이라 불리던 무인비행체는 유인기를 개조하여 비행기와의 공중전을 대비한 기관총 표적용으로 개발되었다.

2) 1980년대

RPV(Remotely Piloted Vehicle; 원격조종비행장치)는 1980년에 사용하던 용어로서 지상에서 무선통신으로 원격조종 비행시켜서 경로 등을 실시간으로 변경할 수 있는 항공기를 의미하는 용어로 사용하였다. RPV란 약어에서 P는 "Pilot"로 "항공기를 조종하다"는 의미이고, "Vehicle"이란 단어의 사전적 의미는 동력을 사용하여 "지상에서 타는 것과 우주공간에서 타는 것"이라는 의미로 사용되는 용어이다. 또한 Remotely는 직접 조종하지 않고 원격으로 통제한다는 의미이다. 따라서 RPV는 "원격으로 조종되는 항공기"라고 정의할 수 있다.

3) 1990년대

UAV(Unmanned Aerial Vehicle; 무인항공기)는 1990년대에 등장한 용어로 '인간이 탑승하지 않는 비행체'라는데 핵심을 둔 용어이다. 근 · 현대 전장에서는 1 · 2차 세계대전과 한국전쟁, 월남전 등 많은 인명의 손실을 감수하면서 승리해야 한다는 작전 수행의 개념에서 최소한의 인명의 손실로 승리해야 한다는 개념으로 바뀌면서 만들어진 용어라 할 수 있다.

UAV란 용어의 등장 이후 드론과 RPV를 총칭하는 의미로 사용하고 있다. 우리나라 군에 최초로 UAV가 도입될 때는 군사보안상 잘 알려지지 않았으나 2,000년 이후 현재에는 언론 및 대중들이 가장 많이 사용하며 귀에 익숙한 용어이다.

4) 2000년 이후

2000년 이후 군사용 무인기분야에서의 급속한 발전과 전 세계적인 확산으로 인해 무인기를 지칭하는 다양한 용어가 사용되고 있다.

단순히 비행장치(Aerial Vehicle)가 아닌 항공기(Aircraft)로서의 안정성과 신뢰성을 확보해야 하는 것을 강조하는 용어로 UAS(Unmanned Aircraft System 무인항공기체계)가 등장하였다.

RPAV(Remotely Piloted Aerial Vehicle)는 미국 중심의 UAS에 대응하기 위하여 유럽무인기협회 등이 중심이 되어 만든 유럽연합(EU)지역에서 사용하는 용어이다.

RPAS(Remotely Piloted Aircraft System)는 2013년 이후 무인기의 영역이 전세계적으로 확대되고 민간 항공기 안전에 영향을 미치는 상황에 이르자 국제민간항공기구(ICAO)에서 무인기를 항공기 차원에서 국가간의 협력과 연구를 위하여 공식용어로 채택하여 사용하고 있는 용어이다. "무인기의 국제공식용어"라고 이해하면 된다.

3 항공기 분류

1) 개요

항공기(Aircraft)란 공중을 날 수 있는 비행체로 비행기, 글라이더, 헬리콥터, 비행선, 기구 등을 일반적으로 총칭하는 용어이다.

우리나라 항공안전법에서는 최대이륙중량, 좌석수 등을 기준으로 항공기를 분류한다. 항공기의 종류는 '항공기'(비행기, 헬리콥터, 비행선, 활공기), '경량항공기'(비행기, 헬리콥터, 자이로플레인, 동력패러슈트 등), '초경량비행장치'(동력비행장치, 회전익비행장치, 행글라이더, 패러글라이더, 기구류, 무인비행장치 등) 세 가지로 구분한다. 세부기준은 아래의 표 1.1과 같다(항공안전법 제2조, 항공안전법 시행규칙 제5조).

표 1.1 항공기 분류의 세부 기준

구 분		내 용
항공기	비행기 또는 헬리콥터	• 유인항공기 : 최대이륙중량이 600kg(수상비행에 사용하는 경우에는 650kg)을 초과할 것 등 • 무인항공기 : 연료의 중량을 제외한 자체중량이 150kg을 초과할 것 등
	비행선	• 유인비행선 : 발동기가 1개 이상이고 탑승좌석 수가 1개 이상일 것 등 • 무인비행선 : 연료의 중량을 제외한 자체중량이 180kg을 초과하거나 비행선의 길이가 20m를 초과할 것 등
	활공기	• 자체중량이 70kg을 초과할 것 등
경량 항공기	비행기, 헬리콥터, 자이로플레인, 동력패러슈트 등	• 최대이륙중량이 600kg(수상비행에 사용하는 경우에는 650kg) 이하일 것 • 최대 실속 속도 또는 최소 정상비행속도가 45노트 이하일 것 등
초경량 비행 장치	동력비행장치	• 고정익비행장치로 탑승자, 연료 및 비상용 장비의 중량을 제외한 자체중량이 115kg 이하일 것 등
	행글라이더	• 탑승자 및 비상용 장비의 중량을 제외한 자체중량이 70kg 이하로서 체중이동, 타면조종 등의 방법으로 조종하는 비행장치
	패러글라이더	• 탑승자 및 비상용 장비의 중량을 제외한 자체중량이 70kg 이하로서 날개에 부착된 줄을 이용하여 조종하는 비행장치
	기구류	• 기체의 성질 · 온도차 등을 이용하는 다음 각 목의 비행장치 • 유인자유기구 또는 무인자유기구, 계류식(繫留式)기구
	무인비행장치	• 무인동력비행장치: 연료의 중량을 제외한 자체중량이 150kg 이하인 무인비행기, 무인헬리콥터 또는 무인멀티콥터 • 무인비행선: 연료의 중량을 제외한 자체중량이 180kg 이하이고 길이가 20m 이하인 무인비행선

초경량 비행 장치	회전익비행장치	• 헬리콥터 또는 자이로플레인으로 탑승자, 연료 및 비상용 장비의 중량을 제외한 자체중량이 115kg 이하일 것 등
	동력 패러글라이더	• 패러글라이더에 추진력을 얻는 장치를 부착한 비행장치로 착륙장치가 있는 비행장치와 착륙장치가 없는 비행장치(자체중량이 115kg 이하)
	낙하산류	• 항력(抗力)을 발생시켜 대기(大氣) 중을 낙하하는 사람 또는 물체의 속도를 느리게 하는 비행장치

2) 초경량 비행장치 종류

① 동력비행장치

좌석이 1개이며, 자체중량이 115kg 이하로서 동력, 즉 엔진을 이용하여 프로펠러를 회전시켜 추진력을 얻는 비행장치, 착륙장치가 장착된 고정익 비행장치이다.

타면조정형	체중이동형
• 경비행기와 유사하며 국내에서 가장 많이 운용되는 종류 • 조정스틱을 이용하여 조종	• 행글라이더를 기본으로 발전 • 평지에서도 이륙할 수 있도록 엔진을 부착 • 중량의 중심을 이동시켜 비행장치의 방향을 조종

② 행글라이더 및 패러글라이더

자체중량이 70kg 이하로서 체중이동, 타면조종 등 사람의 힘을 이용하여 조종하는 비행장치이다.

행글라이더	패러글라이더
• 기체인 행글라이더에 매달려(Hang) 비행(Gliding)하기 때문에 붙여진 이름 • 몸을 움직여 무게중심을 이동시킴으로써 방향을 전환하고 속도도 패러글라이더에 비해 빠름 • 평균 비행속도를 시속 35~60km까지 유지할 수 있고 급강하하며 고속비행 시는 120km까지 가능	• 낙하산(Parachute) 모양의 기체를 타고 비행(Gliding)하기 때문에 붙여진 이름 • 낙하산과 행글라이더의 특성을 결합한 비행체로 최초 신속한 하산을 위한 목적으로 개발 • 패러글라이딩은 주로 손으로 좌우 조종 줄을 당김으로써 방향을 전환한다. • 행글라이더보다 상대적으로 체공이 용이

③ 기구류

기체의 성질 · 온도차 등을 이용하는 비행장치로, 기낭 내의 공기를 버너 등으로 가열하는 열기구와 자유로이 공중으로 표류하는 자유기구이다.

- 1783년 프랑스 몽골피에 형제가 리옹에서 최초 실험하여 고도 300m까지 비행하였다.
- 1, 2차 세계대전 시 관측용과 방위용으로 사용, 일본은 풍선폭탄으로 활용하였다.

유인자유기구/무인자유기구	계류식 기구
• 지상 또는 선상(船上)에 계류되어 있지 않은 기구(氣球)로서 상승 한도까지 비행 • 1920년경부터 유럽에서는 자유기구경기가 열리고 있을 정도로 스포츠로서 많이 선호	• 로프를 기구에 매달아 지상 또는 함선(艦船) 등에 연결하는 계류기구 • 주로 광고용(애드벌룬) 등으로 소형기구 사용

④ 무인비행장치

사람이 탑승하지 않는 비행장치이다.

무인동력비행장치	무인비행선
• 연료의 중량을 제외한 자체중량이 150kg 이하인 무인비행기, 무인헬리콥터, 무인멀티콥터	• 자체중량이 180kg 이하이고 길이가 20m 이하인 무인비행선

(a) 무인비행기 (b) 무인헬리콥터 (c) 무인멀티콥터 (d) 무인비행선

그림 1.1 무인비행장치

⑤ 회전익 비행장치

1개 이상의 회전익에서 양력을 얻는 비행장치로 동력비행장치의 요건을 갖추어야 한다.

초경량 자이로플레인(Gyro Plane)	초경량 헬리콥터
• 회전익과 고정익의 장점을 살려 1920년대부터 단거리 이착륙용으로 개발 • 동력구동없이 로터에 의해서 양력을 얻는 항공기로 비행 중 추력이 상실되더라도 양력을 지속시켜 지상에 안착 가능(강풍과 같은 악기상에 유리)	• 회전익 비행기의 최경량급 • 회전날개에 의한 양력발생으로 수직 이착륙이 가능 • 외형상 최경량급이며 헬리콥터와 같음

⑥ 동력패러글라이더

낙하산류에 추진력을 얻은 장치를 부착한 비행장치로 작은 엔진이 달려 있어 평지에서도 이 · 착륙이 가능하다.

⑦ 낙하산류

항력을 발생시켜 대기 중에 낙하하는 사람 또는 물체의 속도를 느리게 하는 비행장치이다.

4 항공기 개발 역사

1) 항공기 역사의 시작

1783년 10월 프랑스의 P.로지에는 J.M.몽골피가 만든 공기보다 가벼운 기체를 이용한 기구(氣球)를 타고 인간 최초의 비행에 성공하였다. 1891년 독일의 O.릴리엔탈은 날개의 양력을 이용하여 비행하는 글라이더(glider)를 최초로 제작하여 비행에 성공하였다. 현재와 같은 비행기의 모습으로 세계 최초의 실질적 비행에 성공한 비행기는 미국의 라이트 형제(형은 버, 동생은 오빌)가 만든 라이어호(號)로, 1903년 12월 17일 미국 키티호크에서 오빌이 조종하여 12초 동안 36m 비행에 성공하였다.

(a) 몽골피에 (열기구, 1783)

(b) 릴리엔탈 (복엽 글라이더, 1891)

(c) 플라이어호 (라이트 형제, 1903)

그림 1.2 최초 비행에 성공한 항공기

2) 제1차 세계대전(1914~1917년) 전·후의 항공기 발전

- 1909년 프랑스의 루이 블레리오가 블레리오 XI 단엽기로 32분간 40km의 영불해협을 횡단하는데 성공하였다.
- 제1차 세계대전 시에 사용하던 전투기는 프로펠러, 단일 엔진, 복엽기 형태의 기체로서 기관총을 설치하여 꼬리를 무는 형태의 공중전(Dog Fight)에 사용되었다. 종전 직후인 1919년부터 세계 각국에서는 비행기에 의한 여객수송이 시작되어 정기항로가 일부 개설되었다.
- 1927년 미국의 C.A.린드버그는 '세인트루이스의 정신'(Spirit of St.Louis)이라는 비행기를 조종하여 뉴욕의 롱아일랜드에서 파리 사이의 거리 5,810km 대서양 구간을 33시간 39분 동안 무착륙 비행으로 횡단하는 것에 성공하였다.

(a) 블레리오 XI

(b) Spirit of St.Louis

그림 1.3 제1차 세계대전 전·후의 항공기

3) 제2차 세계대전(1936~1945년) 전·후의 항공기 발전

- 제2차 세계대전 기간은 비행기 성능의 급격한 향상을 가지고 온 계기가 된 기간이었다. 가장 큰 변화는 동체의 재질이 나무와 캔버스 천에서 금속으로, 날개가 복엽기 위주에서 단엽기로, 단발 엔진에서 쌍발엔진으로 발전한 것이다.
- 제트엔진이 개발되어 속도 면에서 획기적인 발전을 가져왔는데, 세계 최초로 1939년 독일의 하인 HE-178기가 개발되어 제트엔진에 의한 비행에 성공하였다. 이후 실용화된 제트기와 각종 전자장치를 이용한 항법장치가 비행기에 탑재되어 비행기가 지상이나 해상의 교통기관과 대등한 지위를 확보하게 되었다.
- 제2차 세계대전시의 전투기에는 1차 세계대전에서 장착하였던 기관총 대신에 기관포, 로켓포를 장착하고 레이더를 탑재하여 야간비행도 가능해졌다. 또한, 전투기에 폭탄 투하능력을 갖춘 전투폭격기를 개발하여 그 전에 단일 목적으로 운용하던 임무형 전투기에서 다목적 전투기로서 발전하는 계기가 되었다.

(a) 보잉 247

(b) 독일의 HE-178기

그림 1.4 제2차 세계대전 전·후의 항공기

4) 제2차 세계대전 후 근대의 항공기 발전(1970년 전 · 후)

- 제2차 세계대전 후 엔진의 발전으로 1954년 미국의 보잉사가 장거리용 여객기인 보잉 707을 개발하여 시험비행에 성공하였고, 이어서 1958년 10월에는 팬암사가 뉴욕과 파리 간 대서양을 횡단하는 장거리 노선을 취항하였다. 비행기 속도에서의 발전으로 음속을 돌파하는 초음속 항공기가 등장하게 되었다.
- 항공기의 대형화 시대가 시작되어 1970년 팬암항공사가 뉴욕과 파리 노선에서 500명 이상의 승객과 100t 이상의 화물을 적재할 수 있는 보잉 747 점보제트기를 취항시킴으로서 넓은 동체를 가진 대형 제트여객기 시대가 열리게 되었다.
- 전투기는 F-4 팬텀처럼 육 · 해 · 공군이 모두 사용하는 다목적전투기로 발전되어 유도미사일, 레이더, 각종 항공전자 장비를 장착하였다.

(a) 美 록히드 YF-12A

(b) 콩코드 여객기

그림 1.5 세계대전 후 근래의 비행기

5) 현대의 항공기 발전

- 현재 선진국들은 기존의 항공기보다도 더 많은 승객과 화물을 수송할 수 있는 초대형 항공기 개발에 주력하고 있다. 전투기는 스텔스 기능을 기본으로 항속거리, 대공 및 대지 공격능력,

전자전, 무장능력, 위성 및 공중지휘기/지상사령부와의 데이터 전송능력 등이 우수한 전투기를 개발하여 운용중이며 그 성능을 개량하기 위해 노력하고 있다.

5 헬리콥터 개발 역사

1) 헬리콥터 역사의 시작

헬리콥터(Helicopter)는 로터라고 불리는 날개를 회전시켜서 양력을 얻어 비행하는 형식의 회전익 항공기이며 줄여서 헬기라고도 부른다. 헬리콥터의 기원은 기원전 중국에서 아이들이 가지고 놀던 "**대나무 잠자리**" 장난감이라는 기록이 있다. 15세기에 레오나르도 다빈치는 현재의 헬리콥터의 모습을 연상시킬 수 있는 간단한 스케치를 남겼다. 18세기 후반에서 19세기 후반에 여러 가지 모형이 고안되었고 실험되었으나 조종사가 탑승하여 실제로 하늘로 이륙한 것은 20세기에 들어선 직후였다. 1907년 프랑스의 폴 코르뉴는 약 2m 높이에서 20.25초간 공중 정지하는 데에 성공하였다.

(a) 레오나르도 다 빈치의 스케치

(b) 폴 코르뉴 비행

그림 1.6 최초의 헬리콥터

2) 근대의 헬리콥터

비행이 가능한 헬리콥터가 최초로 이륙하는데 성공한 것은 1937년 하인리히 포케(Focke)가 개발한 포케 울프 FW61 헬리콥터였다.

1939년에 러시아에서 미합중국으로 망명한 이고르 시콜스키(I. Sikorsky)가 단식 로터에 꼬리 회전익을 갖춘 오늘날의 반토크 테일로터 형식의 기초가 된 VS-300을 개발하여 첫 비행에 성공함으로써 헬리콥터의 실용화가 시작되었다. 이 시기는 제2차 세계대전이 한창이던 시기였기 때문에 이고르 시콜스키는 VS-300을 개량하여 군사작전에 투입할 수 있는 헬리콥터를 만들었는데 이것이 XR-4 모델이다. 이 모델을 시작으로 수차례 개량을 거듭하면서 미 육군과 해군에서는 수백 대를 생산하여 2차 세계대전에서 활용하였다. 이로 인해 헬리콥터의 상용화가 시작되었다. 1950년대 시작된 한국 전쟁에서도 연합국에서는 시콜스키가 개량한 H-5 모델 등 다양한 형태의 헬리콥터를 작전에 투입하였다.

(a) FW 61

(b) VS-300

그림 1.7 근대의 헬리콥터

3) 현대의 헬리콥터

헬리콥터의 발전에서 가장 획기적인 변화는 가스터빈 엔진을 사용하면서 시작되었다. 월남전 영화에서 많이 보고 우리나라 TV에서 가장 많이 보아 눈에 익숙한 헬리콥터를 꼽으라면 UH-1H를 들 수 있다. UH-1H는 최초에 UH-1D(별칭 : 휴이)모델로 개발되어 1963년부터 월남전에 투입되었고 현재는 엔진을 개량한 UH-1H를 생산하여 70여개 국가에서 사용하고 있다.

현재 헬리콥터는 세계적으로 다양한 기종이 개발되어 군사용으로는 병력, 군수물자의 수송과 같이 대형수송수단과 공격용, 정찰용 등 다양한 목적으로 활용되고 있으며 민간용으로는 인명구조, 산불진화, 농약살포 등 다양한 분야에서 활용되고 있다.

(a) UH-1H

(b) 산불진압헬기(산림청)

그림 1.8 현대의 헬리콥터

6 드론 개발 역사

1) 무인기의 시작

무인기의 시작은 날아다니는 물체를 이용하여 사진을 촬영하는 것이었다.

1887년 영국인 더글라스 아치볼드(Douglas Archibald)가 "연(Kite)"을 이용해 카메라를 부착하여 지상에 대한 촬영에 성공하였다. 이후 1898년 미국인 윌리엄 에디(William Abner Eddy)가 그림 1.9과 같이 다이아몬드 모양의 대형 연(Kite)에 카메라를 장착한 후 공중에 띄워 많은 사진을 촬영하였고, 미국 국방부가 이 연을 구입하여 "Eddy War Kite"라는 명칭을 붙여 스페인과의 전투에서 적의 위치를 확인하는데 사용하였다. 이것이 전투에서 사용된 최초의 정찰용 무인기로 기록되어 있고 무인기의 시작이라고 볼 수 있다.

1894년에는 오스트리아 헝가리 제국(현재 크로아티아) 태생의 니콜라 테슬라가 "무선을 이용한 에너지 통신에 관한 개념"과 장치를 개발하여 시연에 성공함으로서 사람이 타지 않고 무선에 의해서 물체를 이동시킬 수 있다는 생각을 전파하였다. 테슬라의 이러한 개념이 무인기 제작의 아이디어에 크게 적용됐다.

그림 1.9 윌리암 에디의 대형 연 (Photo : en.Wikipedia.org)

2) 1차 세계대전 시 무인기 운용

1918년 미국 GM사의 Charles Kettering이 "Bug"라는 폭격용 무인항공기를 개발하였는데 이것이 최초의 일방향 1회용 무인항공기이다. 현재 운용되고 있는 자폭용 무인기 형태이다. 이때는 1차 세계대전 기간 중으로 미육군 항공국에서 "flying bomb"(날아 다니는 폭탄) 용도로 개발하였으나 성능에 대한 우려와 전쟁의 종전으로 인해서 실제 전투에는 투입하지 못하였다.

그림 1.10 폭격용 무인항공기 (Photo : en.Wikipedia.org)

3) 2차 세계대전 시 무인기 운용

2차 세계대전이 일어나기 전인 1930년 중반에 영국에서는 1차 대전시 사용하던 비행기를 개조하여 발사대에서 이륙시켜 RC(리모트 컨트롤러, Remote controller)로 기체를 조종하는 훈련용 표적기로 개발하였다. 이것을 "Queen Bee"라고 불렀다. 영국에서 "Queen Bee"는 400여대가 제작되어 운용되었고 다시 회수시켜서 재사용이 가능한 비행체였다. "Queen Bee"를 시작으로 대공표적기용 무인기가 급속하게 개발되었기에 많은 사람들이 "Queen Bee"를 드론[1]의 어머니라고 부르고 있다.

그림 1.11 Queen bee (Photo : www.dronewars.net)

2차세계대전이 시작되기 직전 미국은 1940년대에 왕복 재사용이 가능한 대공표적용 무인항공기 "RP-1(Radioplane)"을 개발하였는데 이 개발의 시초가 영국의 "Queen bee"였다. 1차 세계대전시 영국해군 비행단에서 근무한 후 미국으로 이주한 대니(Reginald Denny)가 대공표적용 무인기를 개발하였는데, RP(Radioplane)-1모델부터 OQ-3모델까지 다양한 모델을 계속 발전시켜 2차 세계대전기간 동안에만 무려 1만 5,000여대 생산 활용하였다.

1) "Drone" 명칭의 유래 : 미국 항공부서에서 영국의 Havilland Queen Bee를 생각하여 숫벌을 의미하는 "Drone"으로 명칭을 붙여 이후 "Drone"이라는 용어가 정착되었다는 설이 있다("Drone"은 숫벌이 "웅웅"거리는 소리를 의미)

(a) RP(Radioplane) -1

(b) 격추되는 OQ-2

그림 1.12 미국의 대공표적용 무인기 (Photo : Wikivisually.com)

4) 한국전쟁 시 무인기 운용

미군은 한국전쟁이 진행되는 동안 유인 항공기를 **원격 조종형 비행 폭탄(Flying Bomb)**으로 사용하였다. F6F 헬케이츠(Hellcates) 항공기를 원격 조종형 무인기로 개조하여 AD-4Q 스카이라이더즈(Skyraiders) 항공기 조종사가 공중에서 원격으로 조종하여 목표하는 지점으로 돌진하여 자폭하게 하였다.

(a) 무인기로 개조된 F6F Hellcates (b) AD-4Q Skyraiders

그림 1.13 한국전쟁에서의 사용한 원격 조종형 비행폭탄 (Photo : en.Wikipedia.org)

한국전쟁이 진행 중이던 1951년 이후 초음속 항공기가 개발되자 미공군은 아음속 및 초음속[2] 무인표적기 "Firebee 시리즈"를 개발하여 운용하였다. 이러한 무인표적기는 90년대 초까지 운용하였으나 현재는 운용하고 있지 않다. 현재는 퇴역 전투기를 무인 대공표적기로 개조하여 운용하고 있는데, 러시아의 미그-29와 수호이 30 전투기 표적 대용으로 사용하기 위하여 3세대 전투기인 F-16을 개조하여 QF-16[3]으로 운용하고 있다.

---

2) 아음속 : 음속보다 약간 느린 속도이며 초음속의 반대. 마하수< 0.8
천음속영역(0.8< 마하수< 1.2), 초음속 영역(소리의 속도보다 빠른 속도. 1< 마하수< 5)

3) "QF-16"에서 "Q"는 "무인비행체계(Unmanned Aircraft System)"를 의미하며, "RQ-5"에서 "R"은 정찰

(a) 초음속 무인표적기 BQM-34F

(b)전투기를 개조한 QF-16 무인기

그림 1.14 초음속 무인표적기 (Photo : www.designation.net)

4) 베트남전쟁 시 무인기 운용

1962년 이후 AQM-34A(표적용 무인기)를 개선하여 표적공격용과 정찰용 무인기로 전환하여 개발 운용하였다. Firefly("개똥벌레, 반딧불")라는 무인기를 개발하여 운용하였는데, 표적용이던 Firebee 무인기에 카메라와 센서들을 탑재하여 정찰용 무인기로 개조하였고, 폭탄을 탑재하여 표적 공격용 무인기로 개조한 무인기였다.

베트남전 기간 동안 3,400여대의 무인기를 투입하였으나 월맹군의 대공화기에 550여대가 격추되어 무인기의 효율성에 대해 의구심을 갖게 되었다. 베트남전 이후 미국은 무인기에 대한 투자가 약해졌고 이를 계기로 무인기의 주도권이 이스라엘로 넘어가게 되었다.

(a) AQM-34G

(b) Firefly(정찰용 무인기)

그림 1.15 미국의 무인기(베트남전) (Photo : en.Wikipedia.org)

5) 중동전쟁 시 이스라엘 무인기 운용

베트남전을 통해 무인기에 대한 자극을 받은 국가는 이스라엘이었다. 이스라엘 공군은 아랍 국가들과의 전쟁에 대비하기 위한 준비의 일환으로 1970~80년대에 새로운 무인항공기 개발에

(Reconnaissance)을 의미하며, "MQ-5"에서 "M"이란 다목적(Multi-role)을 의미하여 정찰+전투, 정찰+전투+화생방 탐지 등 2가지 이상의 기능을 수행하는 다목적 무인기를 의미한다. "CQ"는 수송용(Cargo)무인기를 의미한다.

집중하였다. 이스라엘은 미국의 "AQM-34 시리즈와 Firebee"기술에 감명받아 1970년 비밀리에 미국에서 Firebee 12대를 구입하고 이를 개량하여 "Firebee 1241"을 개발하였다. 이스라엘은 1973년 이집트와의 제4차 중동전쟁(욤키푸어 전쟁)시 "Firebee 1241"을 "기만정찰기(Decoy)"로 운용하여 개전 초기에 이집트군의 대공사격을 유도하여 전쟁을 승리로 이끌었다.

1982년 6월 이스라엘과 레바논과의 전쟁시에는 베카계곡 전투에서 "Scout(정찰병)"와 "Mastiff(경비견)" 무인기를 운용하였는데 이 무인기는 최초로 TV카메라를 장착하여 촬영한 영상을 실시간으로 제공함으로써 표적을 타격할 수 있는 무인기였다.

(a) Firebee 1241

(b) Scout(IAI-MALAT사)

그림 1.16 이스라엘의 무인기(중동전) (Photo : en.Wikipedia.org)

6) 걸프전 시 무인기 운용

중동전쟁에서 이스라엘의 무인기 운용을 보고 무인기의 중요성에 대해서 자극을 받은 미국은 걸프전을 계기로 이스라엘로부터 무인기 기술과 중동전 운용 경험을 전수받아 군사용무인기 최대 생산국으로 도약하게 되었다. 이스라엘의 IAI사와 미국의 AAI사가 공동으로 이스라엘의 "Scout" 무인기를 개선한 "파이오니어(Pioneer)"를 개발하여 걸프전에서 운용하였다. 이 무인기는 함상에서 운용하는 최초의 무인기로 함상 무인기 시대를 열었다.

걸프전에서 활약한 무인기 중 하나가 "포인터(Pointer)"인데 이 무인기는 손으로 투척이 가능한 소형 무인기로 미국 AeroVironment사에서 1986년 개발하여 걸프전에서 운용하였다. 이 무인기는 지상 전투에서 소부대가 휴대하여 전방의 적정을 살피는데 대단히 유용하게 활용되었다. "포인터(Pointer)" 무인기는 걸프전에서의 운용시 문제점을 분석·개량하여 "레이븐(Raven)"이라는 이름으로 2001년부터 아프칸전과 이라크전에서 운용하였다.

(a) Pioneer (b) Pointer

그림 1.17 걸프전에서의 무인기 (Photo : en.Wikipedia.org)

7) 코소보전쟁 시 무인기 운용

코소보 전쟁(1999. 3.24~6.25)은 세르비아가 알바니아계 코소보 주민에 대한 인종청소를 실시한 것에 대해서 나토가 응징을 위해 실시한 전쟁이다. 이 전쟁에 투입된 무인기는 "RQ-1A 프레데터(Predator)"로서 미국의 GAAS Inc사가 정찰용 무인기로 개발한 것이다. 야간에도 볼 수 있는 적외선 센서(IR), 비디오 촬영이 가능한 전자광학(EO)센서, 구름까지 뚫고 볼 수 있는 악천후용 감시장비인 합성개구레이더(SAR)를 탑재하였다. "RQ-5A 헌터(Hunter)"무인기도 운용되었는데, 이 무인기는 이스라엘 IAI사와 미국 TWR사가 합작하여 생산한 정찰용 무인기이다.

(a) RQ-1A Predator(미국) (b) RQ-5A Hunter(미국)

그림 1.18 코소보전쟁에서의 무인기 (Photo : en.Wikipedia.org)

8) 아프칸전쟁 시 무인기 운용

아프칸 전쟁(2001.10. 7~12월)은 2001년 9.11 테러 배후로 지목된 오사마 빈라덴을 제거하기 위해 실시한 전쟁으로 일명 "항구적 자유 작전(Qperation Enduing Freedom)"이라 부르는 전쟁이다. 이 전쟁에 투입된 무인기가 "MQ-1B 프레데터(Predator)"로, 정찰용 무인기인 "RQ-1A 프레데터"를 개량한 무인기로 헬파이어 미사일 2발을 탑재하여 적을 직접 공격하는 최초의 무인기이다. 아프칸전에서는 알카에다 고위 군사령관 모하메드 아테프를 무인기로 공격하여 사살하였다.

또한 "글로벌 호크(Global Hawk)"도 운용되었는데, 이 무인기는 터보제트 엔진을 장착하여 가장 빠르고 높은 고도에서 운용되는 정찰용 무인기로 시속 639km로 20,000m 고도에서 해상도 0.3m 정도로 정밀하게 촬영하며 24시간 동안 22,224km 비행이 가능한 고고도 장거리 대형무인기이다

"RQ-7A 섀도우 200(Shadow 200)"도 아프칸전에 투입되었는데, 미 AAI사에서 개발한 정찰용 무인기로 지상과 함상에서 동시 운용이 가능한 무인기이다.

(a) MQ-1B Predator (b) Global Hawk (c) Shadow 200

그림 1.19 아프칸전쟁에서의 무인기 (Photo : en.Wikipedia.org)

9) 이라크전쟁 시 무인기 운용

이라크전쟁(2003. 3.20~4.17)은 미국이 아프칸전쟁 이후 이라크를 국제테러조직의 지원국이자 악의 축(Axis of Evil)으로 규정하고 이라크와 후세인을 다국적군이 몰락시키기 위해 실시한 전쟁으로 일명 "이라크의 자유(Freedom of Iraq)"로 부른다.

이 전쟁은 무인기 시험장이라 불리울 정도로 미국이 그동안 개발하고 개선했던 다양한 무인기를 작전에 투입하였는데, 미공군에서는 글로벌 호크(Global Hawk), 프레데터(Predator)를, 미 육군에서는 섀도우 200(Shadow 200), 헌터(Hunter), 포인터(Pointer)를, 미 해군에서는 실버폭스(Silver Fox), 파인더(Finder)를, 미해병대에서는 파이오니어(Pioneer), 드래곤 아이(Dragon Eye) 등을 투입하였으며 같이 참전한 영국군은 피닉스(Phoenix)를 투입하여 운용하였다.

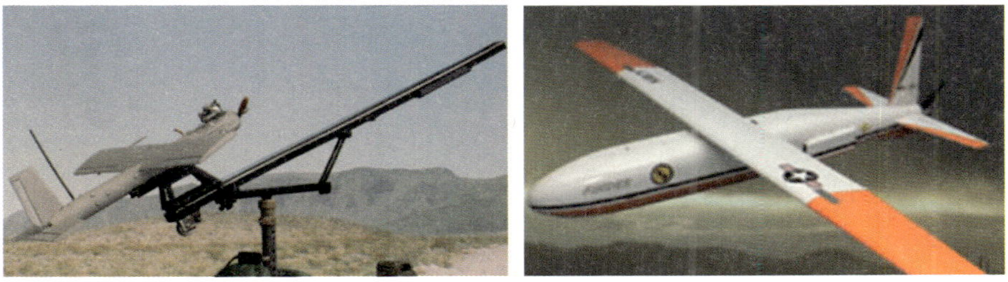

(a) Silver Fox (b) Finder

그림 1.20 이라크전쟁에서의 무인기(Photo : en.Wikipedia.org, defense-update.com)

10) 러시아와 우크라이나 전쟁에서의 무인기 운용

2022년 2월 24일 러시아의 특별 군사작전이라는 이름으로 러시아가 우크라이나를 침공하면서 발발한 전쟁으로서 21세 유럽 최초의 국가와 국가간의 전쟁이다. 러시아의 일방적인 승리로 조기에 종료될 것으로 예상되었던 전쟁이 우크라이나의 강력한 저항과 서방의 지원으로 장기화되고 있으며 이 전쟁에서 무인기의 활약이 두드러지고 있다.

우크라이나는 터키에서 수입한 바이락타르 TB-2드론과 아에로로즈비드카 특수부대가 폭탄을 투하하는 멀티콥터 드론으로 러시아의 기계화부대와 구축함 등 러시아의 해군 세력에 대하여 막대한 피해를 입히며 맹활약하고 있다. 러시아도 이란에서 수입한 사헤드 136 자폭용 드론, Orlan-10, Forpost 정찰용 드론, 오리온-E 공격용 드론 등 다양한 드론을 전장에 투입하며 군사작전을 진행하고 있다.

러시아와 우크라이나와의 전쟁이 제3차 세계대전으로 확전되는 것을 예방하기 위하여 직접적인 군사적 개입을 자제하기에 미국 등 서방국가가 개발한 최첨단 무인기는 공식적으로 직접 투입이 되지 않고 있다고 하지만 현대전에서 다양한 드론을 이용한 군사작전이 진행되는 무인기의 시험장이 되고 있다고 언론에 보도되고 있다.

(a) 바이락타르 TB-2 드론

(b) 사헤드 136 자폭용 드론

그림 1-21 우크라이나와 러시아 전쟁에서의 무인기(Photo : 나무위키)

11) 현재의 군사용 무인기의 발전 방향

이라크전쟁 이후에는 현재 무인기에 대한 세계 각국의 관심이 더욱 높아져서 적에게는 노출되지 않게 스텔스 기능을 갖추고, 고고도에서 정밀하게 정찰하고 정밀 공격할 수 있는 무인기를 개발하기 위하여 연구와 실험을 거듭하면서 실전에 배치하고 있다. 미국에서 실전에 배치했거나 실험 중인 무인기는 다음과 같다.

RQ-170 센티널(Sentinal)은 2007년 록히드 마틴사가 개발한 스텔스 기능을 갖춘 무인 정찰기로 미공군과 미중앙정보국(CIA)에서 운용한다. 미 네바다에 위치한 제30정찰반에 의해서 운용되며 전자전, 타격임무, 고도 15,000m에서 운용되는 무인기로, 2011년 5월 1일 오사마 빈라덴 사살 작전인 제로니모작전에 투입되었었고 작전상황을 백악관에 생중계하였다.

팬텀 레이 Phantom Ray UCAV(unmanned combat air vehicle)는 보잉사가 개발한 최신예 폭격용 무인기로서 스텔스 기능, 공중 급유 능력, 정찰 및 감시 임무, 공대지 공격, 적 방공무기 식별 및 파괴, 전자전 능력을 갖추었으며 2011년 4월 27일 에드워드 공군기지에서 시험 비행에 성공하였다. 실전투입여부에 대해서는 확인이 제한되고 있다.

X–51 Wave rider UCAV(unmanned combat air vehicle)는 미국 보잉사에서 현재 개발 중인 초음속 돌파용 실험기로 날개가 없는 로켓형으로 제작되었다. 보잉사의 B-52폭격기에서 발사하여 음속으로 비행하여 목표물을 타격하는 극초음속 순항미사일로서 최초의 실험은 2010년 5월 26일 실시하였고 최대속도 마하 5.1로 240초간 비행하는데 성공하였다.

SR-72는 미국 록히드마틴에서 개발중인 극초음속 UAV로서 미국이 1960대에 개발한 초음속 정찰기 SR-71의 후속기(Son of Blackbird)이다. 최대 속도는 마하 6로 SR-71의 2배 속도로 기존의 제트엔진에 램제트엔진을 추가하여 속도를 증가하였으며 중국의 미국을 겨냥한 대위성 요격체계에 대항하기 위하여 개발 중이다. 레이저 무기가 탑재되거나 순항미사일 형태로 개발되는 등 다양한 무기체계가 고려되고 있으며 2025년경에 첫 비행이 이루어질 것으로 예상하고 있다.

(a) B-52에서 발사되는 X-51 Wave rider (b) SR-72 극초음속 순항미사일

그림 1.22 현재 미국에서 운용중인 무인기(Photo : en.Wikipedia.org)

12) 우주에서의 드론 운용

오늘날의 시대는 우주에서도 드론이 운용되는 시대이다. 2020년 7월 30일 아틀라스 V 로켓이 미국 플로리다주 케이프커내버럴 공군기지에서 화성을 향하여 발사되어 6개월 18일간의 비행 끝에 2021년 2월 19일 05:55분에 미국 항공우주국(NASA) 화성 탐사 로버 '퍼시비어런스(Perseverance)' 를 화성의 고대 호수였던 예제로 크레이터에서 생명체 구성요소인 유기 화합물

을 발견하기 위한 활동을 시작했는데 이 로보에 실려 함께 도착한 드론이 인제뉴어티(Ingenuity)로서 지상로봇인 퍼시비어런스의 정찰병의 역할을 담당하고 있다. 인제뉴어티는 1.2미터의 프로펠러 2개와 배터리와 태양열의 동력원으로 21년 4월 19일 3미터의 고도에서 3미터를 비행한 최초 비행을 시작으로 1년 동안 21회 성공적인 비행하였고 비행의 최고 고도는 35m까지 비행하여 지금까지 성공적으로 임무를 수행하면서 그동안 미지의 영역이었던 화성의 놀라운 사진과 영상을 촬영하여 지구로 전송하는데 큰 역할을 하고 있다고 NASA는 발표하였다. 지구를 벗어난 우주공간에서 조차 드론이 운용되고 있는 시대에 우리는 살고 있고, 이러한 드론의 활용 영역은 우리가 상상하는 그 이상으로 계속 확대될 것이고 기술 분야 또한 무한하게 발전할 것으로 기대하고 있다.

(a) 화성에 착륙한 퍼서비어런스 로보

(b) 화성에서 정찰비행중인 인제뉴어티 드론

그림 1.23 화성에서의 드론운용 장면(photo : NASA 홍보화면 캡처)

드론의 분류

02 CHAPTER

무인항공기(무인기)의 분류는 '어떻게 분류하느냐?'는 기준에 따라서 다양할 수 있다. 특히, 최근에는 다양한 분야에서 융복합에 의한 과학기술의 발전으로 첨단화, 소형화, 경량화하는 속도가 너무 빨라서 한 가지의 기준으로 분류하기에는 어려움이 있으나, 본 착자에서는 일반적으로 적용되고 있는 기준인 무인기 형태, 운용목적, 이 · 착륙 방식, 성능별 등의 분류방법으로 설명하고자 한다.[4)]

1 무인기 형태에 따른 분류

1) 고정익(Fixed Wing) 무인항공기

고정익 날개를 부착한 형태의 무인항공기이다. 높은 고도에서 엔진에 의한 출력과 공기의 기류와 고정익 날개를 이용하여 양력을 발생시켜 비행하기 때문에 다른 무인기보다 연료소모가 상대적으로 적어 장기체공이 가능한 무인항공기이다. 일반적으로 이 · 착륙을 위해서 활주로나 넓은 개활지가 필요하며 이 · 착륙시 바람의 영향을 많이 받는다. 회전익 무인기나 무인멀티콥터와는 달리 정지비행이 불가능하기 때문에 저고도에서 표적을 지속적으로 추적하기가 어렵다는 단점이 있다.

4) 분류기준 참조 : 무인비행장치 운용, 박장환 · 류영기 공저 골든벨, 2017

(a) "저승사자(Reaper)" MQ-9 리퍼

(b) "사막의 매(Desert Hawk)" 정찰용 무인기

그림 1.24 고정익 무인항공기 (Photo : en.Wikipedia.org, militaryfactory.com)

고정익 무인기는 무인기의 크기, 무인기의 속도, 수행하는 임무 등에 따라서 날개의 모양과 위치를 달리한다. 날개의 모양에 따라 직선익, 타원익, 삼각익, 후퇴익, 전진익 등의 형태로 분류되며 날개의 위치에 따라서 고익기, 중익기, 저익기의 형태로 분류된다.

2) 회전익(Rotary Wing) 무인항공기, 무인헬리콥터

회전하는 주로터로 추진력을 유지하고 꼬리날개로 방향을 유지하며 비행하는 헬리콥터형인 무인항공기이다. 수직 이·착륙이 가능하므로 넓은 활주로가 필요 없고 좁은 공간에서의 이·착륙이 가능하여 산악지형이나 함상에서도 운용이 용이한 무인기이다. 가장 큰 장점은 공중에서 정지비행이 가능하여 감시하고자 하는 대상을 지속적으로 추적 감시할 수 있다는 것이다. 또한 고정익 항공기에 비하여 상대적으로 급격한 방향전환이 쉽다. 단점으로는 고정익 항공무인기와 같이 날개에 의한 양력을 발생시키지 못하고 오직 엔진의 힘에 의해서만 비행하므로 연료 효율이 낮아 장기 체공이 제한된다. 고정익 무인기에 비해 상대적으로 단거리 임무에 적합한 무인기이다.

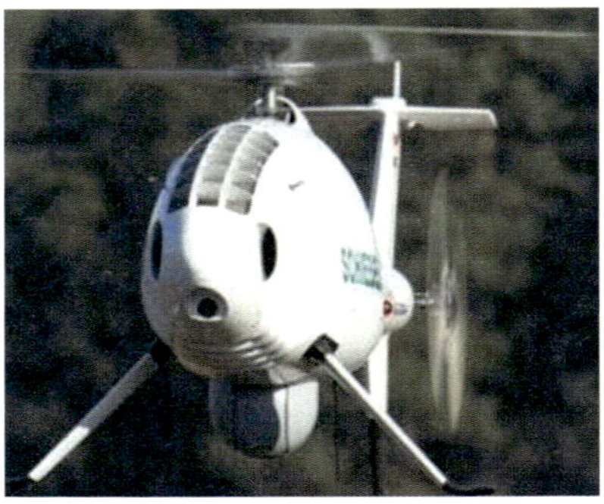

그림 1.25 회전익무인기 '캠콥터 S100'(Photo : schiebel.net)

3) 동축반전형(Co-axial) 무인항공기

한 개의 축에 상부, 하부 두 개의 로터를 반대 방향으로 회전시켜 비행하는 무인항공기이다. 일반적인 회전익 무인항공기는 꼬리날개로 하여금 반토크 현상을 상쇄시키는 역할을 하면서 비행하지만 동축반전형 무인항공기는 그림 1.26에서 보듯이 한축에 두 개의 로터가 반대방향으로 회전하여 반토크를 상쇄시키는 원리로 동력을 유지하고 기체의 방향과 기울기를 유지한다. 회전익 무인헬리콥터보다 상대적으로 기체가 안정적이어서 조종과 제어가 쉽기 때문에 조종자를 단기간에 양성할 수 있다. 또한 바람의 영향을 적게 받아서 저속 장기 정찰비행에 유리하다. 한편, 이중 로터시스템으로 추가양력이 발생하여 고속비행시 고속에 도달하는 진입시간이 더 많이 소요되고 한 축에 두 개의 로터가 있으므로 로터시스템의 높이가 높아서 기체의 높이가 전체적으로 높아진다는 단점이 있다.

그림 1.26 러시아의 동축반전형 무인항공기 (Photo : tass.com)

4) 가변로터형(Tilt-Roter) 무인항공기

고정익 무인항공기와 회전익 무인항공기의 장점을 반영하고 단점을 극복하기 위해 로터시스템을 "가변형"으로 개발한 무인항공기이다. 함상과 같은 좁은 공간에 이・착륙할 수 있도록 이・착륙시에는 로터를 수직으로 하여 양력을 발생시키고, 비행시에는 "천이비행단계" 즉, 로터를 수직에서 수평인 상태로 변환시키는 비행단계를 거쳐서 고정익 비행체 형태로 고속으로 비행할 수 있는 무인기이다. 비행체가 크고 구조적으로 복잡하여 시스템의 안정성과 신뢰성 확보가 어렵고 양쪽의 이중 프로펠러와 로터 형태로 인하여 이・착륙시 돌풍 등의 바람 변화에 취약하고 체공시간이 짧은 단점이 있다.

그림 1.27 대한항공 가변로터형 무인항공기(Photo : techcenter.koreanair.com)

5) VTOL(Vertical Take-Off and Landing) 무인기

VTOL(Vertical Take-Off and Landing) 무인기는 현재 상업용 드론시장에서 가장 각광을 받고 있는 형태의 무인기의 한 종류라고 할 수 있다. 제자리에서 이·착륙이 가능한 헬리콥터 형태 무인기의 장점과 날개를 이용한 양력의 효과를 이용하여 동력원의 소모를 효율화하여 비행시간을 늘려 장거리 비행을 가능하게 하는 고정익 무인기의 장점을 갖춘 형태의 무인기이다. VTOL 무인기 시장은 2022년에 8억 4000만 달러의 시장규모에서 2030년에는 46억 2500만 달러 규모로 급속 성장할 것이라 예측하고 있다. 군사용으로 가장 많이 운용되지만 수색구조, 교통감시 등 공공업무에도 활용하기 위하여 다양한 실증을 진행 중이다. 민수용으로는 원격탐사, 택배 배송, 측량·매핑 등 다양한 산업 분야에 응용되어 상업화를 위한 실증이 활발히 추진되고 있다. VTOL 무인기는 미국, 독일 등의 선진국에서 UAM체계를 만들어 가는데 있어서 드론택시 기술 개발을 선도하고 있는 형태의 무인기 종류이다.

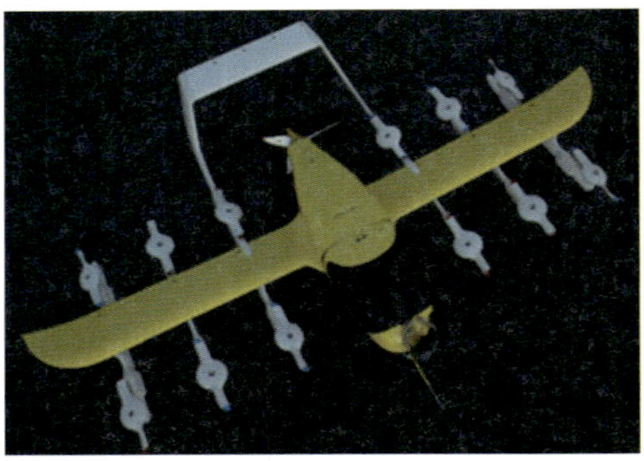

(a) Wisk Aero사의 eVTOL 기체 Cora
(사진출처 : Wisk Aero사 홈페이지 홍보화면 캡처)

(b) Archer Aviation사의 eVTOL 기체 Maker
(사진출처 : Archer Aviation사 홈페이지 홍보화면 캡처)

그림 1.28 VTOL 무인기

6) 다중 로터형(Multi-Copter) 무인멀티콥터

3개 이상의 다중 로터로 양력을 발생시켜 비행하는 무인기이다 최근 가장 핫(hot)하게 개발되어 운용되고 있는 무인기로 취미로 조종하는 소형부터 산업용까지 다양하게 개발되어 방제, 인명구조, 항공촬영, 재난안전, 택배 등 다양한 용도로 활용되고 있다.

(a) ㈜숨비 S-200 인명구조 드론

(b) ㈜숨비 조류퇴치 드론

그림 1.29 멀티콥터 드론(Photo : 숨비 홈페이지)

다른 무인기에 비하여 상대적으로 조종이 용이하고 운용비가 적게 드는 장점이 있으나 기체가 작기 때문에 돌풍 등 바람의 영향을 많이 받고 배터리에 의해 동력을 얻기 때문에 비행시간이 짧은 것이 단점이다. 세계의 주요국가들은 비행시간을 연장하고 다양한 기능을 안정적으로 수행하기 위한 기체를 개발하기 위해 치열한 연구개발이 진행 중이고 하루가 멀다 하고 놀라운 속도로 발전하고 있는 무인기이다.

6) 기타 형태

덕트팬형 무인기는 원통형 관 안에 있는 선풍기 날개(Duct Fan)를 회전시켜 동력을 얻어 비행하는 무인기이다. 원통형 관에 팬이 있기 때문에 외부의 환경으로부터 보호되면서 안정적인 비행을 할 수 있다. 후쿠시마 원전 사고시에 원자로 일대에 투입되어 활약했다.

또한 다양한 목적으로 상대방에게 식별이 용이하지 않도록 조류와 곤충의 모양을 닮은 아주 작은 크기의 무인기도 있다.

(a) 미국 하웰사의 T-Hawk 소형무인기

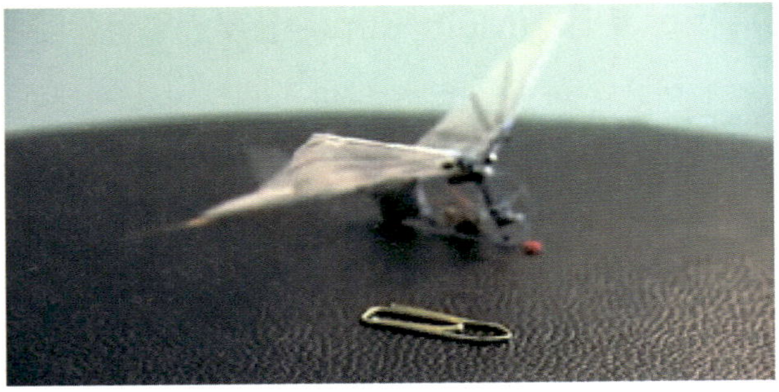

(b) 노르웨이 프록스 다이나믹스사의 초소형 드론

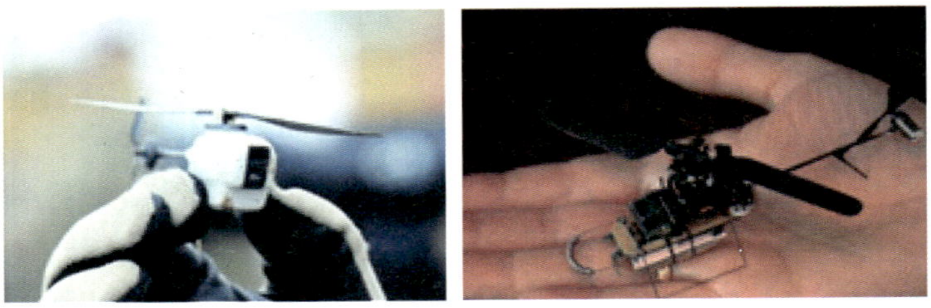

(c) 초소형드론 블랙호넷

그림 1.30 기타 형태의 소형(초소형)무인기 (Photo : en.Wikipedia.org)

2 무인기 운용목적에 따른 분류

무인기는 아래 표 1.2에서 보는 바와 같이 운용목적에 따라서 다양하게 분류된다. 군사적 목적으로 운용되는 표적기, 정찰기, 자폭용공격기 , 전투기, 폭격기 등이 있고, 군사적 목적과 상업적 목적으로 다양한 분야에 동시에 운용되는 무인헬기가 있다. 또한 영상촬영, 정찰, 물류 배송 등 여러 임무를 수행하기 위한 소형 · 초소형 비행체가 있다.

표 1.2 운용목적별 무인기의 분류

구 분	내 용
표적기	• 방공포나 전투기의 훈련을 위해 대표적으로 사용되는 무인항공기(F-4 → QF-4, F-16 → QF-16)
정찰기	• 실시간으로 표적 정보를 수집하기 위한 무인항공기로 현재, 대부분의 무인항공기가 정찰기임.(미군은 정찰기의 25% 이상을 무인기로 대체)
자폭용 공격기	• 일정한 상공에서 비행을 하다가 적 레이더가 작동하면 레이더 신호를 따라가서 자폭하는 무인기(하피 무인기 등)
전투기	• 현재의 유인 전투기를 대신하기 위해 개발된 전투용 무인항공기(Predator 등)
폭격기	• 통제형태는 정찰기와 같으나 탑재장비로 폭탄을 탑재하여 표적지역에 투하하는 무인항공기(MQ-25A Stingray UCAV, Phantom Ray UCAV 등)
무인헬기	• 고정익이 아닌 헬리콥터 형태로서 군사분야보다는 방제, 촬영 등 민간분야에서 더 많이 발전하고 있는 무인기(방제용 무인헬리콥터, 산불진압 헬리콥터 등)
소형(초소형) 비행체	• 소형 비행체(고정익 또는 무인멀티콥터)로서 휴대용 정찰, 촬영, 재난안전, 물류의 수단으로서 활발히 개발되고 있는 무인비행체(촬영드론, 안전드론, 산불감시드론, 택배드론 등)

3 무인기 이·착륙 방식에 따른 분류

무인기는 아래 표 1.3에서 보는 바와 같이 이·착륙 방식에 따라서 지상활주 이·착륙 무인기, 수직 이·착륙 무인기(VTOL : Vertical Take-off and Landing), 발사대 및 로켓 발사식 이륙 무인기, 투척방식 무인기, 낙하산 전개 착륙 무인기, 그물망 착륙 무인기, Deep stroll 착륙 무인기 등으로 구분된다.

표 1.3 이·착륙 방식별 무인기의 분류

구 분	내 용
지상활주 이·착륙 무인기	• 양호한 활주로를 이용하여 이·착륙을 실시하는 무인기(Predator 등 다수)
수직 이·착륙 무인기 (VTOL)[5]	• 함상에서 운용하기 위하여 수직 이·착륙이 가능한 무인기(Fire Scout, NR UAV 등)
발사대 및 로켓 발사식 이륙 무인기	• 차량에 설치된 발사대나 로켓 장치에 의해 발사식으로 이륙하는 무인기(RQ-7 Shadow 200, 송골매 등 다수) • 활주로가 없거나 주변 장애물로 인해 활주 이륙이 불가할 경우 이를 극복하기 위해 고안된 방식
투척방식 무인기	• 소형 무인기로 야지에서 도수로 투척이 가능한 무인기(RQ-11 Raven, Pointer, Dragon Eye, Remo Eye 006 등 다수)
낙하산 전개 착륙 무인기	• 지형이 활주 착륙에 부적합하거나, 엔진 고장 등의 비상 상황 발생시 사용을 위해서 무인기에 낙하산을 부착하는 무인기(송골매 등 다수)
그물망 착륙 무인기	• 함상 등 활주여건이 불비한 지역에서 그물망을 설치하여 그물망에 걸리게 하여 회수하는 방식의 무인기(RQ-2 Pioneer, Scan Eagle 등 다수)
Deep stroll 착륙 무인기	• 비상상황에서 착륙시 기체에 손상을 최소화시키기 위해 에어백(Air bag)등의 완충장치를 부착한 무인기

5) VTOL(Vertical Takeoff and Landing) 수직으로 이·착륙하는 방식

4 무인기 성능에 따른 분류

1) 비행고도에 따른 분류

무인기가 운용되는 비행고도에 따라 저고도 무인항공기(Low Altitude UAV), 중고도 무인항공기(Medium Altitude UAV), 고고도 체공형 무인항공기(High Altitude UAV)로 구분하여 운용한다.

표 1.4 비행고도별 무인기의 분류

고도별 분류	비행고도	탐지장비	무인기 종류(비행고도)
저고도 무인항공기 (Low Altitude UAV)	6,200m 이하 저고도 비행	전자광학카메라(EO), 적외선 감지기(IR)	Hunter(6.1km), Shadow(4.5km)
중고도 무인항공기 (Medium Altitude UAV)	13,950m 이하 대류권 비행	전자광학카메라(EO), 합성개구레이더(SAR)	Phantom Ray UCAV(12km) Heron(13.5km)
고고도 체공형 무인항공기 (High Altitude UAV)	13,950m 이상 성층권 비행	합성개구레이더(SAR) 해상도 : 0.3m	Global Hawk(19.8km) Global Observer (20km)

2) 비행거리에 따른 분류

무인기가 운용되는 비행거리에 따라 근거리 무인기(CL : Close Range), 단거리 무인기(SR : Short Range), 중거리 무인기(MR : Medium Range), 장거리 체공형(LR : Long Range)으로 구분하여 운용한다.

표 1.5 비행거리별 무인기의 분류

구 분	운용거리	운용 제대	무인기 종류(비행거리)
근거리 무인기 (CL : Close Range)	50km 이내	여단급 이하	Desert Hawk(15km), Raven(10km)
단거리 무인기 (SR : Short Range)	약 200km 이내	군단급 이하부대	Hermes 450(200km), Searcher(200km)
중거리 무인기 (MR : Medium Range)	약 650km	미공군/합동군 전략정보지원임무	Predator(1,200km), Heron(1,000km)
장거리 체공형 (LR : Long Range)	약 3000km 내외	미공군/합동군 전략정보지원임무	I-Gnat(2,750km), Reaper(3,065km)

3) 비행체공시간에 따른 분류

무인기가 운용되는 비행체공시간에 따라 단시간 비행 무인기(5시간 이내), 단기 비행 무인기(10시간 이내), 중기 체공 무인기(10~30시간), 장기 체공 무인기(30시간 이상)로 구분하여 운용한다.

표 1.6 비행체공시간별 무인기의 분류

구 분	체공시간	운용 제대	무인기 종류(체공시간)
단시간 비행 무인기	5시간 이내	연대급 이하	Harpy(2시간) Remo-Eye(90분) 무인멀티콥터(40분 내외)
단기 비행 무인기	10시간 이내	여단급 이하 (대한민국, 사단/군단)	KUS-9(8시간) 송골매(6시간)
중기 체공 무인기	10~30시간 이내	군단급	Searcher(15시간) Reaper(29시간)
장기 체공 무인기	30시간 이상	전략급	Global Observer(최대 7일) Global Hawk(32시간)

4) 무인기 크기에 따른 분류

무인기가 운용되는 비행체의 크기에 따라 초소형 무인기(15cm 내외), 소형 무인기(1.5m 이내), 중소형 무인기(5m 이내), 중형 무인기(5~10m), 대형 무인기(10m 이상)로 구분하여 운용한다.

표 1.7 무인기의 크기에 따른 분류

구분	크기	운용 제대 / 방법	무인기 종류(날개크기)
초소형 무인기 (MAV: Micro-Air Vechcle)	15cm 내외	소부대에서 투척식으로 운용	Mosquito(34cm)
소형 무인기 (Mini-UAV)	1.5m 이내	소부대에서 1~2명이 휴대하면서 투척식으로 운용	Desert Hawk(91cm), Raven(1.37m)
중소형 무인기 (OAV: Organic Aerial Vechcle)	5m 이내	주로 차량에 탑재하여 발사식 또는 로켓발사식으로 운용	Shadow 200(3.9m) Harpy(2m)
중형 무인기	5~10m	SR(Short Range)급 무인기	Pioneer(5.2m) Hunter(8.8m)
대형 무인기	10m 이상	MR(: Medium Range)급 이상 무인기	Predator(14.8m) Global Hawk(39.9m)

드론 시장전망

CHAPTER 03

1 드론의 발전

무인멀티콥터의 시작은 1989년 일본의 키엔스사가 제작한 KEYENCE Gyrosaucer 시리즈라 알려져 있다. 이 제품은 모터나 배터리를 포함한 기체중량에 비해 모터의 출력이 낮고 배터리의 용량이 작아서 비행시간이 짧아 실내에서 잠깐 비행하는 수준 정도였다.

무인멀티콥터의 폭발적인 성장은 2005년 설립된 아두이노(Arduino)라는 단체가 학생, RC전문가들에게 마이크로컨트롤러(micro controller)를 내장한 기기 제어용 기판을 오픈 소스로 공급하면서 시작되어, RC분야에 멀티콥터와 고정익기에 대한 급속한 발전이 이루어졌다. 또한 무료로 공개했기 때문에 관심이 있는 개인과 기업을 통해 아이디어가 연구와 시험을 통해 폭발적으로 발전할 수 있는 계기가 되었다.

처음으로 대중화된 드론은 2010년 프랑스 자동차 제조사인 패롯(Parrot)이 미국 라스베이거스 국제전자제품박람회(2010 CES)에서 선보인 'AR'드론이다. 57cm 크기의 멀티콥터로 소형 카메라도 장착하였고 자이로스코프, 가속도계, 지자계센서 등을 통해 안정된 비행이 가능한 제품으로 RC업계의 오래 된 과제를 해결하였다.

이후에 방제를 위한 산업용 드론과 영상 촬영을 위한 산업용 드론 등이 제작되어 상용화되었고, 2016년 미국 라스베이거스에서 개최되는 국제전자제품박람회(2016 CES)에서는 중국 드론 제조업체인 이항(Ehang)에서 사람이 탈 수 있는 유인드론 "이항 184"까지 출시가 되었으며 최근 CES에서는 Skydio 2+와 같이 장애물 회피 기능, 5G 통신의 대용량 고화질 영상의 실시간 전송이 가능한 드론 등 최첨단 IT기술이 드론에 접목되어 그 기능이 고도화되고 있다.

(a) KEYENCE사 멀티콥터 Gyrosaucer (b) Parrot사의 AR드론 2.0

그림 1.28 무인멀티콥터의 발전 (Photo : techcrunch.com)

무인멀티콥터가 이처럼 획기적으로 발전하게 된 요인은 **첫째, 모터와 배터리의 출력 향상과 소형화, 경량화 덕분이다.** 2004년에 RC 비행기, Single Roter 헬리콥터에 BLDC(브러시리스) 모터와 리튬 폴리머 전지를 사용하여 무인멀티콥터를 제작하였다. 이 결과 출력밀도가 향상되어 RC(Radio Controller)의 전동화가 이루어졌고, 비행시간이 종전에는 1분 정도였으나 10~15분으로 증가하게 되었다. 현재의 리튬 폴리머 배터리로는 30분 내외의 시간동안 비행할 수 있다.

두 번째 이유로는 부품이 작고 가벼워졌음에도 불구하고 가격이 저렴해졌다는 것이다. 2010년부터 프랑스의 패롯(Parrot), 미국의 3D로보틱스(3DR), 중국의 DJI 등 여러 업체들은 MEMS[6]기술(미세 전자 기계시스템)을 사용하여 3축 자이로센서, 3축 가속도센서, 3축 지자계센서의 성능을 향상시켰고, 작고, 가볍고, 저렴한 제품을 생산하였다.

세 번째로, 자동제어가 가능해졌다는 것이다. IMU[7](관성측정장치)와 GNSS[8](위성항법시스템)를 개선하여 멀티콥터형 FC(Flight Controller)를 개발하였고 기체를 컴퓨터에 의해 자동 제어하는 것이 가능해졌다.

이러한 과정을 통해 값싸고 가벼우며 안정화된 기체와 자세제어가 용이한 무인멀티콥터 시장이 폭발적으로 성장하게 되었다.

6) MEMS(Micro electro-mechanical systems, 미세 전자 기계시스템, 멤스) : 눈에 보이지 않는 아주 작은 단계에서 전기소자적 작용과 기계적인 작용을 동시에 하게 만든 시스템, 나노머신(한국), 마이크로머신(일본)으로 불린다.

7) IMU(Inertial Measurement Unit, 관성측정장치) : 이동물체의 중력, 속도와 방향, 가속도를 측정하는 장치

8) GNSS(Global Navigation Satellite System, 위성항법시스템) : 인공위성을 이용해 위치를 결정할 수 있게 하는 체계로 미국의 GPS, 유럽연합의 Galileo, 러시아의 GLONASS, 중국의 베이더우 위성항법 시스템

2 드론 시장전망 9)

1) 세계 드론 시장전망

드론산업은 항공, ICT, S/W, 센서 등 첨단 기술 융합산업으로 성장 잠재력이 매우 큰 산업이다. 2016년 1월에 개최된 세계경제 포럼('16.1)에서 드론산업이 4차 산업혁명을 견인할 대표적인 사이버 물리시스템으로 주목을 받은 이후 드론의 발전 가능성에 전 세계의 관심이 집중되어 급성장을 하고 있다.

세계 드론시장은 '20년 기준 225억$이며, 연평균 13.8% 성장하여 '25년에는 428억$에 이를 것으로 전망하고 있다. (출처 : Drone Market Report, '20)

이중에서 상업용 드론시장은 H/W, 소프트웨어, 활용시장으로 나뉘며, 시장규모는 활용시장이 79%, H/W시장이 16%, 소프트웨어 시장이 5%를 차지하고 있다. 드론이 주로 활용되는 분야는 에너지분야(정유소 · 송전탑 점검 등, 29억$), 건설분야(현장조사, 26$), 교통 · 창고분야(교통시설 점검 · 재고관리, 22억$), 농업분야(20억$) 순으로 큰 시장이 형성되고 있다.

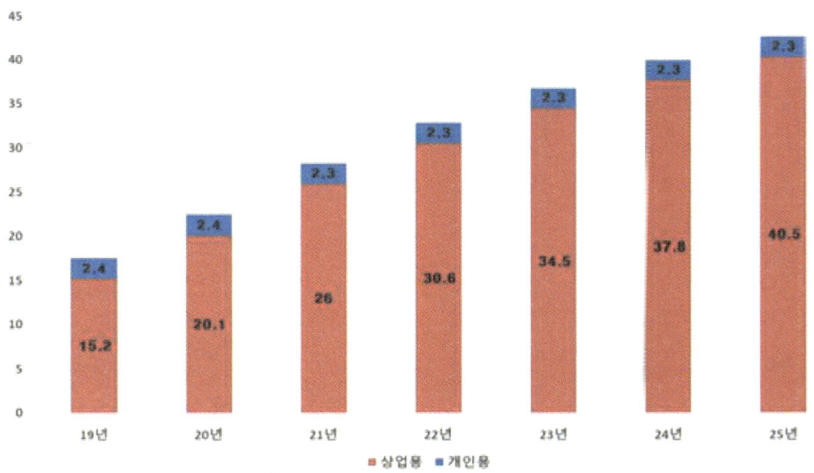

그림 1.29 세계 드론시장 규모(단위 : 십억$)

9) 국토교통부 드론시장 경쟁력 강화방안 보도자료(2021.12.15.)

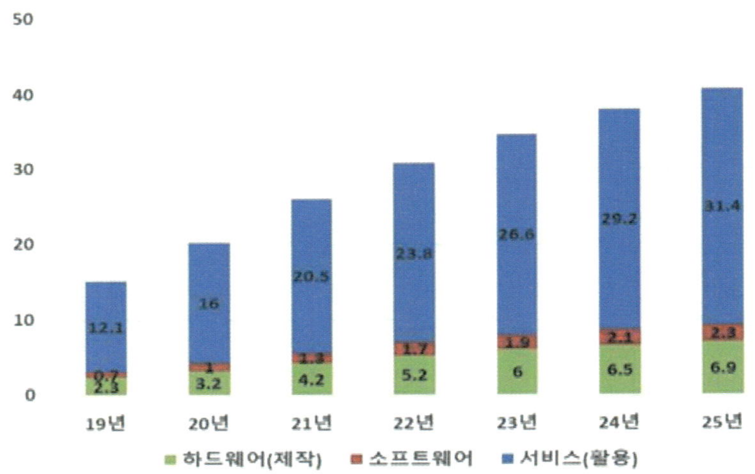

그림 1.30 부문별 상업용 드론시장 규모(단위 : 십억$)

자료출처 : 국토교통부 드론시장 경쟁력 강화방안 보도자료(2021.12.15)

2) 국내 드론 시장 규모와 전망

국내 드론시장 규모는 '16년 704억원에서 '20년 4,945억원으로 크게 성장하여 세계 드론시장의 약 2%를 점유하고 있다. 연평균 13% 성장하여 '24년에는 8천억원까지 성장 전망할 것으로 전망하고 있으며 이중에서 드론 활용산업이 3,645억원으로 제작산업 1,300억원의 약 2.5배 규모로 크다.

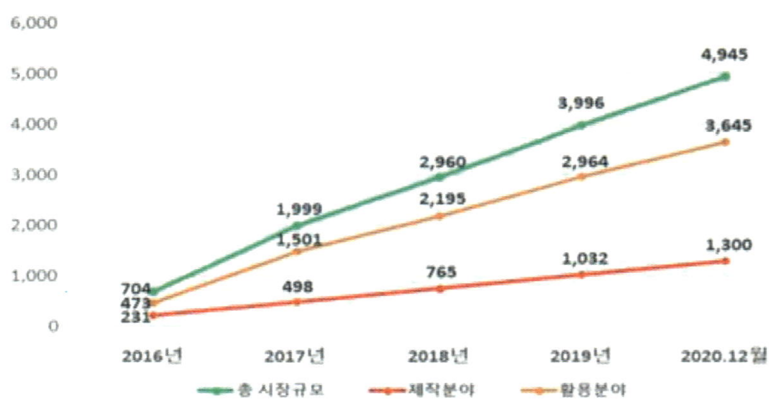

그림 1.31 국내 드론시장 규모(단위 : 억원)

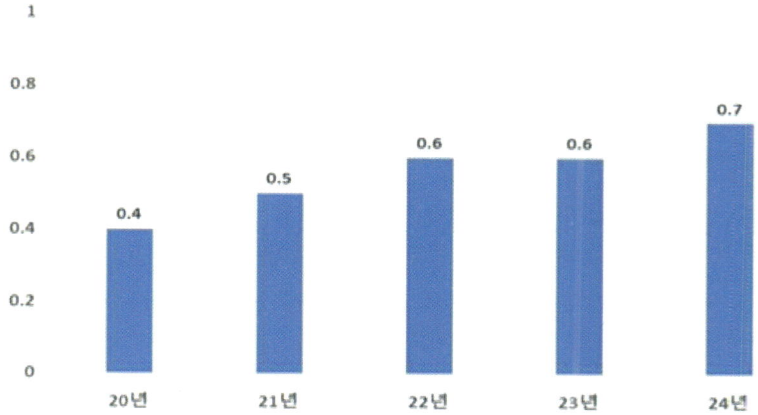

그림 1.32 국내 드론시장 전망(단위 : 십억$)

자료출처 : 국토교통부 드론시장 경쟁력 강화방안 보도자료(2021.12.15)

드론시장 성장에 따라 기체 신고대수, 드론관련 예산, 조종자격 취득자 등 드론산업 대표 지표들도 증가 중인데 드론기체 신고대수는 16년 2,172대에서 21년 6월 기준 26,035대로 12배로 증가하였으며 드론 관련 일반예산은 17년도에 87억원에서 21년에는 395억원으로 4.5배 증가하였으며 드론 조종자격 취득자수도 16년 1,351명에서 21.6월까지 57,918명 42.8배로 획기적으로 증가하였다.

드론 활용업체 등록 건수에서는 '17년 약 1.5천개에서 '21.6월 약 4천여 개로 크게 증가하는 등 드론을 활용한 국내 산업이 양적인 성장은 하였으나 사업분야면에서 미국 등 선진국은 배송, 인프라 점검 등 다양한 분야에서 드론을 활용중이나 우리나라는 촬영 · 농업 등 단순 기술이 적용되는 특정분야인 촬영(37%), 측량 · 탐사(29.3%), 농업(22.4%), 조종교육(10.8%) 등에 집중되어 사업이 진행되고 있는 실정이다.

표 1.10 국내 드론 운영 현황 통계

구분	'16	'17	'21	'21.6	'22.6	비고
드론장치신고 대수	2,172대				26,036	12배 증가
드론관련 일반예산		87억원	395억원			4.5배 증가
조종자격 취득자수	1,351명			57,918		42.8배 증가
드론활용업체 등록건수		약 1,500개		약 4,000개		2.7배 증가

자료출처 : 국토교통부 드론시장 경쟁력 강화방안 보도자료(2021.12.15)

3) 국내 드론산업에 대한 평가

국내 드론산업의 양적 성장에도 불구하고 인구밀집지역 내 드론사고 위험, 불법촬영 등 사생활 침해 등의 사유로 도심 내 드론 비행에 대한 국민 불안은 오히려 증가하고 있다. 드론불법 비행 과태료 현황을 보더라도 2017년 37건이었으나 2020년에는 101건으로 약 2.7배 증가하였으며 안전 강화를 위해 2kg 이상의 드론은 모두 기체를 등록하는 드론실명제를 21년 1월에 시행하고, 사업 · 공공분야 드론은 보험을 의무적으로 가입하는 등 의무보험 확대 등의 정책을 추진하였으나, 불법비행 관리부터 사고대응까지 종합적인 안전관리시스템은 아직 마련되지 못한 상태이다.

23년 1월 기준으로 비행시험장 3개소, 실기시험장 1개소, 교육센터 1개소 운영 중이나 드론 부품 · 기체 테스트를 수행할 수 있는 드론 비행시험장, UAM 시험설비 등 상용화 지원 인프라를 추가적으로 갖추어야 할 것이다.

조종인력은 21년 6월 기준으로 5.8만명 배출하여 인원의 수는 양적으로 급성장하였으나 가시권 비행 중심의 현 교육 · 자격시험 체계로는 UAM시대를 대비한 자율비행, 비가시권 비행 운용 등의 전문성이 제한되어 제작 · S/W 등 해당분야의 전문인력 양성이 병행되어야 한다는 분석이다. 또한 드론산업 기초 데이터 확보를 위한 실태조사가 부재하며, 드론산업의 체계적 발전 도모를 위해 데이터 확보를 위한 적시성 있는 중장기 계획을 수립하고 있다.

4) 우리나라 드론산업 비젼과 추진전략

4차 산업혁명으로 급격히 변화하는 글로벌 경제전망에 부합하고 국가의 미래 먹거리를 선도하기 위하여 정부는 드론을 혁신성장 선도사업으로 선정하여 범정부 차원에서 드론산업을 집중 육성하고 있다. 현재 드론의 글로벌 H/W 시장은 중국(DJI 등)이 저렴한 가격을 바탕으로 시장의 70%를 점유하고 있으나, 활용시장은 글로벌 선두주자가 없는 상황이다. 이는 드론의 활용시장은 드론의 활용 분야의 폭이 넓고, 기술지향적 시장으로 특정 업체가 모든 분야 점유하는 데에는 한계가 있기 때문이다. 정부는 드론산업 후발주자인 국내 드론산업이 국제 경쟁력을 확보하기 위해서는 비교우위가 있는 드론 활용시장을 중심으로 집중 육성하고자 드론산업 육성과 우수기업 발굴을 위해 '드론산업발전 기본계획' 수립('17.12월), 드론법 제정('19.4월), '드론산업육성정책 2.0'('20.11월) 발표하여 실증지원, 규제개선 등 산업육성을 위한 다양한 노력으로 국내 드론시장은 '17년 2천억원에서 '20년 5천억원으로 약 2.5배 증가하여 빠르게 성장하였다.

'21. 12월에는 국내 드론 활용시장이 세계 드론시장을 주도해 나갈 수 있도록 관계부처 합동으로 일상 속 드론 상용화 지원을 통한 '드론산업 경쟁력 강화 방안'을 발표하였는데, 현재 세계 드론시장 경쟁력 10위권의 수준을 2025년까지 7대 강국의 위치까지 상승시키고 상용화 성공모델 20개를 달성하여 국내 드론시장의 규모를 20년 기준 5,000억원에서 1조원 규모까지 성장시키겠다는 계획이다. 4대 핵심 추진 방향은 상용화 모델 발굴 지원, 안전한 드론운용 환경 조성, 상용화 지원 인프라 확대, 드론산업 발전 기반 조성이며 이를 추진하기 위한 20개의 성공모델은 표에서 보는 바와 같다.

표 1.11 드론산업 경쟁력 강화를 위한 20개 성공모델 추진과제

구분	성공모델 추진과제
1. 상용화 모델 발굴 지원	• 규제없는 실증 확대 • 드론 레저산업 육성 • 공공조달 판로 확보 지원 • K-드론시스템 실용화 지원 • 드론활용 분야 상용화 지원
2. 안전한 드론운용 환경 조성	• 도심 내 비행기준 마련 • 불법드론 관리 및 대응강화 • 드론사고 대응력 제고 • 드론 보안 강화 • 드론 보험 합리화
3. 상용화 지원 인프라 확대	• 드론개발 인프라 구축 • K-UAM 테스트베드 구축 • 통신 인프라 확대 기반 마련 • 드론 배달점 확대 • 인력 양성체계 마련
4. 드론산업 발전 기반 구축	• 드론산업 실태조사 • 중장기 계획 수립 • 기술경쟁력 강화 • 해외 진출 지원 • 드론관리·UAM법 제정

3 드론 활용분야

1) 농업분야 활용

무인멀티콥터를 농업분야에 처음으로 도입한 나라는 중국이다. MEMS기술의 발달로 가벼운 기체를 쉽게 조종할 수 있게 되자, 중국 최대 건설 및 농기계장비 제조회사인 ZoomLion이 무인멀티콥터를 농업분야에 적용하고자 개발에 착수하여 2012년 Z-Lion(지라이온) 시리즈를 연이어 출시함으로써 농업용 멀티콥터 시장을 개척하였다. ZoomLion 이외에 중국의 X AIRCRAFT사가 X Planet 모델을 출시하였고, 2015년에는 취미용 드론을 생산하여 무인멀티콥터 시장을 장악한 DJI가 농업용 멀티콥터인 MG-1을 출시하였다.

연구기관의 발표에 의하면 향후 드론이 가장 많이 활용될 분야로서 농업분야가 전망되고 있다. 중국은 취미용 드론시장의 성공을 바탕으로 산업용 드론시장, 특히 농업용 드론시장에서의 성공을 위해 국가차원에서 많은 투자와 노력을 진행하고 있다.

우리나라의 농업용 무인멀티콥터 시장은 2014년부터 시범사업을 시작하였고, 중국의 완제품을 도입한 운용과 함께 일부 업체에서는 기술을 개발하여 농업용 무인멀티콥터를 생산하고 운용하고 있다. 그러나 아직은 무인멀티콥터를 제조하기 위한 주요 부품과 S/W의 많은 부분을 중국 등 외국에 의존하고 있는 실정이다. 우리 정부도 향후 무인멀티콥터를 4차 산업을 선도할 주요한 품목으로 선정하였고 많은 투자와 지원계획을 수립하고 있다. 향후 중국 등의 외국과 기술 격차를 줄여 나감으로써 우리 기업들의 자체기술로 제작된 농업용 무인멀티콥터들이 우리나라의 논과 밭을 누비는 모습을 기대할 수 있을 것이다.

표 1.12 농업용 무인멀티콥터의 제원

작업거리	기체 제원	동력원
• 150m 이내	• 기체 길이 3.065m • 기체 높이 1.078m	배터리
작업능력	**약제적제량**	**비행시간**
• 1일 작업능력 : 500,000m^2 • 1회 살포능력 : 30,000m^2 • 1시간 살포능력 : 80,000~90,000m^2	10kg 내외	15분 내외

(a) 카스컴 AFOX-1A

(b) (주)반디 VANDI-A10

(c) (주)순돌이드론 SDR A-20

그림 1.33 국내 농업용 무인멀티콥터

또한 최근 국내의 농업환경은 농업인구의 고령화와 기상이변에 따른 각종 재해, FTA에 의한 시장 개방으로 어려움을 겪고 있다. 이러한 문제를 해결하고 지속가능한 농업으로 발전하기 위하여 첨단 과학기술과 융합한 정밀 농업으로의 혁신이 필요하다.

정밀농업(Precision Agriculture, Precision Farming)이란 각종 ICT 기술을 활용해 비료, 물, 노동력 등 투입 자원을 최소화 하면서 생산량을 최대화하는 생산방식이다.

미국은 현재 전체 농가의 약 40% 이상이 정밀농업을 활용하고 있으며, 독일, 덴마크 등 유럽에서는 정밀농업 인증이 시행되고 있다. 일본 역시 벼농사 중심으로 정밀농업 기술이 1990년대 중반부터 개발돼 현장에 보급된 상황이고 중국과 인도도 정밀농업 대열에 합류하고 있다.

정밀농업을 활성화하기 위해서는 다양한 기술이 접목 되어야 한다. 여기에서 드론은 필수적이라 할 수 있다. 드론을 이용하여 방제를 하는 것도 정밀농업에서 드론이 수행하는 한 분야이다.

정밀농업에 드론이 본격적으로 활용될 경우 다음과 같은 정보를 활용함으로써 농업의 생산성을 높일 수 있다.

① 경작지와 농작물 위치를 3D Mapping[10)](3차원)으로 재구성한 지도 작성이 가능해지며, 이후 드론에 장착된 센서를 통해 농작물의 수확량을 정확하게 측정할 수 있다.

② 드론이 측정한 시각 정보와 적외선 정보를 통해 농작물의 NDVI[11)] 식생지수 정보를 계산해 낼 수 있다.

③ 또한 지상에서 잘 관찰할 수 없는 병충해를 감지할 수 있으며, 농작지에 설치한 각종 센서를

10) 3D Mapping : 지정된 GPS 비행경로를 따라서 상 · 하, 좌 · 우로 천천히 비행하면서 밀리미터(mm) 단위 해상도의 사진을 촬영한다. 드론 한대가 하루에 수 백 평방킬로미터 지역을 GPS 경로비항을 하면서 촬영각도를 조금씩 바꾸어서 80%~90% 중첩된 영상들을 수천 장 촬영할 수 있다. 사람이 조종하는 헬리콥터나 비행기로는 도저히 불가능한 작업이다.

11) NDVI (Normalized Difference Vegetation Index) : 가장 일반적으로 사용되어지는 식생지수로서, 농작물의 건강지표를 의미한다. 가시광선(특히 적색 영역)과 근적외선 영역에서 녹색 식물의 반사율 차이가 크게 나는 것을 이용하여 두 영역에서 관측되어진 영상에 일정한 수식을 적용하여 식생의 상태를 나타내는 영상을 얻어내는 것이다.

활용해 수분과 비료 등의 정보를 수집하고 농작물의 상태에 따라 물, 비료, 작물보호제 등을 처방할 수 있다.

2) 항공촬영분야 활용

무인멀티콥터를 항공촬영 시장에 등장시키고 급속한 발전을 이끌고 있는 나라는 중국이다. 중국 DJI에서 소형이면서 저가의 제어시스템과 고해상도 카메라 GoPro를 탑재한 항공촬영용 드론인 Phantom 시리즈를 출시하자 항공촬영업계에는 무인멀티콥터의 붐이 일어났다. DJI는 연이어서 Inspire, Mavic, Matrice 600 모델을 출시하였고, 최근에는 우리나라 항공안전법에서 드론조종자 자격 기준을 정한 250g 이하 드론인 249g의 Mavic Mini 3 Pro를 출시하여 판매하고 있다. 미국의 아우텔 로보틱스(Autel Robotics)사의 EVO II 4T, 스카이 듀오사의 Skydio 2+ 등 드론선진국에서도 비행의 안정성과 고해상도 촬영능력을 가진 드론을 출시하여 현재 세계적으로는 TV에 방영되는 각종 프로그램의 하늘에서 찍은 대부분의 영상은 거의 대부분 드론을 활용해 촬영한 영상이다.

향후 사업성도 대단히 밝다. 과거에는 유인 헬리콥터나 무인헬리콥터에 의한 항공촬영이 대부분 상업적 목적으로 이용되었다면 현재 드론을 활용한 항공촬영은 상업적인 목적은 물론이고 누구나 즐길 수 있는 취미생활분야에까지 영역이 확대되었다.

우리나라도 예외없이 이러한 대세에 따라서 세계시장을 따라잡기 위해 정부의 적극적인 정책적 지원과 함께 드론 제조, 드론 관련 서비스, SW연구개발 등 관련업계가 함께 노력을 경주하고 있다. 현재 농·임업 분야 다음으로 가장 많이 드론을 활용하고 있는 분야가 영상촬영 사업분야이고 일반인이 드론을 가장 쉽게 접할 수 있는 분야이다. 개인 생활이 여유로워지고 문화에 개념과 공간이 확대되면서 드론을 활용한 영상촬영은 산업의 영역 뿐만 아니라 개인생활의 영역에 빠르고 접근할 것이 예상된다. 드론 관련 기관과 업계가 주목하고 있는 이유이다.

(a) Mavic Mini 3 Pro(DJI사) (b) EVO II Pro V3(Autel Robotic사) (c) Skydio 2+(Skydio사)

그림 1.34 항공촬영용 무인멀티콥터

3) 택배 및 수송분야 활용

드론에 대한 붐이 일어나고 산업용 드론이 언론에 등장하면서 가장 많이 언급된 것으로서 드론을 활용한 택배, 즉 물류수송에 대한 뉴스를 들 수 있다.

last mile(라스트 마일, 물류분야에서 소비자에게 가는 최종 단계) 무인 로봇 배송은 전 세계적으로 실현되고 있는 기술이다. 드론과 지상에서 운용되는 무인배송로봇을 이용한 라스트마일 시장의 규모는 2025년 285억 달러, 2030년에는 847억 달러로 연평균 24%씩 급성장할 것이라 전망하였다.(시장조사 전문기관 옴디아)

지금까지 세계 각국이 추진하고 있는 드론을 이용한 택배분야에 대한 주요 내용은 다음과 같다. 미국은 아마존, 월마트 등 대형 유통사를 중심으로 상업적 목적의 드론 배송서비스를 본격화하고 있다. 아마존(Amazon)은 2020년 미국 연방항공청(FAA)으로부터 배송용 드론 '프라임 에어(Prime Air)'라는 드론 택배사업을 승인받아 진행 중이며, 2.3kg 이하의 물품을 16km 반경 내에서 30분 이내에 배송하는 것을 목표로 하고 있다. 월마트는 드론 드론 배송 스타트업인 집라인, 드론업, 플라이트렉스와 2020년 업무제휴를 맺고 상업적 드론 배송 서비스를 본격 시작하여 미국 내 6개주 400만여 가구를 대상으로 드론 물품 배송 서비스를 확대했다. 구글은 모회사 알파벳이 운영하는 드론 배송업체 윙(Wing)을 통해 2021년 4월 미국 버어지니아주, 호주, 핀란드 등 대도시 지역에서 20만건 이상의 상업용 드론 배달을 실시했다.

유럽은 독일 도이치 포스트가 DHL을 인수한 뒤 DPDHL을 설립하였고 틸트로터 형 파셀콥터(Parcel- copter)를 이용한 북해 연한의 섬에 4kg 이내의 의료품을 수송하는 시험 배송을 22년 연말기준 130여회 실시하였다.

중국은 SF익스프레스(SF Express)에 이어서 인터넷 전자상거래 포털 사이트 알리바바(Alibaba)가 드론 배송서비스를 추진 중이다. 340g 미만의 물품에 한해 1시간 이내의 거리에서 배송하는 것을 목표로 하고 있다. 우선적으로 광저우, 상하이, 베이징 지역에서 시행하는 것을 추진 중이다. 또한 IT업체인 화웨이가 장둥닷컴과 함께 스촨성에 드론공항 150여개를 지어 드론택배를 위한 인프라 구축을 추진 중이다.

일본은 최대 전자상거래 업체인 '라쿠텐(Rakuten)'이 편의점 체인업체인 '로손(Lawson)'과 손잡고 후쿠시마현을 대상으로 강변을 따라 비행하는 드론택배 코스를 설정하고 도서지역과 고층아파트 지역에 배송실증 사업을 진행하고 있다.

우리나라에서는 CJ 대한통운과 현대 로지스틱스가 드론 택배 상용화를 위해 기술을 개발 중이며, 우정사업본부는 고흥 선착장에서 득량도까지 왕복 8km에 대한 우편물택배 시험을 실시하였고('17.11.28), 강원 영월우체국에서 별마로 천문대까지 드론택배 시범비행('18.8.8)을 실시하였다. 22년에는 유통업체인 CU가 강원도 영월에서 드론 배달 서비스를 실시하였으며, 세븐일레븐은 가평수목원에서 파블로항공의 드론을 이용하여 드론배송서비스를 실시하였다.

아직까지 세계의 어느 국가도 드론을 이용한 택배를 완전히 상용화하지는 못하고 있다. 모든 국가가 현 시점에서는 드론 기술의 안전과 비용, 안보에 관련된 여러 문제점들이 연계되어 있는 자국의 법적인 테두리 내에서 완전 상용화를 위해 기술을 고도화하고 지역을 확대하여 다양한 실증비행실험을 하고 있는 상태이다.

(a) Amazon 택배 실증 비행　　(b) 별마로 천문대 드론택배 시범 비행

그림 1.35 우정사업본부의 택배배송 시범운용

드론 택배가 상용화하기 위해서는 다음과 같은 제한사항이 해결되어야 한다

① 비행시간 해결 : 현재 택배드론의 비행시간은 배터리의 제한으로 20여분 정도 비행에 그치고 있고, 반경 5km 이내의 물류 창고 주변지역 범위에 그치는 정도이다. 현재 다양한 형태의 하이브리드(내연기관+배터리, 연료전지+배터리, 태양광+배터리)드론과 수소 등 새로운 동력원 개발을 위한 노력이 활발히 진행 중에 있다. 대한항공에서 개발 중인 KUS-HD는 가솔린 엔진과 배터리를 함께 동력원으로 사용하는 하이브리드 드론으로 최대 30kg 이륙 중량으로 2시간 동안 비행이 가능하다. 두산모빌리티이노베이션(DMI)이 자체 개발한 수소 연료전지 드론 'DS30'으로, 최대 120분을 비행할 수 있다고 발표하였다.

(a) KUS-HD 드론(대한항공)　　(b) 수소연료 드론(두산모빌리티 이노베이션)

그림 1.36 US-HD하이브리드 드론과 수소연료 드론

② **돌발상황에 대한 대처 문제 해결** : 현재 기술로는 새의 공격, 기상 악화 등 배송 중 돌발상황에 대한 대처가 제한적이기 때문에 안정성을 담보할 수가 없다. 따라서 외부 요인 극복을 위한 튼튼한 기체 제작이 필요하고 이륙 → 배송 → 복귀의 자동시스템 구현을 위한 소프트웨어 개발 등이 이루어져야 한다.

③ **아파트 등 공동주택 거주자들에 대한 물품 수령 문제 해결** : 대도시는 80% 정도의 인구가 공동주택에 거주하기 때문에 물품수령시 위험요인을 내포하고 있다. 현재는 정해진 지점에 낙하시키거나 도르레를 이용하여 내려서 받는 방식을 고려하고 있다. 향후에는 공동주택 등에서도 안전하게 택배를 수령할 수 있도록 드론을 정밀하게 설계하고 안전하게 택배를 수령할 수 있는 기술과 다양한 상황과 지역에 대한 정밀하고 구체적인 연구가 이루어져야 한다.

④ **각종 규제 문제 해결** : 비행금지구역, 비행제한구역, 시계비행 등 각종 규제로 인해 현행 항공법으로는 드론 택배는 실현 불가능하다. 따라서 규제에 대한 완화 등의 조치가 필요하다. 하지만 급작스러운 완화조치는 오히려 드론 사고로 이어질 가능성이 내제되어 있기 때문에 기술 개발의 속도, 안전성, 보안적인 측면 등 다양하고 다각적인 측면에서 제도의 개선이 이루어져야 한다.

⑤ **무인비행장치의 안전운항을 위한 저고도 교통관리체계(UTM ; UAS Traffic Management) 개발 및 실증 완성** : 현재 드론의 상업화를 추진하는 대부분의 나라에서 추진하고 있는 개발사업이다. 미국은 NASA를 중심으로 연구와 실증실험을 진행하고 있고 우리나라는 항공안전기술원이 주관이 되어 관련기관 및 민간업체 등이 참여하여 추진 중이다. 저고도 무인비행장치 교통관리 운용기준 및 실증, 교통관리 시스템 설계 및 구축, 교통관리 핵심기술 연구개발 분야로 구분하여 2022년 완성을 목표로 설정하여 노력을 집중하고 있다.

이러한 기술적, 시스템적, 법적인 문제가 단기적 또는 장기적으로 연구되고 해결될 때 드론을 활용한 택배가 완전히 상용화될 것이고 유인드론의 시대로 한걸음 다가설 수 있을 것이다.

4) 건설현장 분야 활용

4차 산업혁명에서는 '스마트시티(smart city)'의 건설이 추진되고 있다. 바로 사물과 사물이 서로를 인식하여 정보를 주고받는 사물인터넷(IoT)을 활용하여 인간이 풍요롭고 안전하게 생활하는 문화생활 공간을 만들어 가겠다는 계획이다.

현재 건설 분야에서는 드론을 활용한 스마트 건설이 시도되고 있다. 즉, 주택 · 건축 · 토목 · 플랜트 등 각종 건설 현장에 사물인터넷(IoT)을 도입하고 모바일 · 웨어러블 기기, 드론 등을 활용해 공정 전반을 실시간으로 관리하는 시스템을 의미한다. 현재 여기에는 엔비디아

(nVIDIA)사의 Jetson TX1이라는 Deep Learning 기반의 비디오 분석 모듈 등이 활용되고 있다.

스마트 건설에서 이루어지는 것은 위치기반 서비스와 공정관리 분야이다.

첫째, **위치기반 서비스**는 현장 근로자의 작업모나 출입 차량 등에 개인 신상 정보 등이 담긴 '스마트 태그(tag, 꼬리표)'를 부착하고 층마다 비콘(Beacon, 차세대근거리통신기술) 장치를 설치해 태그에서 보내오는 신호를 잡아 현장에 투입된 근로자와 장비의 위치, 장비 자재량을 판단하여 효율적인 인력운영과 자재관리를 할 수 있는 시스템이다.

둘째, **스마트 공정관리**는 드론이 촬영한 사진을 Wi-Fi를 통해서 전송하면 3차원 데이터를 분석하여 클라우드 서버에 저장한 뒤 시공계획 시뮬레이션을 구동시켜서 주변 지형을 측량하여 공사 소요를 판단하고 일일업무량, 안전관리, 향후 공정 등을 정밀하게 분석하여 반영하는 것이다. 현재 우리나라의 주요 건설사가 이를 시행하고 있고 건설 분야 전체로 급속히 확산되어 일자리창출과 경쟁력 강화 및 안전관리 등에 크게 기여할 것으로 기대된다.

(a) 공사현장에서의 드론에 의한 공정관리

(b) 3D 시뮬레이션에 의한 공정관리

그림 1.37 건설현장에서의 드론 활용 (Photo : 롯데건설 자료화면, compaper.tistory.com)

5) 건축물/시설 안전진단 분야 활용

최근 우리나라에서도 많이 활용하고 있는 분야가 드론을 활용한 건축물 구조진단이다. 특히 접근하기가 어려운 교량과 송전탑에 대한 안정성 진단은 사람이 직접 위험한 상황에 노출되지 않음으로서 안전할 뿐만 아니라 안전진단 시간을 대폭 줄여 주어 경제성 면에서도 훨씬 유리하다. 문제가 되는 지역을 근접해서 정밀하게 촬영하고 분석함으로서 구조물에 대한 명확한 안전진단을 할 수 있다는 장점이 있어 많이 시도하고 있는 분야이다.

미국 Sky Futures사는 2015년 3월부터 FAA의 허가 하에 드론을 이용한 유전 및 가스시설의 항공 촬영 서비스를 제공하고 있다. 비디오 카메라와 적외선 센서를 탑재한 드론을 이용해 송유관, 가스관, 굴착 장비 등 시설물을 정밀 촬영해 HD급 비디오 사진 및 적외선 이미지를 지상으로 전송하여 실시간으로 송유관 시설의 안전을 점검하고 있다. 현재 우리나라도 서울특별시 등 여러 지방자치단체에서 드론을 활용하여 교량 등 직접 인원이 접근하기 어려운 대형구조물에 대하여 드론을 이용한 정사영상 촬영, 3D 모델링 방법 등으로 체계적으로 구조물에 대한 데이터를 구축하여 안전진단을 실시하고 있고 그 범위를 점차 확대하고 있다.

(a) 송전탑 안전진단 (b) 해상설비 안전진단

그림 1.38 시설 안전진단 분야에서의 드론 활용

6) 긴급구조 및 실종자 수색 분야

실종자 수색에 드론이 활용되고 있다. 드론에 열영상 카메라를 장착하여 야간과 기상조건이 좋지 않은 상황에서도 운용할 수 있고, 사람이 직접 접근하기 어려운 장소를 정밀하게 수색활동함으로써 골든타임 이내에 신속하게 실종자를 발견하여 귀중한 생명을 구할 수 있는 것이다.

기술적인 측면에서도 단순히 영상을 통하여 실종자를 찾는데만 국한하지 않고 수색이 원활하지 않은 지역에 대해서는 드론을 이용하여 Wi-Fi통신 중계도 실시하고 필요시 의약품을 공수하는 등 다양한 영역까지 임무를 수행할 수 있는 수준까지 와 있다.

최근 우리나라 모든 지방경찰청에서는 정부의 공공분야 상업용 드론서비스 확대라는 정책에 부응하고, 증가하고 있는 다양한 유형의 실종자 수색을 위하여 드론을 활용한 수색활동에 대하여 많은 관심을 갖고 적극적으로 활용하고 있다. 초기 단계에서는 중국의 DJI 드론이 수색활동에 많이 활용이 되었지만 국내 드론 기술의 발전을 통해 비행의 안정성, 중계 및 영상전송과 같은 통신장비와 통신기술 등이 적용되면서 점차 국내 기술로 제작한 상업용 드론으로 주·야간 실시간으로 현장과 이를 통제하는 부서와 정보를 공유하며 실종자 수색을 위한 활동을 활발히 실시하고 있으며 가시적인 성과를 달성하여 많은 인명을 구조하고 있다. 향후에도 드론이 사회에 기여하는 긍정적인 측면에서 많은 발전과 역할이 기대되는 분야이다.

(a) 강안지역 수색활동

(b) 산악지역 수색활동

그림 1.39 실종자 수색에 드론 활용

7) 해상 인명구조에 활용

낚시배가 침몰하여 사람이 바다에서 구명조끼도 없이 떠내려가고 있는 상황! 해수욕장에서 파도에 휩쓸려 우리가 눈으로 보고 있으면서도 구조를 못하고 있는 상황! 우리 주변에서 자주 일어나고 있고 너무나 안타까운 상황이 아닐 수 없다.

이러한 상황에서 골든타임 이내에 구명 튜브 하나만 던져줄 수 있다면 소중한 생명을 구할 수 있을 것이다. 또한 이보다 더 큰 해상 재난상황에서 이 재난현장을 TV 생중계하듯이 화면으로 보면서 관련된 기관이 협력하여 조치우선 순위를 판단하여 조치할 수 있다면 귀중한 생명을 잃는 상황은 많이 감소할 것이다. 드론은 해상에서 이러한 상황을 안전하고도 신속하게 해결할 수 있다.

드론이 가까이 위치하면서 조난자 발생 상황을 접수하거나 감시정찰에 의해서 발견하면 구조용 드론이 조난현장에 출동하여 조난자 위치에 정확하게 구명 튜브를 투하해 주고 구조자를 방송을 통해 안심시킬 수 있다. 구조팀이 도착할 때까지 조난자의 위치와 상태를 지속적으로 감시하여 출동하고 있는 구조요원들과 해경, 119 및 관계기관에 정보를 제공하여 구조를 위한 상황판단을 정확히 할 수 있도록 도와주는 것이다.

(a) 해수욕장 비행중인 인명구조 드론

(b) 해상사고 재난현장

그림 1.40 해상 인명구조 분야 활용

8) 산불진화에 활용

산불현장에서의 드론은 산불을 조기에 탐지하고 산불발생시 산불의 진행 및 확산 정도를 예측하여 조기에 산불을 진압할 수 있도록 도와주는 역할을 한다. 특히, 드론은 유인헬리콥터와 사람의 활동이 제한되는 야간에 운용이 가능하여 산불의 확산을 막을 수 있다. 현재 미국은 USFS(미국산림국)와 NASA가 다중센서 드론을 활용하여 산불 정보를 탐지하여 조기진화하는 용도로 다수의 지역에서 운용하고 있다.

아직까지는 적재 용량의 한계로 직접 산불을 진화하기보다는 EO/IR 센서가 탑재된 중형급 드론 운용을 통해 산불현장을 실시간으로 모니터링하고 진압상황을 통제하는 용도로 주로 활용되고 있다. 일부 발화지점이나 잔불 정리를 위하여 소화액을 투사하는 방법으로 산불을 진화하기도 하지만 아직은 드론의 적재용량의 제한 등으로 드론을 활용한 직접적인 산불진화는 초기 단계라 할 수 있다. 향후 드론의 크기가 대형화, 비행 안정성, 비행시간 연장 등 기술적인 면에서 개선이 되면서 점진적으로 영상촬영을 통한 산불 상황에 대한 정확한 정보제공과 함께 적시적이고 효과적인 진화를 통해 산불을 진압하는데 매우 유용한 수단으로 활용될 수 있을 것으로 기대되는 분야이다.

(a) 야간에 드론으로 에어로졸을 분사하여 산불진화 (b) 산불진화 개념도(국립산림과학원 홍보)

그림 1.41 산불현장에서의 드론 운용

9) 고층건물 화재진압에 활용

산불진압에도 드론이 활용되지만 그보다 더 많이 활용되는 화재현장이 초고층 건물 화재진압 현장이다. 기존의 화재진압에 대한 한계를 극복하기 위해 드론을 활용하는 방법이 활발히 연구되고 있다. 우리나라도 대부분의 도시지역이 아파트를 비롯한 고층 건물의 건축이 확산되면서 화재 발생시 진압에 대한 한계와 어려움에 직면해 있다. 이러한 것에 대한 대안으로 등장하고 있는 것이 드론을 활용한 화재진압이다.

라트비아(LATVIA) 드론 제조사인 에어로 네스(Aeones)에서 개발한 드론은 그림 1.42에서 보는 바와 같이 36개의 프로펠러를 장착하여 최대 300kg의 무게를 들고 지상에서 500m까지 비행할 수 있는 드론을 개발하여 시험하고 있다. 지상에서 전력선으로 전력을 공급받고 지상의 소방차와 호수를 연결하여 100층 이상의 고층건물에 6분 이내에 도달하여 초기진화를 실시하여 대형화재를 초기 진화할 수 있다고 한다.

현재 우리나라도 지역별 소방본부에서는 드론을 도입하여 대도시 지역에서의 고층건물 화재 발생시 드론을 이용한 화재진압 방법에 대하여 국내 상업용 드론 제작업체와 같이 다양한 실증 시험을 진행중에 있다. 고층 건물위주의 건축물이 전 국토에 산재하고 있는 우리나라에서는 기술 개발에 대한 속도를 높여서 발전시킬 분야이다.

(a) 드론 화재진압훈련

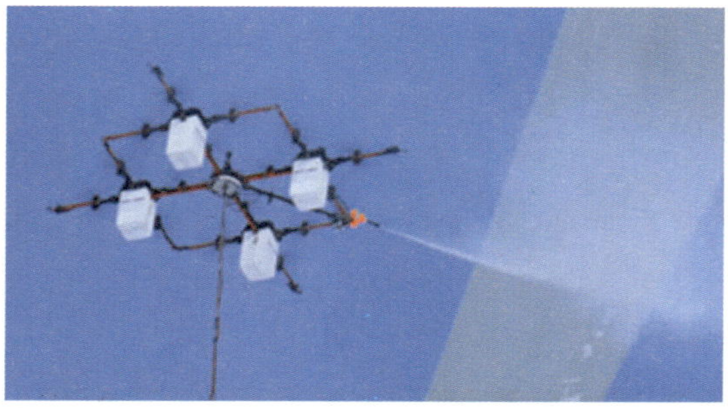

(b) 아에로네스(Aerones) 드론 화재 진압

그림 1.42 드론을 이용한 고층건물 화재진압(Photo : 충남소방청 자료화면, Aeroes 홈페이지)

10) 화생방사고 대응에 활용

2011년 3월 11일 일본 도호쿠 지역 태평양 지하에서 발생한 지진과 해일로 일본의 후쿠시마 원전이 파괴되어 방사능이 유출되는 최악의 사고가 발생하였다. 이때 원전상공에 근접하여 손상된 원자로를 촬영하고 수소의 폭발현장 등 사람이 접근할 수 없는 상황에서 수많은 사진을 찍어 전송함으로써 피해 상황을 판단하고 예측하는데 많은 기여를 한 장비가 바로 미국 하웰사가 제작한 드론 티 호크(T-Hawk)이다.

티 호크(T-Hawk) 드론은 이라크전에서 폭발물 처리반이 운용했던 드론이었다. 이라크군이 도로에 폭탄을 설치하여 미군들이 이동간 많은 사상자가 생기자 이러한 위험 상황에서 폭발물 처리반이 운용할 수 있도록 제작된 드론이다. 또한 드론에는 화생방 가스를 탐지할 수 있는 장비가 탑재되며 실시간으로 가스의 종류나 오염 정도를 판단할 수 있다. 모두 사람이 직접 접근하기 어려운 지역에 대한 임무인 것이다. 지금 현재의 기술로도 가능한 영역이며 향후 더욱 확대될 것으로 전망된다.

그림 1.43 후쿠시마 원전사고시 투입된 T-Hawk(미국, 하웰사)

11) 보험산정에 활용

경주지진(2016년 9월 15일), 포항지진(2017년 11월 15일), 강릉산불, 해마다 불어오는 태풍과 홍수에 의한 재해로 많은 사람들이 어려움을 겪고 있다. 이러한 재해가 발생할 때마다 정부는 특별재해구역을 선포하고 보험회사는 보험에 가입한 가입자들의 피해를 보상하기 위해 피해규모를 산정하게 된다.

이때 드론을 활용하여 신속하고 정확하게 피해규모를 산출할 스 있다. 피해지역에 매핑(Mapping) 기능이 탑재된 드론을 띄워서 고해상 광학센서로 항공촬영하여 피해정도(건물피해, 농작물피해, 차량피해 등)와 피해규모를 산정한 뒤, 정부는 국가차원에서 피해보상 규모와 복구계획을 수립하고 보험회사는 보험가입자에 대해서 보험금 지급규모를 결정하여 가입자에게 정보를 제공해줄 수 있는 것이다.

과거에는 모두 현장조사를 통해서 이루어졌기에 시간이 많이 소요되고 정확성도 많이 떨어졌지만, 드론을 활용한 과학적인 매핑분석시스템을 통해 시간은 절약되고 보다 정확하게 피해를 산정함으로써 공정하고 신뢰성있는 보상과 복구계획을 수립하는 것이 가능하게 되었다.

현재 일부 국가에서만 이러한 서비스가 이루어지고 있기는 하지만 향후에는 적용하는 국가와 적용범위도 더욱 확대될 것이다. 우리나라 보험회사도 상업용 드론의 발전과 제도 개선의 속도에 맞추어 가면서 연구가 진행되어갈 것이다.

그림 1.44 드론을 활용한 보험산정

12) 기상예측에 활용

드론이 태풍 등 기상재난 상황 예측 및 홍수 범람의 재난지도 제작 등 기상에 의한 재난 안전에도 활용되고 있다. 고해상 광학센서를 탑재한 소형 드론을 태풍 상공에 띄워서 풍속, 기압, 경로 정보를 지상통제소로 분 단위로 전송하여 태풍에 대한 피해를 예측하고 공간정보와 연계하여 홍수지도를 제작, 홍수통제를 위한 의사결정을 지원한다. 허리케인이 많이 발생하는 미국에서는 NOAA(미국 해양대기청)가 기상관측용 무인기인 "Coyote"를 록히드 마틴사의 WP-3D에서 발사시켜 기상 예측 업무를 수행하고 있다.

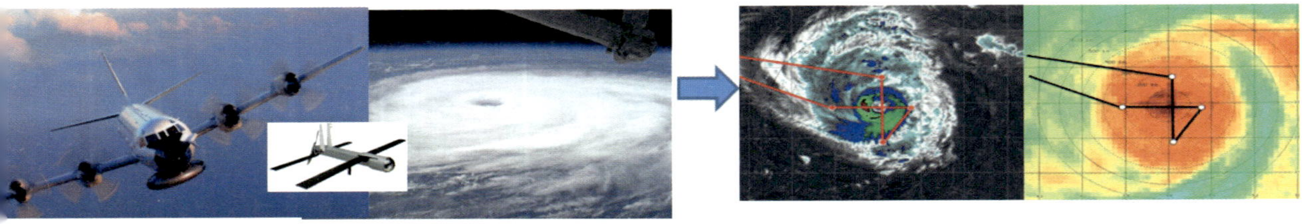

그림 1.45 Coyote 드론을 활용한 기상예보

13) 스모그 제거 및 인공강우 형성에 활용

스모그 제거 및 인공강우 형성에도 드론이 활용되고 있다. 지구의 온난화 현상은 이산화탄소에 의한 대기오염의 문제로서 전세계적인 문제이고 중국발 황사의 경우도 중국 뿐만 아니라 피해를 받는 우리나라를 비롯한 인접국가에게도 심각한 문제가 아닐 수 없다.

이러한 문제를 해결하기 위해 인공적으로 스모그를 제거하고 인공강우를 만드는데 드론을 이용하는 연구가 진행되고 있다. 중국 정부와 AVIC(Aviation Industry Corp of China)사는 2014년부터 파라호일(Parafoil)이라 부르는 소프트 윙(Soft-Wing) 드론을 이용하여 스모그 제거 실험을 진행하였고, 미국도 2016년부터 네바다 주의 사막연구소(Desert Research Institute)에서 DAx8이라는 옥타콥터 드론을 이용한 인공강우 실험을 진행하였다. 연평균 강우량이 100mm에 불과한 아랍에미리트(UAE)는 2017년부터 인공강우 프로젝트를 수행하고 있다. 우리나라도 기상청에서 2020년 인공강우 사업을 기상청의 공식업무로 지정하여 국립기상과학원에서 강원도 평창 등 다양한 지역에서 드론을 이용한 인공강우 시험을 진행 중이다. 대량의 드론을 한꺼번에 띄워 동시에 약품을 투하한다면 자연재해에 대한 극복도 가까운 미래에는 가능해질 수 있을 것이다.

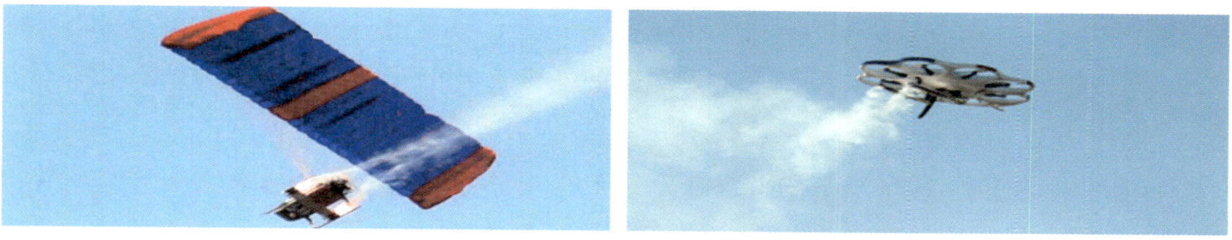

그림 1.46 드론을 활용한 인공강우 실험

14) 엔터테인먼트(Entertainment) 분야 활용

평창 동계올림픽을 생각하면 가장 먼저 떠오르는 것으로 개막식에서 연출된 드론을 이용한 오륜기 연출 장면이 있다. 1218개의 드론이 LED 불빛을 내면서 밤하늘에 오륜기와 평창올림픽 마스코트(수호랑), 스노보드를 타는 선수들의 모습으로 변해가면서 하늘을 나는 장면은 전 세계인들에게 감동을 선사한 장관 중의 장관이었다. 여기에 사용된 드론은 배구공정도의 330g 무게에 LED 조명이 장착된 인텔의 '슈팅스타' 모델이다. 사전에 프로그래밍을 한 뒤, 2.4 GHz 기반 와이파이(Wi-Fi)를 사용하여 하늘 위를 비행하면서 40억 가지가 넘는 색조합을 연출해냈다고 한다. 더 놀라운 것은 1218대의 드론이 단 한 대의 컴퓨터와 단 한 사람에 의해 조종되었다는 사실이다. 행사를 진행한 전문가에 의하면 이론적으로는 1만개의 드론까지 동시에 조종할 수도 있다고 한다.

평창 올림픽이후에 국내에서도 국가경축일 공식행사, 지방자치단체의 축제 행사시 드론을 이용한 군집비행 형태의 엔터테인먼트 행사가 활발히 진행되고 있다. 향후, 5G시대가 본격적으로 도래한다면 드론과 4차 산업혁명의 여러가지 첨단기술이 융·복합하여 드론을 이용한 엔터테인먼트는 대단히 큰 서비스 시장으로 확대될 것이다.

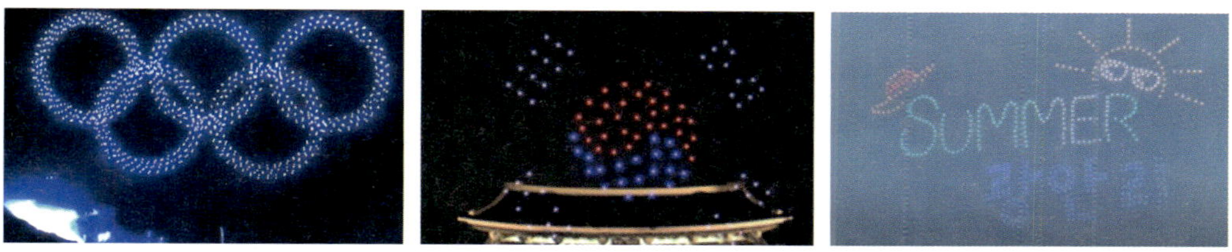

(a) 2018 평창올림픽 (b) 2019 삼일절 행사 (c) 부산 광안리 해수욕장

그림 1.47 다양한 형태의 드론공연 행사

15) UTM 시대의 드론택시로 활용

세계가 드론에 대해서 주목하고 있는 핵심사업분야중의 하나가 드론택시이다. 2016년 CES (국제가전제품박람회)에서 중국의 이항(EHANG) 184가 최초로 선보인 이후 미국의 보잉, 영국

의 에어버스 등 글로벌 항공회사와 미국의 우버 등 모빌리티 운용회사가 미래의 핵심 교통수단으로 드론이 운용될 것이라고 예측하여 이를 상용화하기 위한 모델 개발과 실증테스트에 심혈을 기울여 매년 CES에 새로운 모델을 경쟁적으로 전시하였다.

드론택시의 유형은 먼저 멀티콥터 형태로 중국의 이항사가 개발한 EHANG 184계열과 독일의 볼로콥터사가 개발한 볼로시티 등이 대표적이다. 볼로콥터는 현재 두바이에서 많은 실증테스트를 거쳐 상용화단계에 진입하고 있다. 코로나 팬데믹을 거치면서 드론택시 개발사업분야에 글로벌 기업간의 상호 출자 등의 형식으로 현재는 멀티콥터 형태의 드론택시보다는 비행시간에서 큰 장점을 가진 eVOL형태가 각광을 받고 있다. 미국의 위스크 에어로(Wisk Aero)사의 코라(Cora), 비행시 소음을 최소화한 기술을 자랑하는 조비 에비에이션(Joby Aviation)의 티커조비와 아처 에이비에이션(Archer Aviation)의 메이커(Maker)가 대표적이며 상용화를 위하여 기술개발과 실증비행을 진행하고 있다. 우리나라는 UAM 선진국에 비하여 10년 정도 출발이 늦었다고 평가되고 있다. 현대자동차가 우버와 합작하여 개인용 비행체(PAV) S-A1을 개발하여 2020년 1월 선보였고, 2022년 영국의 판버러 국제에어쇼에서 현대자동차의 UAM 독립법인 슈퍼널(Supernal)이 UAM 인테리어 컨셉을 공개하였다. 한화시스템은 미국의 오버에어(OverAir)에 출자하여 Butterfly를 개발중에 있다. ㈜숨비도 인천광역시와 함께 개인비행체(PAV)를 개발중이며 SK 테레콤도 미국의 조비에비에이션과 전략적 업무협약을 체결하여 UAM 시장에 진출하려하고 있다. 이처럼 드론택시 시장은 선진국들의 무한경쟁시장의 입구에 들어선 상태이고 우리나라 수도 서울은 세계가 주목하는 UAM시장의 핵심 도시중의 하나로 평가받고 있다. 정부에서는 2025년에 상용화 첫 선을 보인 이후에 2035년에는 완전 상용화를 목표로 집중지원하고 있다.

(a) 현대자동차 슈퍼널의 인테리어 컨셉트 모델(Photo : 현대자동차 제공)

(b) 한화시스템이 전시한 Butterfly 모델(Photo : 한화시스템 제공)

그림 1.48 국내 기업이 개발중인 UAM 모델

16) 다양한 공공수요사업 분야 활용

전 세계가 경쟁시대에 돌입한 드론분야를 미래의 먹거리 중 중요한 분야로 선정한 정부는 2017년 드론산업발전 기본계획, 19년 드론법 개정, 20년 드론산업육성정책, 21년 드론산업 경쟁력 강화방안을 연이어 발표하면서 공공수요 창출을 통해 드론산업을 발전시키고 이를 통해 일자리를 만들기 위한 노력을 경주하고 있다. 예를 들어, 지형실측과 같은 작업의 정밀도 향상이 필요한 분야와 위험한 작업에 드론을 투입하여 효율적인 작업 수행과 비용절감 효과를 거두고, 공공건설 · 도로 · 철도 등 시설물 관리와 하천 · 해양 · 산림 등 자연자원 관리 분야에 드론을 적극적으로 활용할 계획이다. 또한 실종자 수색, 긴급 구호품 수송, 사고 · 재난지역 모니터링 등 '골든타임' 확보가 중요한 치안 · 안전 · 재난 분야에도 드론을 투입하고 국공유지 실태 조사, 농업면적 조사 등 각종 통계 조사에도 드론을 이용하여 빠르고 정확한 대규모 조사를 실시할 계획이다. 정부의 중앙행정기관, 공공기관, 지방자치단체가 공공사업분야에 드론을 활용한 사업을 추진하고 있거나 계획중인 사업은 표 1.13과 표 1.14에서 보는 바와 같다.

(a) 공항인근 조류퇴치사업 (b) 기록물관리사업

그림 1.49 공공수요사업 분야 드론 활용

표 1.13 중앙행정기관 드론활용 공공사업현황[12)]

기관명	활용분야	세 부 내 용
국토교통부	감시	하천 시설물관리, 조사, 불법단속
법무부	감시	교도소 공중순찰
농림축산식품부	농업	산간오지, 위험우려지역 등 접근곤란지역 현장조사
해양수산부	감시	해양오염 예방순찰 및 유류유출 사고 대응업무
환경부	감시	미세먼지 농도 측정, 미세먼지 배출 사업장 단속
산림청	감시	산불감시, 병충해 감시, 산사태 조사 등
소방청	교육, 재난	중앙소방학교 소방공무원 드론 교육, 재난현장 지원업무
조달청	수색, 순찰	국유재산 실태조사, 실종자 수색
농촌진흥청	감시	농작물 감시, 배수로, 저수지 등 시설 감시 등
문화재청	감시	고건물, 시설물 점검, 병해충 예방, 산불감시
해양경찰청	수색, 감시	해양안전, 해양오염감시 및 관리
관세청	감시	관세국경 우범지역 감시 및 순찰
기타 기관	…	다수의 임무수행으로 드론 활용

표 1.14 공공기관 드론활용 공공사업현황

기관명	활용분야	세 부 내 용
한국토지주택공사	국토조사, 순찰	사업진행지구 현장(공정, 안전 등) 관리
한국국토정보공사	국토조사, 순찰	정사영상 구축, 국토정보 모니터링 플랫폼 구축
한국공항공사	시설물 안전진단	안전시설 성능측정, 공항주변 전파혼신발생 원인 추적
한국시설안전공단	시설물 안전진단	터널, 교량, 댐, 항만, 비탈사면 등 시설물 외관조사
한국수자원공사	해안, 접경지역관리	녹조발생 감시, 주요 행사 관련 항공사진 촬영
한국철도공사	시설물 안전진단	철도시설물 점검 및 시설물 안전점검
한국농어촌공사	국토조사 및 순찰	영농현황 조사, 농업생산기반시설 관리
인천항만공사	감시	인천항 건설 공정기록, 입출항 미신고 선박 관리 등
한국석유관리원	순찰	인적이 드문지역에 위치한 불법행위 단속
기타 기관	…	다수의 임무수행으로 드론 활용

12) 자료출처 : 항공안전기술원 홈페이지

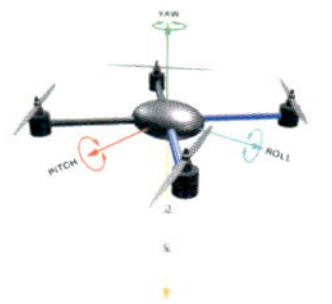

드론과 항공역학

04

CHAPTER

드론을 이해하기 위해서는 항공역학에 대한 원리를 반드시 이해하여야 한다. 작은 드론을 이해하는데 항공역학을 배워야 하는가에 대한 의문을 가져볼 만하다. 그러나 글로벌 호크나 헬리콥터의 크기는 아니지만 드론이 3차원 공중공간에서 양력을 받아 이륙하고 이동하는 중에도 끊임없이 항공역학의 원리가 적용되기 때문에 드론을 이해하기 위해서는 항공역학에 대한 기본지식을 이해하고 습득하는 것이 대단히 중요하다. 본장에서는 항공역학에 대한 기본 물리이론과 드론과 같이 프로펠러를 이용하여 양력을 발생시키는 헬리콥터의 비행원리를 통해 드론과 비교하면서 드론의 비행원리를 이해하고자 한다.

1 드론에 작용하는 힘

드론에 작용하는 힘은 양력, 중력, 추력, 항력이다. 이 힘이 서로 작용하여 기체가 공중에 떠서 여러 가지 목적에 활용되는 것이다.

- **양력(Lift)**은 비행체 진행방향의 위쪽, 수직 방향으로 작용하는 힘이다. 기체는 날개에서 생기는 이 힘에 의하여 공중을 날 수 있는 것이다.
- **중력(Weight)**은 지구가 지표면에 있는 물체를 잡아당기는 힘으로, 만유인력과 원심력의 합으로 결정된다.
- **추력(Thrust)**은 비행체의 진행방향으로 발생하는 힘이다.
- **항력(Drag)**은 비행체 진행방향의 반대 방향으로 발생하는 저항력을 의미한다.

비행장치에 작용하는 4가지 힘이 균형을 이루는 시기는 기체가 등 가속도로 일정하게 비행할 때다.

그림 1.50 드론에 작용하는 힘

1) 양력에 대한 이해

양력은 공기흐름의 속도방향에 수직 방향으로 작용하는 힘을 말한다. 여기서 공기의 흐름이란 합력상대풍[13]을 의미한다. 양력은 드론의 모터와 프롭의 회전에 의한 힘으로, 이 힘으로 드론이 공중에 떠있게 되는 것이다.

양력을 구하는 방정식은 다음과 같다

$$\text{양력}(L) = \text{양력계수}^{14)} \times \frac{1}{2} \times \text{공기밀도}(P) \times \text{속도의 제곱}(V^2) \times \text{프롭의 면적}$$

헬리콥터는 조종사가 프로펠러의 **피치에 변화(변동 피치)**를 주어 양력계수를 증가시켜 양력을 발생시킨다. 드론은 프롭 제작 시부터 피치를 반영하여 제작하므로 고정된 피치(**고정 피치**)로 **모터의 회전수**에 의해 양력발생 크기를 조절한다. 즉, 모터의 회전이 강하여 프로펠러가 회전을 많이 하면 양력이 커져서 하늘로 부양하고 프롭의 회전을 약하게 하면 지상 방향으로 내려오는

13) 합력상대풍 : 기체가 앞으로 나아가면서 발생하는 상대풍과 유도기류의 두 벡터 값을 계산하여 기체가 실질적으로 영향을 받는 공기역학적인 바람

14) 양력계수 : 풍동실험을 통해 에어포일(Airfoil)에 작용하는 힘에 의해 부양하는 정도를 수치화한 것

것이다. 또한 여러 프로펠러의 회전수를 적절히 조절하여 드론기체가 균형을 이루게 함으로서 안정된 비행이 가능하다.

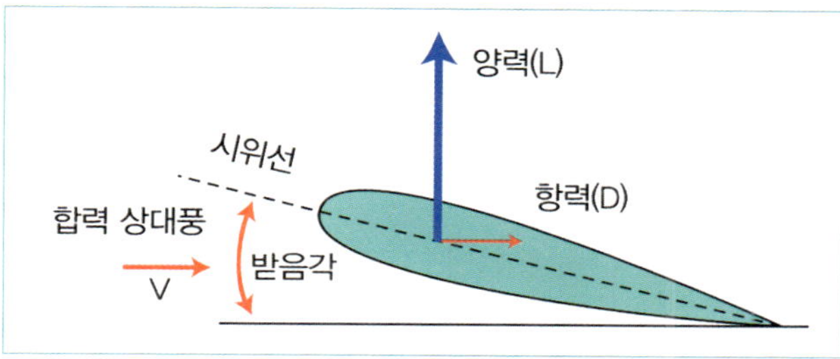

그림 1.51 양력의 발생

2) 중력에 대한 이해

중력은 드론의 무게를 지구가 잡아당기는 힘이다. 중력은 만유인력과 원심력의 합으로 결정된다. 원심력이란 지구 자전에 의해 생기는 힘으로, 지표면에 있는 물체가 지구 바깥으로 튕겨져 나가려는 힘이고 만유인력은 지구의 중심점을 향하여 작용하는 힘이다. 그림 1.52에서 보는 바와 같이 중력은 위도에 따라서 다른 방향으로 작용하게 된다. 원심력의 크기는 만유인력의 크기에 비해 무시할만큼 작기 때문에 일반적으로는 만유인력을 중력이라는 개념으로 사용한다.

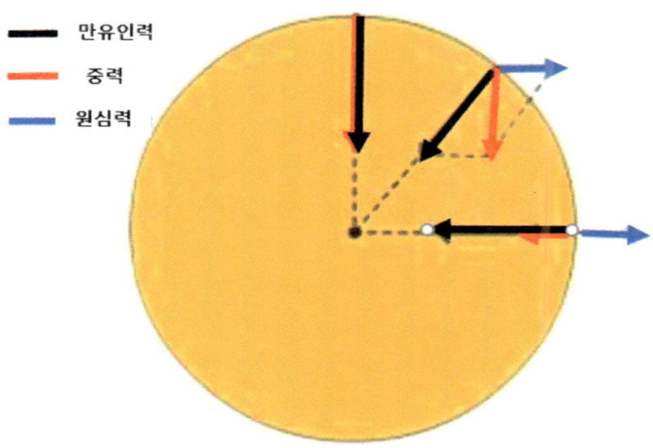

그림 1.52 중력 · 원심력 · 만유인력의 관계

3) 추력에 대한 이해

추력은 앞으로 나아가는 힘으로 헬리콥터는 엔진에 의해 프로펠러가 회전하고 블레이드의 피치각으로 추력을 발생시키며, 드론은 모터 회전에 의한 힘과 프롭에 경사를 주어서 추력을 발생시킨다.

4) 항력에 대한 이해

항력은 항공기의 이동을 후방으로 잡아끄는 힘, 추력의 반대방향으로 작용하는 힘이다. 기체의 날개, 동체, 기타요소(돌출부, 날개의 붙은 얼음 조각 등)에 의해서 공기의 흐름을 방해하는 힘이다. 비행 속도를 올리거나 받음각을 크게 하면 항력도 같이 증가한다.

항력을 구하는 방정식은 다음과 같다.

$$\text{항력(D)} = \text{항력계수} \times \frac{1}{2} \times \text{공기밀도} \times \text{속도의 제곱}(V^2) \times \text{프롭의 면적}$$

항력은 여러 기준에 의해서 분류하는 방법이 다를 수 있으나 일반적으로 유도항력, 유해항력(형상항력, 마찰항력, 간섭항력), 조파항력 등으로 구분한다.

① 유도항력(Induced Drag) : 양력 발생 시 공기가 편향되어 발생하는 하강풍(Down Wash) 현상에 의해 발생하는 항력으로, 양력발생이 없다면 유도항력도 발생하지 않는다. 하강풍(Down Wash)은 날개 윗면과 아랫면의 압력 차이에 의해서 날개 끝에서 와류(Vortex)[15]가 발생하여 날개 뒷전 부분에 공기의 흐름이 아래로 흐르는 현상이다. 유도항력은 양력과 항력방향의 벡터 값이다. 유도항력의 크기는 공기속도의 제곱에 반비례한다.

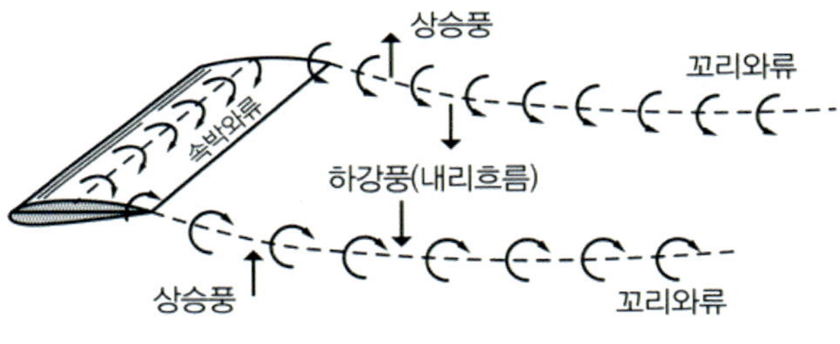

그림 1.53 유도항력

② 유해항력

- 마찰항력(Friction Drag) : 기체 표면의 거칠기에 따라서 변하는 저항이다. 기체 외부표면에서 발생하는 공기흐름에 대한 저항으로 감소시키기가 어렵다. 기체 표면에 의한 마찰도 있지만 먼지, 결빙 등으로 인한 마찰도 발생한다. 드론도 프롭에 흠집이 있다면 정상적인 양력을 발생시키지 못하므로 비행전에 프롭의 상태를 반드시 확인해야 한다.

15) 와류(Vortex) : 유체의 흐름의 일부가 본류와 반대되는 방향으로 소용돌이치는 현상

- 형상항력(Form Drag) : 기체 구조의 크기나 모양에 의해서 발생하는 저항이다. 프롭 표면을 지나가는 공기는 자체 점성에 의해서 프롭에 붙으려는 성질이 있다. 이러한 점성으로 마찰력을 받게 되고 이 마찰력이 항력으로 작용하는 것이다.
- 간섭항력(Interference Drag) : 형상항력과 표면마찰이 조화되어 발생하는 저항이다. 기체의 구성품과 구성품 사이의 틈이나 결합부분이 항력을 유발시키는 요인으로 작용한다. 두 물체가 붙어 있을 때의 저항은 분리되어 있을 때보다 50~200%까지 증가할 수 있다. 항공기의 경우 동체와 날개가 접합된 부분이나 꼬리날개가 동체에 접합된 부분, 날개에 엔진이 붙는 부분, 각각의 구조가 접합되는 부분에서 발생하는 간섭항력을 최소화시키기 위하여 '필렛'을 사용한다.

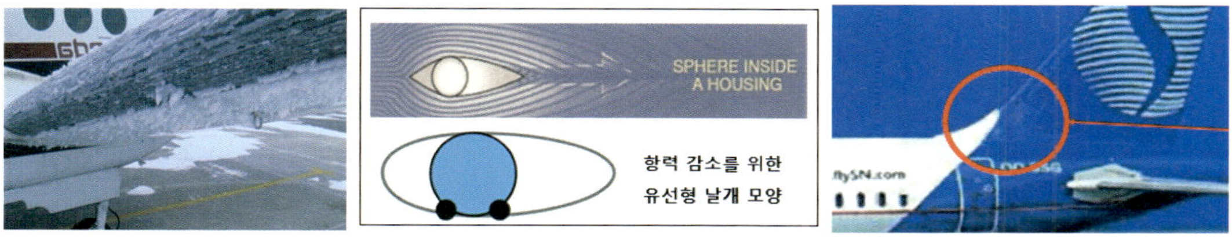

(a) 마찰항력 (b) 형상항력 (c) 간섭항력

그림 1.54 유해항력

③ 조파항력 : 초고속항기에만 해당하는 항력으로 공기의 고속흐름에서 발생하는 저항이다. 초고속 공기의 흐름에서 에어포일(Airfoil)은 압축파와 팽창파에 의해서 좌우된다. 마찰이나 날개의 형상에 의한 저항이 아니라 공기의 압축으로 인한 충격파(소닉붐)[16]에 의한 저항이다.

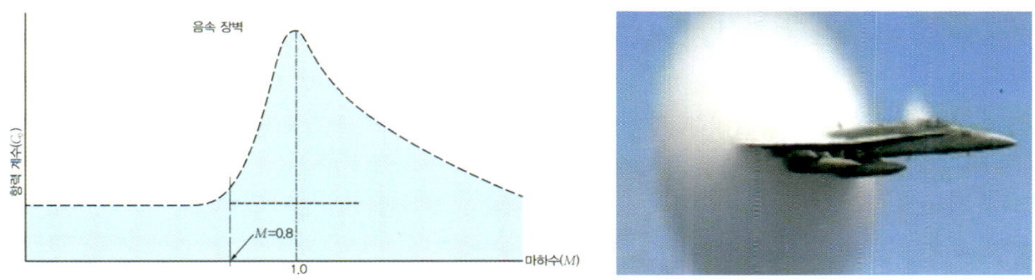

(a) 음속돌파시 항력계수 (b) 소닉붐 현상

그림 1.55 조파항력 (그림출처 : m.blog.naver.com)

16) 소닉붐(sonic boom) : 음속폭음(音速爆音)이라 하며 보통 항공기의 초음속 비행에서 발생하는 폭발음을 의미한다.

2 드론과 항공역학이론

드론 비행이론의 핵심은 '어떻게 양력이 발생하여 기체가 공중공간에 떠서 어떠한 원리로 비행하여 목적지까지 이동하는 것인가?'에 있다. 기초 물리학의 운동에 관한 이론과 법칙과 베르누이 정리 등에서부터 시작된다.

1) 물리량(스칼라와 벡터)

공중공간에서 공기역학적으로 힘이 어떻게 작용하는지를 이해하기 위해서는 스칼라와 벡터를 이해하여야 한다. 커다란 고정익 항공기이든지, 헬리콥터이든지, 드론이든지 공중공간에서 힘이 작용하는 원리는 같다.

- **스칼라(Scalar)** : '방향을 가지고 있지 않고 크기만 가지고 있는 물리량'이다. 속력, 질량, 부피, 시간, 면적 등을 나타낸다.
- **벡터(Vector)** : 크기와 방향을 모두 가지고 있는 물리량이다. 속도, 가속도, 중량, 양력, 항력 등을 말한다. 항공역학에서 이야기하는 모든 힘들은 운동의 방향성을 가진 벡터량을 의미한다.

그림 1.56에서와 같이 방향을 달리하는 두 힘이 작용할 때 실제로 작용하는 힘은 두 힘이 상호작용하는 방향으로 지향이 되는데, 이 힘을 합력(Resultant force)이라 한다.

① **평행사변형 방법** : 2개의 벡터가 서로 다른 방향을 지향할 때 이에 대한 합력을 구하는 방법.
② **삼각형 방법** : 2개의 벡터가 지향하는 방향이 다르거나 어느 한 지점에서 만나는 경우에 사용하는 방법.
③ **다각형 방법** : 3개 이상의 벡터가 작용할 때 이에 대한 합력을 구하는 방법.

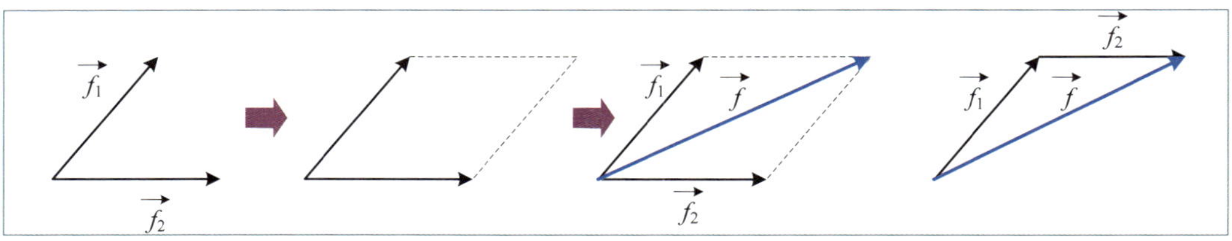

(a) 평행사변형 방법 (b) 삼각형 방법

그림 1.56 합력 벡터를 구하는 방법

2) 뉴턴의 운동법칙

17세기에 뉴턴이 물체의 운동에 관해 발표한 뉴턴의 운동법칙은 모든 물리학의 기초이다. 드론도 움직이는 물체이기 때문에 당연히 적용을 받는다.

- **제1법칙 '관성의 법칙'** : 물체가 외부의 힘을 받지 않을 때 기존 운동 상태를 유지하려는 성질이 있다.
  달리는 자동차에서 갑자기 브레이크를 밟으면 몸이 앞으로 쏠리는 현상이다. 공중에서 정지하고 있는 드론을 전방으로 이동시키려면 엘리베이터 스틱을 앞으로 밀어 추력을 발생시켜(외부적인 힘을 기계적으로 가하는 것) 계속 정지하고 있으려는 관성을 앞으로 움직이는 운동관성으로 변화시켜 주어야 한다. 반대로 이동하고 있는 드론을 정지시키려고 엘리베이터 스틱을 뒤로 당겨주면 바로 정지하는 것이 아니고 앞으로 이동하는 관성에 의해서 앞으로 조금 전진하다가 정지하는 것이다.

- **제2법칙 '가속도의 법칙'** : 물체가 힘을 받으면 그 물체는 힘의 방향으로 가속되려는 성질이 있다.

  $$F = ma \ (F = \text{힘},\ m = \text{질량},\ a = \text{가속도})$$

  드론을 공중으로 이륙시키기 위해서는 스로틀 스틱을 위로 올려주어 프로펠러의 속도를 계속 증가시켜 가속력을 받게 해야 지상에서 이륙하게 되는 것이다.

- **제3법칙 '작용과 반작용의 법칙'** : 모든 작용은 힘의 크기가 같고 방향이 반대인 반작용을 수반한다. 가해진 힘의 크기에 정비례하고 물체의 질량에 반비례한다.
  드론의 프롭이 어느 한 방향으로 회전한다면 기체의 몸체는 반작용법칙이 작용하여 반대방향으로 회전하려는 토크현상이 발생한다. 이를 상쇄하기 위해 반토크를 만들어주는 프롭이 있어서 기체가 균형을 잡고 비행할 수 있는 것이다.

3) 연속의 법칙

연속의 법칙은 그림 1.57에서와 같이 튜브를 통과하는 유체(액체 또는 기체)의 유입량과 유출량은 같다는 법칙이다.

- 유체가 통과하는 단면적이 클 경우 유체의 속도는 느려지고 단면적이 작아지면 유체의 속도는 증가하여 결국 유체의 양은 동일하다는 것이다. 수도에 호스를 연결하고 물을 연결

한 후에 호스 입구를 손으로 눌러 물이 나오는 호스의 단면적을 작게 하면, 수도꼭지에서 나오는 물의 양과 동일한 양의 물이 호수를 통해서 나와야 하기 때문에 손으로 잡은 호수 끝에서 물의 속도가 빨라져서 호스를 누르기 전보다 좀 더 멀리 나아가는 현상이다.

- 드론도 비록 작은 프로펠러지만 항공기 날개와 헬리콥터의 블레이드처럼 에어포일 위에 흐르는 기체는 전연보다 후연으로 갈수록 기체가 분산하기에 단면적이 넓어져서 속도는 단면적에 반비례하므로 기류의 속도는 감소한다. 즉, 속도가 빠르면 압력은 낮아지고, 속도가 느리면 압력은 높아진다.

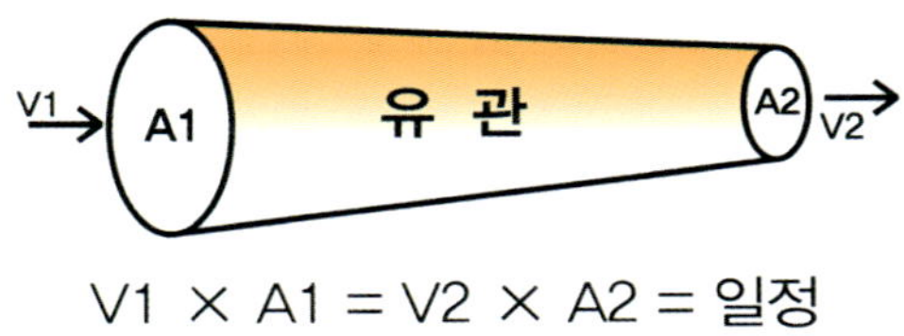

그림 1.57 연속의 법칙

4) 베르누이 정리

베르누이 정리는 항공역학에서 양력이 어떻게 발생하느냐에 대한 물리학적인 설명이다. 유체의 에너지 보존의 법칙이다. 베르누이 정리를 이해하기 위해서는 유체의 압력에 대한 이해가 필요하다. 유체가 갖고 있는 압력은 정압과 동압으로 구분한다.

정압은 위치에너지로서 유체가 상 · 하, 좌 · 우 방향에 관계없이 어느 지점이든지 일정하게 수직으로 작용하는 압력이고, 동압은 운동에너지로서 유체가 흐를 때 유체는 속도를 가지며 이로 인해 갖게 되는 운동에너지를 압력으로 변환시킨 것이다. 달리는 차의 창문을 열고 손을 내밀었을 때 손바닥에 와 닿는 공기의 힘이 동압이다. 속도가 빨라지면 그만큼 느껴지는 압력은 클 것이다.

전압은 수직으로 작용하는 정압과 운동에너지인 동압의 합이며 항상 일정하다. 공기의 속도가 빨라지면 동압은 높아지지만 정압은 낮아지고, 공기의 속도가 늦어지면 동압은 낮아지지만 정압은 높아져서 전압은 항상 일치하는 것이다.

스위스의 수학자 다니엘 베르누이의 정리는 이러한 정압과 동압이 유체의 속도와 어떠한 관계가 있는지를 수치화하여 설명한 이론이다.

아래 벤츄리관 실험을 통해서 이해를 하면 쉬울 듯하다. 베르누이 정리를 수식으로 표현하면 'P(정압)$+1/2\rho V^2$(동압)$=$Pt(전압)'이고 이를 말로 풀면 '유체(액체와 기체)의 위치 에너지(정압)와 운동에너지(동압)의 합은 일정하다' 이다. 이를 통해서 '공기는 속도가 증가하면 압력이 감소하고, 속도가 감소하면 압력이 증가한다.'는 원리를 설명한 것이다.

유체는 압력이 높은 곳에서 압력이 낮은 곳으로 이동하는 성질이 있기 때문에 "에어포일의 형상을 이러한 원리에 부합되게 만들면 공기를 이용하여 양력을 발생시켜 하늘로 떠오를 수 있을 것이다."라는 점에 착안해서 만들어낸 것이 유선형 모양의 에어포일의 형상이다.

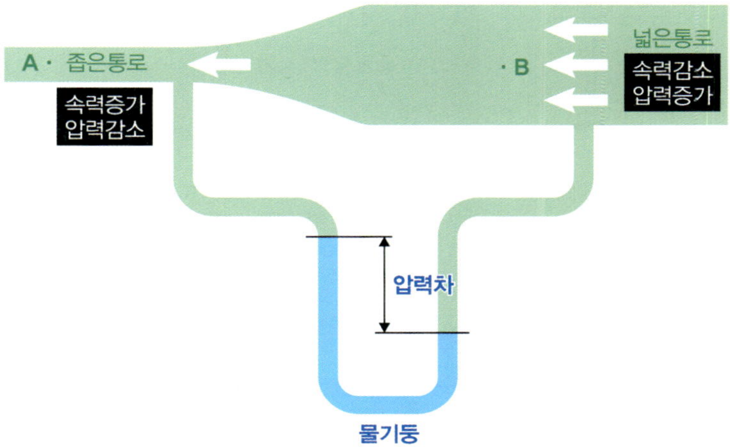

그림 1.58 베르누이의 벤츄리관 실험

그림 1.59에서 보는 바와 같이 일반적인 에어포일의 모양은 앞이 둥글고 뒷면이 뾰족하며, 윗면이 둥글고 아랫면이 편편하다. 공기흐름의 속도를 다르게 함으로써 압력 차이를 발생시켜서 양력을 만들어 내는 모양이다.

드론도 프로펠러가 회전하면서 이러한 베르누이 정리에 의해서 양력이 발생한다. 그러나 드론은 모터에 고정된 상대적으로 작은 프로펠러가 회전하는 속도에 의해서 주로 양력을 발생시키고 조절하기 때문에 고정익 항공기나 헬리콥터가 받는 에어포일의 영향과는 차이가 있다 하겠다.

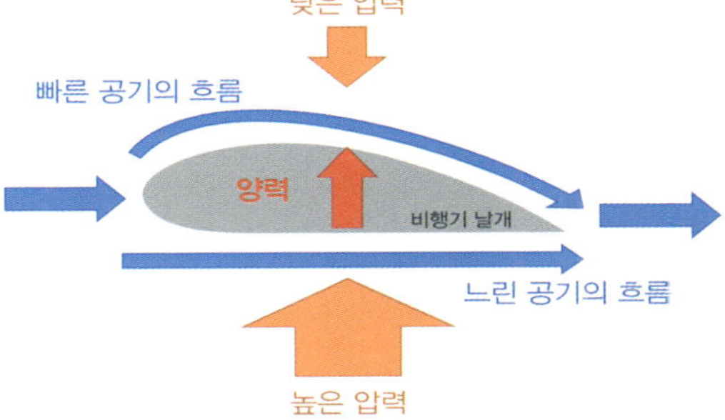

그림 1.59 에어포일에서의 양력의 발생원리

피토 튜브는 베르누이 원리를 이용한 속도계로써 고속의 항공기 및 회전익 항공기에서 사용한다. 고도 및 속도에 따른 동압을 감지하여 비행기의 속도를 나타내는 것으로, 고도가 높아지면 대기압이 낮아지고 속도가 빨라지며 동압이 커지는 변화를 아날로그화 하여 속도, 고도, 승강계 변화량을 표시한다.

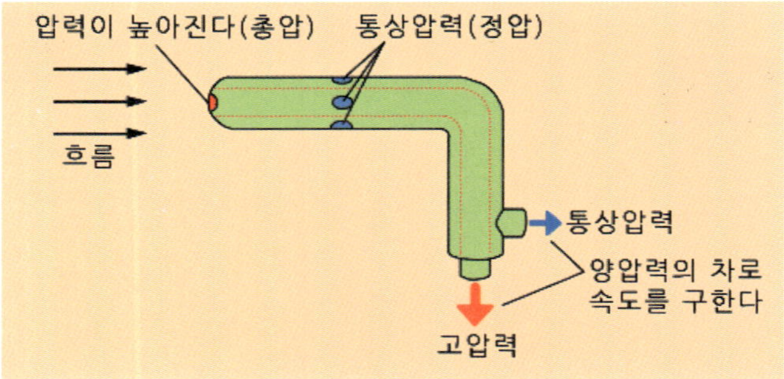

그림 1.60 피토관의 구성(그림 출처 : 과학백과사전)

3 에어포일 이론

1) 에어포일(Airfoil)이란

에어포일(Airfoil)은 항공기의 날개, 헬리콥터 블레이드의 단면, 드론의 프롭의 단면 등 어떤 물체의 단면을 학술적으로 정의하는 용어이다. 일반적으로 에어포일(Airfoil)하면 날개(Wing)를 지칭하는 것으로 많이 사용한다. 풍판(風板)은 날개의 한자어이다.

- 에어포일의 역할은 베르누이 정리에서 설명하였듯이 항공기를 부양시키는 양력을 발생시키고, 수평, 수직 안정판과 같이 비행의 안정성을 제공해주며, 항공기의 조종과 추진력을 발생하게 한다. 에어포일이 공기를 가르고 지나가면서 발생하는 힘은 양력뿐만이 아니라 항력과 피칭모멘트도 동시에 발생한다.
- 그러나 에어포일만 있다고 양력이 발생하여 항공기가 무조건 하늘에 뜨는 것은 아니다. 양력을 발생시킬 정도의 비행체의 속도, 에어포일과 불어오는 바람과의 적당한 각도(받음각) 등 다양한 요인이 함께 작용하여 공중에 뜨는 것이다. 드론은 프로펠러를 회전시키는 모터의 강력한 회전력에 의해서 양력이 발생하고 공중에 뜨게 된다.

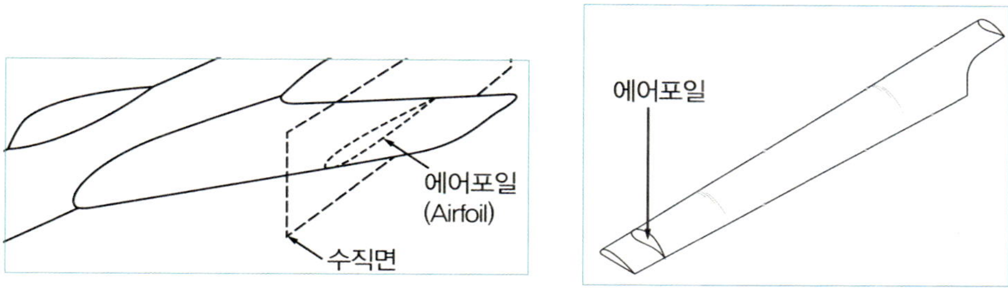

(a) 고정익 항공기 날개의 에어포일　(b) 헬리콥터 블레이드와 드론 프롭의 에어포일

그림 1.61 에어포일

2) 에어포일의 명칭

에어포일을 이해하기 위해서는 에어포일의 구체적인 모양과 명칭을 먼저 알아야 한다. 헬리콥터 블레이드의 에어포일이나 드론 프로펠러의 에어포일이나 크기의 차이일 뿐 원리는 모두 같다.

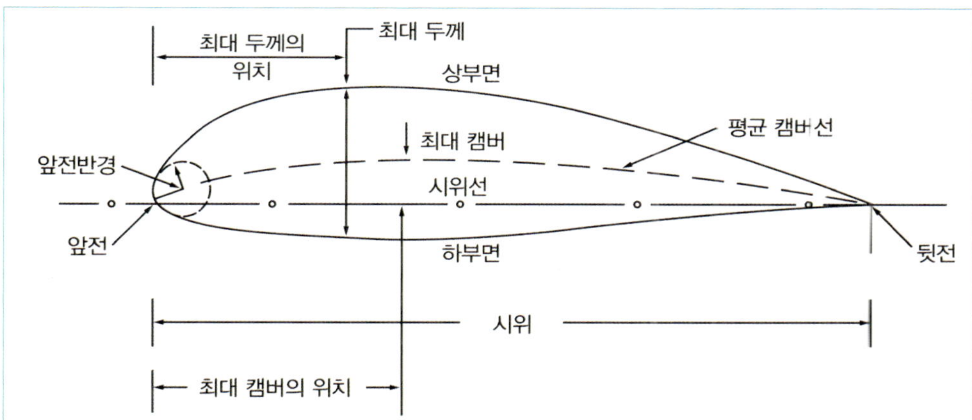

그림 1.62 에어포일의 명칭

- **시위선(익현선)** : 에어포일의 앞전(Leading edge)과 뒷전(Trailing edge)을 이은 선으로 받음각의 기준이 되는 선이다.
- **앞전반경** : 앞전을 기준으로 에어포일에 내접하는 원의 반경으로 앞전 반경의 크기에 따라서 에어포일을 지나는 공기의 세기가 달라진다.
- **상부면과 하부면** : 에어포일의 위쪽을 상부면, 아래쪽을 하부면이라 한다.
- **에어포일의 두께** : 시위선에서 수직선을 그었을 때 윗면과 아랫면 사이의 거리이다.

- 캠버 : 평균캠버선과 시위선까지의 거리이다.
  - 평균 캠버선 : 두께의 이등분점을 연결한 선이며 에어포일의 휘어진 모양의 선
  - 최대 캠버는 평균캠버선과 시위선의 거리가 최대인 지점

3) 에어포일의 받음각과 양력과의 관계

- 받음각(Angle of attack) : 비행방향의 반대방향인 공기흐름 방향 즉, 합력상대풍과 에어포일의 시위선(익현선)이 만드는 사이 각이다. 양력, 항력 및 피칭 모멘트에 가장 크게 영향을 주는 요소이다.
- 에어포일(Airfoil)에 작용하는 양력은 받음각의 크기와 에어포일의 형상으로 결정된다. 그림 1.58에서와 같이 바람과 수직 방향으로 작용하는 힘을 양력, 바람과는 평행 방향으로 양력과는 수직으로 작용하는 힘을 항력이라고 한다. 대부분의 날개 모양은 양력을 발생시키기 위해 받음각이 양(+)의 각 형상으로 설정되어 있다. 즉, 바람이 날개 밑으로 불어와야 에어포일 입장에서는 받음각이 형성되어 양력이 발생하는 것이다.
- 헬리콥터, 드론 등의 기체도 고정익 항공기와 받음각으로 인한 영향은 여러 요소에 따라서 다르지만 바람의 방향에 따라 받음각이 변하는 원리는 동일하다. 정상적으로 불어오는 바람이 아니라 돌풍, 요란기류 등이 분다면 받음각의 급격한 변화로 양력과 항력도 급격하게 변하여 모든 기체는 위험에 빠질 수 있다.

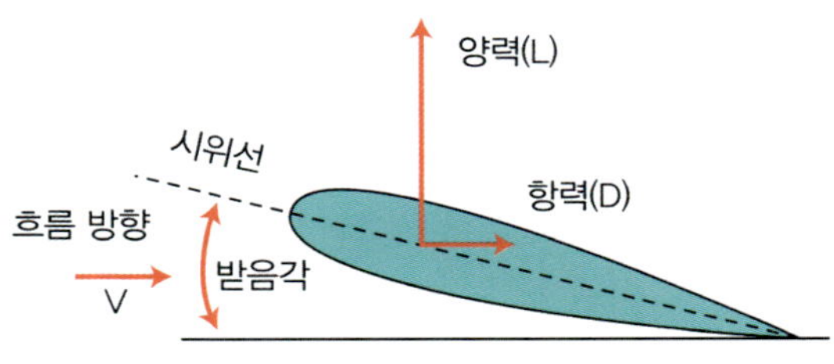

그림 1.63 에어포일의 받음각과 양력의 관계

4) 에어포일의 취부각(붙임각)과 양력과의 관계

- 취부각(붙임각, Angle of incidence) : 항공기 동체의 세로축과 에어포일의 시위선(익현선)이 이루는 사이각이며 헬리콥터의 경우는 블레이드의 시위선과 로터의 회전면이 이루는 사이각이다. 공기역학적인 반응에 의해서 형성되는 각이 아니라 기계적인 각으로, 비행기는 제작 시부터 세로축(종축)에 10°~30° 정도의 각을 이루게 설계하여 약한 바람에도 양력이 발생할 수 있도록 설계 시부터 고려한 것이다.

- 유도기류와 기체의 속도가 없는 상태에서는 받음각(영각)과 취부각(붙임각)은 동일하다. 헬리콥터나 드론의 경우는 프로펠러의 피치각을 의미한다.

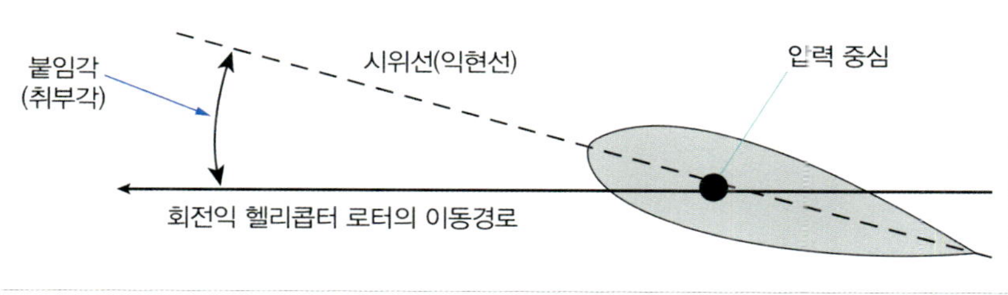

그림 1.64 에어포일의 취부각(붙임각)

5) 에어포일의 형태

- 비대칭형 에어포일
  - 시위선을 중심으로 윗면과 아랫면이 서로 다른 모양인 에어포일로 상부표면이 하부표면보다 더 구부러져 있는 만곡형이다.
  - 주로 고정익 항공기에 사용되나 최근에는 헬기에도 사용하고 있다.
  - 평균캠버선과 시위선이 일치하지 않아서 압력 중심의 위치가 받음각 변화에 따라 변하는 특성을 가진다.
  - 대칭형 에어포일보다 상대적으로 양력발생 효율이 높다.
  - 비틀림 현상이 발생하며 초기비용이 많이 소요되고 제작이 어렵다.
- 대칭형 에어포일
  - 상부와 하부 표면이 대칭을 이루는 에어포일로 저속 항공기 및 회전익 항공기에 적합하다.
  - 제작이 용이하고 비용이 저렴하며 받음각이 적어 양력이 적게 발생한다.
  - 압력 중심 이동이 일정하게 유지된다.
- 초임계 에어포일
  - 마하 0.85 정도의 높은 아음속 비행 운송용 항공기에 일반화된 에어포일 형태이다.
  - 뒷전의 설계가 일반 날개 꼴과 다르다.
- 초음속 에어포일
  - 앞전과 뒷전이 뾰족하고 중간을 두껍게 설계한 에어포일 형태이다.
  - 다이아몬드 혹은 이중 쐐기형 날개꼴이라고 부른다.

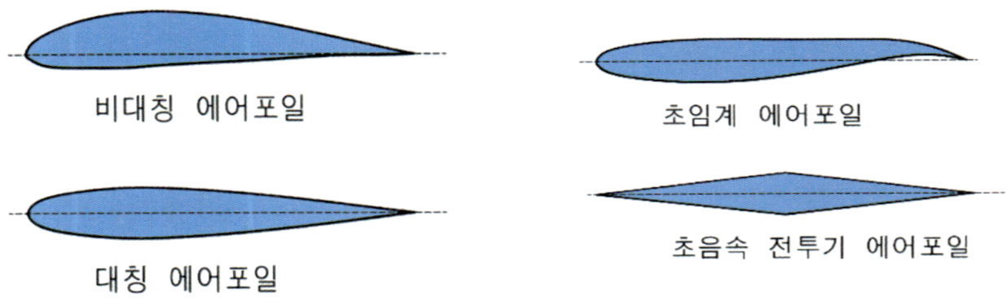

그림 1.65 에어포일의 형태

6) 레이놀즈의 수 (Reynolds Number)

- 레이놀즈의 수(Reynolds Number)는 유체의 점성력과 관성의 관계를 정리한 이론이다. 이를 통해서 에어포일(Airfoil) 상부면 위에서의 기체의 흐름과 에어포일(Airfoil)간의 작용에 대한 특성을 이해할 수 있다. '레이놀즈의 수' 이론은 항공 역학적으로 실속을 방지하기 위한 이론적 근간이다.
  그림 1.61과 같이 레이놀즈는 유리관을 흐르는 물에 염료를 분사시켜서 층류와 난류의 관계를 알아내고 이를 수치화하였다.
- 유체의 흐름에서 점성에 의한 힘은 층류를 만들고, 관성의 힘은 난류를 일으킨다. 점성이란 액체나 기체의 차진 정도를 말한다.
- **층류**는 공기가 흐르는 방향에 따라서 공기를 이루고 있는 분자가 동일한 방향으로 움직이는 상태의 흐름이다. 점성력이 지배적인 공기의 이동으로서 레이놀즈 수가 낮고, 평탄하면서도 일정하게 흐르는 특징이 있다.
- **난류**는 층류 방향과 다른 방향으로 움직이면서 나아가는 흐름이다. 관성력이 지배적인 공기의 이동으로 레이놀즈 수가 높다. 어느 정도 이상의 속도를 가지고 흐르게 되면 공기는 레이놀즈 관내의 유동실험과 사진에서 보는 담배연기 실험과 같이 무질서하고 비정상적인 불규칙적 운동의 특성을 갖는다.

$Re = Vx / y$ (Re: 레이놀즈 수, V:속도, x:직경, y: 점성계수)

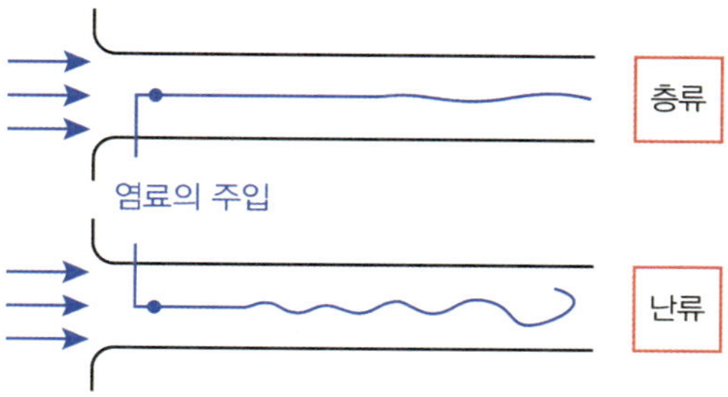

(a) 레이놀즈의 관내 유동 실험

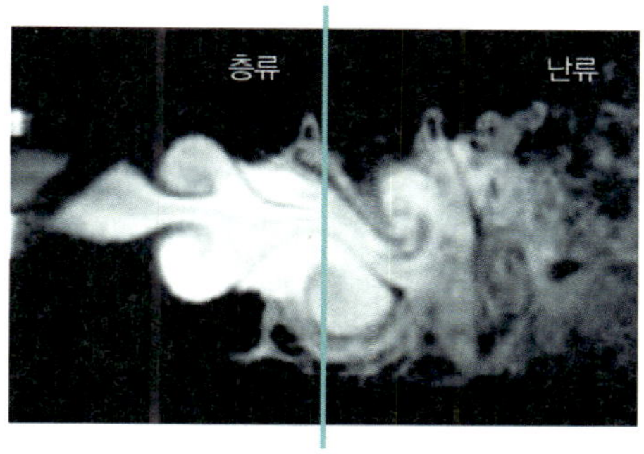

(b) 담배연기 실험

그림 1.66 레이놀즈의 수

7) 경계층(Boundary Layer) 이론

- 경계층(boundary layer)이론은 공기역학적으로 에어포일(Airfoil) 표면의 어디쯤에서 소용돌이가 발생하는지를 알아내고 이를 방지하기 위해서 항공기 날개와 길이를 어떻게 설계해야 하는지에 대한 논리를 제공해주는 이론이다. 독일의 물리학자 루드비히 프란틀(Ludwig Prandtl)이 1904년 발표하였다.
- 경계층(boundary layer)이론은 공기역학적으로 에어포일(Airfoil) 표면의 어디쯤에서 물체가 물이나 공기 등 점성도가 작은 유체 속을 움직일 때 표면에 생기는 얇은 층을 말한다. 경계층에 흐르는 기류의 속도는 에어포일이 움직이는 속도와 동일하고 에어포일에서 멀리 떨어질수록 속도는 감소한다. 에어포일의 속도가 '0'이 되는 지점을 정체점이라 하고 경계점까지를 경계층이라고 한다. 에어포일의 하류로 갈수록 경계층은 두꺼워진다. 경계층은 층류경계층과 난류경계층으로 구분하며 층류경계층에서 난류경계층으로 변하는 지점을 '천이점'이라 한다. 박리점은 공기의 소용돌이가 시작되는 지점이다. 경계층이론을 통해 유선형 모양이 공기 중에서 가장 활동하기가 좋다는 것을 발견했고, 이러한 이유로 에어포일의 형태가 유선형의 형태로 만들어졌으며 초음속 항공기의 에어포일 형태까지 발전하게 된 계기가 된 것이다.

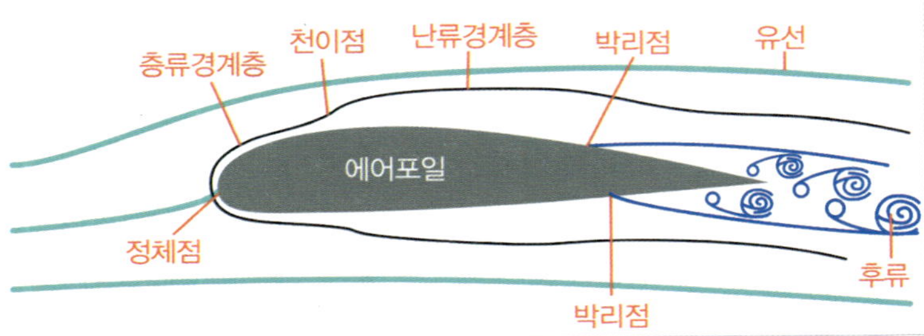

그림 1.67 경계층 이론

8) 기류박리 (Air Flow Separation)

① 기류박리 : 기류박리(Air flow separation)는 에어포일 표면을 흐르는 기류가 에어포일 표면과 공기입자간의 마찰력으로 인해 표면으로부터 떨어져나가는 현상을 말한다.

박리현상에 의해 에어포일 상부 면에서 떨어져 나간 공기는 역류하여 공기가 거꾸로 흐르는 후류현상이 발생한다. 후류 현상은 기체가 앞으로 나가는데 마찰력으로 작용한다. 과도한 받음각으로 후류현상이 심해지면 양력이 파괴되고 어느 순간에 항력이 급격히 증가하여 실속으로 이어져 기체가 추락할 수 있다.

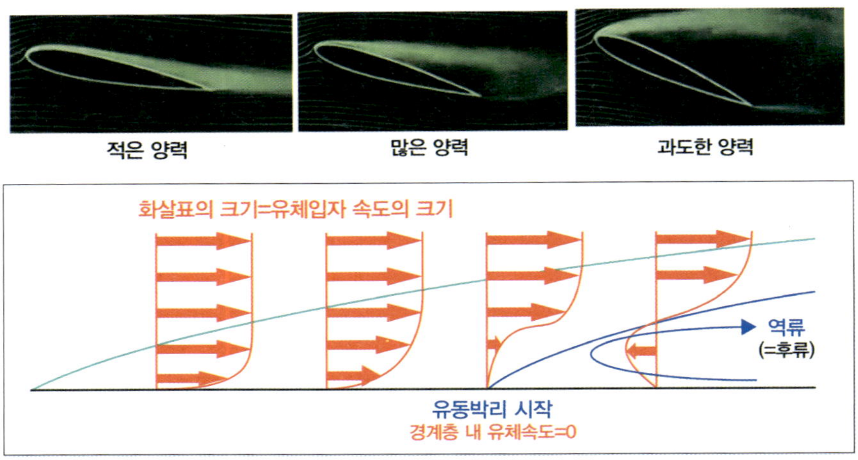

그림 1.68 기류박리 현상

② 박리현상과 마그너스 효과

마그너스 효과란 유체(액체 또는 기체) 속에 잠긴 채 회전하며 운동하는 물체에서 상대속도가 존재할 때 그 물체의 속도에 수직인 방향으로 물체에 힘이 발생하는 현상이다. 박리현상으로 발생하는 저항에 관계된 효과이다. 1852년 독일의 물리학자 마그너스가 포탄의 탄두를 연구하다가 발견했다. 마그너스 효과로 저항을 줄이거나 진행방향을 변경시키는 효과를 가져올 수 있다.

- **야구공** : 야구공에 있는 108번의 실밥이 저항을 줄여 160km 강속구를 가능케 하고 방향을 변경시켜 현란한 커브볼이 가능하다.
- **축구공** : 축구공의 조각과 실밥에 의해 바나나킥이 가능하다.
- **골프공** : 약 300~500개의 딤플로 공기 저항을 줄여서 드라이버 장타가 가능하다.

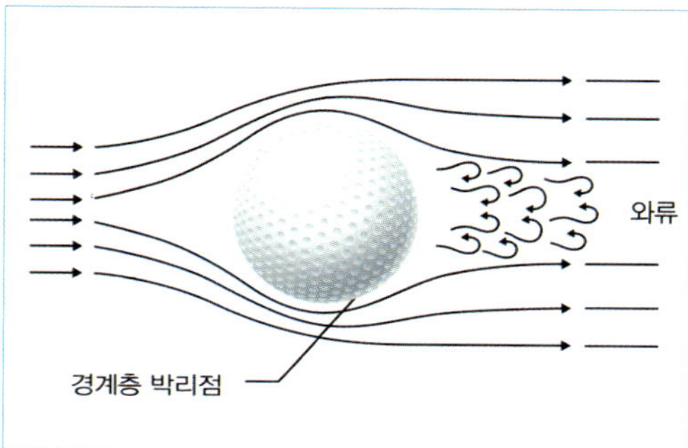

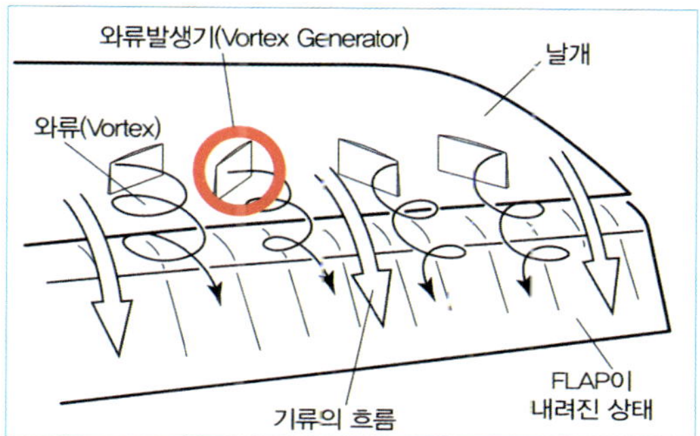

그림 1.69 마그너스 효과

9) 에어포일의 형태와 양력과의 관계

① 에어포일의 두께가 비행에 미치는 영향

- 두께가 얇은 에어포일
  - 받음각(영각)이 작을 때 항력이 적다.
  - 받음각을 크게 하면 항력이 급격히 증가하여 기류박리가 일어날 수 있다.
- 두께가 두꺼운 에어포일
  - 받음각이 작을 때도 항력은 비교적 크게 나타나지만 큰 양력을 얻을 수 있다.
  - 받음각을 크게 취하더라도 기류박리현상이 쉽게 발생하지 않는다.

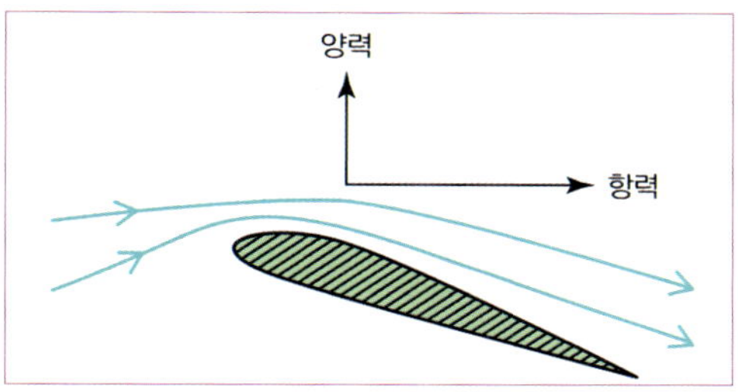

(a) 두꺼운 에어포일

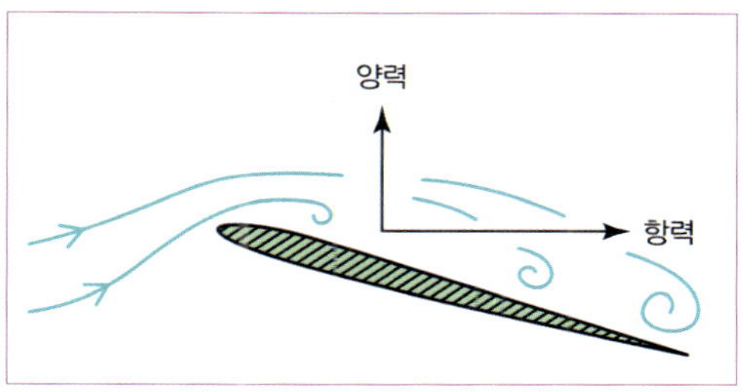

(b) 얇은 에어포일

그림 1.70 에어포일 두께가 비행에 미치는 영향

② 에어포일의 길이가 비행에 미치는 영향

- 시위선(익현선)이 긴 에어포일
  - 날개 윗면에 공기가 흐르는 시간이 길다. 즉, 레이놀즈 수가 크다.
  - 에어포일이 길기 때문에 바로 박리점이 형성되지 않고 난류가 형성되어 박리현상이 일어나기가 어렵다. 박리점은 후방에서 발생하게 된다.
- 시위선(익현선)이 짧은 에어포일
  - 에어포일이 짧아 공기가 에어포일 표면으로 흐르는 시간이 짧다
  - 에어포일이 짧아 박리점은 앞에서 발생하여 기류박리가 쉽게 발생할 수 있다.

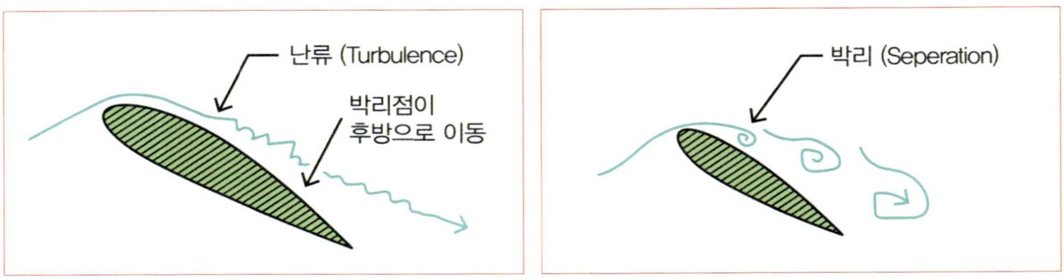

(a) 긴 에어포일　　　(b) 짧은 에어포일

그림 1.71 에어포일 길이가 비행에 미치는 영향

③ 에어포일 전연반경의 크기가 비행에 미치는 영향

- 영각(받음각)이 '0'일 경우 전연반경이 다르더라도 유체의 흐름은 비슷하다.
- 영각(받음각)이 증가할 경우
  - 전연반경이 큰 날개의 경우 : 전연에서 기류가 상부와 하부로 나뉘어 후연으로 흘러 박리가 없다.
  - 전연반경이 작은 날개의 경우 : 기류박리 현상이 쉽게 발생하고, 항력이 급격히 감소한다.

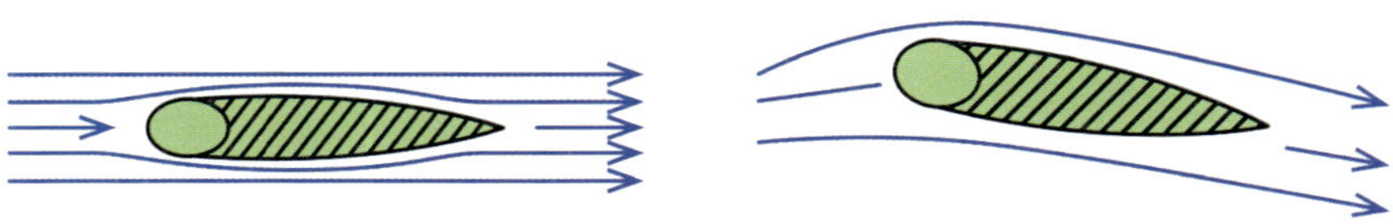

(a) 큰 전연반경

(b) 작은 전연반경

그림 1.72 전연반경의 크기에 따른 영향

④ 캠버가 양력에 미치는 영향

- 캠버(Camber)란 : 익현선과 평균 캠버선 사이의 공간
  - 대칭형 에어포일의 캠버선은 익현선(시위선)과 일치하고, 비대칭 에어포일 캠버선은 익현선(시위선)의 위에 위치한다.
- 대칭형 에어포일은 받음각(영각)=0일 때, 양력(L)=0
- 비대칭형 에어포일은 : 받음각(영각)=0일때, 양력(L)>0

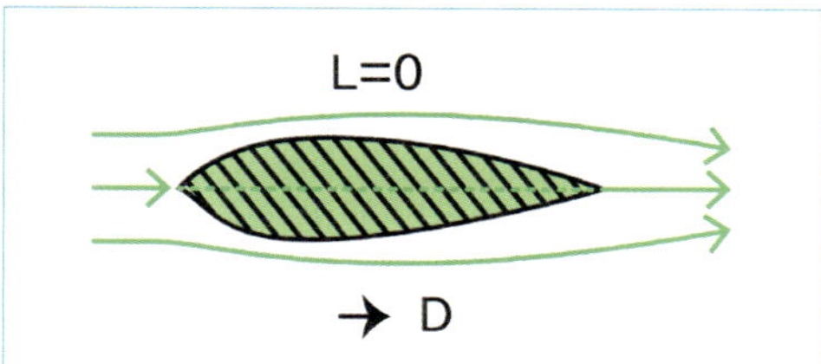

(a) 대칭형 에어포일

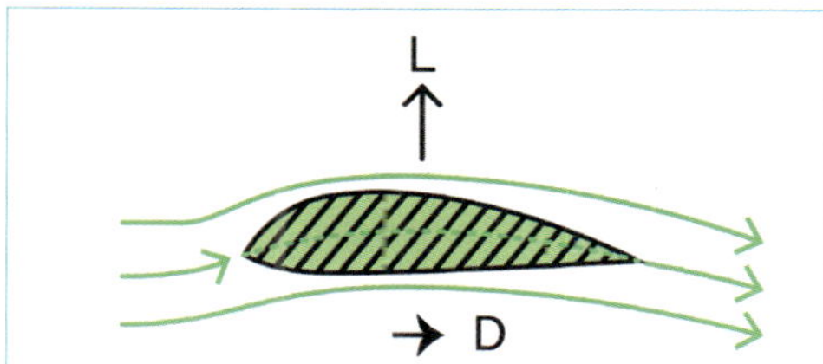

(b) 비대칭형 에어포일

그림 1.73 캠버의 영향

10) 상대풍

상대풍이란 비행경로와 세기는 같으나 방향이 반대로 작용하는 바람이다. 기체가 정지하고 있다면 상대풍은 발생하지 않는다.

이러한 상대풍은 에어포일의 움직임에 따라서 상대적으로 변한다. 비행 상태에 따라서 에어포일의 각도를 변화시키는 것은 상대풍과의 사이각인 받음각에 변화를 주어 양력을 조절하기 위함이다. 그림 1.74와 같이 에어포일이 평행하게 이동한다면 상대풍은 에어포일 방향으로 평행하게 이동하여 부딪칠 것이고, 에어포일을 아래로 이동시킨다면 상대풍은 에어포일 상부면으로 와서 많이 부딪쳐서 받음각을 떨어뜨려 양력이 줄어들 것이다.

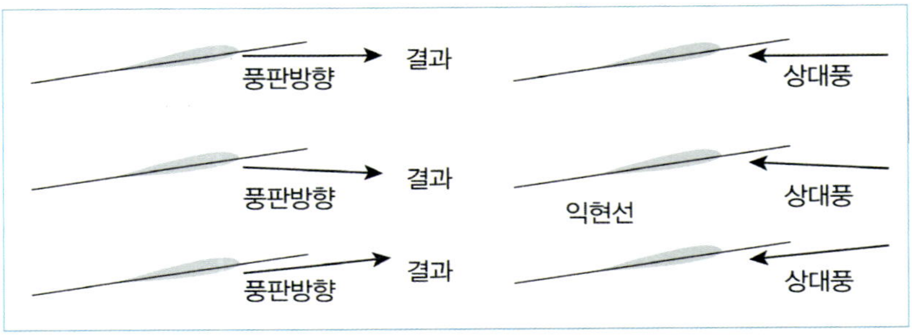

그림 1.74 상대풍에 따른 에어포일의 움직임

11) 회전상대풍 (Rotational Relative)

회전상대풍(Rotational Relative)은 헬리콥터의 블레이드가 회전하면서 생기는 유도기류, 플래핑 현상 등으로 블레이드에 부딪치는 상대풍에 변화를 주어서 새로운 형태로 만들어지는 상대풍이다. 기체가 움직이면서 발생하는 상대풍이나 회전에 의해서 발생하기 때문에 회전상대풍이라 한다. 고정익 항공기 중에서 프로펠러가 있는 항공기, 헬리콥터, 드론이 비행하면서 발생하는 바람이다.

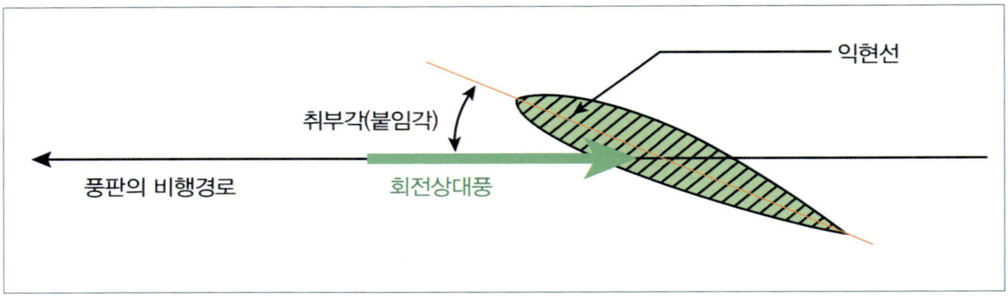

그림 1.75 회전상대풍

따라서 여기서의 받음각은 회전상대풍과 시위선(익현선)과의 사이각을 받음각이라 한다. 일반적인 상대풍과의 사이각이 아니다.

기체의 진행방향과 반대방향으로 작용하므로 취부각(붙임각)의 각도와 동일하다.

회전 상대풍의 속도는 프로펠러가 회전하면서 발생하는 것이므로 프로펠러의 끝(익단)에서 가장 빠르고, 프로펠러 시작 부분(익근)으로 갈수록 속도는 감소하며 회전축에서의 속도는 "0"이다.

12) 유도기류

유도기류는 양력발생으로 인하여 형성되는 공기흐름으로 하강풍(Downwash or Induced Flow)이라고 한다. 영어 'induced'란 의미는 '유도에 의해서 만들어진'의 의미이다. 양력이 유도해서 만들어졌다는 의미이다. 양력이 발생하지 않는다면 유도기류(하강풍)는 발생하지 않는다. 상부면과 하부면의 공기흐름의 속도 차이로 하강풍이 만들어지고 기체는 하강풍이 불어야 에어포일 하부면의 압력이 상부면의 압력보다 높아져서 양력이 발생하는 것이다.

하강풍을 직접적으로 보고 느낄 수 있는 것으로 헬리콥터가 수면 위에서 제자리 비행을 할 때 수면의 물결을 강하게 일으키는 모습을 예로 들 수 있다. 고정익 항공기와 드론도 마찬가지로 유도기류(하강풍)가 발생한다.

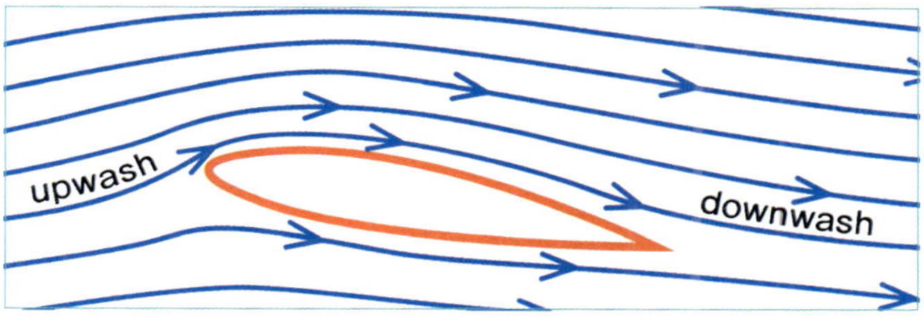

그림 1.76 유도기류

13) 합력상대풍

합력상대풍이란 이러한 유도기류로 인한 바람의 영향까지를 고려한 바람이다. '합력'이라는 의미가 두 방향에 대해서 합해지는 벡터 값이기 때문에 합력상대풍은 기체가 앞으로 나아가면서 발생하는 상대풍과 유도기류의 두 벡터 값을 계산하여 기체가 실질적으로 영향을 받는 공기역학적인 바람이라고 할 수 있다. 비행에 영향을 주는 받음각이라는 것은 결국 합력상대풍과 시위선(익현선)이 이루는 각도를 의미한다.

14) 총 항공역학적 힘 (TAF : Total Aerodynamic Force)

총 항공역학적 힘(TAF)이란 에어포일(Airfoil)의 양력과 항력이 결합하여 작용하는 힘이다. 즉, 항공역학적인 바람인 합력상대풍의 영향을 받아서 양력과 항력에 대해서 기체가 실질적으로 발휘하는 힘이다. 양력과 항력의 합력 '벡터량'이다. 이런 이유로 '항공역학적 힘'이라 부르는 것이다. 총 항공역학적 힘을 발휘하는 중심은 에어포일의 압력중심이다. 받음각의 변화에 따라서 위치가 변한다.

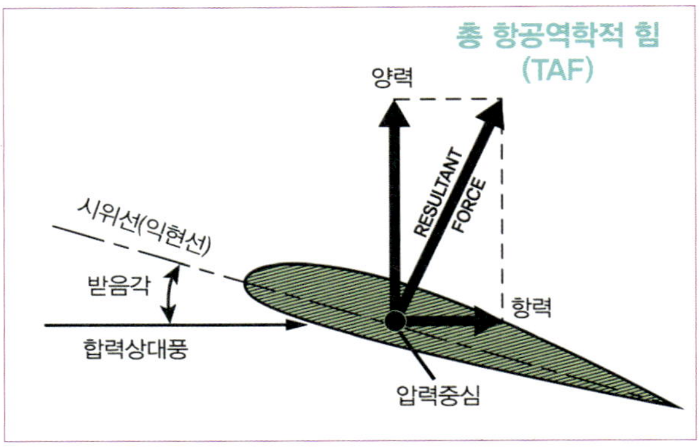

그림 1.77 총 항공역학적 힘(TAF)

15) 공력중심

공력중심이란 에어포일에 받음각이 변하더라도 피칭 모멘트[17)]의 값이 변하지 않는 중심점으로 무게중심과 구별된다. 드론은 전 · 후, 좌 · 우로 균형된 형상으로 제작하기에 기체의 정중앙에 무게중심과 압력중심이 있다. 각종 중요한 센서들이 내장되어있는 드론의 심장이며 두뇌라고 할 수 있는 FC(비행컨트롤러)도 이러한 이유로 미세한 영향도 최소화하기 위해서 기체의 중앙에 위치하도록 하는 것이다.

17) 모멘트 : 중량×암 길이

4 드론 비행의 안정성과 조종성

드론의 비행상태란 드론의 회전운동상태(Rotational States)와 병진운동상태(Translational States)를 의미하는데, 회전운동상태는 '요(Yaw)', '피치(Pitch)', '롤(Roll)'을 의미하며, 병진운동상태(직진운동)는 경도, 위도, 고도, 속도 등을 의미한다.

1) 오일러 각도를 통한 드론의 회전운동상태에 대한 이해

오일러 각(Euler angle)은 물체가 놓인 방향을 3차원 공간에 표시하기 위해 1748년 레온하르트 오일러가 도입한 세 개의 각도이다. 모든 비행기, 헬리콥터, 드론 등 공중에 뜨는 기체는 '롤', '피치', '요', '추력(Thrust)'의 네 가지 변수를 이용한다. '롤', '피치', '요'를 오일러(Euler) 각도라 한다.

드론 조종에 대한 이론을 공부하고 실습을 하면서 제일 많이 듣는 용어가 롤링(Rolling), 피칭(Pitching), 요잉(Yawing)이다. 2차원[18] 공간인 지구에 발을 딛고 사는 우리가 자동차를 운전할 때는 전진과 후진, 좌회전과 우회전만을 하다가 드론을 하늘에 띄우면서 위와 아래로 방향을 움직이면서 평상시 잘 사용하지 않는 3차원 공간의 용어를 사용하려니 어렵게 느껴진다.

① "요(Yaw)" : z축을 기준으로 좌우로 회전할 경우 발생하는 각도 차이(W)
② "피치(Pitch)" : y축을 기준으로 전후로 기울게 될 경우 발생하는 각도 차이(V)
③ "롤(Roll)" : x축을 기준으로 좌우로 기울게 될 경우 발생하는 각도 차이(U)

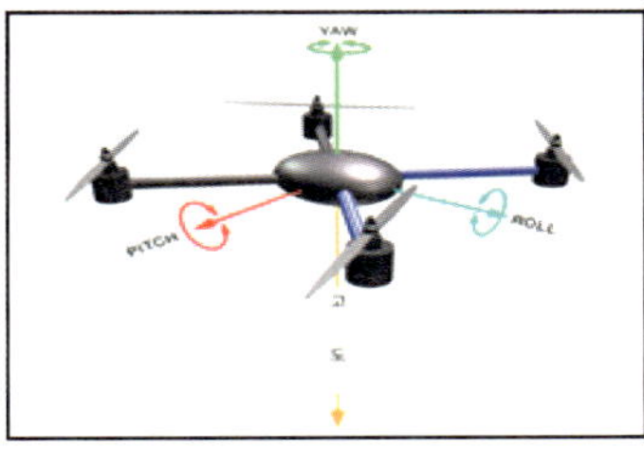

회전축	오일러 각	오일러 각 기호
x	Roll	u
y	Pitch	v
z	Yaw	w

그림 1.78 비행체의 회전운동 (그림출처 : gunjanpatel.wordpress.com)

18) 차원에 대한 이해 : 0차원은 점, 1차원은 선, 2차원은 면, 3차원은 우주와 같은 입체공간, 4차원은 3차원 입체공간이 여러 개 겹치는 공간

2) 회전운동의 중심축에 대한 이해

지상을 주행하는 차량과는 달리 공중이라는 3차원 공간에서 비행하는 드론은 세로축, 가로축, 수직축을 중심으로 움직인다.

세로축(Longitudinal Axis)은 기체의 앞부터 꼬리를 관통하는 축이다. 세로축을 중심으로 기체가 좌 · 우로 기울어지는 롤링(Rolling)운동을 한다. 항공기는 조종간을 좌 · 우로 움직이고 드론은 에일러론 스틱을 조종하여 기체의 좌 · 우 평형을 유지한다.

가로축(Lateral Axis)은 날개 끝에서 끝을 가로지르는 축으로 날개와는 수평이고 세로축과는 수직이다. 가로축을 중심으로 기체가 상 · 하로 기울어지는 피칭(Pitching)운동을 한다. 항공기는 조종간을 앞뒤로 움직이고 드론은 엘리베이터 스틱을 조종하여 기체의 전진·후진 평형을 유지한다.

수직축(Vertical Axis)은 기체의 무게중심을 관통하는 축으로 다른 두 개의 축과 수직이다. 수직축을 중심으로 기체가 좌 · 우로 방향이 전환되는 요잉(Yawing)운동을 한다. 항공기는 방향타 페달(Rudder Pedal)을 밟아 조종하고 드론은 러더 스틱을 조종하여 기체의 좌·우회전 평형을 유지한다.

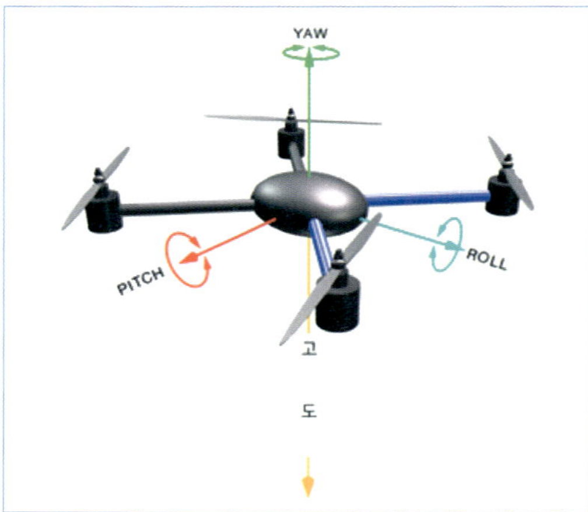

그림 1.79 비행체 운동

3) 드론의 안정성과 조종성의 개념

- 기체의 안정성과 조종성은 항공기나 드론의 특성 가운데 가장 중요한 부분이다. 기체가 경제적이면서도 안전하게 운항되기 위해서는 항공기 성능이 우수해야 하고, 만족할 만한 안정성이 있어야 하며 적절하고 정확한 조종성이 있어야 한다.
- 안정성은 악기상 등 외부적인 교란에 의해 정상적인 비행 상태를 벗어났을 때도 일정한

비행 상태를 계속해서 유지할 수 있어야 한다는 것이다.

안정성을 확보하기 위해서는 평형상태의 개념인 트림상태를 유지해야 하는데 '트림(trim)상태'란 기체가 일정한 고도를 유지하면서 각운동 없이 날고 있는 역학적인 평형상태를 의미한다. 안정성은 정적인 안정과 동적인 안정을 동시에 충족시켜야 한다.

- 드론의 조종성은 조종자의 조작에 따라 즉시 반응하여 기체가 움직여 주어야 한다는 것이다. 전방에 장애물이 나타나 급하게 정지시키려고 엘리베이터 스틱을 조작했는데 기체가 즉각적으로 반응하지 않고 지연되어 제어가 된다면 기체는 장애물과 충돌할 수밖에 없다.
- 이러한 안정성과 조종성이 미흡하다면 항공기나, 헬리콥터, 드론 등은 모두 하늘에 떠다니는 위험한 물체에 지나지 않는다. 이러한 안정성과 조종성을 위해서 기체를 개발하는 단계에서 오랜 시간동안 시험과정을 거쳐서 설정한 기준을 통과할 때 비로소 군사적 목적이든 민간용도이든지 활용할 수 있는 것이다.

4) 안정성

① **정적 안정 개념** : 정적 안정은 시간 개념을 포함하지 않고, 평형상태로부터 벗어난 뒤에 평형 상태[19]로 되돌아가려는 안정성을 의미한다.

- **정적 불안정**이란 평형상태에서 벗어난 물체가 처음 평형 상태로브터 더 벗어나려는 경향을 의미한다.
- **정적 중립**이란 평행상태에서 벗어난 물체가 원래의 평형상태로 되돌아오지 않고 평형상태에서 벗어난 방향으로도 이동하지 않는 경우를 의미한다.

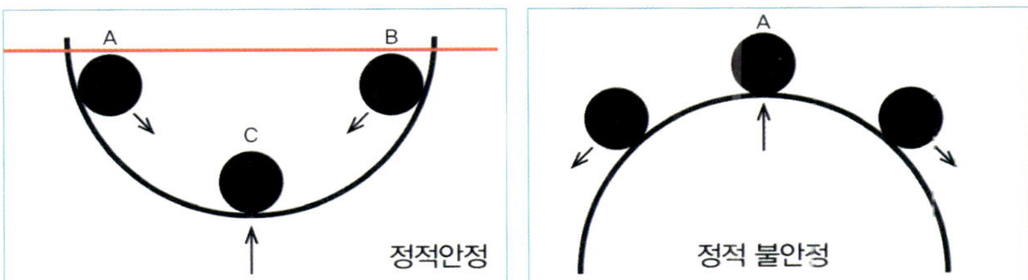

그림 1.80 정적 안정과 불안정

② **동적 안정 개념** : 동적 안정은 시간 개념을 포함하여 항공기가 평형상태로부터 이탈된 후 원래의 평형상태로 돌아가려는 경향을 의미한다.

- **동적 안정상태**는 운동의 진폭이 시간이 지남에 따라 감소되는 것인데, 예를 들어 비행 중 교란에 의해서 기체에 진동[20]이 발생할 때 시간이 지남에 따라서 진동이 감소되어 원

19) **평형상태** : 항공기에 작용하는 힘이 균형된 상태이며 속도변화가 없는 정상 비행 상태를 포함한다.

평형상태로 돌아가는 것이다.

- **동적 불안정**이란 운동의 진폭이 시간이 지남에 따라서 오히려 커지는 것을 의미하며 **동적 중립**은 운동의 진폭에 변화가 없는 것을 의미한다.

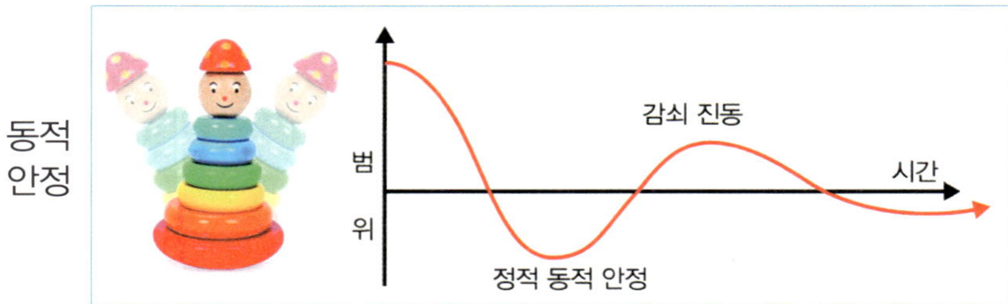

그림 1.81 동적 안정

③ **세로 안정성(Longitudinal Stability)**은 항공기의 가로축(Lateral Axis)을 중심으로 기체가 상·하로 기울어지는 피칭(Pitching)에 대한 안정성으로, 항공기에서 요구되는 가장 중요한 안정성이다. 세로안정성이 불안정한 기체는 기수가 들리거나 숙여짐이 심해 급강하 또는 급상승하려는 경향이 있다.

- **정적 세로 안정성**은 돌풍 등의 교란에 의해 항공기 받음각이 증가했을 때 받음각을 감소시키려는 복원력이나 복원 모멘트가 발생하는 것을 의미한다.
- **동적 세로 안정성**은 교란에 의한 피칭(Pitching)현상이 시간이 지남에 따라 감소하여 원 평형상태로 되돌아가려는 것을 의미한다. 항공기의 세로 안정성을 높이는 방법 중의 하나로 항공기의 무게중심을 공력중심보다 앞에 있게 하고 아래에 있게 한다.

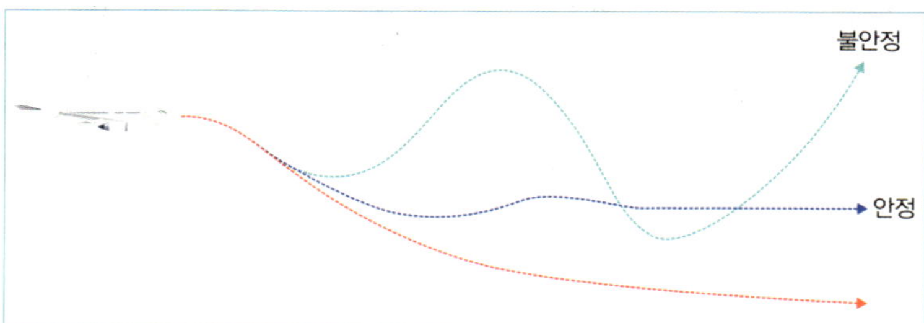

그림 1.82 세로 안정성

---

20) **진동** : 진동은 장주기 진동과 단주기 진동으로 구분하는데 **장주기 진동**은 진동주기가 상당히 길며 보통 20초에서 60초 사이의 진동주기를 갖는다. 정적으로 안정된 항공기에서 나타나며 쉽게 조정이 가능하다. **단주기 진동**은 속도변화에 무관하며, 진동이 1초 혹은 2초 이내 지속되는 경우에 조종이 어렵고 진동을 즉각 감소시키는 조치를 취하지 않으면 기체 등의 구조적인 손상이 우려된다.

④ 가로 안정성(Lateral Stability)은 항공기의 기수로부터 꼬리까지 잇는 세로축(Longitudinal Axis)을 중심으로 기체가 좌 · 우측으로 기울어지는 롤링(Rolling)에 대한 안정성이다.

- **정적 가로안정성**은 돌풍 등의 교란에 의해 항공기 경사각(Bank Angle)이 증가하였을 때 경사각을 감소시키려는 복원력이나 복원 모멘트가 발생하는 것을 의미한다.
- **동적 가로안정성**은 교란에 의해 기체가 좌 · 우로 기울어지는 롤링(Rolling)현상이 시간이 지남에 따라 감소하여 원 평형상태로 되돌아가는 것을 의미한다. 가로안전성을 높이기 위해 킬 효과(Keel Effect)[21], 상반각 효과[22], 하반각 효과[23] 등을 고려하여 기체를 제작한다.

⑤ 방향 안정성(Direction Stability)은 항공기의 무게중심을 관통하는 수직축(Vertical Axis)을 중심으로 좌 · 우측으로 방향이 전환되는 요잉(Yawing)에 대한 안정성이다.

- **정적 방향안정성**은 돌풍 등의 교란에 의해 항공기 옆 미끄럼 각이 증가하였을 때 미끄럼 각을 감소시키려는 복원력이나 복원 모멘트가 발생하는 것을 의미한다.
- **동적 방향안정성**은 교란에 의해 좌우로 방향이 전환되는 요잉(Yawing)현상이 시간이 지남에 따라 감소하여 원 평형상태로 되돌아가려는 것이다. 방향 안정성은 동체 측면이 클수록, 수직꼬리날개의 면적이 클수록 좋아진다.

5) 비행 중 발생하는 우발상항

① 실속 (stall) : 날개의 받음각이 임계받음각[24] 이상으로 커져서 양력이 없어져 기체가 추락으로 이어지는 현상이다.

- 항공기 실속의 원인은 받음각이 너무 커져서 날개 윗면의 바람속도가 날개 아랫면의 바람속도를 따라잡지 못하게 되면 날개 윗면의 바람이 갈 곳을 잃고 소용돌이치게 되며, 이로 인하여 양력이 손실되어 실속에 이르게 된다.
- 항공기 실속은 무게, 하중계수, 비행속도, 공기밀도, 고도에 관계없이 항상 같은 받음각에서 발생한다.

---

21) **킬 효과(Keel Effect)**는 항공기의 세로축이 상대풍 쪽으로 선회하려는 경향이 있기에 항공기 무게중심 위쪽과 뒤쪽에 더 많은 킬(Kill)면적을 갖게 하여 상대풍이 더 많은 면적에 부딪치게 하여 기체가 수평상태로 되돌아가게 하는 효과이다.

22) **상반각 효과**는 항공기 제작 시 날개를 동체에 붙일 때 종축(Longitu- dinal Axis)기준으로 1~3° 정도 위쪽으로 기울어지게 하여 기체의 가로 안정성(Lateral Stability)을 증가시키는 효과를 가져오는 것이다.

23) **하반각(처진 각) 효과**는 상반각과는 반대로 날개를 동체에 붙일 때 종축(Longitudinal Axis)기준으로 1~3° 정도 아래쪽으로 기울어지게 하여 기체의 가로 안정성(Lateral Stability)을 증가시키는 효과를 가져오는 것이다.

24) 임계 받음각 : 실속을 방지하지 위한 최대한의 받음각 허용치로 비행기 설계에 따라서 약 16°~20° 정도의 각

• 드론도 속도를 지나치게 높여 제어의 한계를 벗어난다면 실속이 되어 추락으로 이어질 수가 있다. 드론은 모터의 회전에 의해서 대부분의 양력을 발생하기 때문에 모터가 비행중에 정지한다면 이것이 바로 실속으로 이어져 기체가 추락하게 된다.

② 스핀(Spin) : 스핀(Spin)은 실속의 일종으로 기체가 수직축을 중심으로 빙빙 돌면서 추락하는 현상이다.

• 항공기 스핀의 원인은 좌우 날개 중 한쪽만 실속이 걸리거나, 양쪽 다 실속이 걸리더라도 한쪽 양력이 조금이나마 더 많이 생기는 상태에서 발생한다.
• 단순히 회전하는 것이 아니라 기체가 좌·우로 방향이 왔다갔다하는 요잉(Yawing)현상과 기체가 좌·우로 기울어지는 롤링(Rolling)현상이 동시에 발생하기 때문에 빠져나오기가 어렵다.
• 드론은 모터가 정지하여 실속상황에 이르게 되므로 프로펠러의 숫자와 정지한 모터의 숫자에 따라서 차이는 있지만 대부분 수직으로 추락한다.

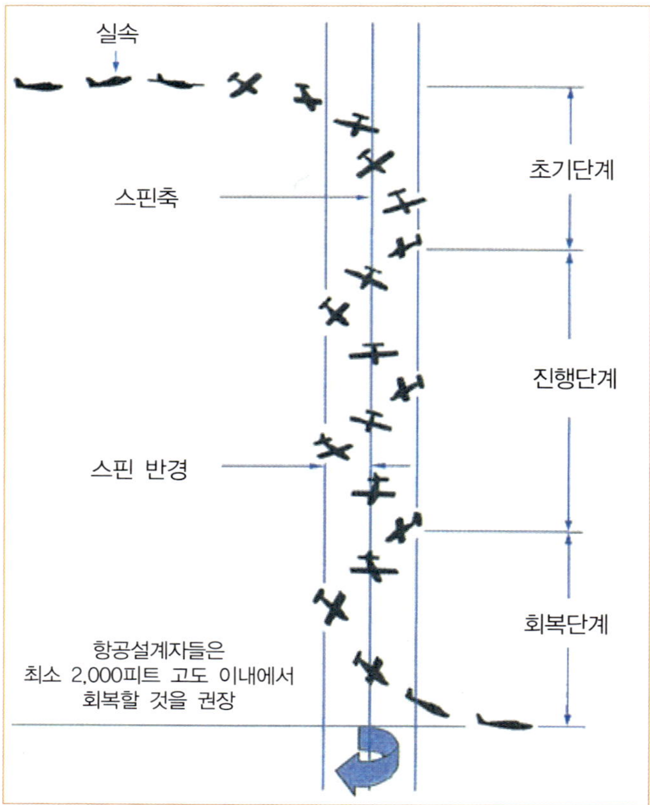

그림 1.83 스핀 현상 (그림출처 : canuckaviation.com)

③ 스키드(Skid) : 기체가 선회 시 선회반경 쪽으로 밀려나는 현상이다.

- 스키드의 원인은 보조날개의 경사각과 양력의 관계가 평형에 이르지 못하여 원심력이 양력의 수평성분인 구심력보다 더 클 때 일어나거나 보조날개의 경사각이 부족할 때 발생하고,
- 드론의 경우는 좌·우 방향을 조절하는 러더(Rudder)의 조작량이 너무 클 때 일어나기 쉽다.

④ 슬립(Slip) : 스키드와는 반대로 비행기가 선회할 때 선회 중심 쪽으로 미끄러지는 현상이다.

- 슬립의 원인은 구심력이 원심력보다 더 클 때 일어나며, 주로 보조날개의 경사각이 너무 클 때 발생한다. 즉, 프로펠러의 이론적인 전진거리와 실제 전진거리의 차이를 실각 또는 슬립이라고 한다.
- 드론에서는 러더의 조작량이 부족할 경우에 일어난다. 스키드와 슬립현상을 회복하는 방법은 보조날개의 경사각을 조절하고 드론은 러더의 조작량을 조절하여 해소한다.

5 헬리콥터 비행원리를 통한 드론 비행원리

1) 헬리콥터와 무인멀티콥터의 특성

첫째, 제자리 비행(Hovering)이 가능하다. 제자리 비행이란 일정한 고도와 방향을 유지하면서 공중에 머무는 비행술이다. 고정익 항공기와 다른 비행특성이며 헬리콥터의 가장 큰 장점이다. 헬리콥터는 '제자리 비행에서 제자리 비행으로 끝난다.'고 해도 과언이 아닐 정도로 제자리 비행은 헬리콥터에서 대단히 중요하다. 드론도 이러한 점에서 동일하다.

둘째, 측방 및 후진 비행이 가능하다. 고정익 항공기는 상상할 수 없는 일이다. 회전면을 측방으로 또는 후방으로 기울여서 측방과 후방으로 이동이 가능한 것이다. 드론은 헬리콥터보다도 이러한 면에서 더 큰 장점이 있다. 드론의 프로펠러가 회전하는 속도가 훨씬 빠르기 때문에 신속한 이동이 가능하다는 장점이 있다.

셋째, 수직 이·착륙이 가능하다. 제자리 비행이 가능하기 때문에 동체 길이 정도의 공간이 확보되면 가능하나 많은 동력이 소요되므로 제한된 조건에서만 활용한다. 대부분은 충분한 이착륙 거리를 두고 안전하게 실시한다.

넷째, 엔진 정지 시에 자동 활공이 가능하다. 자동 활공이란 높은 위치에서 지면으로 떨어지면서 공기의 영향으로 회전력을 얻는 것이다. 헬리콥터 엔진이 정지됨과 동시에 엔진 구동축과 로터 시스템이 분리되고 로터 블레이드는 동체가 공기 속을 통과할 때 회전력을 얻어 활공이

가능하다. 헬기의 활공비율은 1:3 또는 1:4로 고도 1,000피트에서 엔진 고장 시 3,000~4,000피트 정도 활공 가능하다. 경비행기에 비해서는 매우 제한적이다. 일어나서는 안 되는 상황이지만 자동 활공 상황에서는 헬기 조종사의 조작숙달 능력이 생존을 크게 좌우한다.

다섯째, 최대 속도가 제한된다. 헬리콥터는 회전익의 특성에 의해 최대속도에 한계가 있다. 아파치 헬기의 최대속도는 시속 300km 정도이다. 이 속도를 벗어나게 되면 블레이드와 후진하는 블레이드와의 양력불균형으로 실속(Blades Stall)에 들어가 더 이상 양력을 발생시키지 못해 헬기가 위험에 처할 수 있다.

여섯째, 추력과 양력대비 무게에 한계가 있다. 헬기의 양력을 발생시킬 수 있는 힘은 로터 블레이드의 회전력인데 무한정으로 블레이드의 크기를 크게 할 수 없다. 러시아 대형헬기의 주회전날개의 길이가 32m 정도이다.

일곱째, 소음발생과 하강풍 영향으로 피해가 발생한다. 대형 헬리콥터로 갈수록 소음과 하강풍으로 인한 피해가 발생할 수 있다. 가끔 언론에 헬기로 인한 유사한 피해사례가 보도되고 있다.

여덟째, 높은 동력에서 시작해서 높은 동력으로 종료된다. 고정익 항공기는 이륙시 최대 출력, 착륙시 최소 출력이 요구되지만 헬리콥터는 이착륙시 모두 최고 출력이 요구된다. 한여름 높은 고온이나 산위에서는 성능이 저하되어 출력 부족으로 인해 정상적인 이륙이 제한될 수 있다.

무인멀티콥터도 헬리콥터의 비행적인 특성을 대부분 다 가지고 있다. 단지 기체의 크기가 작아서 헬리콥터에 의한 소음과 하강풍에 의한 피해 등은 현저히 작다 하겠다.

2) 용어설명

- 깃과 지름 : 드론의 프로펠러는 통상 2개, 3개의 깃으로 제작된다. 깃이 많다고 추력이 강한 것은 아니다. 지름이 작은 프로펠러는 관성이 적어서 쉽게 속도를 변화시킬 수 있어서 드론레이싱과 같은 아크로바틱 비행에 많이 사용된다.
- 피치(Pitch) : 프로펠러가 1회전하는 동안 나선형의 경로를 따라 진행하는 거리이다.
- 추력(Thrust) : 드론의 추력은 프로펠러의 RPM과 직경, 깃의 형태와 면적, 피치, 공기의 밀도 등에 영향을 받는다.

(a) 3개의 깃(3엽) 프로펠러　　(b) 프로펠러 지름　　(c) 프로펠러 피치

그림 1.84　드론 프로펠러

- 드론도 프로펠러가 회전하는 물체이기 때문에 토크가 당연히 발생한다. 회전 날개 비행체에서 토크의 힘을 견제하거나 제거하지 않는 한 비행을 할 수 없다. 기체가 한쪽 방향으로 회전하여 균형을 잃고 추락하게 되는 것이다. 토크에 대한 반토크를 발생시키는 방법은 헬리콥터와는 다르다. 드론은 인접한 프로펠러를 반대방향으로 회전시켜 반토크 힘을 발생시킴으로써 토크를 상쇄시켜 안정된 비행을 한다. 프로펠러가 4개인 쿼드콥터인 경우 그림에서 보는 바와 같이 대각선에 있는 프로펠러가 반시계방향과 시계방향으로 각각 회전하며 기체가 토크와 반토크의 작용과 반작용으로 기체 몸통이 한쪽 방향으로 회전하지 않고 비행하는 것이다.

3) 토크(Torque)작용과 반토크작용(Antitorque)

- **토크**(Torque)는 **돌림힘**, **회전력** 또는 **모멘트**(moment)라 불리며 물체를 회전시키는 효력을 나타내는 물리량이다. 토크는 힘과 **받침점**까지의 거리의 곱이며 국제적인 표시단위는 N · m(뉴턴미터)이다. 이를 상쇄시키는 힘이 반토크이다.

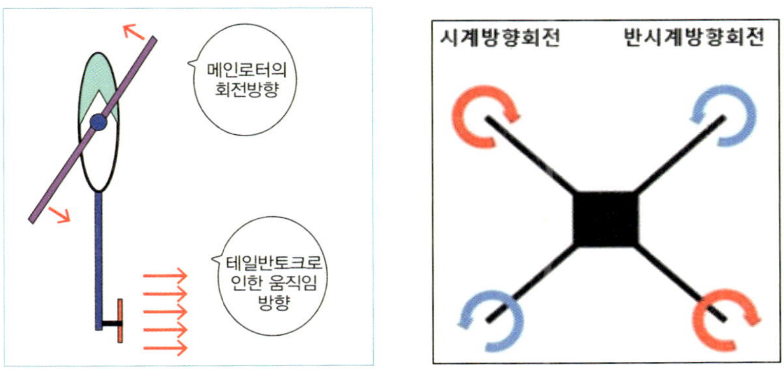

(a) 헬리콥터의 토크와 반토크　　(b) 드론의 토크와 반토크

그림 1.85　토크와 반토크

- 헬리콥터는 블레이드(Blade)회전에 의해 양력을 발생하며, 블레이드(Blade)는 시계반대방향으로 회전하기 때문에 동체는 뉴튼의 제3법칙인 작용과 반작용의 법칙에 의해 회전익 블레이드(Blade) 회전방향에 반대로 회전하려는 경향, 즉 시계방향으로 돌아가려고 하는데 이 현상을 헬리콥터의 토크(Torque)작용이라 한다.
- 헬리콥터에서 이러한 토크를 상쇄시켜주는 장치가 반토크 로터(Anti -torque Rotor)이다. 헬리콥터의 테일로터(Tail Rotor)라고 부른다. 테일로터로 하여금 수평추력을 발생시켜 토크에 대한 반토크 힘을 발생시켜서 기체가 회전하는 것을 방지하고 가고자 하는 기수방향으로 비행할 수 있는 것이다. 헬리콥터에서 반토크의 힘을 발생시키기 위해 테일로터와 연결된 반토크 페달을 사용한다.
- 드론도 프롭이 회전하는 물체이기 때문에 토크가 당연히 발생한다. 회전 날개 비행체에서 토크의 힘을 견제하거나 제거하지 않는 한 비행을 할 수 없다. 기체가 회전하여 균형을 잃고 추락하게 되는 것이다. 토크에 대한 반토크를 발생시키는 방법은 헬리콥터와는 다르다. 인접한 프롭을 반대방향으로 회전시켜 반토크 힘을 발생시킴으로써 토크를 상쇄시켜 안정된 비행을 하는 것이다.

4) 제자리 비행 시 비행원리

- 제자리 비행(Hovering)은 한 지점에서 전 · 후 · 좌 · 우 편류없이 일정한 고도와 방향을 유지하면서 가만히 머무르는 비행이다. 이를 힘의 균형으로 이야기할 때 양력과 중력은 동일해야 하고, 추력은 없으며 이에 따라서 항력이 적용되지 않는 상태이다. 공기역학적인 힘이 균형을 이루어야 일정고도에 떠 있을 수 있고 프로펠러의 회전으로 발생하는 토크의 힘을 적절히 조절해 주어야 제자리 비행이 가능한 것이다.
- 제자리 비행 시 공기의 흐름 : 무풍(Wind Calm)이라고 가정했을 때 제자리 비행 시 로터 블레이드는 상부의 공기를 끌어들여서 아래도 밀어낸다. 공기를 계속해서 밀어내면 밑으로 발생하는 하강풍의 속도를 증가시키게 된다.

  로터 블레이드의 끝단(Blade Tip)에서는 하강풍이 발생하지 않는 지역과의 마찰로 인하여 심한 블레이드 끝단 와류(Blade Tip Vortex)가 발생한다. 로터 블레이드가 회전하면서 와류의 강도도 같이 강해진다. 지면에 근접하여 지면효과를 받지 않는다면 제자리 비행 시 더 많은 동력이 필요하다.

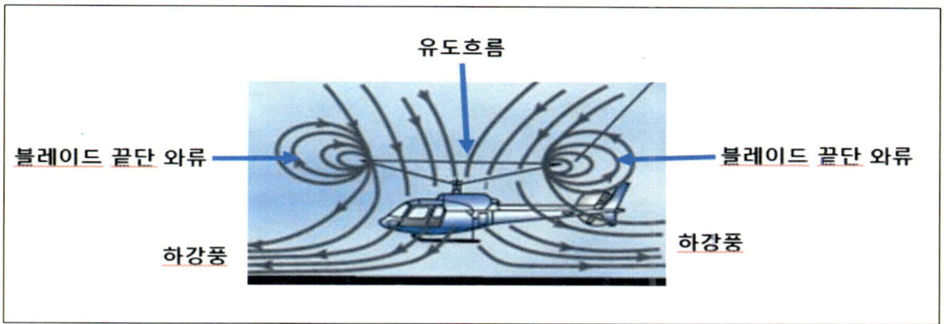

그림 1.86 제자리 비행

- 제자리 비행시 지면효과(Ground Effect) : 헬리콥터나 드론은 하강풍으로 지표면의 간섭에 의해 받음각의 증가로 양력이 증가한다. 지면효과로 기체의 효율이 높아져 같은 출력으로도 많은 무게를 지탱할 수 있으며 적은 동력으로도 제자리 비행이 가능해진다.
이러한 지면효과가 증대되는 경우는 로터 직경의 1배 이내에서 정지비행 시, 아스팔트나 콘크리트 포장된 곳, 상대적으로 장애물이 없는 평탄한 곳, 무풍상태에서 제자리 비행할 때이다. 반면에 로터 직경의 1배가 초과하거나, 수풀지역이나 수면위에서 제자리비행 시는 지면효과가 감소된다.

5) 로터 블레이드 운동시 양력불균형 현상과 해소방법

- 양력의 불균형(Differential of Lift)은 전진 및 후진 블레이드(Blade) 사이의 속도 차 때문에 양력의 차이가 발생하여 생기는 불균형현상이다. 전진 블레이드는 바람이 불어오는 6시~12시 방향으로 회전하는 블레이드이고, 후진 블레이드는 바람이 불어오는 반대방향인 12시~6시 방향으로 회전하는 블레이드이다.
- 멀티콥터는 고정된 피치로 로터에 프로펠러가 직접 연결되어 회전하고, 바로 옆에 있는 프로펠러가 서로 반대방향으로 회전하여 토크를 상쇄시켜주기 때문에 헬리콥터와 같은 양력 불균형은 발생하지 않는다.

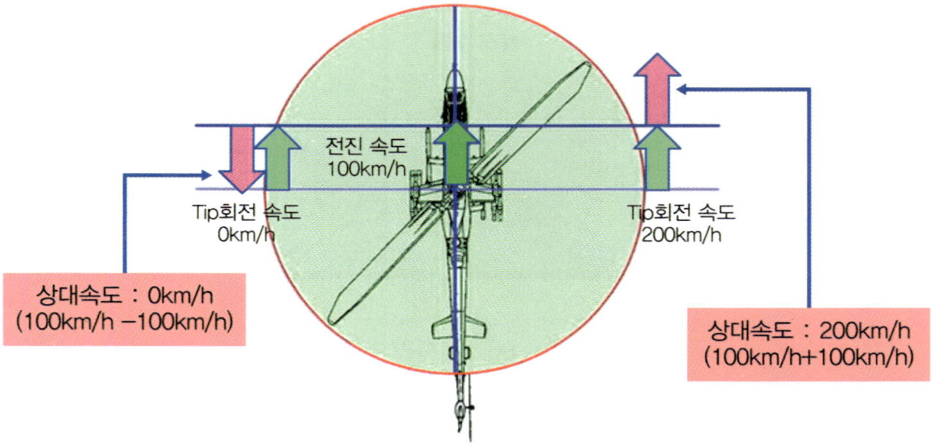

그림 1.87 양력 불균형

① **블레이드 플래핑** : 플래핑은 '날개친다', '펄럭인다'의 사전적 의미이다. 블레이드의 상하운동을 통해서 전진블레이드는 양력을 감소시키고, 후진블레이드는 양력을 증가시켜 양력 불균형을 해소한다.

- 전진블레이드는 기수방향으로 6시에서 12시까지 회전하는 블레이드로서 합력상대풍 속도가 후진블레이드보다 빠르므로 상대적으로 양력이 많이 발생하여 전진블레이드는 상향플래핑을 하여 받음각과 양력을 감소시킨다.
- 후진블레이드는 합력상대풍을 마주하며 회전하기 때문에 상대적으로 속도가 느려 양력이 적게 발생하기 때문에 하향 플래핑을 하여 받음각을 증가시키고 양력을 크게 한다. 이렇게 블레이드가 회전하면서 위와 아래로 펄럭이는 플래핑 작용을 하여 받음각의 변화로 양력불균형 현상을 해결하면서 기체는 이동하고자 하는 방향으로 이동하는 것이다.
- 멀티콥터는 로터가 고정되어 있고 로터에 프로펠러가 고정되어 있기 때문에 헬리콥터와 같은 플래핑 상하운동을 하지 않는다.
- 과도한 플래핑을 **블로우백**(Blowback) 현상이라고 한다. 헬리콥터가 전진할 때 발생하는 양력 불균형을 블레이드 플래핑으로 해소하였는데 이것이 과도하여 회전면이 후방으로 경사지는 현상이다. 이러한 블로우백 현상으로 기체의 기수가 들리게 되어 전진하는 비행을 방해한다.

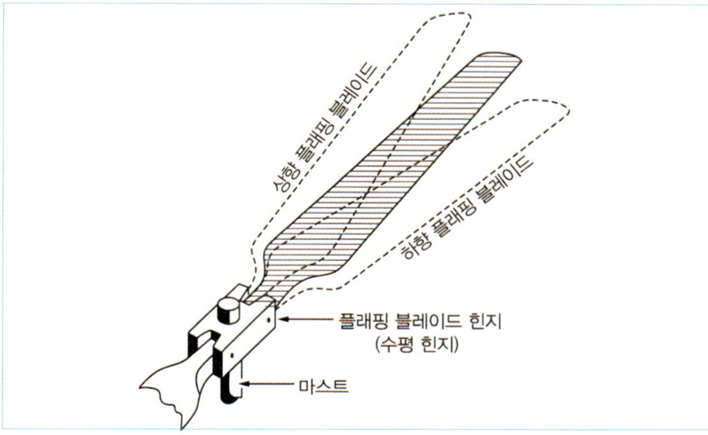

그림 1.88 블레이드 플레핑

② 사이클릭 페더링(Cyclic Feathering) : 블로우백(Blowback) 현상을 해소하는 방법이다. 페더링(Feathering)은 '바이올린을 활로 자유롭고 빠르게 움직이며 연주한다'는 사전적 의미로, 과도한 플래핑에서 발생된 문제를 빠르게 해결해 준다는 의미이다.

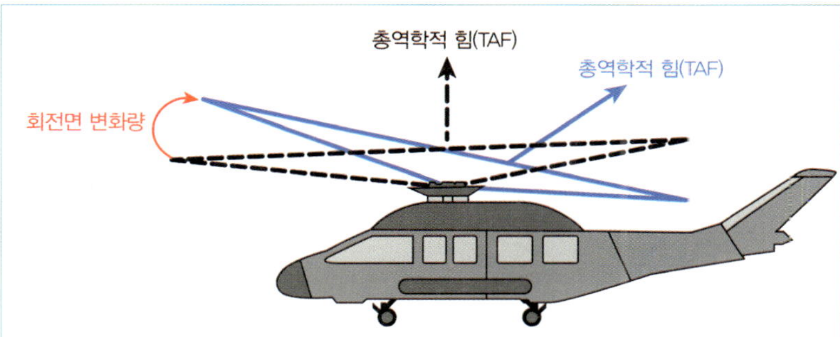

그림 1.89 블로우백 현상과 사이클릭 패러링

- 사이클릭 페더링(Cyclic Feathering)은 양력을 너무 감소시켰을 때 그림 1.89에서 보는 바와 같이 마스트와 연결된 블레이드(Blade)를 사이클릭 조종스틱을 전방으로 이동시켜서 블레이드 피치각(Blade Pitch Angle)을 조정하여 회전면이 다시 기수방향을 향하도록 균형을 맞추어주는 것이다.

6) 전이양력과 유효전이양력

① 전이양력(Translational Lift)은 회전익 기체가 제자리 비행 상태에서 전진비행으로 전환 시 나타나는 현상에 대한 용어이다.

- 전이양력은 로터의 회전으로 발생한 양력이 기체가 전진하기 위해서 헬리콥터 블레이드의 회전면을 앞으로 기울이는 순간, 위로 작용하던 양력이 앞으로 작용하는 추력으로 전이된 양력을 의미한다. 즉, 양력의 힘이 추력의 힘으로 전이되었다고 하여 전이양력이라 부른다.
- 드론도 역학적으로 당연히 전이양력이 발생한다. 드론도 프로펠러의 회전면을 기울이면서 모터의 속도를 조절해 기체의 방향과 속도를 조절하기 때문이다.

② 유효전이양력(Effective Translation Lift)이란 회전익 기체가 제자리 비행의 정지관성을 완전하게 벗어날 정도로 전이된 양력을 의미한다.

- 전진비행을 하더라도 어느 정도는 유도기류에 의한 하강풍의 영향을 받으나 비행체의 속도가 16~24노트(시속 31~45km)에 이르게 되면 공기의 재순환 구역에서 완전히 벗어나 지속적으로 새로운 바람을 받아들이게 된다. 이러한 상태를 유효전이양력이라 한다.
- 기체별로 날개 또는 블레이드 면적, 로터 길이, 로터의 분당회전속도(RPM)에 따라서 발생되는 시기는 각기 다르다.

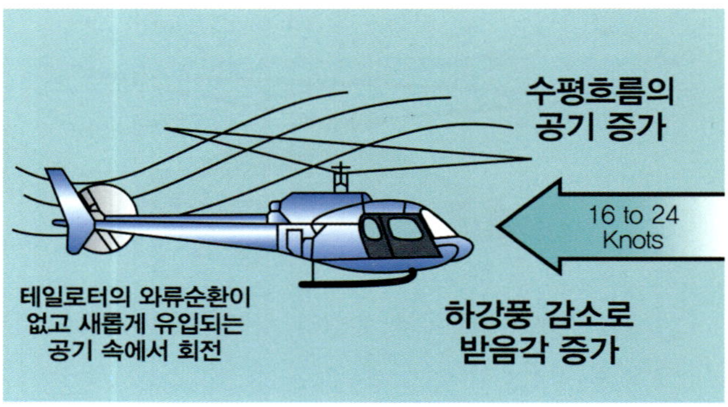

그림 1.90 유효전이양력

7) 횡단류 효과

- 횡단류 효과(Transverse Flow Effect)는 헬리콥터가 제자리 비행에서 전진비행으로 전환하여 속도를 높일 시에 전·후 회전면에 유입되는 공기의 흐름차이에 의해서 기체가 우측으로 롤링(Rolling)하거나 진동이 발생하는 현상이다.

- 회전속도뿐만이 아니라 바람을 받아들이는 각도에 따라서도 양력의 불균형이 일어나기 때문에 발생하는 현상이다.
- 횡단류 효과는 기체가 제자리비행에서 전진비행으로 전환하면서 유효전이양력을 얻는 약 10~20노트(시속 20~40km 정도)로 전환되는 순간 또는 착륙 시에 유효전이양력을 잃는 순간에 발생한다. 횡단류 효과는 비행속도가 증가함에 따라서 사라진다.

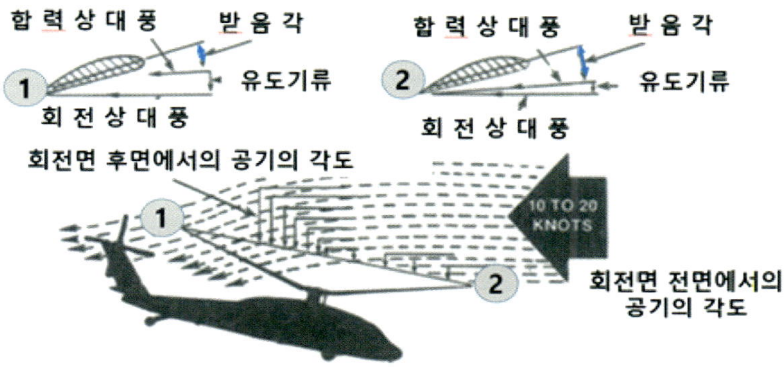

그림 1.91 횡단류 효과

8) 오토로테이션(Auto Rotation)

- 오토로테이션은 헬리콥터가 공중에서 엔진이 정지했을 때 블레이드의 회전력에 의해서 자동으로 블레이드가 회전하는 것을 말한다. 헬리콥터는 고정익 항공기와 비교했을 때 활공률[25]이 짧다. 고정익 항공기처럼 날개를 이용하지 못하기 때문이다.
- 자동 활공은 회전하는 블레이드의 공력 특성에 따라 블레이드가 회전하면서 기체마다 제작 시부터 정한 권장 활공속도를 유지하면서 지면으로 하강한다.
- 활공 시 회전하는 블레이드는 블레이드의 에어포일과 합력상대풍과의 사이각인 받음각에 따라서 공기역학적으로 힘을 발휘하는 구간이 다르다. 그림 1.86에서 보는 바와 같이 자동 회전구역은 회전하던 힘을 받아 구동력이 발생하기 때문에 양력에 의한 최소한의 활공이 가능한 블레이드 구간이고, 로터 익단 구역은 블레이드 끝의 구간으로서 형성하는 받음각이 너무 작아서 회전하는 블레이드에 저항력을 발생시키는 블레이드 구간이다. 실속 구역은 블레이드의 안쪽 25%의 영역으로 받음각이 양력을 발생시키는 범위를 벗어나서 실속이 일어나는 영역이다.

25) 활공률 : 엔진의 동력이 제공되지 않는 상태에서 항공기가 활공할 수 있는 거리를 수직고도에 대한 수평거리의 비율이다.

• 무인멀티콥터인 드론도 역학적으로는 오토로레이션이 있지만 헬리콥터보다도 블레이드가 현저히 짧고 비행고도도 150m 이하의 낮은 고도에서 비행하는 기체이다. 드론은 모터의 회전이 멈추면서 프로펠러가 급격히 멈추기 때문에 효과는 적어서 로터의 숫자에 따른 시간의 차이는 있겠지만 모터가 멈추는 순간 거의 추락상황으로 이어진다고 보아야 할 것이다. 따라서 이러한 현상이 발생하면 바로 지상에 착륙을 해야 한다.

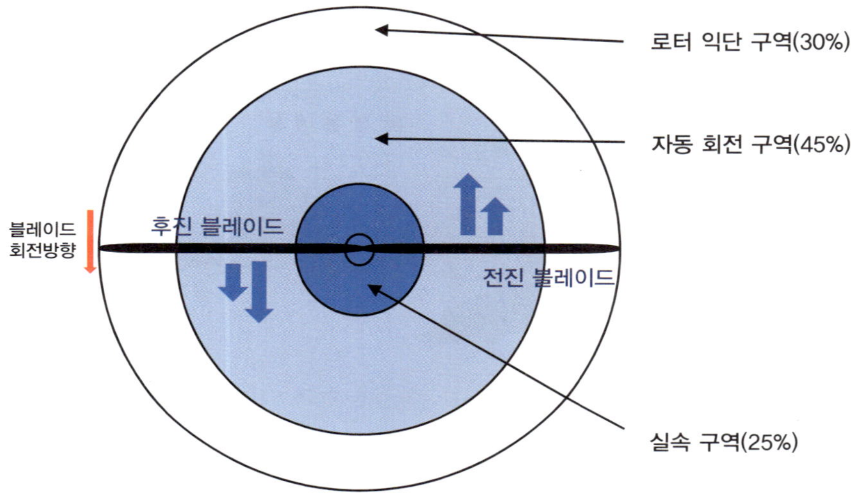

그림 1.92 오토로레이션 블레이드 구간별 공기역학적 힘의 구분

PART 2

드론 시스템

드론 시스템 구성과 원리

05 CHAPTER

1 드론 시스템 구성요소

우리는 무인기에 대해서 이야기할 때 가장 익숙한 용어인 UAV(Unmanned Aerial Vehicle, 무인항공기) 또는 "드론"으로 많이 부르지만 미군들은 무인기를 UAS(Unmanned Aircraft System, 무인항공체계)로, ICAO(국제민간항공기구)에서는 RPAS(Remotely Piloted Aircraft System, 무인항공기 시스템)로 호칭하고 있다. 어느 용어이든지 우리가 현재 사용하고 있는 무인기에 대한 개념은 무인기 기체 하나를 이야기하는 것이 아니라 무인기 운용 System 전체를 포괄하는 개념으로 이해해야 한다.

- 무인기 시스템 전체를 포괄하는 요소는 여섯 개 정도이며 비행체의 종류, 운용목적, 기술 수준 등에 맞게 시스템을 구성하여 운용하여야 한다.[26]

첫째, **시스템적 요소**로서 무인기를 운용하는 운용인력, 운용 개념 등을 포함한다.

둘째, **비행체**로서 끊임없는 운용을 위해서 3~8대를 1조로 하여 운용한다. 예를 들어 미군의 RQ-5A 정찰용 무인기(일명 "Hunter")는 8대를 1조로 운용하고 우리 군도 교대 운용과 정비를 위해 통상 3~4대를 1조로 운용한다.

셋째, **지상통제 시스템**으로서 비행체의 종류에 따라서 운용하는 숫자는 상이하다. 미군의 RQ-5A 정찰용 무인기는 3대를 운용하지만 소부대에서 운용하는 "레이번(Raven)"의 지상통제 장치(GCS, Ground Control System)는 1대이다.

---

26) 자료참조 : 무인비행장치 운용(박장환, 류영기 공저, 골든벨)

넷째, **통신 데이터링크**로서 조종자와 비행체, 비행체와 인공위성, 인공위성과 지상통제소 간에 비행데이터와 명령값을 전송하고 수집된 데이터를 전송하기에 충분한 대역폭이 확보되어야 한다.

다섯째, **탑재 임무장비**로서 운용목적과 기상조건 등에 따라서 다양한 장비를 탑재하여 운용한다. 대표적인 장비가 TV카메라, 전자광학(EO)카메라, 적외선(IR)감지기, SAR(협성개구레이더) 등이다.

여섯째, **후속 군수지원**으로서 무인기를 운용하기 위한 교육훈련, 지원장비, 정비체계 등을 포함한다.

1) 제로니모 작전(2011.5.11)과 무인항공기 운용시스템

2011년 5월 11일 미국 백악관 브리핑 룸(Briefing room)에서 오바마 대통령이 오사마 빈 라덴을 사살했다는 발표와 함께 공개한 한 장의 사진이 있다. 오바마 대통령과 참모들이 어떤 화면을 뚫어져라 쳐다보면서 깊은 생각을 하거나 놀라는 듯한 도습의 사진이었다. 오바마 대통령과 그 참모들이 쳐다보고 있던 영상은 바로 미국의 스텔스 기능을 갖춘 최신예 정찰용 무인항공기인 RQ-170 센티널(Sentinal)이 15,000m 고도에서 적외선 카메라로 촬영하여 작전지역인 파키스탄 아모타바드에서 4,500km 떨어진 백악관으로 전송하고 있는 영상이었다. 즉, 25명의 미 해군 특수부대원들이 오사마 빈 라덴을 사살하기 위해서 실시간으로 수행하고 있는 작전 영상이었던 것이다. 그 시간에 이 무인기는 미국 네바다주에 위치한 공군기지 내 30정찰반에서 인공위성을 통해서 통제되고 있었다.

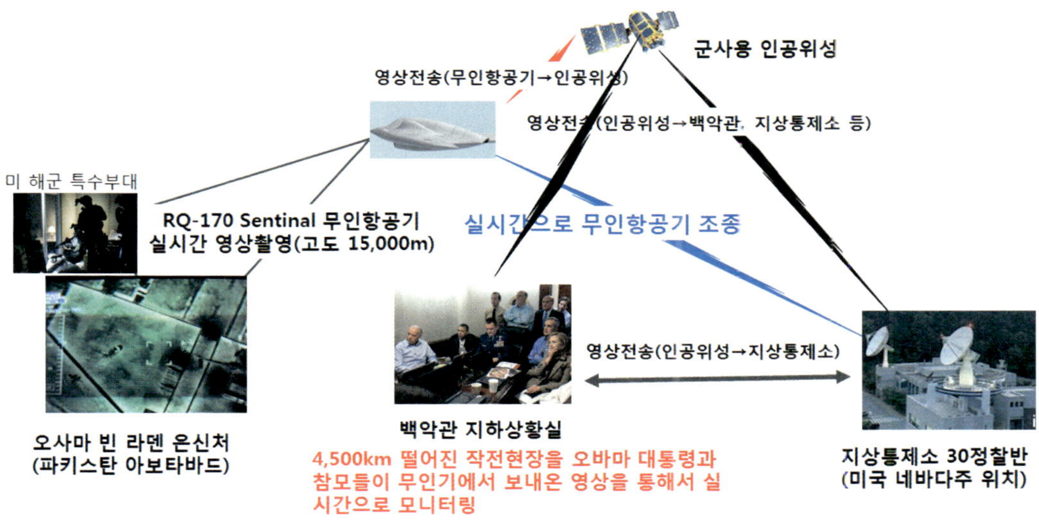

그림 2.1 제로니모 작전 시 무인기 운용 시스템

이러한 것들이 어떻게 진행되었는지를 이해하기 위해서는 먼저 무인항공기를 운용하는 시스템을 이해해야 한다. 물론, 미국의 최신예 무인기인 RQ-170 센티널(Sentinal)과 무인멀티콥터와는 분명히 다르다. 운용되는 비행체의 능력과 운용목적, 운용되는 거리 등은 다르지만 시스템은 유사하게 운용할 수 있다.

아래 표 2.1은 "제로니모 작전"간 수행되었던 무인기 운용시스템을 언론에 보도된 내용 등을 근거로 하여 독자들의 이해를 돕고자 도표화 한 것이다.

표 2.1 제로니모 작전 무인기 운용 시스템

구 분	적 용
시스템 요소	• 무인기를 활용한 현장상황 촬영, 인공위성을 이용한 전송개념 등을 포함한 제로니모 작전 수행하기 위한 다양한 개념 설정 • 작전을 수행하기 위한 장비(블랙호크 헬기)와 운용인력(미 해군 특수부대), 인공위성 등
비행체	• 여러 대의 RQ-170 Sentinal 무인기
지상통제 시스템	• 네바다주 제 30 정찰 비행반과 RQ-170 Sentinal 통제 시스템
통신 데이터링크	• RQ-170 Sentinal 무인기에서 촬영한 영상을 인공위성, 지상통제소, 백악관 지하벙커 등으로 전송할 수 있는 대역폭의 주파수
탑재 임무장비	• RQ-170 Sentinal 무인기가 탑재하고 있는 다양한 장비로 제로니모 작전간에는 야간 영상촬영을 위한 적외선(IR) 카메라 등이 사용
후속 군수지원	• 제로니모작전을 수행하기 위한 무인항공기 관련 교육훈련, 정비반 등 군수지원체계 등

2) 재난 발생시 무인기 운용 시스템 적용

무인멀티콥터를 활용하여 "제로니모 작전"을 지원할 수 있을까? 결론은 물론 불가능하다는 것이다. 2km 정도의 가시권에서 운용하는 무인멀티콥터를 4,500km 거리가 떨어진 지역에서 미사일의 요격범위를 벗어나는 15,000m 고고도에서 운용하는 미국의 고고도 무인항공기 센티널(Sentinal)과는 비교할 수 없는 것이다. 그러나 바로 눈앞에서 발생하는 "세월호 침몰"과 같은 재난현장이라면 지원이 가능할까? 결론은 물론 '가능하다'이다.

그림 2.2에서 보는 바와 같이 "제로니모 작전"에 운용되었던 무인기 운용시스템을 그대로 적용하여, 재난현장에 드론을 띄워 촬영한 영상을 지상통제소에서 받아 이동통신기지국을 통하여 발생한 재해와 관련하여 직접 즉각적인 조치를 취해야 할 기관에 알려주어 적절한 조치를 취함으로서 골든타임을 확보하여 많은 인명과 재산을 구하는데 도움을 줄 수 있을 것이다.

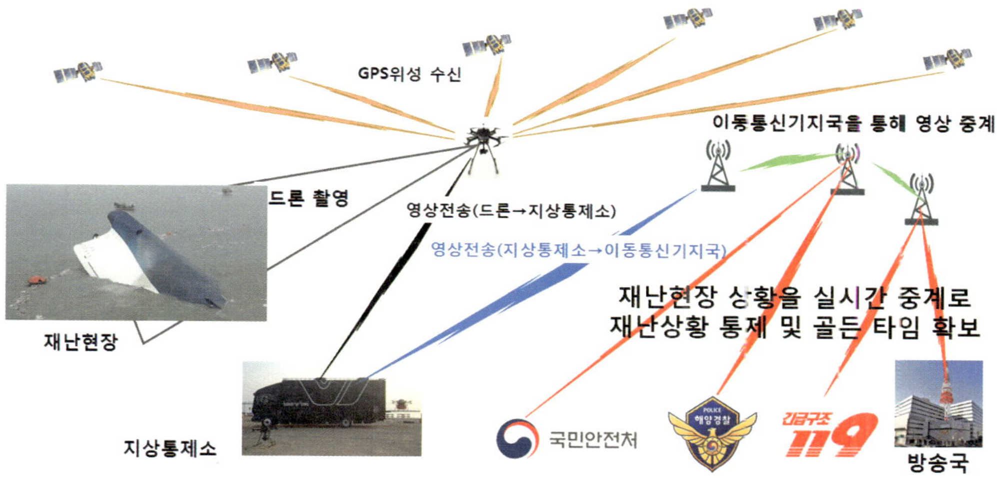

그림 2.2 재난 발생시 무인멀티콥터(드론) 운용 시스템(예)

그림 2.2에서 설명한 산업용 드론 운용시스템을 지원하는 구성요소는 다음과 같다.

먼저, 드론 운용 및 지상 통제시스템(GCS : Ground Control System)은 차량이동식 지상통제소(Drone Mobile Station) 형태로 제작하여 드론을 운용할 재난현장으로 직접 이동하여 컨트롤 타워 역할을 수행한다. 차량 내부에 무인멀티콥터의 비행을 통제할 통제시스템을 탑재하여 별도의 시간 소요없이 도착 즉시 임무수행이 가능하게 한다. 차량 내부에는 드론 운용요원 3~4명이 탑승하여 교대로 차량 내에서 드론을 제어하고 LTE(Long Term Evolution)나 5G를 통해 실시간으로 영상을 송출하고 영상내용을 분석하여 정확한 판단에 도움을 주고 습득된 정보를 저장하고 분석하여 빅데이터(Big Data)로 활용이 가능한 시스템이다.

둘째, 비행체는 지상통제소 차량에 여러 대를 탑재하여 비행가능시간을 고려하여 교대로 끊김없이 임무를 수행하는 것이 가능하다.

(a) 지상통제소 외부　　(b) 지상통제소 내부

그림 2.3 차량 이동식 지상통제소

셋째, 통신 데이터링크는 드론 조종과 영상 및 비행정보 송·수신을 위해 필요한 통신장비와 통신주파수가 필요하다. 현재 5G가 전 국토적으로 적용되고 있지 않은 상황에서 드론운용지역의 통신환경에 따라서 여러 가지 방법이 적용되어 운용되고 있다. 일반적으로 드론 제어를 위한 2.4GHz 주파수대역, 영상 송수신을 위한 5.8GHz 주파수 대역, 텔레메트리 정보 송수신을 위한 별도의 주파수 대역을 운용하지만 5G가 우리나라 전 국토적으로 확대되어 이용이 가능하다면 5G를 이용한 드론제어 및 영상 송·수신, 텔레메트리 정보 송·수신이 가능할 것이다. 현재까지는 무인멀티콥터(드론)는 GPS위성에 의한 위치정보를 받는 것을 제외하고 인공위성을 이용하여 기체 제어 및 영상 송·수신을 할 수 없다. 기지국을 통해서만 장거리 제어 및 영상 송·수신이 가능하다.

넷째, 탑재 임무장비는 최근 공공수요 및 민간수요에 다양한 목적으로 드론이 운용되고 있기에 임무에 부합되는 모든 장치를 드론에 탑재하여 실증비행을 통해서 이를 상업화하기 위해 노력하고 있다. 어려운 점은 지상이 아닌 공중에서 이루어지는 환경이라는 근본적인 제한으로 인하여, 장착하고자 하는 임무장비의 무게와 이를 탑재하여 비행가능한 기체의 성능, 비행시간 등 다양한 요소에 의해서 드론제작업체에서는 많은 어려움을 겪고 있고 이를 극복해 나가면서 드론산업을 발전시키고 있다.

2 드론의 구성과 구동원리

1) 드론의 기본구조

드론의 구조는 조종자와 각종 데이터를 주고 받는 '통신부', 드론의 비행을 계산하고 통제하는 '제어부', 드론을 비행하게 구동시키는 '구동부' 그리고 카메라 등 각종 임무를 수행하기 위한 탑재 장비들로 구성된 '페이로드'로 구성된다.

그림 2.4 드론 기본 구조 및 형상27)

드론의 세부적인 제원 및 성능은 표에서 보는 바와 같다.

표 2.2 숨비 V-100 제원 및 성능

구분	항목	제원
비행체	비행체 크기 (프로펠러 포함)	1.482m
	비행체 중량	13.7kg
	적재중량	10kg
	방풍능력	13m/s
	최대속력	90km/h
	최대운용고도	2km
	운용시간	40분
	지원가능 짐벌	모든 짐벌 탑재 가능
	랜딩기어 형태	T형
무선 조종기	운용주파수	2.4GHz ~ 2.483GHz
	운용거리	2km
	운용 온도	-10℃ ~ +40℃
배터리	형태	LiPo 6S
	용량	22000mAh × 2개 (44000mAh)
	중량	2650g

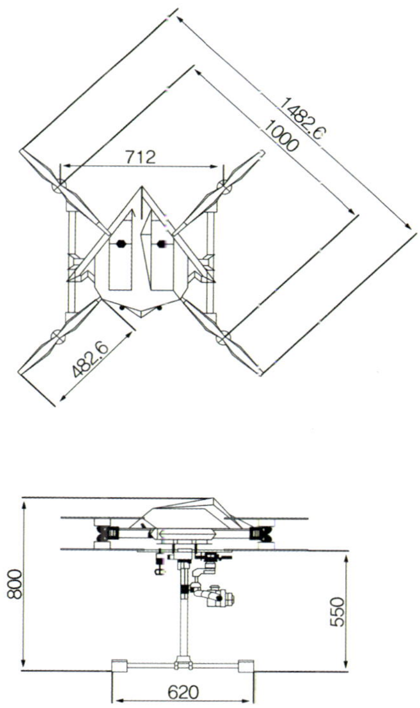

그림 2.5 V-100 드론의 상세 제원

27) 그림출처 : ㈜숨비 V-100

2) 드론의 구동원리

무인멀티콥터를 조종하기 위해서는 무인멀티콥터가 어떠한 원리로 구동되는지에 대해 먼저 이해하는 것이 중요하다. 멀티콥터가 구동하는 순서는 그림 2.6에서 보는 바와 같이

- 원격조종기의 조종스틱을 조작하여 기체의 움직임에 대한 명령값을 무선으로 멀티콥터의 기체로 송신하면
- FC에 연결된 RC 수신기가 이 명령값을 수신하여 비행의 핵심인 제어부의 FC(비행컨트롤러)로 이 명령값을 전달한다.
- FC는 RC 수신기가 보내온 기체 제어를 위한 명령값과 기체에 장치된 GPS센서, 지자계센서, 자이로센서 등 다양한 센서에서 보내오는 값을 연산하여 기체 제어 및 카메라 등 임무장치 제어를 위한 명령값을 결정하여 구동부인 전자변속기에 전달한다.
- FC로부터 기체제어를 위한 명령값을 전달 받은 구동부의 ESC(전자변속기)는 각 모터별로 회전속도를 통제한다.
- 모터는 ESC로부터 지시받은 RPM속도로 회전하면서 모터와 결속된 프로펠러를 회전시켜 이 회전의 힘에 의해 양력이 발생하여 기체가 하늘에 뜨는 것이다.

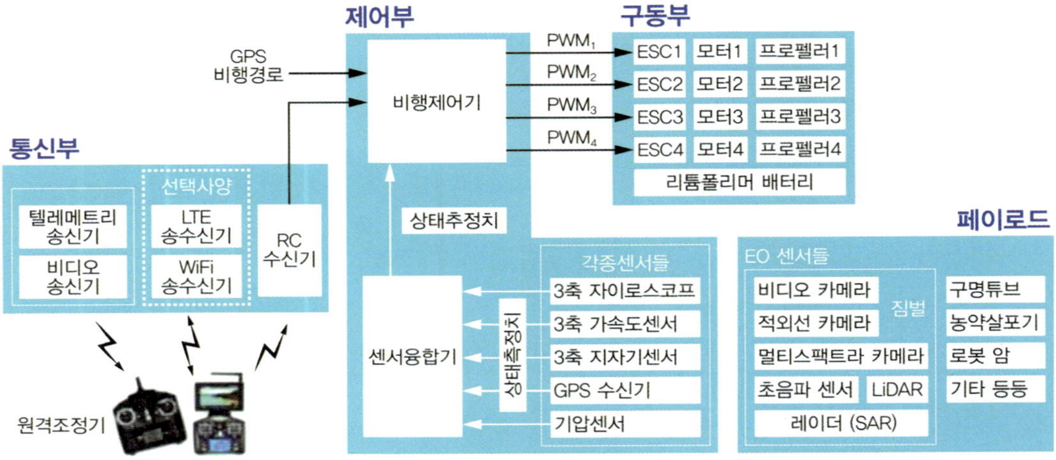

그림 2.6 무인멀티콥터의 운용시스템과 구동원리 (그림출처 : cscp2.sogang.ac.kr)

3) 통신부

- '통신부'는 조종기로부터 비행에 대한 명령값을 수신하는 RC 송 · 수신기, 촬영한 사진이나 영상을 지상으로 송신하는 영상 송 · 수신기 그리고 위치, 속도, 버터리 잔량 등의 비행정보를 지상으로 송신하는 텔레메트리 송 · 수신기 등으로 구성된다.
- 텔레메트리 정보는 텔레메트리 송신기를 통해 기체의 속도, 고도 등의 정보를 지상으로 송신하면 텔레메트리 수신기를 통해 지상통제장치(GCS)의 HUD(Head Up Display)나 조종기의 모니터창인 OSD(On Screen Display)에서 확인할 수 있다.
- 원거리 제어나 영상전송을 위해서는 별도의 LTE 송수신기나 도듈을 탑재하여 원격조정 비행명령어 및 영상 데이터를 송 · 수신한다.
- 드론 통신관련에 관한 사항은 드론통신 파트에서 상세히 다루기로 한다.

4) 제어부

- '제어부'는 FC(비행제어기) 및 다양한 장치와 센서들로 구성되어 있다. 드론이 안정적으로 비행하기 위해서는 드론에 장착된 각종 센서들을 이용해 자신의 비행상태를 측정해야 한다. 드론의 비행상태는 회전운동상태(Rotational States)와 병진운동상태(Translational States)로 정의된다. 회전운동상태는 '요(Yaw)', '피치(Pitch)', '롤(Roll)'을 의미하며, 병진운동상태는 경도, 위도, 고도, 속도를 의미한다.
- 회전운동상태를 측정하기 위해 3축 자이로센서(Gyroscopes), 3축 가속도센서(Accelerometers), 3축 지자기센서(Magnetometers)를 이용하고, 병진운동상태를 측정하기 위해 GPS 수신기와 기압센서(Barometric Pressure Sensor)를 이용한다.
  제어부를 구성하는 다양한 센서에 관한 사항은 드론을 움직이는 스프트웨어 파트에서 상세히 다루기로 한다.

5) 구동부

- '구동부'는 드론을 구동시키는 부품들로 BLDC 모터, 프로펠러, 전자변속기(ESC: Electronic Speed Controller) 및 리튬폴리머 배터리 등을 포함한다.
- 전자변속기는 비행제어기로부터 PWM 신호들을 받아 모터들을 구동시키고, 배터리의 직류 전원을 교류로 바꾸어서 모터로 공급해 준다. 각각의 모터들은 통상 각각의 변속기로 연결되어 구동된다. 구동부를 구성하는 각각의 장치에 대해서는 구동부 파트에서 구체적으로 다루기로 한다.

6) 페이로드(Payload)

'페이로드'는 드론의 사용 목적에 따라서 드론 자체 또는 짐벌에 장착하는 장치이다. 다양한 센서가 있는 카메라부터 통신장비(UHF/VUF, FM repeater, IP Network / 휴대폰 중계 센서 등), 특수장비(유해가스 탐지기, 방사능 탐지센서, 해상 구명장비, 로봇 암, 가스분석기, 농약살포기, 스포트랩[28]) 등을 장착할 수가 있다.

- **카메라(Camera)**는 사진이나 영상물을 찍기 위한 전자제품이다. 대부분 디지털카메라를 장착한다. 드론에서 비행을 위한 장치를 제외하고 가장 많이 장착된 장비가 카메라이다. 카메라는 색상을 인지하며, 고해상도의 이미지를 인식할 수 있다는 장점이 있다. 단점은 객체와의 거리나 속도를 직접적으로 측정할 수는 없다. 또한, 비가 오거나 안개가 끼는 등의 악천후에서 인지능력이 상당히 떨어지는 단점이 있다.
- **전자광학(EO, Electro-Optic)카메라**는 레이더와 마찬가지로 허공에 전자기파를 쏘아서 물체에 부딪혀 돌아오는 반사파를 측정해 탐지하는 것이다. 레이더와의 차이점은 전자기파의 종류인데 적외선 이상의 전파를 사용하는 레이더와는 달리 EO센서는 근적외선 및 가시광선을 사용한다.
  1990년대 이후 전자광학 기술 및 해상도를 처리하는 하드웨어/소프트웨어의 기술력이 급속도로 발전하면서 EO센서가 크게 발달하였다. EO센서가 가지고 있는 가장 큰 장점은 가시광선을 이용해 목표의 실제 영상을 실시간으로 관측하는 것이 가능하다는 것이다. 따라서 레이더의 부족한 해상도를 보완하는데 큰 도움을 줄 수 있다. 또한 레이더와는 달리 채프, 플레어, 방해전파 등을 이용해 교란시키는 것이 상대적으로 힘들다.
- **전방 감시 적외선 장치**(forward looking infrared, FLIR)는 적외선 복사를 감지하는 영상기술이다. FLIR카메라는 단색영상과 컬러영상 두가지로 나타낼 수 있는데, 단색영상은 빛의 세기만으로 영상을 재현하는 것이고 컬러영상은 빛의 삼원색(적색, 녹색, 청색)으로 복사열의 세기와 각 파장별 분포까지 분석하여 총 천연색 영상으로 보여지는 것이다. FLIR 시스템은 연기, 안개, 연무 그리고 다른 대기 중의 방해물을 통과하여 가시광선 카메라가 볼 수 있는 것보다 더 많은 것을 볼 수 있다.
- **초음파센서**는 인간이 들을 수 있는 범위를 벗어나 20,000Hz 이상의 음파를 사용해 센서로부터 지정된 목표 물체까지의 거리를 측정 및 계산하는 장치이다. 일정한 간격으로 높은 주파수 사운드 펄스를 통하여 짧게 소리를 발사하여 물체에 충돌하여 반사되어 오는 에코 신호로 물체까지의 거리를 산정한다. 가장 저렴하고 개발이 쉬운 센서다.
- **멀티스펙트럴(Multi-spectral) 센서**는 일반 카메라, RGB 카메라를 제외한다면 드론에서 가장

28) 스포트랩(Spore Traps)은 공기 중에 떠다니는 각종 세균 혹은 포자(즉, 씨)를 채집하는데 사용하는 장비이다.

널리 쓰이고 있는 센서이다. 농업분야, 산림, 환경 분야에서의 활용도가 높아지고 있지만 원격탐사/탐측(Remote Sensing)분야에서는 오래전부터 이용되어 온 센서이다.

- 라이다(LiDAR, Light Detection And Ranging)는 빛을 이용해 물체를 감지하고 거리를 측정하는 기술(light detection and ranging)이다. 물체 감지와 거리 측정을 하는 수단이 레이저이므로 흔히 레이저 레이더 또는 3차원 스캐너라고도 한다. Radar(레이다)는 전자기파를 주기적으로 쏘았을 때 물체에 부딪쳐 반사되는 전자기파를 읽어 물체와의 거리, 움직이는 방향, 높이 등을 확인하기에 레이더보다 정밀한 위치 정보를 획득할 수 있다. LiDAR(라이다)는 물체의 물리적 특성을 확인하기 위해 전자기파 대신 Rager(레이저)를 쓴다는 것이 Radar(레이다)와 다르다. 파장이 짧은 Rager(레이저)를 사용하므로 Radar(레이다)보다 측정 정밀도와 공간 해상도가 높아, 물체 형태를 빠르게 입체적으로 파악할 수 있다. 또한, 물체 특성에 따라 Radar(레이다)가 감지하지 못하는 것도 확인할 수 있다는 장점도 있다. 단점은 속도를 직접 측정할 수 없으며, 강한 햇빛이나 악천후 시 원거리 인식능력이 대폭 감소한다. 또한, 다른 센서들보다 개발과 생산에 비용 소모가 크다.
LiDAR는 기술적인 방법에 따라서 다음과 같이 분류한다

① Elastic-backscatter LiDAR는 레이저 파장의 변화없이 입자들의 운동량에 따라 backscattering 되는 빛의 spectral broadening 특성을 이용하여 대기 중의 aerosol 및 구름의 특성 측정 등에 활용되는 기술
② Raman LiDAR는 분자 에너지 상태에 따라 분산되는 레이저 빛의 주파수 변화 및 Raman band내의 세기 분포분석을 통하여 대기중의 수증기 및 온도분포 등의 측정에 활용되는 기술
③ Differential-absorption LiDAR(DIAL)는 각기 다른 레이저 파장을 가지는 레이저 빔들에 대하여 측정 대상 물질의 흡수 차이를 이용하여 대기 오염물질 등의 농도 분포를 측정할 수 있는 기술
④ Resonance fluorescence LiDAR는 원자, 이온 또는 분자의 에너지 천이와 동일한 에너지를 가지는 레이저 빛에 대하여 동일 파장의 빛 또는 긴 파장의 빛을 방출하는 특성을 이용하여 중간권역 대기 중의 원자 및 이온 농도를 측정하는 기술
⑤ Doppler LiDAR는 Doppler 효과에 의한 레이저 빔의 미세한 주파수 변화를 측정하여 바람 등의 속도를 측정하는 기술
⑥ Laser rangefinder는 물체로부터 반사되는 레이저 빔의 수신 시간을 측정하여 거리를 측정하는 가장 간단한 형태의 라이다 기술
⑦ Imaging Lidar는 레이저 빔의 진행 방향에 대한 거리 정브를 포함하여 공간에 대한 영상 모델링이 가능한 기술로써 laser rangefinder 기술을 기반으로 point-scanning을 통하여 point cloud 정보를 수집하거나 광각의 flash-laser에 대하여 반사되는 레이저 빛을 다중

배열 수신소자를 통하여 수집함으로써 3차원 영상 구현이 가능한 기술

- **합성개구레이더**(SAR : Synthetic Aperture Radar)는 공중에서 지상 및 해양을 관찰하는 레이다이다. 보통 길게 '싸'라고 발음한다. 합성개구레이다는 지상 및 해양에 대해 공중에서 레이다파를 순차적으로 쏜 이후 레이다파가 굴곡면에 반사되어 돌아오는 미세한 시간차를 처리하여 지상지형도를 만들거나 지표를 관측하는 레이다 시스템이다. 레이다를 사용하기 때문에 주간 및 야간 그리고 악천후에도 사용할 수 있다는 장점을 가진다. 헬리콥터, 대형 정찰기, 무인정찰기 등 대형 기체, 특히 군사용으로 많이 사용되었으나 최근에는 SAR 장치를 소형화 개발하여 상업용으로 멀티콥터와 고정익 기체에 장착하여 운용하고 있다.

(a) FLIR 영상 (b) 라이다 영상 (c) 합성개구레이더 영상

그림 2.7 페이로드 탑재장비를 사용한 다양한 영상 획득

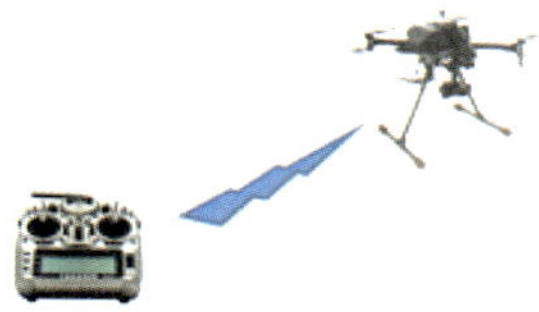

드론 통신 06

CHAPTER

1 개요

1) 무선통신 용어 이해

- 드론통신이란 조종을 위한 장비와 기체의 거리가 떨어진 상태에서 전파라는 매체를 통해서 필요한 정보를 서로 교환하는 통신이다.
- 전파(radio wave)는 무선통신의 중요한 매개체인데, 전선을 따라 흐르는 전류는 전선이 끊어진 부분에서 전기적 힘이 어디론가 사라지게 되는데 이 때 없어지는 힘은 공간상으로 퍼지게 되며 이것이 바로 전파이다. 전파는 일정한 규칙에 의해서 질서를 유지하면서 이용해야 하는 제약이 있다. 전파는 무한한 것이 아니라 유한한 자원이라 할 수 있다. 또한 전파의 전달에는 국경이 없으므로 인접 국가와 혼선이 발생할 수 있다. 이러한 국가간의 문제를 해결하기 위해서 만들어진 전문기관이 ITU(국제전기통신협회)[29]이다
- 주파수(radio frequency)는 전파가 움직이는 보이지 않는 길이며, 전파의 특성을 통신 등에 이용하기 위해 파장 또는 진동수를 기준으로 정한 이용자의 약속이다. 단위는 "Hz"를 사용하며 1Hz는 1초 동안 1번 진동하는 것을 의미한다.
- 주파수 대역폭(transmission frequency bandwidth)은 신호 전류에 포함된 성분 주파수의 최대값에서 최소값을 뺀 수이다. 통신 전송에는 이보다 넓은 대역폭이 필요하다. 예를 들면, 음성 전송에는 300~3,400 Hz, 즉 3,100 Hz의 대역폭이 필요하고, 영상 신호는 4.5 MHz가

---

29) ITU(국제전기통신협회)는 국가간에 정해진 규칙에 의해 전파를 관리하고 활용하기 위해 만든 국제기구이다. 1932년에 발족되었으며 4년마다 세계전파통신회의(WRC)를 개최하여 국제무선주파수의 전파규칙(RR)을 결정한다. 국가 간의 전파간섭이 없게 공공 및 상업용 주파수를 분배하는 것이 목표이다.

필요하다.

- 주파수 대역은 채널로 구분하는데 사용상의 혼선을 예방하기 위해서 사용할 수 있는 주파수를 규정한 것이다. 20MHz의 주파수 대역을 사용시 주파수 대역 전체를 사용하는 것이 아니라 혼선을 피하기 위해서 일정한 거리를 둔 특정한 주파수만을 사용하게 되는데, 이것을 '채널'이라고 한다. 고속도로를 주파수 대역이라고 한다면 고속도로의 차선을 채널로 이해하면 된다.
- 통상 무선출력(Radio Output Power)이 높으면 전파는 보다 멀리가게 된다. 하지만 모든 송신기가 출력을 높여 전파를 멀리 도달하게 하면 같은 주파수를 다시 사용할 수 없게 될 것이다. 출력이 세면 배터리의 소모도 많아진다. 전파의 통달 거리는 출력에 정비례하는 것이 아니라 통상 출력의 제곱근 값 만큼만 늘어난다. 출력의 단위는 Watts 또는 milli-watts로 표기한다.

2) RC에 사용되는 통신 주파수

- AM(Amplitude Modulation)

  진폭 변조방식의 주파수로 우리나라에 처음으로 RC시장이 시작될 때 27MHz 주파수 대역을 승인받아 사용하였다. 저주파이기 때문에 원거리까지 전송이 가능하다는 장점이 있으나 깨끗하게 전송이 안되어 해상도가 좋지 않은 단점이 있다.

- FM(Frequencey Modulation)

  1990년대부터 40MHz 주파수 대역이 사용되었다. FM의 특성상 노이즈에 강해 해상도가 AM방식보다는 개선되었다. 이후 72MHz 주파수 대역이 추가로 승인이 되어 사용되었으며 통상의 통달거리는 1.6km~2km 정도이다.

- ISM 대역(Industrial, Scientific and Medical band)

  산업, 과학, 의료 분야용으로 국제기구에서 할당한 주파수로 세계적으로 900MHz, 2.4GHz, 5.7GHz 대역[30]에 설정돼 있다. 이같은 주파수들은 그동안 주파수 할당을 위한 허가는 필요 없었지만 국내법에 의해 출력이 10mW로 제한되어 있다.

  다만, 이 주파수 대역을 사용하는 통신 장비는 ISM 기기들과 이 대역을 사용하는 통신 장비 간에 간섭을 용인한다는 조건에서 사용할 수 있다. ISM 대역은 허가가 불필요한 소출

30) ITU-R에서는 ISM 대역으로 13.553~13.567MHz, 26.975~27.283MHz, 40.66~40.70MHz, 433.05~433.79 MHz(1지역), 902~928MHz(2지역), 2.4~2.48GHz, 5.725~5.875GHz, 24~24.25GHz, 61~61.5GHz, 122~123GHz, 244~246GHz를 지정하고 있다. 그러나 지역에 따라, ITU-R에서 지정한 ISM 대역이 일부 지정되어 있지 않으며, 3지역인 우리나라의 경우에는 433MHz 대역과 902MHz 대역은 사용하지 않는다.

력 무선 기기들이 많이 사용되고 있다. 특히 2.4GHz 대역은 공중 무선랜(wireless LAN) 서비스, 블루투스(bluetooth), 전파 식별(RFID), 디지털 코드 없는 전화(CT) 등 다양한 통신에 사용된다.

2008년부터 세계 각국의 RC 회사들이 새로운 방식을 개발하기 시작하여 2009년부터 본격적으로 ISM 대역중에서 2.4GHz 주파수 대역을 사용하였으며 최근에는 대부분 2.4GHz 주파수 대역을 사용한다. 2.4GHz는 고정된 주파수를 사용하지 않고, 사용하지 않는 채널을 찾아서 사용한다. 안테나 길이도 대폭 짧아져서 장비사용이 편리하다.[31)]

2 드론과 위성항법시스템(GNSS)

1) 위성항법 시스템(GNSS, Global navigation satellite system)

- 인공위성을 이용해 수신자가 지구상의 어느 위치에 있다 하더라도 수신기를 통해서 자신의 위치를 알 수 있도록 해주는 체계이다. 위성에서 발신된 전파를 수신기에서 수신하여 위성으로부터의 거리를 구하여 수신기의 위치를 결정하는 원리이다.
- 미국에서 운용하는 위성항법시스템(GNSS)을 GPS(Global Positioning System), 러시아에서 운용하는 GNSS를 GLONASS(Global Navigation Satellite System, 글로나스), 유럽연합에서 운용하는 GNSS를 Galileo(갈릴레오), 중국에서 운용하는 GNSS를 Beidou(베이더우)라 부른다.
- 드론에 위성항법시스템(GNSS)을 인식하는 센서(sensor)를 내장하여 드론의 위치를 정확하게 식별할 수 있다. 우리는 이 센서를 일반적으로 "GPS 센서"라고 부르는데, GPS 센서라고 해서 미국의 GPS만 인식하는 것이 아니다. 드론에 세계적으로 서비스를 개방한 러시아의 GLONASS(글로나스)도 같이 인식하여 정확도를 더 높일 수 있다. 단지, 세계에서 가장 먼저 민간시장에서 활용하도록 서비스를 개방한 미국의 GPS의 이름을 붙여서 GPS센서, GPS위성 등으로 친숙하게 부르는 것이다.

31) 2.4GHz 주파수의 안테나 길이를 계산하는 λ(lambda, 람다) 공식
길이$= \lambda/2$, λ(파장)$= c$(광속) / f(주파수)
$\lambda = 3 \times 10^8 / 2.4 \times 10^9 = 1.25 \times 10^{-1} = 0.125$[m],
안테나 길이$= 0.125/2 = 0.0625$[m]

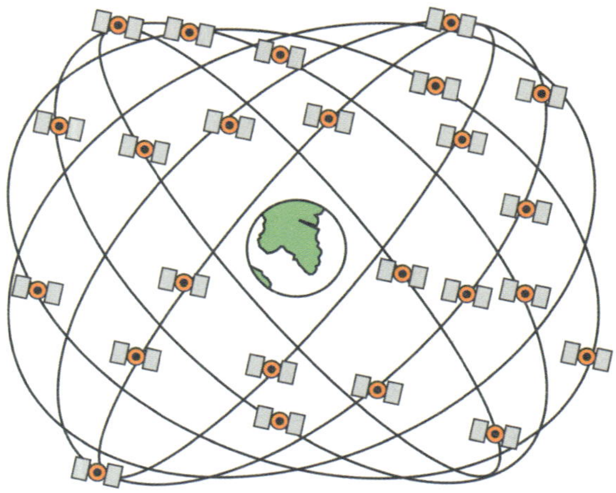

그림 2.8 GPS 위성과 비행궤도 (그림출처 : egloos.zum.com)

2) 미국의 위성항법 시스템(GNSS) GPS

- 위성항법 시스템을 처음 시작한 나라는 미국이다. 1957년 구 소련이 최초의 인공위성인 스푸트니크호 발사시 미국의 과학자들이 스푸트니크호에서 송신되는 전파를 모니터링(Monitering)하면서 도플러 효과로 위성의 고도에 따라 전파의 주파수가 바뀌면서 위치를 결정할 수 있음에 착안하였다. 미 국방부는 먼저 군사적인 목적으로 정밀 폭격의 정확성을 높이기 위해 개발을 시작하였다. 1978년 최초로 1호 항법위성을 발사한 후 1994년 24개의 위성을 모두 발사함으로써 체계를 완성하고 1995년부터 본격적인 운용을 시작하였다. 위성항법 시스템을 위하여 미국은 24대의 위성을 약 20,183km 상공에서 6개의 궤도로 적도와 55°의 각도를 유지하며 12시간을 주기로 하여 운용하고 있다. 예비 GPS위성을 포함하여 31개의 GPS위성이 운용중이다.(22년 12월 기준)
- 민간 시장에 개방한 것은 최초 1983년 구 소련 영공에서 구 소련 전투기에 의해서 대한항공 민간 여객기가 격추된 후 레이건 대통령이 "민간에게도 자유로운 GPS활용을 허용하겠다." 고 천명한 것이 계기가 되었다. 그러나 그 이후에도 냉전체제가 이어지고, 걸프전에서 GPS의 위력을 실감하자 이러한 약속이 지켜지지 않고 지지부진하였다.
- 그러나 1991년 구 소련이 붕괴되고, 이후 5년이 지난 1996년 3월 29일 클린턴 대통령이 미 정부가 미군 전용 GPS위성의 활용범위를 민간분야로 확대해 나갈 것임을 대내외에 다시 천명하고 개방을 시작하였다. 그러나 선택적 유용성(SA, Selective Availability)이라 하여 군사용과 민간용으로 구분하여 개방하였는데, 군사용이 평면에서 2m 내외의 오차가 발생한다면 민간용은 의도적인 오차를 주어서 10m 이상의 오차가 발생하게 하였다.
- 2000년 5월 1일 클린턴 대통령이 선택적 유용성(SA, Selective Availability)을 단계적으로

줄여 나가겠다고 선언하였는데, 이 결정이 오늘날 민간분야에서 위성항법분야를 활용한 각종 산업발전을 폭발시킨 촉매가 된 기념비적인 사건이었다. 2008년 미국이 GPS 측위서비스에 대한 민간시장 이용권한을 수정한 후 2010년에는 군사용과 민간용을 구분했던 선택적 유용성(SA, Selective Availability)[32]을 완전히 개방하였으며 GPS 오차를 줄이기 위한 민간에서의 다양하고 지속적인 기술개발로 정밀도는 많이 개선이 되었다.

3) 러시아의 위성항법 시스템(GNSS) GLONASS(글로나스)

- 미국 다음으로 위성항법 시스템을 전 세계적으로 서비스하고 있는 국가는 러시아다. 러시아는 1957년 구 소련 시절 역사상 최초로 인공위성인 스푸트니크호를 발사한 나라이다. 1976년 위성항법 시스템 개발을 시작하였다가 구소련이 붕괴 후 개발이 중단되었다가 푸틴 대통령이 집권 후 다시 개발을 재개하여 2010년 러시아 전 국토를 두고 운용하다가 2011년 10월부터 전 세계에 서비스를 제공하고 있다.
- GLONASS는 24개의 위성이 고도 19,100 km 상공, 3개 궤도면상 8기의 인공위성들이 배치되어 있으며, 궤도경사각은 64.8°, 인공위성의 회전주기는 11시간 15분 44초이다. 정지궤도 위성 3개를 포함하여 27개의 위성이 운용 중이다.
- 서비스를 제공하는 방식은 GPS가 CDMA(코드분할 다중접속방식)[33]을 사용하고 있으며 GLONASS는 FDMA(주파수분할 다중접속방식)[34]을 사용하여 서로 다르나, 현재 GNSS(위성항법 시스템)을 활용하는 대부분의 기기들은 2007년 미국과 러시아의 MOU 협약에 따라서 미국의 GPS와 러시아의 GLONASS 두 가지 시스템을 동시에 운용할 수 있도록 다수의 위성 수신기능(multiconstellation receiver)이 있는 단말기나 모뎀 등의 장치를 제작하여 운영하고 있다. 현재 제작되어 운용되고 있는 많은 상업용 드론도 GPS와 GLONASS 위성항법시스템의 위치정보를 수신할 수 있는 모뎀을 장치하여 비행을 한다. 지역과 국가에 따라서 GPS, GLONASS, 베이더우, 갈릴레오 모두를 수신하는 GNSS 장치를 장착하는 드론도 있다.

---

32) **선택적 유용성(SA, Selective Availability) 구분**
- 정밀 측위 시스템(PPS, Precise Positioning System)은 군사용으로 암호해독 설비와 암호해독키가 특별히 장착된 수신기를 가진 승인받은 사용자들이 이용할 수 있다. 예측 정확도는 평면 정확도가 2.6~12.6m, 수직 정확도가 4.9~23.1m, 시간 정확도가 40ns이다.
- 표준 측위 시스템(SPS, Standard Positioning Service)은 민간용으로 전 세계 누구나 활용할 수 있으나 의도적으로 정확도를 저하시켜 예측 정확도는 평면정확도가 9m, 수직 정확도가 15m, 시간 정확도가 40ns이다.

33) CDMA(Code Division Multiple Access, 코드 분할 다중 접속)으로 여러 사용자가 통신 자원을 공유하면서 동시에 이용하기 위한 방식중 하나로, 사용자마다 고유한 코드를 이용하는 데에서 이름이 붙여졌다. 보안을 목적으로 개발하였으나 전세계에서 사용하고 있다.

34) **주파수 분할 다중 접속**(周波數分割多重接續, frequency-division multiple access, FDMA)은 채널화 프로토콜(channelization protocol)로서 다중 접속 프로토콜에 쓰이는 다원접속 방식이다. 특히 위성통신에 일반화되어 있다. 다른 다중 접속 시스템들처럼 FDMA는 여러 사용자 간에 좌표를 접근한다.

4) 유럽 연합(EU)의 위성항법 시스템(GNSS) Galileo(갈릴레오)

- 유럽 연합은 미국이 위성항법시스템(GNSS) GPS를 민간용으로 사용할 수 있도록 서비스를 개방하였지만, GNSS가 유발하는 경제 효과와 미래에 군사적 상황 등 여러 상황으로 발생할 수도 있는 GPS 중단 사태를 피할 목적으로 개발을 시작하였다.
- 2005년 12월 28일 GIOVE-A 위성 1기를 최초로 발사하였으며 현재까지 3개 궤도에 28개의 위성이 발사되어 24개의 위성이 운영시험중에 있으며 2030년에 완전운영능력(FOC) 도달을 목표로 추진 중이다.
- 미국과는 2004년부터 협정을 맺어 GPS와 같이 활용할 수 있도록 두 개의 시스템을 연결하는 연구도 동시에 진행 중에 있다. 우리나라는 2006년 한-EU와 갈릴레오 협정에 서명하고 상호협력관련 공동회의를 진행하고 있다.

5) 중국의 위성항법 시스템(GNSS) Beidou(베이더우)

- 2000년부터 3개의 위성으로 중국과 주변지역을 포함한 범위를 대상으로 운용을 시작하여, 2015년에 전 지구를 대상으로 하는 3세대 시스템(BDS-3)을 구축하겠다고 발표한 이후 지속적으로 위성을 발사하여 현재 34개의 위성으로 위성항법시스템(GNSS)를 구축하여 전 세계 사용자에게 개방하였다. 아프리카지역, 중동지역, 동남아지역의 실크로드 경제권 '일대일로(一帶一路)' 참여국을 중심으로 베이더우 시스템 이용하고 있지만 이용하는 국가는 계속 증가하고 있다. 현재 국내에서 판매 운용되는 DJI 드론도 GPS, 베이더우, 글로나스 GNSS 정보를 모두 수신하여 비행할 수가 있다.
- 베이더우는 주파수가 6개로 미국의 GPS 주파수 3개에 비하여 많은 주파수를 제공하는 강점이 있다. 중국 베이더우 프로젝트 책임자는 비행물체에 베이더우를 적용해본 결과 2000m 이하의 고도에서 상업용은 2미터 정도의 오차, 군사용과 시험용은 오차범위가 3cm까지 정확하다고 발표하였다. 일반적으로 차량의 네비게이션은 20m 정도 오차의 위치정보로도 무리가 없지만, 자율주행차나 드론을 이용한 교통수단으로 위치정보를 이용한다면 수cm의 정밀도를 요구하기 때문에 향후에 미국과 중국의 위성항법 위치정보의 정밀성을 증가시키기 위한 경쟁은 보다 증가할 것으로 예상된다.
- 미국과 중국은 GPS시스템과 베이더우 시스템간의 신호호환성과 상호운용성을 위하여 국제전기통신연합(ITU) 표준에 따라서 신호를 호환하는 합의를 하여 두 시스템을 이용하는 사용자들이 더 나은 서비스를 제공받을 수 있도록 노력하겠다고 발표하였다.

6) GPS(Global Positioning System, 위치인식 시스템)센서

• GPS 위성으로부터 GPS 수신기를 통하여 신호를 받아 드론의 위치 좌표와 고도를 측정하는 센서이다. GPS 수신기를 부착한 드론은 수신기의 성능에 따라서 세계의 어느 지점에서 비행하더라도 위성항법시스템(GNSS)의 위성 최소한 6~15개와 연결되어 위치와 고도에 대한 정보를 제공 받는다. 정확한 위치와 고도를 분석하기 위해서는 최소한 4개의 위성과 연결되어 정보를 제공 받아야 한다. 이는 각각의 GPS 위성이 상호 떨어져 있기 때문에 위성에서 수신기로 보내오는 신호의 시간 차이가 발생할 수 밖에 없다. GPS 센서는 바로 이 시간 차이를 해석하여 위치정보를 결정한다. 정확성을 유지하기 위해서는 최소한 4개의 각기 다른 방향에서 보내온 신호가 있어야만 정확한 분석을 할 수 있다는 것이다. 연결되는 GPS위성의 숫자가 많으면 정확성은 더 높아지는 것이다. 또한 최근에 출시되는 일부 드론은 GPS 센서를 3개까지 설치하여 다양한 위성항법 시스템(GNSS)을 이용하여 위치 식별의 정확성을 기하려는 노력을 하고 있다.

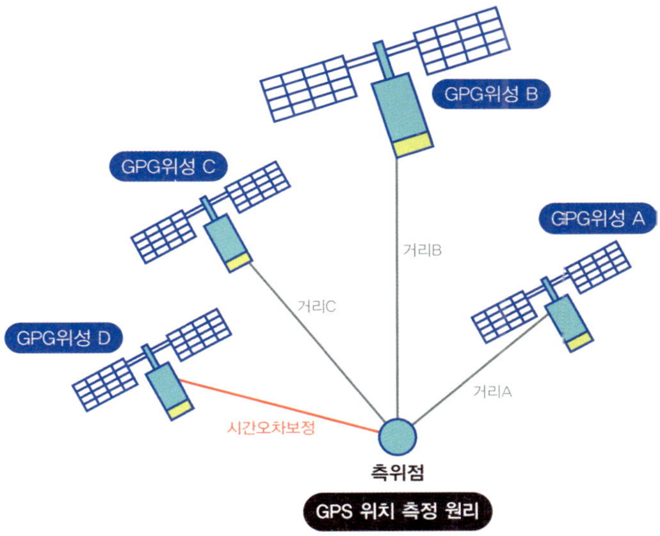

그림 2.9 GPS 위치결정 원리

7) GPS 제한사항과 해결방법

GPS의 가장 중요한 역할은 정확한 위치정보를 제공해 주는 것이다. 그러나 GPS는 최대 15~33미터(단독측위기준)의 오차가 발생하게 되는데 항공기의 안전한 운항이나 UTM시대를 열기 위해서는 이러한 오차를 최소화해야 한다. 이러한 GPS 오차의 원인은 위성궤도에 의한 오차, 위성시계에 의한 오차, 전리층[35]으로 인한 오차, 대기층으로 인한 오차, 다중경로에 의한 오차, 선택적 유용성(SA)에 의한 오차 등 다양하다. 이러한 오차를 보정하기 위한 다양한 기술이 개발되어 적용되고 있는데 대표적인 것으로는 SBAS(Satellite Based Augmentation System, 위성기반 오차보정시스템)와 실시간 이동측위(RTK, Real Time Kinematic) 기법 등이다.

① 초정밀 GPS보정시스템 SBAS(Satellite Based Augmentation System, 위성기반 GPS오차보정시스템)

- SBAS는 위성에서 보정신호를 보내주는 DGNSS[36]기술로 ICAO(국제민간항공기구)가 정한 국제표준항공항법시스템이다. 통상 GPS 수신기를 소지한 수신자는 위성으로부터 바로 신호를 받는 체계인데, SBAS을 활용하면 GPS위성의 신호가 GPS위성→기준국→중앙처리국→위성통신국→정지궤도 위성→수신기(드론, 자동차 네비게이션, 스마트폰 등)의 과정을 거쳐서 위치 정보를 받게 되는 체계로 바뀌는 것이다.
- SBAS를 이용하기 위해서는 별도의 정지궤도위성을 운용해야 하고 지상에 기준국과 중앙처리국을 운용하게 된다. ①기준국의 안테나는 동시에 30개 정도의 위성과 연결되어 위치에 대한 정보를 받아 ②위치정보에 대한 기준을 중앙처리국에 제공해주고, ③중앙처리국에서는 1/1,000초 안에 이에 대한 오차를 계산하여 무결성 정보(모든 GPS위성의 보정정보, GPS신호감지, GPS신호상태 등)를 위성통신국으로 보내고 ④ 위성통신국은 이 정보를 정지궤도위성으로 보내고 ⑤정지궤도 위성은 이를 GPS정보를 수신하는 수신기로 전송한다. ⑥사용자(기기)는 직접받은 GPS신호와 SBAS 정지궤도 위성으로부터 받은 위치정보를 이용하여 신뢰할 수 있는 위치정보를 얻게 된다.
- 현재 미국(WASS)을 비롯한 유럽(EGNOS), 일본(MSAS), 인도(GAGAN)가 운용중이고, 러시아(SDCM), 중국(BDSBAS)가 일부 운용 중에 있고 우리나라도 한국형 SBAS인 CASS를 2008년 ICAO에 등록하여 2022년 6월에 1호 항공위성 발사를 성공하였으며 2023년 항공용으로 정식운용을 목표로 개발중에 있다. 이러한 기술이 이루어져야 드론의 자동 정밀비행이 이루어질 수 있는 기반이 갖추어지는 것이다.

---

35) **전리층**은 지구 대기 상공 약 60 킬로미터에서 상공 약 1,000 킬로미터의 구역으로, 열권의 대부분과 중간권 및 외기권의 일부분을 포함한다. 태양 복사선에 의해 대기 분자들이 전리되어있기에 전리층이라고 부른다. 전파가 전파될 때 전리층에 반사되어 지구 멀리까지 전파 통신이 가능하다는 점에서 응용학적으로도 중요한 역할을 하고 있다.

36) **DGNSS**(Differential Global Navigation Satellite System) : 차분(differential) 방법을 활용해 위치 정확도를 높여주는 기술로 지상에 보강시스템을 구축하는 방법을 GBAS(Ground Based Agumentation System)라하고 인공위성을 활용하여 보강시스템을 구축하는 방법을 SBAS(Satellite Based Augmentation System)라 한다.

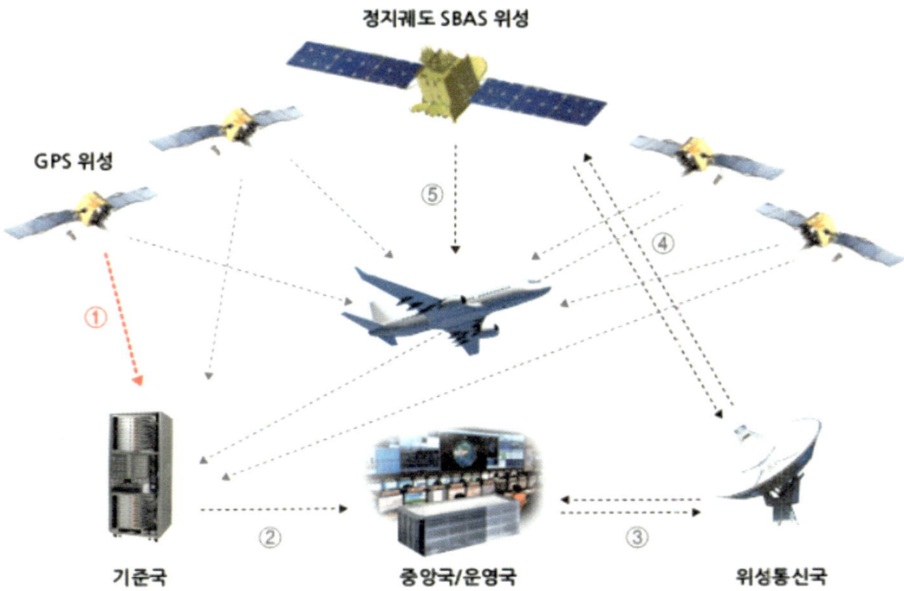

그림 2.10 위치기반 오차보정시스템 SBAS (그림출처 : KASS 홈페이지 SBAS 홍보자료)

② 실시간 이동측위기법 RTK(Real Time Kinematic)와 VRS(Virtual Reference Station)

RTK(Real Time Kinematic)는 반송파의 위상 차이를 활용하여 거리를 측정, GPS의 오차를 보정하는 방법이다. RTK를 사용하기 위해서는 먼저 정확한 위치를 알고 있는 기준국(Base station)이 필요하다. 기준국에서 계산한 오차 및 위성정보를 수신기에 전달하면 수신기에서는 반송파의 위상 차이를 계산하여 정확한 위치정보를 구한다. RTK를 사용하기 위해서 매번 기준국을 설치하는 불편을 해소하기 위해서 네트워크 RTK 방식을 많이 사용하는데 이러한 방식 중에서 여러 곳에 설치된 상시관측소의 정보를 연결하여 수신기 근처에 가상의 기준국을 생성하여 오차를 보정하는 VRS(Virtual Reference Station) 방식이 가장 많이 활용되고 있다. VRS는 국토지리정보원과 서울특별시 등에서 정보를 제공하고 있다. 정밀 측량에 많이 사용하는 기법이고 드론에도 많이 활용하여 RTK장치를 탑재하여 자동비행 및 항공측량에 이용하고 있다.

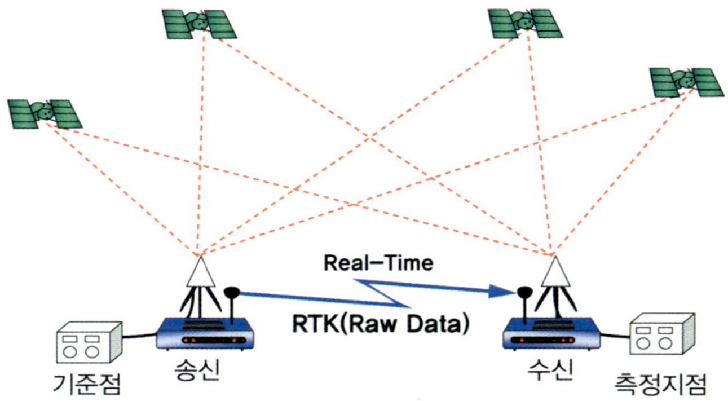

그림 2.11 실시간 이동측위기법 RTK (그림출처 : gnss.seoul.go.kr)

3 드론통신 주파수

무인항공기의 제어용 주파수는 위성에 탑재된 통제설비에서 이용하는 '위성제어 주파수'와 지상의 통제설비에서 이용하는 '지상제어 주파수'로 구분된다.

GPS 위성신호[37]는 GPS위성과 드론 기체에 장착된 GPS센서가 위치를 식별하기 위하여 정보를 수신하는 것이다. 미국 등 주요 선진국의 군사용 드론은 위성을 통해서 드론을 제어할 수 있지만 일반 상업용 드론은 위성을 통해서 드론을 제어할 수 있는 권한이 없다. GPS신호는 주로 1.2 GHz 또는 1.5 GHz 주파수 대역으로 수신한다.

지상제어 주파수는 드론 기체와 조종기, GCS 등 지상에 있는 장비와 교신하는 것으로 상향링크와 하향링크로 구분하여 운영하고 있다.

① 상향링크(지상 → 드론) : 원격조종(RC) 비행명령어 및 카메라 조작 등 페이로드 제어 신호를 전송한다.

② 하향링크(드론 → 지상) : 비디오 및 사진, 드론의 위치, 비행속도, 배터리 잔량 등의 비행정보를 지상으로 전송한다.

37) GPS 위성신호는 위성에 탑재된 시계의 시각 및 오차와 위성의 상태 정보,모든 위성과 관련된 궤도 정보와 상태, 오차 보정을 위한 계수 등이 포함된 항법메시지(navigation message)를 50 bps의 속도로 지속적으로 방송한다.

그림 2.12 멀티콥터의 통신링크

4 세계 시장의 드론통신 지상제어 주파수 대역

멀티콥터의 지상제어 주파수 대역은 제어를 위한 통신주파수, 영상 및 텔레데트리 정보 송수신을 위한 통신주파수가 필요하다. 각 나라들의 주파수 정책에 따라 차이가 있지만, 일반적으로 900MHz, 2.4GHz 및 5.8GHz의 주파수대역을 멀티콥터의 통신링크로 사용하고 있다. 이러한 통신장치는 지상에서 통제하는 장치와 멀티콥터에 장착된 통신장치간에 송수신을 위하여 사전에 페어링이 되어있어야 한다.

1) 900 MHz 주파수대역

비디오 및 텔레메트리 전송을 위한 하향링크로 사용하는 주파수 대역으로 일부 국가에서 이동통신 주파수(예, 유럽의 GSM[38], 집단 특화 이동통신) 혹은 가정용 DECT[39], PHS[40])와

38) GSM(Global System for Mobile Communications)은 전 세계에서 가장 널리 사용되는 개인 휴대통신 시스템으로 TDMA 기반의 통신 기술이다. 대한민국에서는 개인 이동 통신 시스템으로 CDMA와 WCDMA, PCS를 사용하고 있다. GSM 방식의 휴대전화도 부분적으로 사용하고 있지만 우리나라 이동통신 제조회사는 수출용으로 GSM 방식의 단말기를 개발하고 있다.

같은 코드리스(Cordless)폰과 주파수 대역이 겹치기 때문에 송신기의 출력세기를 5 mW~10 mW 이하로 엄격히 제한하고 있다. 900 MHz 대역은 최근 규격이 확정된 IoT(사물인터넷)용 Wi-Fi 11ah 무선랜과도 주파수 대역이 겹치고 있다.

2) 2.4 GHz과 5.8 GHz 주파수대역

- 2.4GHz주파수 대역은 거의 모든 드론들이 원격조정 및 페이로드 제어로 사용하는 상향링크이다. Wi-Fi, 블루투스, 직비(ZigBee)[41] 등과 주파수대역이 겹치므로 사람이 많이 모이는 공원 등의 지역에서는 드론의 비행에 주의가 필요하다. 일부 드론들은 2.4GHz 주파수대역을 영상 전송을 위한 하향링크로도 병행하여 사용한다. 5.8GHz주파수 대역은 짧은 시간에 많은 양의 데이터 전송이 요구되는 드론의 영상 전송을 위한 하향링크로 가장 많이 사용하는 주파수대역이다.
- 2.4 GHz 주파수대역은 주파수 관리법에 의하여 스프레드 스펙트럼(Spread Spectrum) 방식을 사용해야 한다(5.8 GHz는 스프레드 스팩트럼 방식이 법으로 요구되지 않는다). 스프레드 스펙트럼 방식은 DSSS[42]를 이용하거나 FHSS[43]를 이용하여 신호의 주파수 대역을 확장시켜 송신하는 방법이다. 이러한 방법은 송신신호 출력을 약하게 할 수 있기 때문에 다른 통신기기들로의 신호 간섭을 줄일 수 있고, 한편으로 사전에 알고 있는 주파수 확장 신호 혹은 순서를 이용하여 수신 단계에서의 신호 복조를 용이하도록 해준다.
- 2.4 GHz 대역을 상향링크로 사용하는 경우에는 DSSS 방식과 FHSS 방식을 혼합해 사용한다. 먼저 송신 신호를 FSK[44] 방식으로 변조하고, Direct Sequence(직접확산방식)를 이용해

39) DECT(Digital Enhanced Cordless Telecommunications)는 유럽에서 주로 사용되는 디지털 무선(Digital Cordless) 통신 기술로, 가정에서 사용되는 홈(Home) DECT 시스템과, 사무실에서 다수의 사용자를 수용할 수 있는 사설교환기용 DECT시스템으로 분류된다.

40) PHS(Personal Handy-phone System)는 2G이동통신 기술로 TDMA(시분할) 방식을 사용하며,일본에서 최초 개발되어 운용되었으나 현재는 이동통신 기술의 발전으로 다른 이동통신기술로 대체되어 가는 통신기술이다.

41) **직비**(ZigBee)는 소형, 저전력 디지털 라디오를 이용해 개인 통신망을 구성하여 통신하기 위한 표준 기술이다. 직비 장치는 메시 네트워크 방식을 이용, 여러 중간 노드를 거쳐 목적지까지 데이터를 전송함으로써 저전력임에도 불구하고 넓은 범위의 통신이 가능하다. 응용되는 분야는 무선 조명 스위치, 가내 전력량계, 교통 관리 시스템, 그 밖에 근거리 저속 통신을 필요로 하는 개인 및 산업용 장치 등이다. 직비(ZigBee)라는 명칭은 벌집에 돌아온 꿀벌이 추는 "꿀벌춤"에서 유래한 것이다.

42) DSSS(Direct Sequence Spread Spectrum, 직접확산 변조)는 원래의 신호에 주파수가 높은 디지털 신호(확산코드)를 곱(XOR)하여 확산(Spreading)시키는 대역확산(Spread Spectrum) 변조방식으로 FHSS보다 전력 효율이나 대역폭 효율면에서 월등하여 이동통신 CDMA와 거의 같은 의미로 받아들여진다.

43) FHSS(Frequency Hopping Spread Spectrum, 주파수 호핑)는 무선 통신에서 주파수를 고정하지 않고 시간에 따라 변화시켜 송신하는 스펙트럼 확산 방식이다. 즉, 송신 측과 수신 측에서 주파수 위치를 변화시켜 통신하는 방식이다. 전송 과정에 어떤 간섭파가 존재하는 경우, 간섭파에 반사된 송신파는 폐기되어 재송신되고, 반사되지 않으면 영향을 받지 않는다.

44) FSK(Frequency Shift Keying, 주파수 변이 변조)는 반송파(carrier wave)의 이산 주파수(discrete frequencies)

1 MHz~3 MHz 크기의 대역폭으로 변조된 신호의 주파수 대역을 확산시킨 다음, 20 MHz 혹은 80 MHz 주파수대역 내에서 약 15개~74개 정도의 주파수들을 선택해 주파수 호핑을 시킨다. RC 송수신기 칩을 제작하는 업체들마다 DS신호, 호핑 주파수들 및 확산대역폭이 서로 상이하다.

- 5.8 GHz 혹은 2.4 GHz를 비디오 하향링크로 사용할 경우에는, 비디오 화질에 따라 QPSK[45], QAM[46] 방식으로 비디오 신호를 변조한 후 통상적으로 2x2 MIMO[47] OFDM[48]방식으로 20 MHz 주파수대역 내의 모든 주파수들을 이용해 주파수 대역을 확산시켜서 비디오 데이터를 전송한다.

5 드론 주파수 대역 확대

1) 현재 운용중인 드론 주파수

- 우리나라의 드론 주파수 대역은 ISM대역인 917~923 MHz(텔레메트리, 비디오 전송), 2.4~2.48 GHz(R/C시스템 운용), 5.650~5.850 GHz(비디오 송신)를 주로 사용한다. ISM대역 중에서 433.05~433.79 MHz(1지역), 902~928 MHz(2지역)은 우리나라는 WRC에서 정한 3지역에 해당하기 때문에 우리나라에서 사용은 불법이다.
- 텔레매트리, 조종기, 비디오 송신 등 기기별로 서로 다른 주파수를 사용하는 이유는 한 주파수간 같은 기기를 사용한다면 채널 간 간섭, 이동통신 셀(Cell) 간 간섭, 혼변조 간섭, 블로킹에 의한 감도 억압 현상이 발생하여 드론 제어시 위험한 상황에 직면하는 것을 줄이기 위해서이다. 이러한 간섭을 예방하기 위하여 기술적인 방법으로 간섭에 강한 변복조 방식 또는 채널 코딩 방식을 채택하거나 수신간에 필터 성능으로 제거한다. 실질적으로 드론제작 시 할 수 있는 방법은 RF 장치를 이격시키거나 RF 장치의 수를 임무수행에 적합한 만큼만으로 최소화하고 최적화시켜 운용하는 것이다.

변화를 통해 디지털 정보가 전송되는 주파수 변조 체계이다.

45) QPSK(Quadrature Phase Shift Keying, 직교 위상천이변조) 위상변화를 $\pi/2$ (90°)씩 변화를 주어서 4개 종류의 디지털 심볼로 전송하는 변조방식으로 잡음환경에 강하고 고속전송에 유리하다.

46) QAM(Quadrature Amplitude Modulation, 직교 진폭 변조)는 독립된 2개의 반송파의 진폭과 위상을 변환 · 조정하여 데이터를 전송하는 변조 방식이다. 제한된 전송 대역 내에서 데이터 전송을 고속으로 하는 데 유리하다.

47) MIMO(Multiple-Input Multiple-Output, 미모)는 무선 통신의 용량을 높이기 위한 스마트 안테나 기술이다. MIMO는 기지국과 단말기에 여러 안테나를 사용하여, 사용된 안테나수에 비례하여 용량을 높이는 기술이다.

48) OFDM(Orthogonal frequency-division multiplexing, 직교 주파수 분할 다중 방식)은 다중 반송파(multiple carrier frequencies)를 이용하여 디지털 데이터를 인코딩하는 방식이다.

- 현재 운용되는 드론 주파수는 표 2.3에서 보는 바와 같이 제어용과 임무용을 합하여 총 2,923.5 MHz 대역폭이 할당되어 운용중이며 최대출력은 최대 10 mW이다. 그 이상의 출력을 초과하면 다른 기기에 영향을 줄 수 있기 때문에 법으로 엄격하게 규제하고 있다. 드론의 조종기를 통한 드론제어의 거리가 2km인 것도 가시권 비행에 대한 이유도 있지만 10 mW의 출력으로 제어할 수 있는 최대한의 거리를 의미한다.

표 2.3 드론 관련 주파수 대역(발표자료 : 국립전파연구원)

구분	주파수 대역	대역폭	최대출력	비 고
제어용	2,400～2483.5 MHz	83.5 MHz	10 mW	비면허(지상제어)
	5,030~5,091 MHz	61 MHz (무인기당 최대 250kHz)	무인기당 10W	면허 (지상제어, 국제공통)
	10.95～11.2 GHz, 11.45～11.7 GHz 12.2～12.75 GHz, 19.7～20.2 GHz 14～14.47 GHz, 29.5～30.0 GHz	(마련중)	(마련중)	면허 (위성제어, 국제공통)
임무용	5,091～5,150 MHz (데이터 통신용)	(마련중)	(마련중)	면허 (국내에서만 이용 가능)
	5,650～5,725 MHz	75 MHz	10 mW	비면허
	5,725～5,825 MHz	100 MHz	10 mW	비면허
	5,825～5,850 MHz	25 MHz	10 mW	비면허

2) 드론 전용주파수 확대 운용계획

- 2015년과 2016년, 2차에 걸쳐서 국내 드론산업의 발전과 세계전파통신회의(WRC-12)[49]의 권고를 받아들여 '항공업무용 무선설비 기술기준'을 개정해 전용 주파수를 추가로 할당하였다. 이전의 드론은 주로 와이파이(Wi-Fi) 주파수를 사용하였고 이동통신 데이터용 주파수 이용이 급증하면서 전파 혼신의 발생 우려가 커졌기 때문에 우리나라는 세계 어느 나라보다도 먼저 선제적으로 주파수 대역을 확대하였다.
- 특히, 추가로 할당된 5,030 MHz～5,091 MHz 대역(61 MHz폭)은 아직 국내에서 이용되지 않았던 주파수 대역이다. 이 대역은 수많은 소출력 무선기기가 함께 이용하는 대역이 아닌 전용 대역이기 때문에 전파 혼선으로 인한 드론의 추락, 충돌 등 사고 위험이 적기 때문에 안정적인 드론 운용이 가능하다. 새롭게 할당되는 주파수 대역은 드론의 출력을 최대 10W까지 가능하도록 지정하여 매우 한정적인 거리로만 운용되던 드론의 운용범위가 확대될 수 있게 되었다.

49) WRC(World Radiocommunication Conference, 세계전파통신회의)는 국제전기통신협회(ITU)의 전파 · 통신분야의 최고 의결 기구로 매 2～3년마다 개최한다. 위성 궤도 및 주파수의 분배 등 새로운 전파통신 서비스의 도입과 관련된 업무 등 주파수의 분배 및 기술 표준을 결정한다.

- 국제적인 변화 가운데 큰 변화는 2015년에 개최된 '세계전파통신회의(WRC-15)'에서 위성 제어 드론에 대한 주파수가 할당되었는데, 그 전에는 위성으로 제어하는 드론은 군사용으로 제한되어 왔었다. 그러나 이제는 민간시장의 드론에서도 인공위성을 이용할 수 있는 길이 열렸다고 할 수 있다.
- 현재, 드론을 가시권으로 비행시 RF통신으로 1km내외로 비행하고 있으나 상업적으로 성공하기 위해서는 장거리비행이 필수적인데 이를 위해서는 2.4GHz와 5.8GHz대역의 RF통신과 4G, 5G의 기지국 등 기간 통신망을 이용하는 등 드론통신을 이중화해야 비가시권비행이 가능하다. 2020년 12월 과학기술정보통신부에서는 국방, 치안, 항공·해상 안전, 기후 관측 등 공공의 목적으로 총 9.13GHz 폭의 주파수가 추가로 공급되어 스마트 국방 혁신과 국민 안전 확보에 활용할 것이라 발표한 후 이를 점진적으로 추진중에 있고, 또한 비가시권인 20km 장거리까지 직접적인 RF통신이 가능하도록 저주파인 433MHz 주파수대역의 드론용 통신기술 개발을 진행하고 있다.
- 이러한 주파수 관련 모든 정책들은 중요하지만 즉각적인 실현이 어려운 면이 있다. 국제적인 기준이 마련되는 시간과 정책개발, 기술개발을 위한 노력이 동시에 체계적으로 진행되어야만 한다.
- 세계적으로나 국내적으로나 '주파수의 전쟁'이라고 불릴만큼 주파수를 확보하기 위한 노력은 대단히 치열하다. 향후 상업용 드론 산업이 발전하는데 있어서 여러 분야가 중요하지만 드론 운용을 위한 제어용 주파수와 각종 영상전송을 위한 임무형 주파수의 안정적인 확보와 운용이 대단히 중요한 과제라고 할 수 있다.

6 드론 통신의 종류

드론이 사용하는 무선통신 방식은 블루투스(Bluetooth), 와이파이(Wi-Fi), 위성통신, 셀룰러 시스템 방식인 4G LTE, 5G 이동통신 등이 있다.

1) 블루투스(Bluetooth)

- 블루투스는 근거리 무선 통신 기술로 약 10m 안의 근거리에서 전자기기 간에 선 연결 없이 주파수를 이용하여 저전력으로 데이터를 교환할 수 있게 하는 기술로 가장 보편적으로 사용한다.

- 블루투스는 ISM 주파수 대역인 2400~2483GHz 주파수 대역을 사용하며 다른 주파수와 충돌을 회피하기 위해서 할당된 79개 채널을 1초당 1600번 호핑하는 주파수 호핑 방식을 사용한다. 블루투스는 마스터(Master)기기와 슬레이브(Slave)기기간에 서로 동기화가 이루어져야 통신이 이루어지고 저전력을 사용하기 때문에 다른 시스템의 전파간섭을 피하여 안정적으로 통신할 수 있는 장점이 있으나 고용량의 자료 전송이 제한되는 단점이 있다.

2) 와이파이(Wi-Fi)

- 와이파이(Wi-Fi)는 전자기기들이 무선랜(WLAN)에 연결할 수 있게 하는 기술로서, 주로 2.4 GHz UHF 및 5GHz SHF ISM무선 대역을 사용한다.
- 무선랜은 일반적으로 암호로 보호되어 있지만, 대역 내에 위치한 어느 장치라도 무선랜 네트워크의 자원에 접근할 수 있도록 개방도 가능하다.
- 와이파이 얼라이언스(Wi-Fi Alliance)[50]는 와이파이(Wi-Fi)를 전기 전자 기술자 협회(IEEE) 802.11 표준에 기반한 모든 "무선 근거리 통신망"(WLAN) 제품으로 정의하고 있다. 와이파이(Wi-Fi)는 와이파이 얼라이언스의 대표적상표 중의 하나이다.
- 와이파이 기술을 사용하는 장치에는 개인용 컴퓨터, 스마트폰, 디지털 카메라, 태블릿 컴퓨터, 디지털 오디오 플레이어, 냉장고, 세탁기 등 다양하다. 미래 스마트시티 환경조성을 위해서 다양한 분야에서 추진하고 있는 사물인터넷(IoT) 구축에 필수적인 기술이다. AP지점(hotspot)이 설치된 실내에서는 약 20m 정도 거리를, 실외에서는 여러 AP지점을 겹쳐서 사용하여 수 km로까지 확대할 수 있다.
- 최근 방송이나 광고를 통해 스마트폰을 이용해 드론을 조정하는 것을 자주 볼 수 있다. 스마트폰에 드론 조정용 앱(App)을 설치하고 Wi-Fi 혹은 USB로 스마트폰을 조정기에 연결해 드론을 조정하거나, 드론에 Wi-Fi 수신기를 설치해 스마트폰 Wi-Fi로 직접 드론을 조정할 수 있다.
- 와이파이 기술은 주로 레저용 드론 조종시에 많이 사용된다. 무선랜(WLAN)이기 때문에 고속의 데이터 전송이 가능하다는 장점이 있으나 출력의 제한으로 드론 제어시 거리에 대한 제약이 발생하며 ISM 주파수 대역인 2.4GHz 대역을 사용하기 때문에 간섭현상[51]이 발생할 수 있다는 단점이 있다. ISM 5GHz 주파수 대역에서 사용할 수 있는 IEEE 802.11a, IEEE 802.11n 등과 같은 표준을 사용시에는 채널 수의 증가 등으로 간섭현상을 줄일 수 있다.

---

50) 와이파이 얼라이언스(Wi-Fi Alliance)는 무선랜 기술을 장려하고 표준을 준수하면 제품을 인증해 주는 동업조합이다

51) ISM 주파수 대역인 2,400~2,483.5MHz의 83MHz 주파수 대역에서 20MHz의 대역폭을 갖는 13개 채널을 할당하여 이용하고 있는데 인접한 장소에서 같은 채널로 여러대의 와이파이 장치를 사용할 경우에 서로 다른 장치들이 통신하는 과정에 충돌이 발생할 수 있는데 이를 간섭현상이라고 한다.

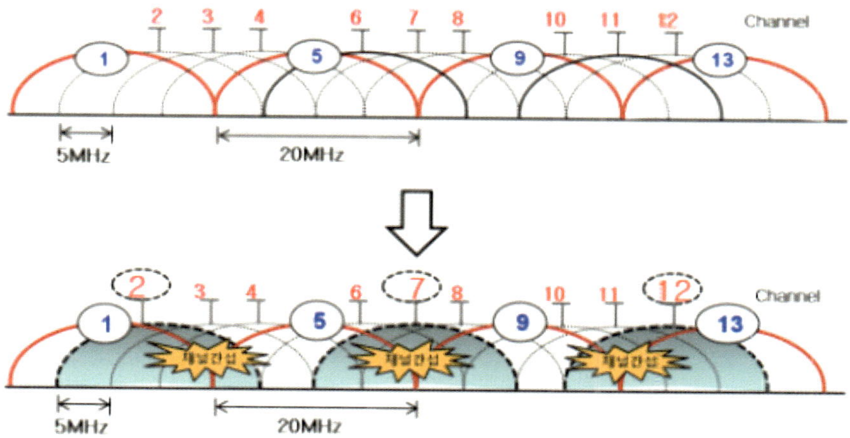

그림 2.13 2.4GHz 대역의 채널분포 및 간섭현상(출처: 정부부서 보도자료)

3) 위성통신

- 위성통신은 대기권 밖에 있는 인공위성을 통해서 신호를 중계하는 방법으로 주로 군사용 드론에 사용된다. 인공위성은 사용 용도에 따라서 군사위성, 기상위성, 과학위성, 통신위성 등으로 분류하는데 이중에서 신호 중계를 목적으로 운용하는 위성이 통신위성이며 지구의 자전속도와 같은 속도로 지구 주위를 공전하여 마치 지구위에 정지해 있는 것처럼 보이는 정지위성이다.
- 통신위성은 통상 35,766km 고도에서 운용되기에 위성 한 대로 신호중계를 할 수 있는 범위가 광범위하다. 또한 2,000km 이하의 고도에 형성하고 있는 다양한 전리층[52]을 통과하기 위하여 1GHz이상의 높은 마이크로파를 사용하기 때문에 고속, 대용량 통신이 가능하다. 통신위성은 재해가 발생해도, 전시에도 사용하는데 제약이 없다는 장점이 있지만 최초 통신위성을 발사하고 운영하는데 소요되는 막대한 비용에 대비하여 위성의 수명이 제한되어 있기 때문에 경제적인 측면에서 제한이 있다. 이러한 이유로 현재는 군사적인 목적으로 운용하는 드론만 통신위성을 사용하고 있다. 위성과의 거리로 인하여 전파의 왕복 시간이 길어서 음성통신을 할 때는 지연시간이 발생한다는 것도 단점이다.
- 향후 드론 산업이 발전하여 통신위성을 사용해야 할 정도로 활용분야가 넓어진다면 세계전파협회에서 전용 주파수를 할당되는 등의 조치를 통해서 민간시장에까지 확대될 것이다.

52) 전리층은 대기권중 열권에 존재하는 것으로 통상 고도 45km 구간부터 900km구간까지 존재하지만 2,000km 고도까지 확장될 수 있다. 성분에 따라서 고도마다 다른 전파를 반사시키는데 D, E, F층으로 구분한다. 위성에서 발사한 전파가 전리층을 지나면서 방향이 틀어져 오차가 발생한다.

4) LTE

- LTE는 3GPP[53]에서 개발한 4세대(4G) 무선 통신 기술이다. LTE는 Long Term Evolution의 약자이다. 휴대전화의 고속 무선 데이터 패킷 통신규격이다.
- 1세대 이동통신기술(1G)는 아날로그 방식으로 적은 기지국으로 넓은 지역을 커버할 수 있었지만 통화품질이 좋지않고 음성 통화만 가능하였다. 2세대 이동통신기술(2G)는 디지털 방식이 도입되어 유럽의 GSM[54]과 미국의 퀄컴에서 개발한 CDMA 기술이 도입되어 서비스 품질이 좋아졌지만 여전히 음성과 문자를 전송하는 수준이었다. 3세대 이동통신기술(3G)이 개발되면서 영상과 인터넷까지 송 · 수신할 수 있게 되었다. 문제는 이러한 데이터를 주고받는 전송속도가 문제였다. 4세대 이동통신기술인 LTE-A는 최대 300Mbit/s의 다운로드 속도를 제공한다. 또한 핵심기술인 OFDM과 MIMO를 이용하여 정지상태에서 1Gbps, 시속 60km로 이동하는 상태에서는 100Mbps속도로 데이터를 전송할 수 있다.
- WiFi와 마찬가지로, 드론에 LTE 혹은 WCDMA 송수신기를 설치해 이동통신 네트워크를 통해 스마트폰으로 드론을 원격조정하거나 드론의 비디오 데이터를 지상으로 전송하기도 한다. 이 경우, 드론에 이동통신사업자의 데이터 플랜이 들어있는 IMS SIM을 설치해야 한다. 일반 SIM의 경우에는 DHCP[55]를 이용해 IP address를 할당받아야 한다.
- LTE를 이용하여 드론을 원격 조정하거나 드론이 촬영한 비디오를 수신하는 방법은 드론이 도심지를 통과하면서 원거리 비행을 할 경우에 이동통신망의 여러 기지국을 거치면서 핸드오버(Hand-Over) 즉, 한 기지국 영역에서 다른 기지국 영역으로 넘어가는 과정을 거치게 된다. 이 때 특정 기지국의 망이 포화가 되었거나 즉, 특정 기지국의 동시 접속자가 많거나 4세대, 3세대 및 2세대 기지국들이 혼재해 있을 경우 예기치 못한 이유로 드론에 장착된 이동통신 수신기 소프트웨어가 오동작을 할 수 있다.

  이 경우 핸드오버 실패로 인한 통화 단절(Call Drop)이 발생할 수 있으며(약 0.5%~1%의 확률), 드론이 즉시 기지국에 재접속을 할 경우에는 문제가 없으나 통화단절 상태가 지속이 될 경우에는 드론이 자체적으로 GPS 경로비행으로 비행 모드를 바꾸거나, 통화가 다시 연결될 때까지 정지 비행을 하거나, 혹은 출발지로 다시 돌아와야 한다(Return Home). 도심지가 아닌 교외나 시골의 경우에는 4G LTE 망이 아닌 3G(HSPA[56]) 혹은 CDMA)로

---

53) 3GPP(3rd Generation Partnership Project)는 이동통신 관련 단체들 간의 공동 연구 프로젝트로 국제전기통신연합(ITU)의 IMT-2000 프로젝트의 범위 내에서 무선(radio)과 코어 네트워크(core network), 서비스 구조(service architecture)를 표준화하는 컨소시엄이다. 유럽, 일본, 중국, 미국, 대한민국의 전파관련 정보통신협회가 참여하고 있다.

54) GSM(Global System for Mobile Communications, 유럽 디지털 이동통신 시스템)은 유럽을 중심으로 전 세계에서 가장 널리 사용되는 개인 휴대 통신 시스템으로 TDMA(시간분할 다중접속방식) 기반의 통신 기술이다.

55) DHCP(Dynamic Host Address Configuration Protocol, 동적 호스트 구성 프로토콜)은 호스트 IP 구성 관리를 단순화하는 IP 표준이다.

핸드오버가 일어나기 때문에 드론에 설치되는 이동통신 송수신기는 4G LTE 뿐만 아니라 3G/2G 레거시(Legacy)망[57]을 지원해야 한다.

- 현재 KT, SK텔레콤, LG 유플러스가 LTE를 기반으로 한 서비스를 제공하고 있다. 사전에 구축된 기지국을 통해서 높은 고도에서 드론을 거리의 제한이 없이 제어하고 실시간으로 촬영한 영상을 전송할 수 있는 것이다. 그러나 이러한 기술이 테러나 범죄에 악용될 가능성이 존재하고 가시권을 벗어난 비행에 대해서는 특별비행승인을 받기 이전에는 할 수 없다는 제약조건이 있다. LTE와 같은 이동통신망을 통해서 드론을 연결한다는 것은 드론을 인터넷에 연결한다는 측면에서 대단히 중요하다.

5) 5G

- 5G는 4세대 이동통신의 다음 단계 기술로 국제표준화단체(3GPP)에서 5G에 대한 이동통신의 표준규격으로 5G NR(New Radio)로 정하였으나 부르기 쉽게 5G로 사용하고 있다.
- 현재 운용되는 5G의 주파수 대역은 저속 광역망인 3.5GHz 주파수 대역과, 초고속 근거리망에 쓰이는 28GHz 주파수 대역 두 개로 나뉘어져 있다. 3.5GHz 대역의 5G 무선통신은 4G 세대보다 속도가 2배 정도밖에 상향된 정도에 그치지만, 5G 기술의 핵심은 28GHz에 있다. LTE 대비 20배 속도와 저지연성(Low Latency)은 28GHz 주파수 대역에서 가능한 서비스이다.
- 중국의 화웨이 통신사는 3.5GHz 주파수 대역에 대한 기술개발에 주력하고 있다. 국내 삼성전자는 28GHz 주파수 대역의 5G서비스 지원을 위한 기술개발에 주력하고 있으며 18년 6월에는 미국 정부 FCC로부터도 승인을 받았다. 우리나라는 '18년 12월 초에 SK텔레콤, KT 그리고 LG U+가 기업 고객을 대상으로 3.5GHz 주파수 대역과 28GHz 주파수에 대한 서비스 서비스를 개시했다. 일반 사용자 대상으로는 3.5GHz 주파수 대역을 우선으로 '19년 4월 3일에 개시되었고 뒤이어 2시간 뒤인 4월 4일에는 미국의 버라이즌 와이어리스가 New Radio 상용화 서비스를 개시했다. 현재(2022년 12월 기준)까지 국내 주요 통신사의 3.5GHz 주파수 대역에 대해서 많은 통신장치의 설치와 서비스가 전국토적으로 제공되고 있으나, 최초 예상과는 달리 국내 통신업체의 28GHz 주파수에 대한 통신장비 설치 및 서비스는 주요 Hot Spot에 대해서 일부 이루어지고 있고 지역을 확대하기 위한 통신장치 설치와 서비스는 미흡한 실정이다.

---

56) HSPA(High Speed Packet Access)는 WCDMA 상에서 고속의 패킷 데이터 서비스를 위해서 하향 링크에 추가된 패킷 데이터 전용의 이동통신 접속 방식으로 3GPP의 표준 (3GPP Release 5)을 말한다. HSPA+ (HSPA Evolution, Enhanced HSPA)는 HSPA의 성능 향상(3GPP Release 7, 8, 9, 10 등)한 것이다.

57) 레거시(legacy) 망 운용관리 시스템이란 모든 망 운용관리 시스템이 통합적으로 관리되는 NeOSS(New Operation Support System)에 반대되는 개념으로, 기존의 각 망 분야별로 분리되어 사용되던 망 운용관리 시스템을 의미한다.

• 5G 이동통신이 추구하는 기술의 핵심은 초광대역 서비스(eMBB), 고신뢰/초저지연 통신(URLLC), 대량연결(mMTC)이다.

① **초광대역 서비스(eMBB : enhanced Mobile Broadband)** : 저대역 주파수는 도달거리가 길고 속도가 느린 반면에 고대역 주파수는 직진성이 강하여 도달거리가 짧지만 속도는 빠르다. 5G는 대용량 전송이 필요한 서비스를 감당하기 위해 더 큰 주파수 대역폭을 사용하고 더 많은 안테나를 사용하여 사용자당 100Mbps에서 최대 20Gbps까지 훨씬 빠른 데이터 전송속도 제공을 목표로 한다. 15GB 사이즈의 고화질 영화 1편을 다운로드할 때 500Mbps 속도의 최신 4G는 240초 소요되는 반면 20Gbps 속도의 5G에서는 6초가 소요된다. 한 장소에 수 만 명이 밀집하는 주요 경기가 열리는 경기장에서도 끊김없는 고화질 스트리밍 서비스가 가능할 것이다.

② **고신뢰/초저지연 통신(URLLC : Ultra Reliable & Low Latency Communications)** : 드론 제어, 주변 교통 상황을 통신을 통해 공유하는 자율주행차량 등 실시간 반응 속도가 필요한 서비스를 대비하기 위한 것으로서, 기존에 수십ms[58] 걸리던 래그 타임(lag time)[59]을 1ms 수준으로 최소화하는 것을 목표로 하고 있다. 시속 100km 자율 주행 차량이 긴급 제동 명령을 수신하는 데 걸리는 시간을 예로 들면, 4G에서 50ms 지연 가정 시 1.4m 차량 진행 후 정지신호 수신하는 반면에 5G에서 1ms 지연 가정 시 2.8cm 차량 진행 후 정지신호 수신이 가능하기에 안전성이 획기적으로 개선되는 것이다.

③ **대량연결(mMTC : massive Machine-Type Communications)** : 수 많은 가정용, 산업용 IoT 기기들이 상호 연결되어 동작할 미래 환경을 대비하기 위한 것으로 1㎢(평방킬로미터) 면적 당 1백만개 기기의 연결(connection)을 지원하는 것을 목표로 기술 개발 및 표준화가 진행 중이다.

• 1세대 이동통신기술부터 4세대 이동통신기술까지 스마트폰과 같은 제한된 통신장비를 기반으로 한 통신기술의 발전이었다면 5G 시대는 사물인터넷(IoT), 인공지능(AI)을 통해서 현세대 통신 기술보다 상당하게 많은 통신기기를 통신망에 접속시켜 인간의 생활을 편하게 할 것이다.

• 5G가 사용하는 Milimeter파는 직진성으로 인해 장애가 있을 때 건물 등 장애물과의 충돌 및 분산이 발생할 수 있다. 따라서 5G 네트워크는 대한 연결이 끊어지지 않도록 MIMO 안테나를 사용하여 빔 형성(Beamforming)기술로[60] 근거리에 셀을 구성한 소규모 네크워크

58) 래그 타임(lag time)은 어떤 장치의 작동이 시작된 순간과 작동 중인 순간 사이의 시간이다.
59) 1milliseconds=1,000분의 1초
60) Beamforming(빔형성) 기술은 안테나에서 원하는 때 원하는 특정 방향으로만 방사/수신하는 지향성을 갖도록 다수 안테나 또는 어레이 게인(Array Gain)에 의해 전파(電波) 빔을 만들어내는 기술이다. 어레이 게인은 채널 상태에 따라 여러 송신기 중 가장 이득이 높은 채널 송신기로 송신하는 것이다.

형태로 구축한다. 3G나 4G에서는 출력 전력을 조정하여 최대 50km~150km를 기술적으로 커버할 수 있지만, 5G 셀 스테이션(Cell Station)은 이상적으로 250~300m의 거리를 커버하도록 구축하는 것이 이상적이다.

- 5G 통신으로 드론을 제어한다면 현재 4G를 통한 드론제어시 안고 있는 간섭(interference)의 문제, 영상전송속도(speed)와 전송시간지연(latency)의 문제, 드론제어 통달거리(distance)의 문제, 단일 링크(link)에 복수의 미디어 전송이 가능여부 문제, KC인증[61]에 관한 문제 등을 일시에 해결해 줄 것이며 드론과 다른 사물과의 실시간 통신으로 다양한 수요를 충족하게 될 것이다. 드론 산업 및 서비스에 최적합한 통신기술이라 할 수 있다.

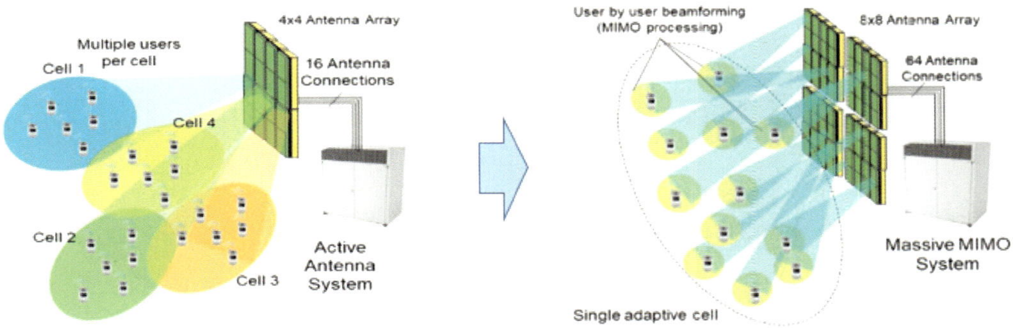

그림 2.14 4G와 5G 통신 네트워크 구성 비교

61) KC인증(Korea Certification Mark, KC Mark)은 안전 · 보건 · 환경 · 품질 등 분야별 인증마크를 국가적으로 단일화한 인증마크로 지식경제부 · 환경부 · 노동부 등 부처마다 다르게 사용하던 13개의 법정 강제인증마크를 통합한 단일 인증 마크이다. K와 C를 하나로 연결하여 국제적 통합성을 강조하고, 워드타입을 심벌형태로 형상화하여 인증마크로서의 속성을 표현하고 있다. 강제인증마크기 때문에 한국에서 정식출시 하는 제품들은 반드시 받아야 하는 마크다. 드론의 KC인증은 기체 전체, 전기/전자/통신 장치는 개별 대상으로 또한 EMI/EMS에 대해서 모두 검증받아야 한다.

드론 센서

07 CHAPTER

1 MEMS (Micro Electro Mechanical System)

1) MEMS(Micro Electro Mechanical System, 초소형전자기계시스템)란

- 움직이는 물체의 자세측정을 위한 시스템은 구동원리의 형태에 따라 3가지 정도로 구분한다. 첫째, 우주선 또는 전략 미사일에 쓰이는 기계식과 둘째, 유인 항공기/선박의 항법에 쓰이는 전자·광학식 그리고 마지막으로 정밀도는 상대적으로 낮지만 가격이 아주 저렴한 MEMS(Micro Electro-Mechanical System)를 이용한 방법이 있다.
- MEMS는 각종기계나 전자기기를 소형화하기 위해 반도체 및 기계 기술을 융합해 제작한 마이크로미터 단위의 초소형 시스템을 말한다. 크기는 수 밀리미터(mm)에 불과하지만 고도 기능을 갖춘 시스템으로 마이크로시스템이나 마이크로머신으로 불리기도 한다.
- 기존의 산업용 공작 기계를 사용하여 부품을 제작하는 경우 아무리 정밀하게 가공을 하여도 수 밀리미터 이하의 부품을 만들기는 어렵다. 그러나 MEMS 기술을 이용하는 경우 작은 실리콘 칩 위에 마이크로 단위의 부품과 이들을 입체적으로 결합하는 회로들을 만들 수 있다.
- LIC(Large Scale Integrated Circuit, 대규모 집적회로)가 주로 신호처리 또는 저장 기능 등 두뇌의 역할을 수행한다면 MEMS는 눈, 귀, 피부와 같은 외부세계와의 인터페이스 역할을 수행한다.

2) MEMS의 장 · 단점

- **MEMS의 장점** : 멤스 공정은 반도체 제조 공정과 동일하기 때문에 초소형의 부품을 대량으로 생산할 수 있어 낮은 가격으로 정밀 부품을 제공할 수 있다. 또한 기계부품과 전자회로를 한 칩에 집적하여 다양한 응용분야에 사용할 수 있으며 높은 신뢰도를 얻을 수 있다. 작은 칩(chip)안에 센서와 모터가 함께 있는 모습을 생각하면 이해가 쉬울 듯하다.
- **MEMS의 단점** : MEMS 형태의 자세 측정 시스템은 자세를 직접적으로 측정하지 않고 자세변화율을 측정하여 적분한 값을 자세값으로 사용하기 때문에 태생적으로 적분오차와 노이즈(noise), 외부 자기력 등에 취약하다. 따라서 여러 센서와의 융합을 통해서 이러한 단점을 극복하고 있다.

3) MEMS의 응용분야

- MEMS는 항공(드론 포함), 자동차, 정보통신, 컴퓨터/사무자동화 기기, 전자 가전/설비, 의료 및 환경분야 등 광범위한 분야에 적용되고 있다.
- 드론이 획기적인 발전을 하게 된 것도 바로 MEMS가 드론 비행을 위하여 필수적으로 필요한 자이로센서, 가속도 센서 등에 적용되어 소형화, 경량화가 되었기 때문이다.
- 우리 생활 주변에서 쉽게 볼 수 있는 것이 스마트폰이다. 그 작은 스마트폰 안에 사용자의 행동을 '즉각' 감지하고 작동하는 다양한 센서들이 있기 때문에 스마트폰 하나로 많은 도움을 받고 있는 것이다.
- 또한 자동차에 부착된 에어백 시스템도 MEMS 기술을 이용한 예이다. 에어백에 장착된 가속도센서는 일반적인 상황에서는 가만히 있다가 충돌할 때에만 에어백이 터지도록 작동해야 한다. 때문에 가속도가 특정 기준 이상으로 커지면 작동하도록 만들어진다. 달리던 자동차가 다른 물체에 충돌하면 자동차의 속도는 짧은 시간 동안 급격히 줄어든다. 이러한 큰 가속도를 가속도계가 인식해야 에어백이 터지게 할 수 있는 것이다. MEMS 이전에도 다양한 가속도센서가 사용됐지만, 크기가 크고 가격이 비싸 차량에 설치하기 어려웠기에 MEMS 기술의 발전으로 인해 현재와 같은 형태의 에어백으로 발전하게 된 것이다.

2 센서 융합 (Sensor fusion)

1) 센서융합이란

- 센서융합은 한가지 개별 센서가 갖는 지니고 있는 한계성을 극복하고자 여러 개의 센서들을 센서융합 플랫폼 등을 이용하여 상호 보완하고 결합시킴으로서 보다 높은 신뢰성을 갖게 하기 위한 기술이다.
- 만약 고가의 정밀한 센서 장비를 사용하는 경우에는 굳이 센서들을 융합하여 사용할 필요가 없으나, 저가의 센서를 사용하는 경우에는 불확실성이 커지게 되므로 융합하여 사용하는 것이 안전하다. 또한 센서 융합을 통해 저가의 센서들만으로도 고가의 센서가 갖는 높은 신뢰성을 얻을 수 있는 장점이 있다. 센서 융합은 대부분이 S/W 프로그램으로 구현이 되는데, 대표적인 프로그램이 칼만 필터(Kalman filter)와 상보 필터(complementary filter) 알고리즘이다.

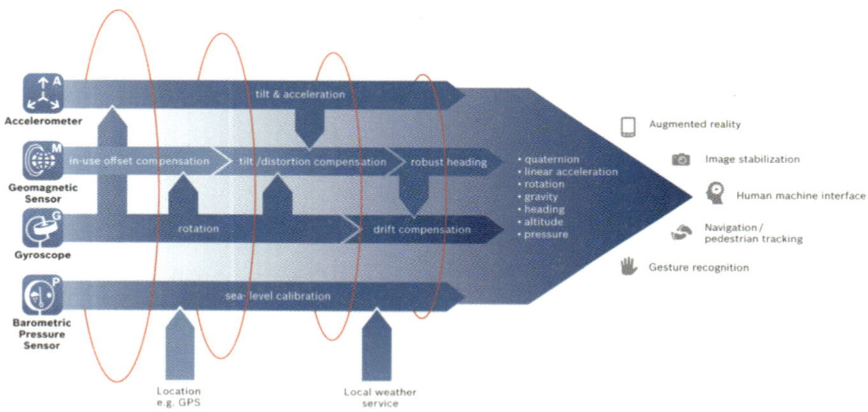

그림 2.15 센서융합(Sensor fusion)

2) 드론에서의 센서융합 "예"

- 가속도 센서는 물체가 정지하고 있는 동안에는 올바른 물체의 기울기를 알려주게 되나, 물체가 회전운동과 병진운동을 동시에 하는 경우에는 잘못된 기울기 값을 추정하게 된다.
- 이를 보완하기 위해 가속도 센서와 자이로 센서를 융합하여 정확한 x축과 y축 기울기를 구하게 된다.

- 그리고 z축 기울기 계산 과정에서 자이로 센서가 계산 오차를 발생시키는데, 이를 해결하기 위해 추가적으로 지자기 센서와 융합해 사용한다.
- 즉, x, y, z축의 정확한 기울기를 알기 위해서 가속도 센서, 자이로 센서, 지자기 센서를 융합하여 자세제어 시스템을 구축하게 된다.

3 가속도 센서 (Accelerometer sensor)

1) 3축 가속도 센서

- 가속도 센서(acceleration sensor)는 이동 물체의 가속도와 중력가속도를 측정하는 센서이다. 가속도는 이동 물체의 속도가 시간에 따라 변하는 비율을 나타내며, 중력가속도는 지구의 중력이 잡아당기는 힘을 의미한다.
- 가속도 센서는 이동 물체의 움직임이나, 중력에 의해서 생기는 방향과 크기를 3차원 벡터값으로 표현해 주는 센서이다.
- 운동 속도의 변화를 측정하는 가속도를 동적가속도(dynamic acceleration)라고 하고, 중력가속도를 측정하는 경우를 정적가속도(static acceleration)라고도 부른다. 드론에서는 중력가속도를 측정하여 기울어진 정도를 파악한 후, 드론의 자세를 바로 잡는데 사용한다. 중력가속도의 단위는 g를 사용하는데, 지오이드(geoid)[62]를 기준으로 중력가속도 값은 $9.8m/s^2$이다. 이는 1초에 9.8m씩 가속됨을 의미한다. 이 $9.8m/s^2$를 1g라고도 한다.
- 드론의 기울기나 방향전환, 속도나 위치, 뒤틀림 등을 가속도를 적분하여 상태에 대한 정보를 제공하여 줌으로써 드론이 안정적인 자세를 유지하며 비행할 수 있게 한다.
- 가속도 센서는 움직임이 발생하였을 때 그 움직임에 비례하는 전하를 발생시키는 압전소자를 이용하거나, 움직임에 비례하는 정전용량을 발생시키는 전자소자를 이용하여 제작한다.
- 우리가 스마트폰을 휴대하고 걸을 때 스마트폰의 이동 상태를 파악하여 몇 보를 걸었는지를 알려주는 만보계의 원리도 가속도센서 기능을 활용한 것이다.

2) 가속도 센서의 동작원리

- 가속도 센서는 지구가 잡아당기는 힘인 중력을 물체의 x, y, z 축에서 받는 값으로 표현해주

62) **지오이드**(geoid)는 지구상에서 높이(해발고도)를 측정하는 기준이 되는 가상견으로 중력가속도를 측정할 시 기준면이다.

는 센서이다. 따라서 물체가 정지해 있는 상태에서 지면과 수평을 유지하는 경우 x, y축의 중력가속도 값은 0이 되며 z축에서는 1g 값이 측정된다. 만약 x, y축에서 중력가속도가 측정이 되는 경우에는 물체가 x, y축으로 기울어져 있다고 판단할 수 있다.

- 그림 2.16에서 보는 바와 같이 (1)번 그림은 물체가 지면과 x, y축으로 수평을 유지하고 있을 때인데, 중력가속도 값은 z축에만 나타나게 되며, x, y축에는 각각 0으로 표시가 된다. 즉, 가속도 센서 값은 [x=0, y=0, z=1]이 된다. 즉, z축의 가속도 센서값만 1g이다. 그림 (2)의 경우, x축은 중력가속도 방향에 수평이지만 y축과 z축은 그렇지 않은 경우이다. 이 경우 가속도 센서는 y축은 β의 가속도를, z축은 α의 가속도를 감지한다. 즉, 가속도 센서 값은 [x=0, y=β, z=α]가 된다.

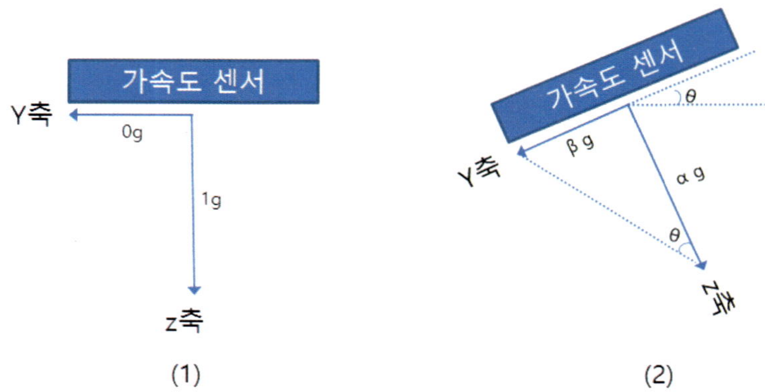

그림 2.16 가속도 센서 동작 원리

- 이와 같이 가속도센서를 이용하면, 물체가 기울어진 정도를 알 수 있으며, 이 값을 물체의 자세를 바로잡는데 사용할 수 있다
- 그러나 가속도 센서는 중력을 이용해 지표면과의 기울기를 측정하는 장치이기 때문에, x, y 축을 기준으로 회전된 기울기만을 측정할 수 있으며, 중력 방향인 z축을 중심으로 회전할 때처럼 중력의 변화가 없는 방위각의 변화는 측정할 수 없다는 단점이 있다. 따라서 방위각을 측정하기 위해서는 별도의 센서를 사용해야 한다
- 또한 가속도센서는 특정 주파수 소음과 외부 압력에 취약한 단점이 있다. 이러한 단점을 이용하여 비행중인 드론을 무력화시키려는 기술이 활발히 연구되고 있고 또 역으로 이를 극복하기 위한 연구도 진행되고 있다.

4 자이로센서 (gyro sensor)

1) 자이로(gyro)의 역사

- 1817년 독일인 요한 보넨베르거(Johann Bohnenberger)가 회전하는 구를 가진 "자이로스코프(gyroscope)"를 발명하였다. 1852년 리온 푸코(Leon Foulcault)가 지구 자전과 관련된 실험에 사용하면서 그리스어로 '회전'이라는 의미의 'gyro'와 '본다'는 의미의 'skopein'의 합성어로 '회전을 본다'라는 의미의 gyroscope라는 이름을 최초로 명명하였다. 1905~1908년에 독일의 발명가 헤르만 안슈츠카멤페(Hermann Anschutz-Kaempfe)가 항해용 자이로 컴퍼스를 개발하였다. 1917년에는 미국 챈들러 회사가 장난감인 '챈들러 자이로스코프'를 제작하였는데 "미국 장난감의 고전"이라고 불릴 정도로 인기가 있었다.
- 자이로스코프를 가장 쉽게 표현한다면 "팽이"를 상상하면 된다. 회전하는 팽이는 외부의 힘이 작용하지 않는 한 최초의 운동 상태를 유지하려는 성질을 가진다. 따라서 고속으로 회전하는 동안에 팽이가 돌고 있는 바닥면을 기울여서 경사지게 해도 팽이는 바닥면과 같이 기울어지지 않고 항상 수직방향인 회전축을 유지하면서 회전한다.

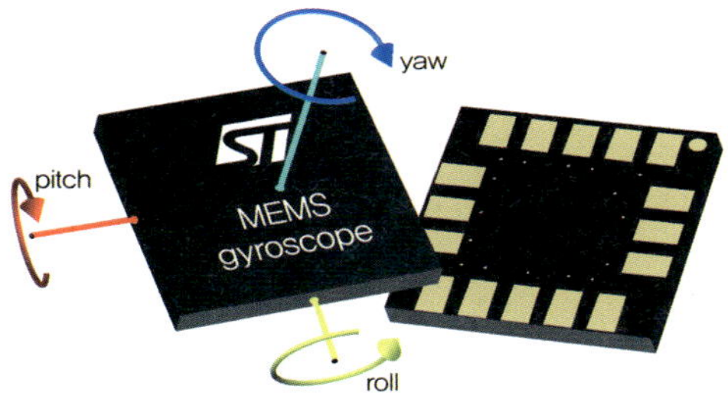

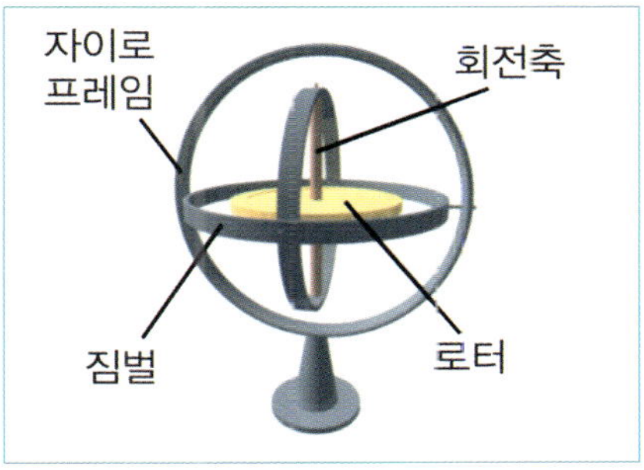

그림 2.17 3축 자이로 센서와 자이로스코프

2) 3축 자이로 센서

- 3축 방향으로(좌 · 우 회전방향, 상 · 하방향, 좌 · 우 기울기 방향) 회전하는 물체의 각속도를 측정하는 센서이며 '각속도 센서'라고도 한다. 드론이 비행하면서 기울어지는 각도와 기울어지는 각도의 속도를 측정하여 자세 정보를 구하는 센서이다. 각속도의 단위는 degree/sec(°/s)[63]를 사용한다.

63) 각속도의 측정단위는 dps(=Degree per Second)로서 1초당 각도의 변화량을 측정한다.(예, 자동차 바퀴가

- 자이로 센서는 회전하는 각도의 속도만 측정하지 얼마를 이동했는가?에 대한 영향을 받지 않는다. 즉, 물체의 위치가 바뀌어도 자이로 센서의 값에는 영향을 주지 않는다.
- 그러나 각속도를 구하는 적분 과정에서 문제점이 발생한다. 센서 출력 값에는 노이즈가 섞여있는데, 이 값을 이용하여 적분을 계속하게 되면 시간이 흐를수록 노이즈가 누적되는 현상이 나타나서 나중에는 큰 오차 값이 발생되는 현상이 발생한다. 이를 센서 드리프트(sensor drift)라고 한다. 이러한 오차를 보상하기 위하여 여러 방법이 활용되고 있는데, 일반적으로 칼만 필터(kalman filter)나 상보 필터(complementary filter) 알고리즘을 적용하거나 가속도 센서에서 보내오는 데이터를 같이 보정하여 기울기값을 정확히 측정한다.

3) 각속도(angular velocity)

- 각속도는 특정 축을 기준으로 '각'이 돌아가는 속력을 나타내는 벡터이다. 시간당 각도가 얼마나 틀어졌는지를 나타내는 것이다. 예를 들어 현재 각도가 30°인데 1초에 20°가 돌아간다면, 1초 뒤에는 50°, 2초 뒤에는 70°가 될 것이다.
- 각속도를 측정하는 원리는 어떤 물체가 회전 운동할 때 생기는 코리올리 힘(Coriolis Force)[64)]을 전기적 신호로 변환하여 계산한다.
- 드론에 있어서 자이로센서는 회전하는 로터와 임무장비를 장착하는 짐벌로 이루어진 하나의 메커니즘이다. 기체의 균형을 유지하기 위해서 자이로센서를 설치하고 짐벌에도 별도의 자이로센서를 설치하여 기체와 짐벌이 동시에 균형을 이루는 조합을 만들어내기 때문에 아무리 기울어져도 기체와 짐벌이 균형을 유지하여 흔들림 없이 멋진 영상을 촬영할 수 있는 것이다.

4) 각속도와 가속도의 차이

- 자이로가 측정하는 각속도는 3축 방향으로 각각 기울어지는 각도가 얼마의 속도로 기울어지는 가를 측정하는 것이다. 각도가 기울어지는 속도가 변하지 않는다면 각속도는 "0"이 된다.
- 가속도 센서가 측정하는 가속도는 3축방향으로 속도가 변화하는데 걸리는 시간이다. 즉, 3축으로 진행하는 정도를 측정하는 것이다. 일정한 속도로 진행한다면 가속도는 "0"이다. 기울어지는 각도의 속도는 각속도, 진행하는 속도의 변화비가 가속도이다. 자이로 센서와 가속도 센서의 값을 같이 보정해야 기체가 지면의 수평면과 몇 도 틀어져서 어느 속도로 이동하는지를 정확히 계산할 수 있는 것이다.

1초당 3회전 한다면 360×3=1080 dbps

64) "코리올리 힘"이란 지구가 타원체로 자전하기 때문에 발생하는 힘으로 운동하는 물체의 속도에 비례하고 운동방향에 수직인 힘이다.

• 비행 중인 드론이 바람이나 공기 저항 속에서 기체의 자세를 제어할 때 가속도센서와 자이로센서가 각각 중력가속도와 각속도를 측정하여 얼마나 기울어져 있는지 파악한 후 보정해 주어 안정된 비행을 할 수 있도록 해준다.

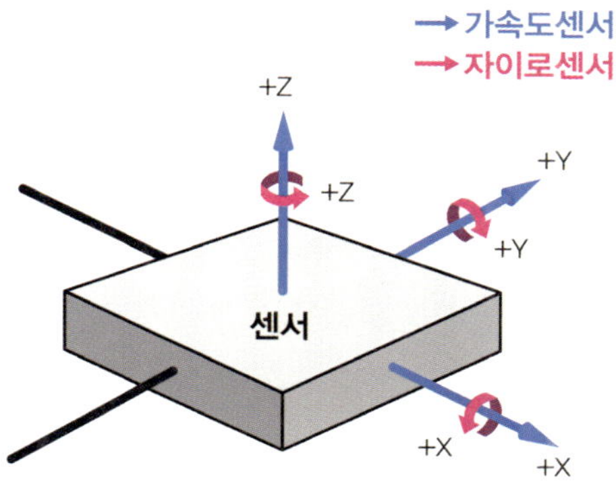

그림 2.18 가속도와 각속도

5) 자이로센서의 종류

• 널리 사용되는 자이로 센서의 종류로는 진동식, 기계식, 광학식 등이 있다. 각 종류별 센서들이 갖는 특징은 다음의 〈표 2.4〉와 같다.

표 2.4 자이로 센서의 종류

종 류	원 리	가 격	성 능
진동식 	팽이 대신에 막대와 링의 진동을 이용하는 방식이다. 센서 내부를 진동시켜 진동이 발생하는 변화량을 감지하여 각속도로 변환한다.	저	저
기계식 	회전하고 있는 팽이의 물리적 특성인 관성력을 이용한다. 외력에 의해 발생된 관성력을 검출하여, 이를 각속도로 변환한다.	↕	↕
광학식 	센서 내부에서 빛이 지나는 원형의 통로를 만들고, 이 통로를 따라 양쪽으로 빛을 방사하여 되돌아오는 빛의 시간차이를 이용하는 방법이다.	고	고

5 지자계 센서 (Magnetometer sensor)

1) 3축 지자계 센서(Magnetometer Digital Triple Axis)

- 나침반 기능을 하는 센서이다. 일명 컴퍼스센서(Compass sensor)라고도 한다. 자북을 측정하여 드론의 진행방향을 FC로 전송한다. GPS 위치정보와 자력계의 방위정보, 가속도계의 속도정보를 결합하여 드론의 방향을 유지할 수 있는 것이다. 리턴 홈(RTH, Return Home), Waypoint(경로지점)비행을 할 수 있는 것도 지자계 센서 덕분이다.
- 가속도센서와 자이로 센서의 단점을 보완해주는 센서이다. 즉, 가속도 센서는 중력가속도를 이용하여 물체의 x, y축으로 기울어진 정도를 알려주는 센서이나, z축으로 기울어진 물체의 방위각을 인식하기 못하는 단점이 있었다. 이를 해결하기 위해 자이로 센서와 센서 융합을 하게 되는데, 자이로 센서 또한 적분 오차에 따른 드리프트 현상이 발생되어 정확한 방위각을 계산할 수 없다. 자이로 센서의 드리프트 현상을 해결하고 정확한 방위각을 계산하기 위해 융합해 사용하는 센서가 지자기 센서이다. 지자기 센서는 x, y, z의 3축을 사용하는데 x, y축으로 동, 서, 남, 북을 인식한다. 물체가 지면과 수평을 이루고 있는 경우에는 정확한 방향이 인식되지만 물체가 기울어져 있는 경우에는 정확한 방향이 인식되지 못한다.
- 3축 지자계 센서 내에 자기장의 세기를 측정할 수 있는 센서가 X, Y, Z축 방향으로 출력된 벡터합으로 센서에 미치는 지구자기장의 세기(gauss, 가우스)[65]를 정밀하게 측정한다.

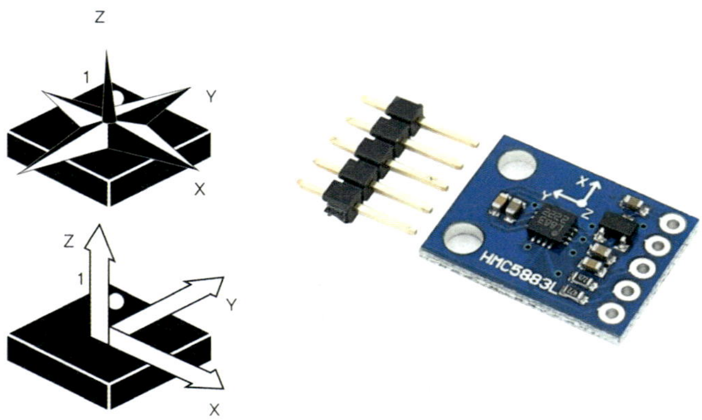

그림 2.19 지자계 센서

65) 가우스(gauss, 기호 G)는 자기장(B)의 CGS 단위이다. 국제단위계에서 자기장의 단위는 테슬라이며, 1 가우스는 10^{-4} 테슬라와 같다.

2) 지자계 센서의 종류

- 일반적으로 사용되는 지자계 센서에는 Hall, MR(Magneto Resistive), MI(Magneto Impedance) 방식이 있다. 각 종류별 센서들이 갖는 특징은 다음의 표 2.5와 같다.

표 2.5 지자계 센서의 종류

종 류	원 리	정밀도	소비전류	응답속도
Hall 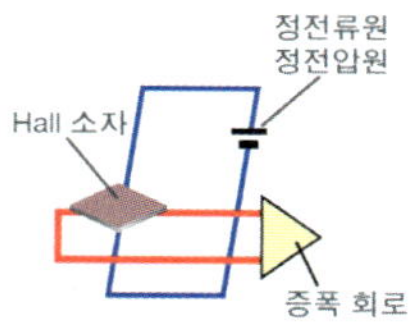	홀(Hall) 소자에 전류를 흘린 다음, 전류와 직각 방향으로 자계를 형성해 주면 자계와 직각 방향으로 전압이 발생한다. 이 전압은 자계의 강도에 비례 하므로 이 전압을 측정함으로써 자계 측정이 가능하다.	저	저	저
MR 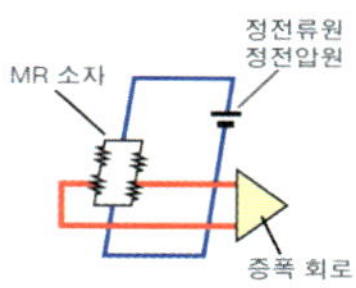	홀 소자 대신에 MR 소자를 사용하며, 소자의 저항 변화를 측정함으로써 자계 측정을 한다.	↕	↕	↕
MI 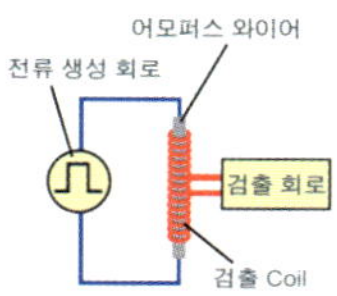	홀 소자 대신에 펄스 전류로 코일에서 전압을 검출함으로써 자계 측정을 한다.	고	고	고

3) 태양의 흑점 폭발과 드론의 영향

- 태양은 고에너지 입자를 비롯한 다양한 물질들을 우주로 쏟아내는 흑점 폭발(flare) 현상을 일으킨다. 이렇게 방출된 물질들은 초당 수백~수천 km의 속도로 지구에 도달하면서, 지구 궤도를 돌고 있는 인공위성을 오동작시키거나, GPS와 단파통신망을 교란하기도 하고, 지상의 전력망이나 통신망을 손상시킬 수도 있다.
- 전파를 이용하는 드론이 심각한 영향을 받는 것은 너무도 당연한 일이다. 우리나라는 IT 강국이다. 한 외국 보험회사의 연구결과에 의하면 태양 흑점으로 인한 우주전파재난 발생시 서울에서만 약 10.8억$(한화 약 1조 8백억원) 정도의 피해액이 발생할 것이란 연구결과를 발표한 적이 있다.
- 우리나라는 지난 2011년부터 국립전파연구원(www.rra.go.kr)을 중심으로 태양활동을 신규 재난 영역으로 규정하여 상시 감시와 흑점 폭발에 대해 예보와 경보를 해주고 있다. 이

러한 시스템에 의해서 지구 자기장 지수를 3시간 단위로 발표하고 있다. 드론 비행 전에는 비행지역의 자기장 지수를 반드시 확인하여야 한다.

4) 지자계 센서 교정

- 지자계 센서는 지구의 자기장을 측정해 방위각을 계산하는 디지털 나침반이다. 지자계 센서는 센서를 이용하여 북쪽 방향을 계산하기 때문에 일반 나침반과는 달리 주위에 전자기기가 있거나 지리적인 위치가 변경되면 제대로 동작하지 않는다.
- 지자계 센서를 사용하는 드론도 전자기기인데, 이 속에는 전류가 흐르고 있고 전류의 흐름으로 인하여 자기장이 발생된다. 이러한 자기장 역시 지자기 센서에 의해 측정이 된다. 또한 센서가 기준점으로 삼는 자북에 따른 편각은 지리적으로 각기 다른 값을 가지게 되어, 그 결과로 x, y, z축의 지자기 값이 정규화 된 값의 범위를 벗어나게 된다.
- 따라서 지자계 센서가 올바르게 동작하도록 하는 센서 교정(calibration)을 처리해 주어야 한다. 멀티콥터에서의 지자계 센서 교정은 사용하는 FC에 따라서 방법이 상이하다. Pixhawk FC는 6축에 대해서 실시하고 DJI FC는 기체를 지면과 수평으로 잡고 지면과 수평으로 360° 회전시켜 동, 서, 남, 북 교정을 하며, 기수를 밑으로 해서 360° 회전시켜 z축에 대한 교정을 수행한다.

6 IMU, AHRS, INS

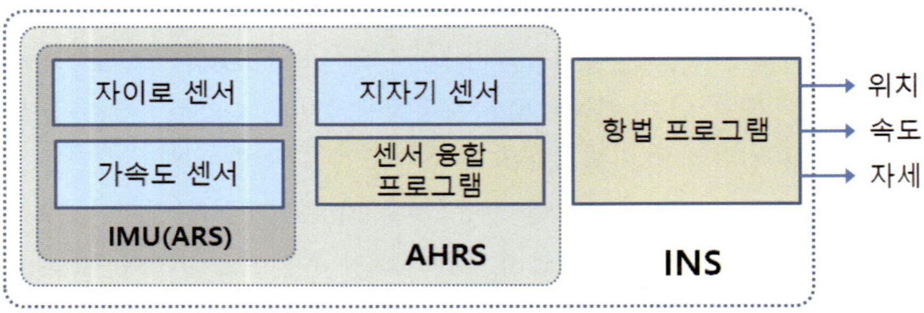

그림 2.20 IMU, AHRS, INS 개념 비교

1) IMU(Inertial Measurement Unit, 관성측정장치)

- IMU(Inertial Measurement Unit)는 자이로센서, 가속도센서를 통합하여 하나의 단일 Unit로 구성한 보드이다. MEMS 반도체 공정기술로 2가지 센서를 하나의 보드에 통합함으로서 드론의 소형화, 경량화가 가능해졌다. 가속도를 측정하는 센서로는 가속도 센서를 사용하며, 각속도를 측정하기 위해서는 자이로 센서를 사용한다. 가속도 센서의 중력 가속도를 측정하여 x, y, z축의 기울어진 정도를 알 수 있으며, 자이로 센서를 이용하여 이동체의 각속도를 측정한 후 이를 적분하면 물체의 기울어진 정도를 알 수 있게 된다. 즉, 이 두 센서를 사용하여 물체의 자세를 바로 잡게 된다. 드론과 같은 기체가 스스로 균형을 잡기 위해서는 움직임이나 기울어짐과 같은 현재 자세를 측정할 수 있어야 되는데, 이를 측정하기 위해 사용되는 두 개의 센서를 하나로 통합한 센서 장치가 IMU이다.
- IMU를 통해서 외부 신호없이 자체적으로 항법정보를 얻을 수 있다. IMU(Inertial Measurement Unit, 관성측정장치)의 데이터를 MCU(Micro Controller Unit)로 보내어 회전 속도를 계산하여 드론의 자세를 유지시켜 안정된 비행을 하게 한다.
- ARS(Attitude Reference System, 자세참조시스템)는 IMU에 센서 융합 프로그램이 포함되어 있어서 가속도 센서와 자이로 센서값을 상호 보완함으로써 보다 정밀한 x축과 y축의 기울기 자세제어가 가능하며, 물체의 최초 z축 기울기를 기준으로 회전된 만큼의 상대적인 방위각 기울기를 알 수 있게 해주는 시스템을 의미한다.
- IMU는 비행에 대한 정확한 값을 측정하기 위하여 가능한 한 기체의 중심에 두고 있다.

그림 2.21 MEMS기반의 IMU(관성측정장치)

2) AHRS(Attitude Reference Heading System, 자세방위참조시스템)

- AHRS는 IMU에 지자기 센서와 센서융합프로그램을 장착한 시스템이다. IMU는 가속도 센서와 자이로 센서만을 사용하기 때문에 물체가 회전하여 방위각이 변경되는 경우 z축의

변화를 감지하지 못한다. 또한 ARS는 물체의 최초 z축 기울기에서 얼마만큼 회전했는지를 알려주는 상대적인 방위각만을 알 수 있다.

- 방위각을 알기 위해서는 지자기 센서를 추가하면 된다. 지자기 센서를 추가함으로써 물체의 절대적인 방위각을 계산할 수 있으며, 자이로 센서의 계산 오차에 따른 센서 드리프트(sensor drift)를 방지할 수 있게 된다.
- 또한 AHRS에는 내부적으로 상보필터(Complimentary Filter 또는 보상필터)와 확장칼만필터(EKF : Extended Kalman Filter)같은 센서 융합 알고리즘 등이 내장되어 있어서 각 센서들의 값들을 결합하여 보다 정밀한 자세 제어가 가능하게 된다.
  - 상보필터(Complimentary Filter)는 고주파대역 특성이 좋은 자이로센서의 상태측정치(Φgyro, θgyro)를 고주파대역 필터로 추출하고, 저주파대역 특성이 좋은 가속도센서의 상태측정치(Φacc, θacc)를 저주파대역 필터로 추출한 후 합쳐서 자이로센서의 바이어스 오차가 최소화된 상태추정치(ΦE, θE)를 비행제어기(FC)로 전달해 준다.
  - 확장칼만필더(AHRS-EKF)는 드론의 비행역학(Flight Dynamics)을 이용해 각종 오차를 제거하는 방법이다. 자이로센서를 이용한 측정치(각속도 값), 가속도센서를 이용한 측정치(가속도 값), 지자기센서를 이용한 측정치(지자계 값)및 GPS 수신기를 이용한 측정치(GPS위치 값)를 이용해 실시간으로 드론의 회전운동역학(Rotational Dynamics)을 확장칼만필터를 이용해 모델링하면서 자이로센서 및 가속도센서의 바이어스 오차가 최소화된 상태추정치를 계산해 비행제어기(FC)로 전달해 준다. GPS 수신기로 측정한 병진운동상태 측정치 및 기압센서로 측정한 고도측정치는 융합과정을 거쳐서 비행제어기로 전달된다.
- 아래 그림 2.22는 각종 센서로부터 정보를 받아서 어떻게 모터까지 전달되는 지에 대한 논리적인 흐름도이다.

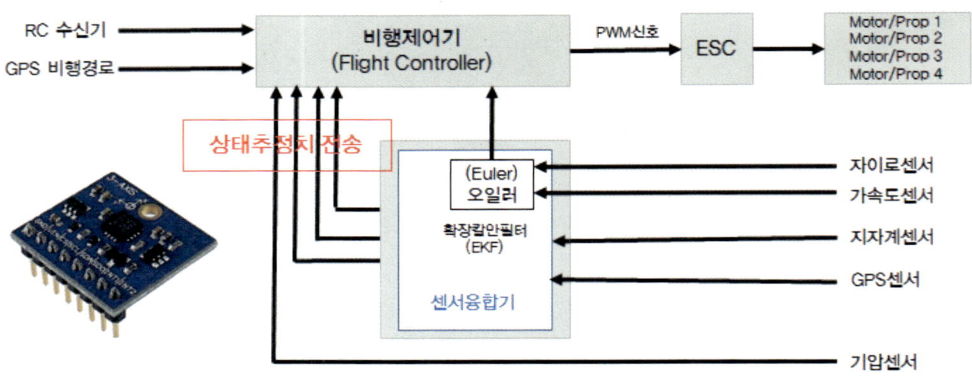

그림 2.22 센서융합을 통한 모터회전속도 계산 흐름도 (그림출처 : cscp2.sogang.ac.kr)

3) INS(Inertial Navigation System, 관성항법시스템)

- INS는 AHRS보다 정밀한 센서들과 항법 알고리즘을 통하여 현재 물체의 위치를 정확하게 계산하는 시스템이다. 이동 물체의 자세, 속도, 진행방향을 측정하는 센서들과 이들 센서들의 값을 받아 계산을 하는 내장컴퓨터로 구성되어 있다.
- INS는 악천후나 전파 방해의 영향을 받지 않는다고 하는 장점은 있지만 긴 거리를 이동하면 오차가 누적되어 커진다는 단점이 있다. 이러한 문제점은 GPS센서에 의해서 위치정보를 보정함으로서 오차를 해결한다.
- INS는 1950년대부터 발전되어 온 분야로, 처음에는 항공기, 선박, 로켓 등에서 사용되어져 왔으나 MEMS센서 기술의 발달로 IMU가 소형화(10mm 이하로 제작 가능), 경량화되어 활용분야가 다양하게 확대되어 장거리 비행을 하는 산업용 및 군사용 고정날개 드론, 로보틱스 등에 활용되고 있다.
- AHRS-EKF 센서융합은 드론의 회전운동역학을 모델링하여 드론의 회전운동 상태추정치를 계산하지만, INS를 이용한 센서융합은 드론의 회전운동역학 및 병진운동역학(Translational Dynamics)을 확장칼만필터를 이용해 동시에 모델링해 드론의 회전운동 및 병진운동 상태추정치를 계산한다.

(a) AHRS(자세방위참조시스템)

(b) INS(관성측정장치)

그림 2.23 MEMS기반의 AHRS(자세방위참조시스템)와 INS(관성측정장치)

7 고도 센서 (Altitude sensor)

고도 센서는 비행중인 드론의 비행 고도를 측정하는 센서이다. 멀티콥터에는 GPS를 이용한 고도 측정과 대기압을 이용한 고도를 측정하는 방법이 가장 많이 사용되나, 정밀한 고도 측정과 실내에서의 비행 등을 위하여 초음파센서, 레이다센서, 라이다센서 등을 이용하여 고도를 측정한다.

1) 대기압력 검출형 고도 센서(Barometer Pressure Sensor)

고도의 높이에 따라 대기압이 다른 원리를 이용하여 드론의 고도를 측정하는 센서로서 FC기판에 장착된 센서의 1mm 정도의 작은 구멍안으로 외부공기가 들어가고 들어간 공기가 내부의 압전소자를 눌러서 소자가 휘는 정도를 측정하여 전기출력으로 값을 변환시켜서 기압을 감지한다. 고도센서를 통해서 측정된 고도정보를 GPS센서에서 보내오는 고도정보와 같이 융합연산하여 드론의 고도를 일정하게 유지시켜 비행의 안정성을 높여준다.

2) 초음파식 고도 센서

- 초음파를 이용하여 고도와 거리를 측정하는 센서이다. 초음파를 발사하여 돌아오는 시간을 측정하여 거리를 계산하는 원리를 이용한 센서이다. 드론 기체 하부에 설치하여 초음파를 발사하고 수신하여 거리값을 FC에 보낸다. FC에서는 대기압력 검출형 고도센서에서 측정한 거리값과 같이 보정하여 정확한 고도를 계산한다.
- 주로 낮은 고도와 가까운 거리를 측정할 때 사용하는 유용하게 활용되는 센서이다. 실내에서 드론을 운용하기 위해서는 반드시 필요한 센서이다. 차량의 후방에 초음파식 센서를 부착하여 사전에 위험거리로 설정된 거리에 접근하면 경고음을 울려 충돌을 방지하게 하는 것도 이러한 초음파 센서 덕분이다.
- 초음파의 파장이 아주 짧기 때문에 거리 방향의 측정능력과 정밀도가 높은 계측을 할 수 있다. 반면에 초음파는 온도에 영향을 받아 주위 온도에 따라서 속도가 변하기 때문에 물체까지의 거리를 정밀하게 측정하기 위해서는 온도에 따른 보정이 필요하다.

3) 레이저(Rager) 고도센서와 라이다(Lidar) 고도센서

- 레이저 고도센서는 레이저를 발사하여 돌아오는 시간을 이용하여 거리를 계산하는 센서이다. 군에 적용되던 Laser Ranger Finder 기술이 민간에 적용된 것으로 골프장에서 많이 사용하는 거리측정기도 이러한 원리를 이용한 것이다.
- 라이다고도센서는 빛의 반사로 고도를 측정하는 센서로서 정밀하고 야간에도 운용이 가능하지만 가격이 비싸다.

(a) 대기압력 검출형 고도 센서 (b) 초음파식 고도 센서 (c) 라이다 거리센서

그림 2.24 드론 고도센서

8 기타 센서

1) 옵티컬 플로우 센서(optical flow sensor)

- 광학 흐름(optical flow)은 카메라 또는 물체가 이동을 할 때 영상내의 각 화소들의 밝기 변화를 의미한다. 이것은 3차원 공간에서 이동하는 물체의 움직임을 카메라를 통해 화소들의 위치 변화에 대한 속도를 2차원으로 표현한 것으로 영상의 이동 속도를 나타낸다.
- 옵티컬 플로우 센서는 GPS신호 수신이 제한되는 실내에서 GPS 대신하여 드론의 위치를 제어하는데 사용할 수 있다. 광학 흐름을 계산하여 드론의 위치 변화를 파악할 수 있기 때문에 실내에서도 안정적인 위치제어가 가능하다. 옵티컬 플로우 센서는 카데라의 일종이기 때문에 밝은 환경에서만 동작하며, 초점이 고정된 렌즈를 사용하면 30cm 가까이에 있는 사물은 인식할 수 없는 단점이 있다. 또한 같은 거리를 이동하더라도 지상에서 이동하는 물체와 고도를 가진 3차원 공간에서 이동하는 물체는 오차가 발생할 수 있다. 따라서 고도에 따른 실제 이동 거리의 오차가 발생한 차이에 대해서 드론의 비행 고도를 고려하여 실제 이동거리를 계산할 필요가 있다.

2) 비전 센서(Vission sensor)

- 비전 센서는 카메라를 생각하면 된다. 간이영상 센서라고 하며 10m 이하 비행시 지표면 영상 촬영을 통해서 이미지를 분석하여 호버링을 하고 초음파센서와 융합하여 GPS 정보가 제공되지 않는 실내에서도 고도를 유지하면서 드론이 장애물을 회피하며 안정된 비행을 하고 이륙한 위치로 정확하게 착륙이 가능하게 해준다. 고급 드론에 많이 장치되어 있는 센서이다.

(a) 광학식 옵티컬 프로우 센서

(b) 비젼 센서(Vission sensor)

그림 2.25 옵티컬 플로우 센서(optical flow sensor)

9 비행제어기 (FC, Flight Controller)

1) FC의 기능

- FC의 역할은 쿼드콥터의 경우 모터 4개의 회전속도를 각각 정확하게 제어해서 드론이 공중에서 수평을 유지할 수 있도록 ESC(전자변속기)에 속도 제어신호를 주어서 모터의 회전수를 미세하게 제어하는 역할을 하는 것이다.
- 비행컨트롤러(FC)는 RC 수신기로부터 전달 받은 원격 비행명령어와 AHRS와 같은 장치에서 센서융합을 통해서 보내온 상태추정치와 비교하여 FC에 내장된 MCU(Micro Controller Unit)가 그 차이 값을 계산한 뒤 모터들의 회전속도를 계산하고, 계산된 결과를 PPM 또는 PWM[66] 신호로 변환시켜 구동부의 ESC(전자변속기)로 전달하는 역할을 한다. 어느 방향과 속도로, 각 모터마다 분당 몇 회를 회전하라고 세세하게 지정을 해주는 역할을 한다.
- PID(Proportional Integral Derivative)[67] 제어를 통해 각 모터들의 회전속도를 계산하여 조절하는데, 각속도를 제어하는 PID를 Rate PID라 하고, 기체 기울기의 각도와 고도를 제어하는 PID를 Stabilize PID라고 한다.
- 조종기에서 보내는 비행모드(매뉴얼 모드, 에티모드, GPS모드)대로 각기 다르게 연산하여 전자변속기(ESC)로 보내며, 조종기에서 보내는 조종신호 이외에 다른 옵션이 FC에 설정이

66) PWM(Pulse Width Modulation)신호 : 펄스폭 변조로 아날로그 신호를 디지털 신호로 바꿔주는 신호
67) PID(Proportional-Integral-Differential) 제어는 비례, 적분, 미분제어의 약자로 목표값과 실제 측정값과의 차이를 비교하여 제어량을 계산하는 알고리즘이다. 드론 뿐만이 아니라 많은 산업현장에선 적용하는 것으로 신뢰성이 우수하고 자동제어플랜트에 적용이 용이하며 수렴속도가 빠르다는 장점이 있다.

되어 있다면 그에 해당하는 연산도 함께 수행한다. 또한 LED를 통해서 조종기에서 조작하는 것에 대해서 반응을 표시한다. LED등이 번쩍이는 것도 이러한 이유이다.

- FC는 센서 칩과 프로세서가 작은 보드에 부착되어 있는 작은 컴퓨터 시스템이다. 센서가 있기에 기체 내 FC위치가 중요하다. 일반적으로 무게중심의 중앙에 위치하여 정면을 바라보도록 설계되어 있다.

아래 그림 2.26은 Pixhawk FC 기판에 있는 포트에 대한 설명과 포트와 연결되는 장치에 대한 전체적인 연결시스템을 표시한 것이다.

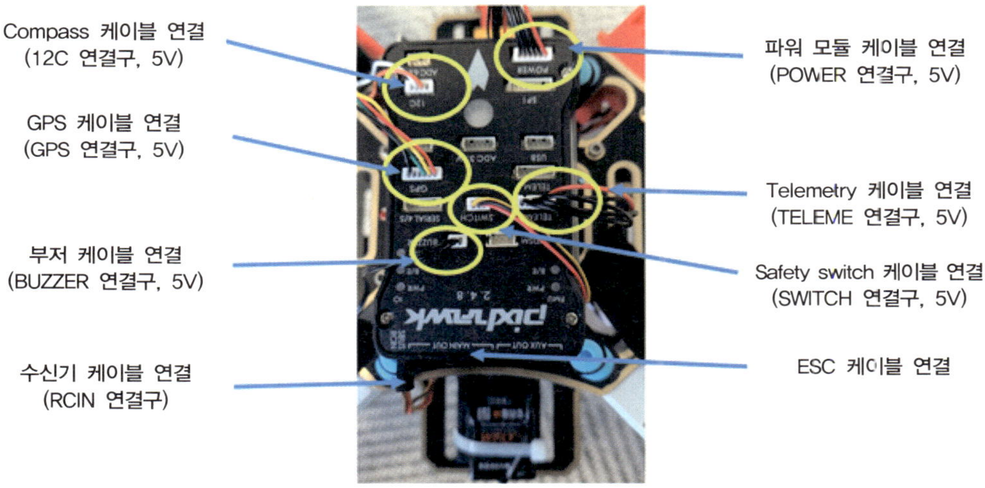

그림 2.26 Pixhawk FC 결선도

2) 비행 컨트롤러(FC, Flight Controller) 종류

FC는 드론의 크기와 종류에 따라서 많은 종류가 있고 가격도 천차만별이다. 상업용 드론은 APM, PX4처럼 H/W, S/W, 서비스를 종합적으로 제공하는 완성된 형태의 플랫폼을 구입하여 기체를 제작하거나, 중국의 DJI사의 A3 Pro 등과 같은 완성된 FC를 구입하여 사용하는 방법이 있다. 많이 사용하고 있는 FC의 몇 가지 종류는 다음과 같다.

- 멀티위(MultiWii) : 드론 입문자부터 DIY 마니아까지 다양한 수준의 사용자가 사용하는 플랫폼으로 오픈 소스 드론의 어머니 격의 플랫폼이다. 비행용 RC(원격조정가능한) 모델을 제어하기 위한 범용 무료 오픈 소스 프로젝트이다. 멀티위 보드를 구동하기 위한 아두이노(Arduino) IDE에 기반을 둔 공개 소프트웨어를 Multi라고 하다. Wii가 확장된 Wii Motion

Plus와 아두이노(Arduino) pro 미니 보드계열(ATmega328칩)의 조합을 기반으로 한다. MSP(Multiwii Serial Protocol)는 멀티위 플라이트 콘트롤러(FC)가 사용하는 멀티위 펌웨어를 구성하는 표준통신 규약이다.

- APM : 아두이노 메가(Arudino Mega)에 기반한 드론 프로젝트인 ArduPilot의 산물로, 3D Robotics에 의해 운영되는 diyDrone이라는 커뮤니티에서 지속적으로 업그레이드 되고 있다. 항공촬영 등 중·대형 드론에 많이 사용된다. APM 2.5.2(NOVA)에 이어서 APM 2.6이 출시되어 많이 사용중인 FC이다. 어시스턴트 프로그램(Assistant Program)인 미션플래너(Mission Planner)을 PC에 설치하여 Parameter(매개변수)를 수정 및 변경해가면서 비행특성과 기능 등을 자신의 생각하는 대로 맞게 만들어 갈 수 있는 FC이다. 드론을 장기적으로 공부할 시에는 필수적으로 학습하고 거쳐야 할 비행 컨트롤러이다.
- Pixhawk(픽스호크) : 스위스 연방공대 연구소(Computer Vision and Geometry Lab)에서 수행한 Pixhwak 프로젝트에 의해 시작되어 개발한 플랫폼이다. 3DRobotics와 ArduPilot 그룹과 협력하여 오픈소스 하드웨어에 기반한 FC 중 가장 뛰어난 픽스호크를 개발하였다. APM 계열의 FC보다 성능이 뛰어난 상위 버전이다. Pixhawk 초기 모델부터 CUBEPILOT(Cube Yellow, Cube Orange 등), HOLYBRO(Pixhawk4, Pixhawk 6C 등), CUAV(V6, V5 등) 모델까지 개발되어 드론, 로봇 등 원격조종을 필요로 하는 다양한 제품에 활용되고 있다. HOLYBRO Pixhawk 4는 Px4 펌웨어가 미리 탑재되어 있으며, STM사의 최신 MCU가 탑재되어 있고 낮은 노이즈의 고성능 IMU가 장착되어 있어 stabilization application에 사용이 가능하다. 진동으로부터 센서를 격리하여 최대한 정교한 센서 데이터 습득을 가능하게 해준다. 두 개의 외부 SPI 버스[68]와 6개의 칩 셀렉트 라인(chip select line)으로 추가적인 센서를 장착할 수 있게 하여 준다. Pixhawk의 어시스턴트 프로그램(Assistant Program)은 미션플래너(Mission Planner)를 사용한다.
- NAZA/M-V2 : DJI사가 출시한 FC로 항공촬영용 드론인 팬텀에 장착된 FC이다. DIY 조립용 기체의 FC로도 많이 사용된다. 가속도 검출 센서 부위가 FC 전체의 1/2을 차지한다. 가속도 검출 방식이 기계에서 전자 변환 방식의 센서로 채택함으로서 매우 안정된 호버링과 비행이 가능하다. PC에 NAZA Assistant를 설치하여 다양하게 Parameter를 수정하고 변경할 수 있다. APM 2.6에 적용하는 미션 플래너보다 적용하기가 간단하고 편리하다. 초보자 및 비전문가에게는 편리하나 기능면에서는 부족한 점이 많다. 이와 유사한 FC가 중국 Tarot사에서 개발하여 판매하고 있는 Tarot ZYX-M FC이다. Tarot ZYX-M은 NAZA에 비해서 가격이 저렴하다. 펌웨어는 ZYX-M Assistant를 사용한다. 파라메터(Parameter)가 NAZA-M/V2

68) SPI 버스는(Serial Peripheral Interface Bus, 직렬 주변기기 인터페이스 버스) 아키텍처 전이중 통신 모드로 동작하는 모토로라 아키텍처에 이름을 딴 동기화 직렬 데이터 연결 표준이다.

보다 많다.

- DJI사 A3, A3 AG, A3 Pro, N3 등 : DJI사에서 완제품으로써 NAZA 시리즈와 A2에 이어서 내놓은 FC로 GPS구성과 IMU가 삼중구조 시스템으로 구성되어 있고, GPS와 글라나스 센서를 이용하여 정확하게 위치를 식별할 수 있다. 전파의 민감성을 줄여 실시간 이동측위(Real Time Kinemetric, RTK)를 적용하여 GPS 성능을 향상시켰다. 여러 산업에서 사용되는 어플리케이션의 호환을 통해 여러 대의 드론을 동시에 운용할 수 있는 FC이다. 라이트 브릿지(LightBridge)[69]와 오큐싱크(OcuSync)라는 영상전송시스템과 연동하여 깨끗한 영상을 전송하고 Way point(경로지점) 자동비행, POI 기능[70] 등 다양한 스마트 비행을 구현할 수 있다. 어시스턴트 소프트웨어는 기체의 종류에 따라서 적용하는 Assistant 소프트웨어가 있고 DJI FLY, DJI GO, DJI GO4 등 다양한 앱을 이용하여 세팅이후 비행을 실시한다.
- 숨비 제네시스 3.0 : 국내기업인 ㈜숨비가 산업용 드론에 적용하기 위하여 자체 기술로 개발한 FC로서 오픈 프로젝트를 기반으로 개발된 Pixhawk를 모체로 하여 개발하였다. 다양한 외부 장치를 연결하기 위하여 각종 표준 외부 인터페이스를 적용하였고, GPS 연결구, POWER 연결구, 텔레매트리 연결구 CAN 연결구 등을 2중화하여 각종 환경 및 장애 상황에 대응하도록 하여 FC의 가용성을 도모하였다. 핵심 IMU 센서를 삼중화 설계를 통하여 주요 센서 이상으로 인한 기체 Fault에 대응하고 FC 안전성을 강화하였다. FC에 민감한 진동을 방지하기 위하여 센서를 포함한 주요 부품에 댐핑 설계를 적용하여 비행간 FC에 전해지는 진동을 최소화하였다. 제네시스 3.0에는 전용 F/C 소프트웨어가 탑재되어 Real-Time으로 비행제어를 수행하고 있으며 최적화된 비행 알고리즘을 통하여 자율 비행을 비롯한 다양한 비행 모드를 지원하고 있다. 또한 장애물 감지 및 회피 기능이 적용되어 다양한 환경에서의 안전한 비행 서비스를 제공할 수 있다. 숨비 GCS 및 미션플래너 등과 같은 Assistant program으로 드론을 세팅하고 Waypoint, 비행패턴, Geofence, Rally point 지정 등을 통해서 비행계획을 수립하여 자율비행이 가능한 FC이다.
- 국내 산업용 드론을 제작 생산하여 운용하는 여러 회사들도 오픈 소스를 기반으로 자사 브랜드 FC를 제작하여 다양한 임무목적형 드론을 생산, 공공기관 등에 납품하여 적극적으로 운용함으로서 국내 드론산업 기술 발전에 기여하고 있다.
- 기타 : 레이싱 드론에 사용되는 NAZE32, SP racing F3 등의 FC가 있다.

69) 라이트 브릿지(LightBridge)는 DJI사의 영상전송기술 장치이다. 팬텀, 인스파이어 드론에 장착되어 실시간 고화질의 영상을 전송할 수가 있다.

70) POI는 'Point of interest'의 약자로, 특정 지점을 선택하면 드론이 그 지점을 중심으로 원을 그리며 촬영하는 기능이다.

드론 소프트웨어 (Drone SW)

CHAPTER 08

```
print("TakeOff")
drone.sendTakeOff()
sleep(0.01)

print("Hovering")
drone.sendControlWhile(0, 0, 0, 0, 5000)
```

1 개요

1) 드론 소프트웨어(Drone SW)의 이해

- 대부분의 시스템은 하드웨어(Hardware)와 소프트웨어(Software)로 구성되어 있다. 하드웨어(HW)는 초기에 단단한 물건이라는 뜻이었는데, 컴퓨터를 구성하는 장치들을 일컫는 단어로 의미가 확장됨에 따라 상대적으로 컴퓨터 내부에서 구동되는 프로그램을 가리켜 소프트웨어(SW)라고 부르기 시작하였다.
- 하드웨어와 소프트웨어의 중간 개념인 펌웨어(Firmware)가 있는데, 이는 하드웨어 제어 부분에 논리회로의 기능을 하는 프로그램을 넣을 수 있게 한 것이다. 따라서 같은 종류의 하드웨어라고 해도 내부의 펌웨어가 바뀌면 기능이나 성능이 달라진다. 펌웨어는 프로그램의 형태를 갖추고 있으므로 소프트웨어에 가깝지만 하드웨어 내부에 위치하며, 사용자가 쉽게 그 내용을 바꿀 수 없으므로 하드웨어적인 특성도 함께 가지고 있다고 할 수 있다. 초기 드론 시스템에서는 하드웨어 비중이 높았으나 점차 소프트웨어의 비중이 높아지고 있는 추세로 발전하고 있다.
- 또 다른 소프트웨어 개념으로 임베디드 소프트웨어(Embedded SW)가 있다. 임베디드 소프트웨어나 펌웨어 모두 하드웨어 제어를 위한 프로그램의 성격을 갖지만, 펌웨어 개발에서 발생하는 복잡한 과정을 운영체제(OS)를 이용해 비교적 쉽게 개발하는 방식이 임베디드 소프트웨어이다. 운영체제(OS)를 사용하게 되면 펌웨어의 크기가 커지지만, 펌웨어 개발의 융통성과, 안정성, 정확성을 확보할 수 있게 된다.

2) 드론 하드웨어 기술과 드론 소프트웨어 기술의 구분

- 드론은 멤스(MEMS) 기술을 기반으로 하는 초소형 센서 및 자세제어장치 등과 같은 첨단 전자장비 하드웨어로 구성되며, 센서 융합에 의해 유기적인 비행제어가 가능하게 해주는 내장 소프트웨어와 사용 목적에 따른 어플리케이션 프로그램으로 구성되는 융・복합 학문 분야이다.
- 드론 시스템을 구성하는 하드웨어 기술(HW Technology)에는 크게 비행체, 임무장비, 통신장비, 지상통제소 등이 있다. 그밖에 발사대와 회수용 그물과 같은 이, 착륙 장치 등이 포함될 수도 있으나 일반적인 범위에서는 앞의 4가지로 정의한다. **비행체**는 자동비행을 위한 비행제어기, GPS와 같은 항법장비 및 추진 동력을 공급하는 전원장치 등으로 구성된다. **임무장비**는 감시 및 관측을 위한 장비가 대부분인데, 가시광선을 촬영하는 장비뿐만이 아니라 야간에도 촬영이 가능한 적외선 카메라 등이 사용된다. 이 뿐만이 아니라 전파를 발사하여 물체에서 되돌아오는 신호를 분석하여 영상화 하는 장비들도 사용이 되고 있다. **통신장비**에는 드론을 원격으로 제어하기 위하여 필요한 모든 장비들이 포함되는데 여기에는 추적안테나, 광대역 송・수신장비, 자동 이・착륙 유도장비 등이 있다. **지상통제장비**에는 제어용 컴퓨터와 비상시 사용을 위한 수동 조종기, 영상수신과 모니터링을 위한 영상장비 등이 있으며, 데이터 송・수신을 위한 통신 장비들로 구성되어 있다.
- 드론 시스템에 사용되는 소프트웨어 기술(SW Technology)에는 드론의 비행제어와 각종 센서의 데이터 처리, 드론과 드론장치간의 송・수신, 드론 내 여러 장치간의 센서융합을 통해 안정적인 자동비행을 담당하는 임베디드 펌웨어 소프트웨어(Embedded Firmware SW)가 있다. 소형의 상업적 목적에 쓰이는 드론에서 구동되는 펌웨어는 오픈소스 형태로 제공이 되고 있어 코드 일부만을 수정하여 사용자가 원하는 형태의 드론을 개발할 수 있다.
- 또한 획득한 데이터를 가공하기 위한 다양한 애플리케이션 프로그램(App. Program)들이 존재하는데 한 예로 3차원 지도 제작을 위해서는 Pix4D와 같은 3차원 지도제작 애플리케이션을 사용하거나, 지도상의 좌표를 따라 드론이 비행하게 하기 위해서는 GCS(Ground Control System) 프로그램을 사용하게 된다.
- 그밖에도 사물인터넷(IoT)과 5G와 같은 이동통신망을 기반으로 비행중인 모든 드론의 정보가 클라우드 시스템(Cloud System)으로 실시간 통합되어 공유되는 연구가 진행되고 있으며, 기상 및 지형 정보까지 연계한 빅데이터(Big Data)를 통해 안전한 비행경로를 분석하여 충돌을 회피하는 인공지능(AI) 기반의 첨단 자동 관제 시스템과 같은 인프라 등도 드론 시스템 분야에 포함될 수 있다.

드론 시스템					
HW				SW	
비행체	임무장비	통신장비	지상통제소	FW (OS)	Application
- 기체 - 비행제어기 - 항법장비 - 전원장치 - 센서	- 영상 카메라 - 적외선카메라 - 열화상카메라 - 3D 영상획득 장비 - 환경 측정 장비	- 추적안테나 - 광대역 송수신장치 - 자동 이,착륙 유도장비	- 제어용 컴퓨터 - 수동조종 장비 - 영상 장비 - 통신 장비	- 비행제어 - 센서처리 - 통신 - 충돌회피 - 자동 이착륙	- 3D 지도 제작 - 조종 시뮬레이션 SW - 게임 - 자율비행 (GCS 등) - 지상통제소 운영 SW

+

IoT, Big data, Artificial Intelligence, Cloud, Control center

그림 2.27 드론 시스템 구분

2. 드론 펌웨어 (Drone Firmware)

컴퓨터의 OS(Operating System)가 윈도우즈(Windows), 스마트폰의 OS가 안드로이드(Android)라면 드론의 OS가 바로 드론 펌웨어(Firmware)이다. 드론 펌웨어는 기본적으로 FC에 설치되어 판매된다. 따라서 기본값으로 설정되어 있는 펌웨어 세팅을 내가 사용하는 드론에 맞게 세팅을 바꾸어 주는 것이다.

대부분의 드론 펌웨어는 오픈소스 형태로 제공이 되는데, 중,소형급 드론의 대다수가 오픈소스 형태의 펌웨어를 사용하고 있다. 따라서 주기적으로 제공되는 펌웨어 업데이트를 통해 비행 안정성을 높이고 새 기능을 추가하기도 한다. 일반적으로 사용되고 있는 드론 펌웨어는 멀티위(Multiwii), 오픈파일럿(OpenPilot), 아두파일럿(ArduPilot) 등이다.

1) 멀티위(MultiWii)

- 멀티위는 닌텐도의 가정용 게임기 위(Wii)에서 사용되는 WMP라는 모션 센서(Motion sensor)와 아두이노 보드(Arduino Board)를 결합하는 프로젝트에 의해 탄생되었다. 즉, 위(Wii)게임기의 조종기에 있는 모션 센서에서 사용하는 자이로, 가속도 센서와 아두이노 보드를 사용해 만든 드론에 멀티위 오픈소스(multiiWii Open Source)를 탑재하여 드론

소형FC의 시대가 열리게 된 것이다. 멀티위는 별도로 멀티위컨피그(MultiWiiConfig)[71]라는 프로그램을 제공하여 시리얼 통신으로 드론의 설정값들을 변경할 수 있는 환경을 제공한다. 또한 멀티위컨피그는 프로세싱(Processing)언어로 만들어져 있어 드론의 복잡한 설정값들을 시각적인 그래픽으로 표현할 수가 있다. 멀티위는 2011년부터 본격적으로 개발되어 계속 업그레이드 되고 있다.

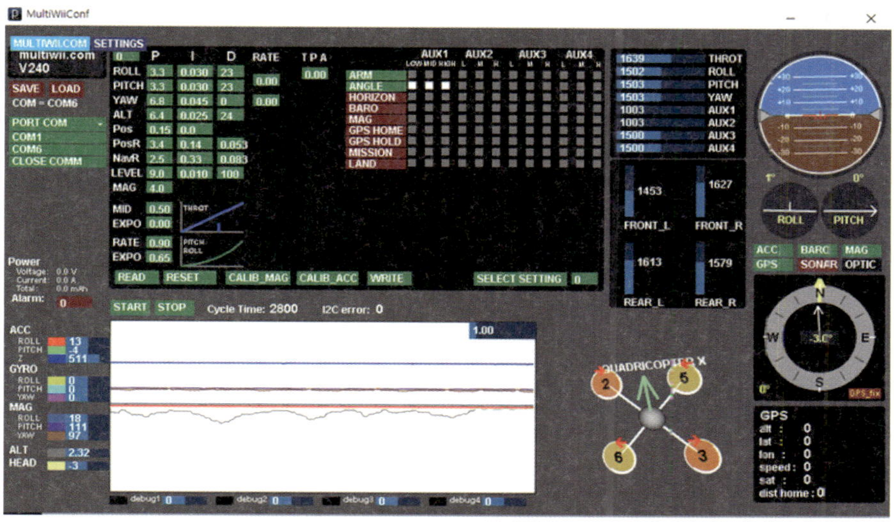

그림 2.28 멀티위컨피그(MultiwiiConfig) 세팅 화면

- 베이스플라이트(BaseFlight) : 초기의 멀티위는 8비트(bit)로 동작하는 아두이노(Arduino)에서 동작을 하였다. 점차 드론에 다양한 센서들이 연결되면서 드론 펌웨어가 복잡해짐에 따라 처리속도의 한계에 부딪치게 되었다. 그 결과로 보다 빠른 처리속도를 갖는 32비트 STM32 칩에 멀티위 프로그램을 탑재한 베이스플라이트(BaseFlight)라는 드론 통합개발환경(IDE)[72]이 나타나게 되었다.

  즉, 베이스 플라이트(BaseFlight)는 닌텐도의 가정용 게임기인 Wii의 움직임을 감지하는 센서와 아두이노를 혼합하여 개발한 Multi Wii 를 기반으로 STM 32칩을 사용하는 FC를 위해 탄생된 소프트웨어이다.

---

71) 멀티위컨피그(MultiWiiConfig)는 멀티콥터의 세팅 및 상태제어 기능을 제공하는 GUI(Graphical user interface, 그래픽 사용자 인터페이스)기반의 프로그램이다.

72) **통합 개발 환경**(Integrated Development Environment, IDE)은 코딩, 디버그, 컴파일, 배포 등 프로그램 개발에 관련된 모든 작업을 하나의 프로그램 안에서 처리하는 환경을 제공하는 소프트웨어이다

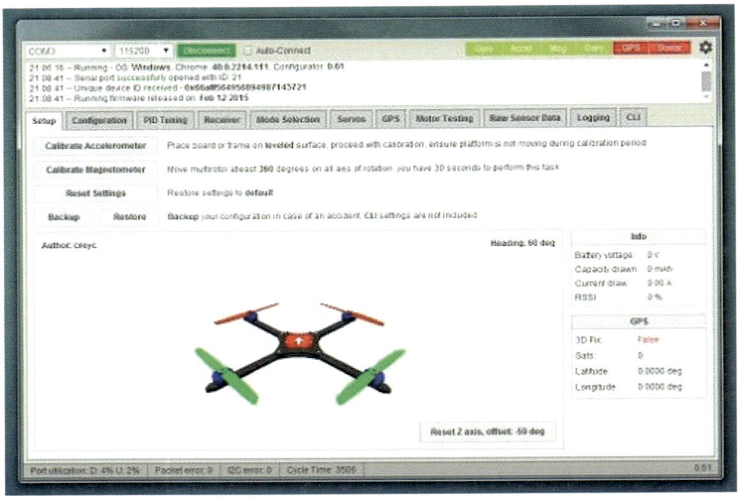

그림 2.29 베이스플라이트(BaseFlight) 세팅 화면

- 클린플라이트(CleanFlight) : 베이스플라이트의 탄생으로 자작 드론에 대한 관심이 높아졌으나 베이스플라이트 환경은 Naze32 보드에서만 동작하는 한계가 있었으며 멀티위 소스코드(MultiiWii Source code)를 수정하는 데 많은 어려움이 있었다. 이 문제를 해결하는 방안으로 소스코드를 계속 발전할 수 있게 깔끔하게 정리한 클린플라이트(CleanFlight)가 탄생하였는데 클린플라이트는 다른 여러 업체에서 제작한 보드에서도 잘 동작이 되는 장점이 있고 레이싱드론에 많이 사용되었다.

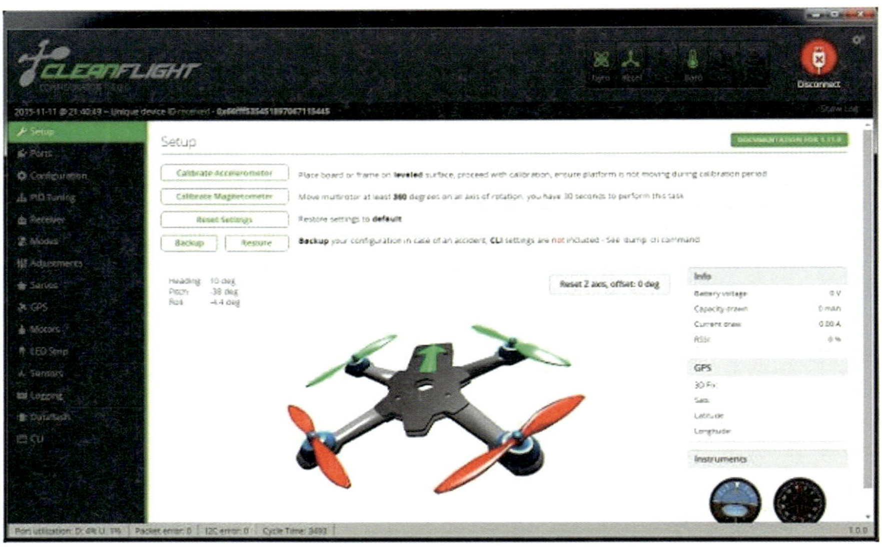

그림 2.30 클린플라이트(CleanFlight) 세팅 화면

- 베타플라이트(BetaFlight) : 클린플라이트 환경에서 자이로 센서 정보를 동기화(Gyro-sync)해 주도록 펌웨어를 수정하여 이것을 베타플라이트(BetaFlight)라고 명명하였다. 베타플라이트는 레이싱 드론의 펌웨어로 가장 많이 사용되고 있다.

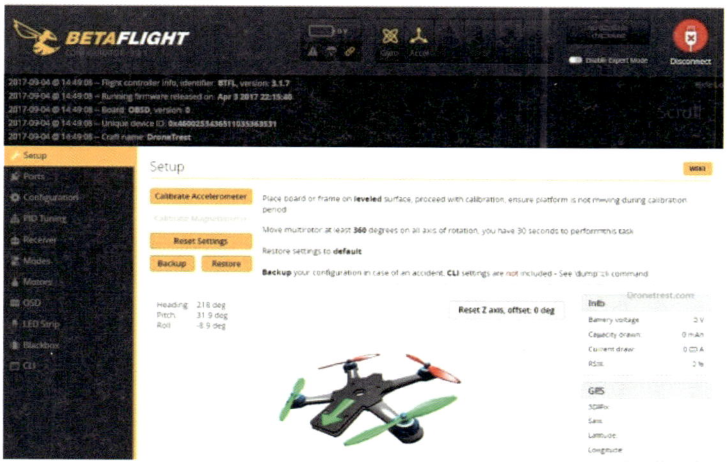

그림 2.31 베타플라이트(BetaFlight)의 세팅 화면

- 아이나브(iNav) : 클린플라이트에는 GPS를 이용하여 자율 비행을 할 수 있는 기본 기능도 제공하고 있었는데, 클린플라이트의 GPS 기능과 RTH(Return To Home), 웨이포인트(Way Point) 기능을 중점적으로 개선한 iNav라는 펌웨어로 개선하였다. iNav는 주로 자율비행을 하고자 하는 고정익 드론의 펌웨어로 사용되고 있다.

그림 2.32 아이나브(iNav)의 세팅 화면

• **레이스플라이트(RaceFlight)** : 베타플라이트의 장점인 자이로센서 동기화(Gyro-sync) 기술만으로는 레이싱 드론의 성능을 극대화 할 수 없음을 인식한 개발자들은 STM32 칩[73]에 변속기(ESC) 기능까지 포함된 새로운 비행제어기(FC)를 개발하여 이를 레이스플라이트(RaceFlight)라고 명명하였다. 레이스플라이트를 사용하기 위해서는 전용 비행제어기(FC)를 구입해야 하기 때문에 이때부터 펌웨어가 사실상의 유료(有料) 프로그램으로 전환이 되는 결과를 가져오게 되었다.

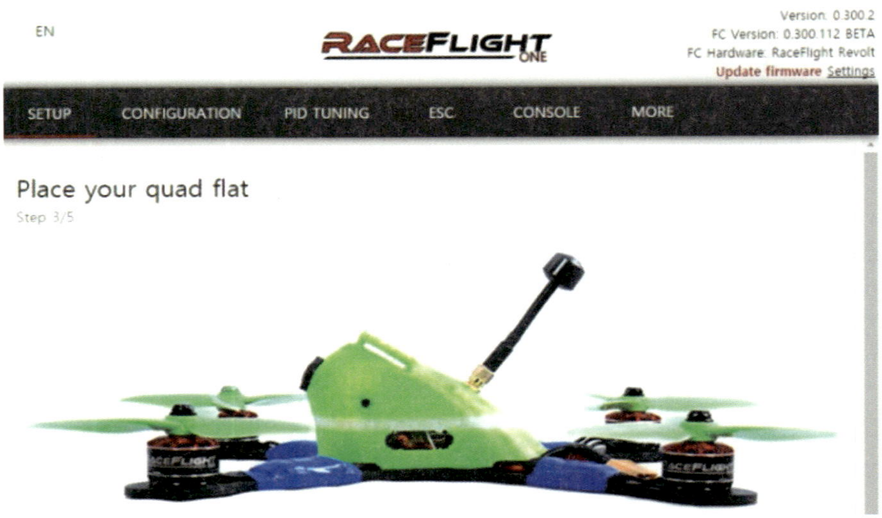

그림 2.33 레이스플라이트(RaceFlight) 홈페이지 화면

• **키스(KiSS)** : 레이스플라이트의 뒤를 이어 전용 비행제어기와 자유로운 비행 스타일을 지원하는 키스(KiSS)가 등장을 하게 된다. 키스는 독일에서 개발된 플라이트 콘트롤러(FC)로 내구성이 우수하며, 조종사의 드론 설정값을 그대로 복사해 사용할 수 있는 기능이 있어서 프리스타일(Free style) 드론 조종사들에게 인기가 많다. 키스(KiSS)도 오픈 소스로 공개된 펌웨어가 아니라서 해당 버전에서 제공하는 기능들만 세팅이 가능하고 버전업(version up) 또한 업체 내에서 이루어진다.

---

73) STM32는 ST마이크로일렉트로닉스(STMicroelectronics)의 32 비트 마이크로컨트롤러 유닛(MCU) 제품군으로 STM32 Nucleo F303KB 모델은 총32개 핀 중 14개의 I/O핀, 8개의 아날로그 핀, 전원 출력 및 GND ,6개의 PWM 핀, 1개의 서보 전원 입력 ,5개의 I2C 확장 핀, AREF 출력, 3.3V 출력을 지원한다

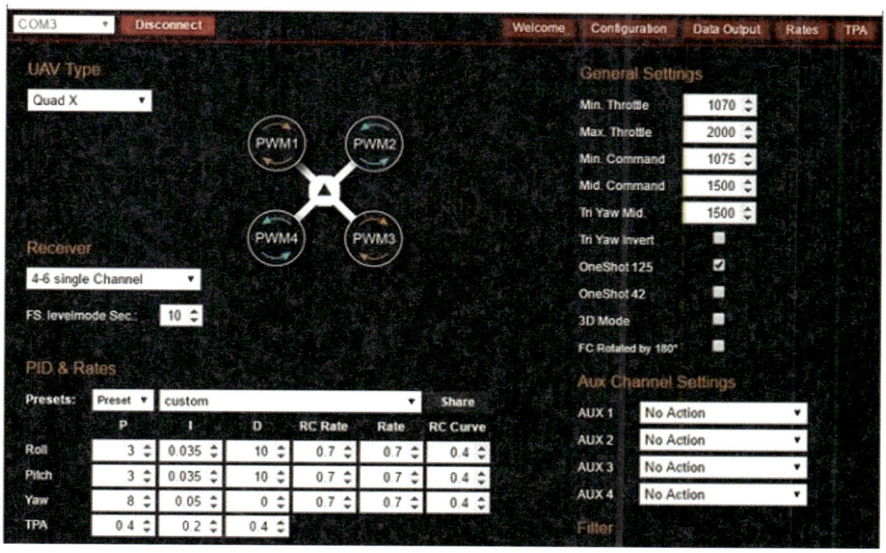

	P	I	D	RC Rate	Rate	RC Curve
Roll	3	0.035	10	0.7	0.7	0.4
Pitch	3	0.035	10	0.7	0.7	0.4
Yaw	8	0.05	0	0.7	0.7	0.4
TPA	0.4	0.2	0.4			

그림 2.34 키스(KiSS)의 세팅화면

2) 오픈파일럿(OpenPilot)

- 오픈파일럿사는 2009년에 GCS(Ground Control Station, 지상조종스테이션)과 드론 펌웨어 두 가지 소프트웨어로 구분하여 개발하였는데 이를 오픈파일럿이라 한다.
- 오픈파일럿은 32비트 STM32 보드를 사용하였으며 자이로 싱크기술을 처음부터 제공할 정도로 뛰어난 성능을 가지고 있었다.
- 오픈파일럿을 사용하는 대표적인 비행제어보드가 CC3D보드[74]이다. 오픈 파일럿의 CC3D 보드는 작은 부피(36mm×36mm), 낮은 가격 그리고 성능 면(3축 자이로, 3축 가속도계)에서 FPV Racing에 적합한 비행제어기(FC)이다.

74) CC3D는 OpenPilot의 Copter Control 3D의 약칭으로 아크로바틱비행(Acrobat.c flight) 또는 GPS기반의 자동비행에 맞추어서 좀더 보완되어 튜닝된 보드이다.

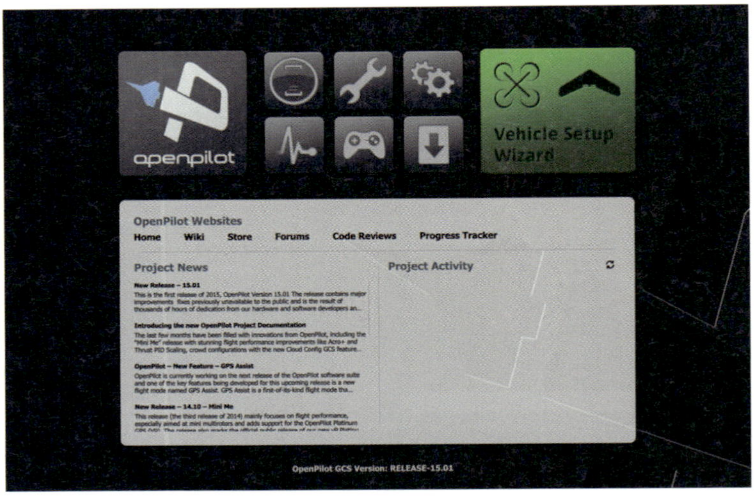

그림 2.35 오픈파일럿(OpenPilot) 홈페이지 화면

3) 리브레파일럿(LibrePilot)

- 오픈파일럿 CC3D의 GCS가 관련 하드웨어인 오픈파일럿류의 CC3D에 대해 더이상 지원하지 않은 이후에 오픈파일럿보다 더 다양한 확장성을 갖고 있으며, 기존 오픈파일럿 GCS의 버그를 대폭적으로 수정보완한 리브레파일럿이 개발되었다. 리브레파일럿은 로보틱스(Robotics)와 같은 다양한 하드웨어를 포함할 수 있도록 발전된 펌웨어이다.
- 리브레파일렛은 오픈파일럿의 GCS 기능에 숙달된 인원은 사용에 어려움이 없다는 평가이다.
- 리브레파일럿이 개발된 이후 오픈파일럿은 2015년까지 사용되고 사라졌다.

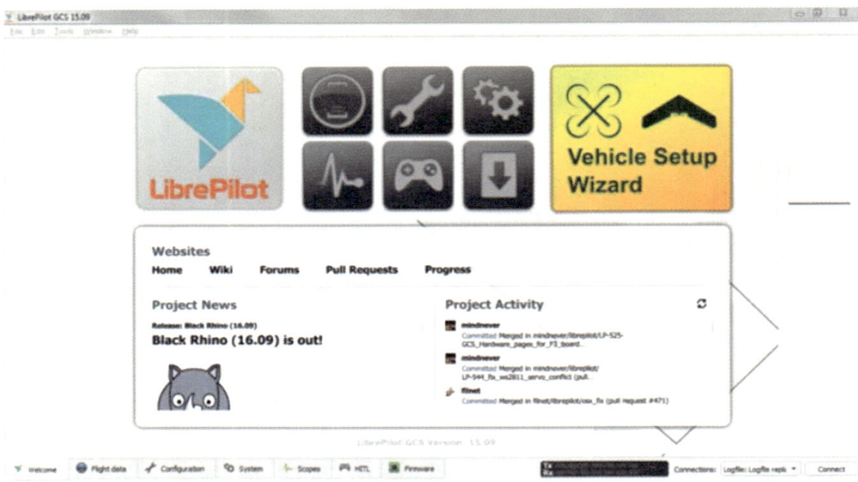

그림 2.36 리브레파일럿(LibrePilot) 홈페이지 화면

4) 타우랩스(Taulabs)

오픈파일럿을 기반으로 하여 취미용의 범위를 벗어나 연구용으로 발전한 펌웨어이다.

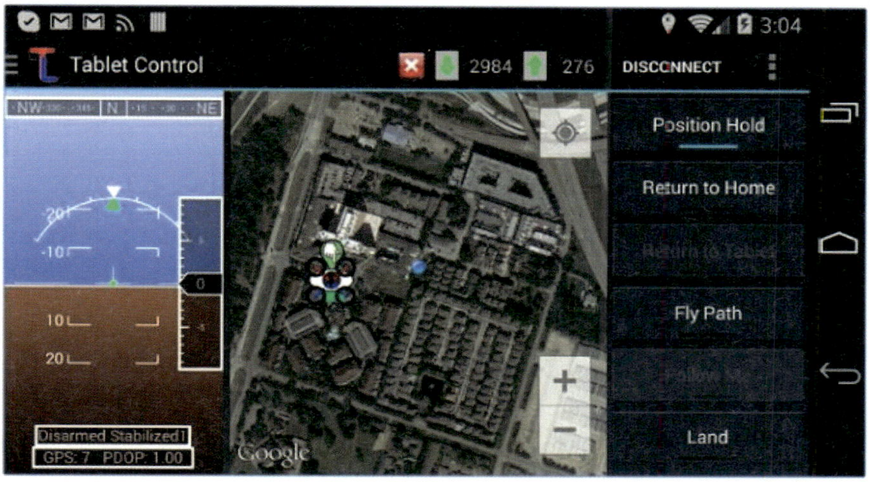

그림 2.37 타우랩스(Taulabs) 세팅화면

5) 디로닌(dRonin)

KiSS와 같이 자유로운 비행 스타일을 지원하고 PID 자동 설정이 가능한 펌웨어이다.

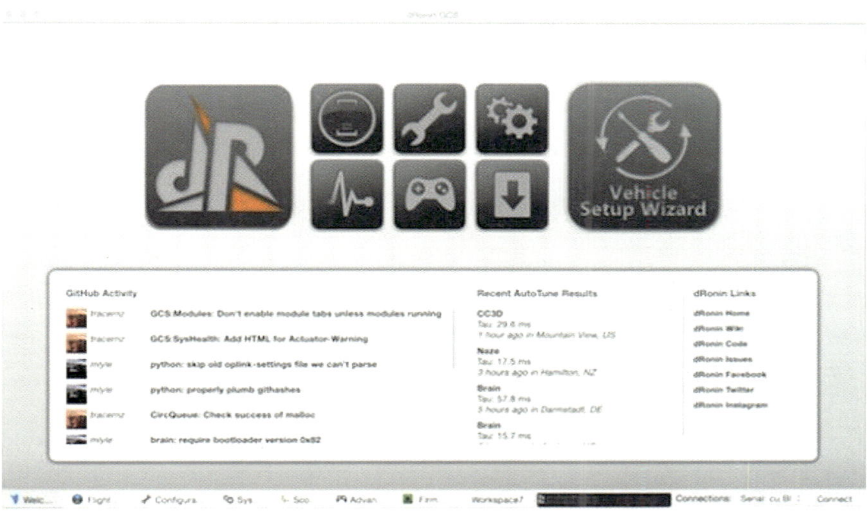

그림 2.38 디로닌(dRonin) 홈페이지 화면

6) 아두파일럿(ArduPilot)

- 아두파일럿은 아두이노(Arduino) 기반의 드론 펌웨어이다. 드론을 제어하는 부분과 하드웨어 부분을 구분하여 특정 하드웨어에 종속되는 문제를 해결하였다.
- 아두파일럿(ArduPilot)은 원래 RC관련 아마추어 애호가나 특정 연구단체에 의해 모형 항공기나 RC카 그리고 해양잠수함등을 제어하기 위해 개발되었으며 차츰 업계에서 사용하는 완전한 기능의 신뢰할 수 있는 자동 조종 장치로 지속 발전 중이다.
- 3DR사에서 전용 비행제어보드인 32비트 Pixhawk를 제공하고 ATMEL사에서 APM 보드를 출시하면서 많은 사용자들이 아두파일럿을 이용하기 시작하였다.
- 또한 아두파일럿을 기반으로 드론코드(Dronecord)라는 드론 오픈소스 프로젝트가 진행되고 있는데, 많은 연구 개발자들이 이 프로젝트에 참여하고 있다.

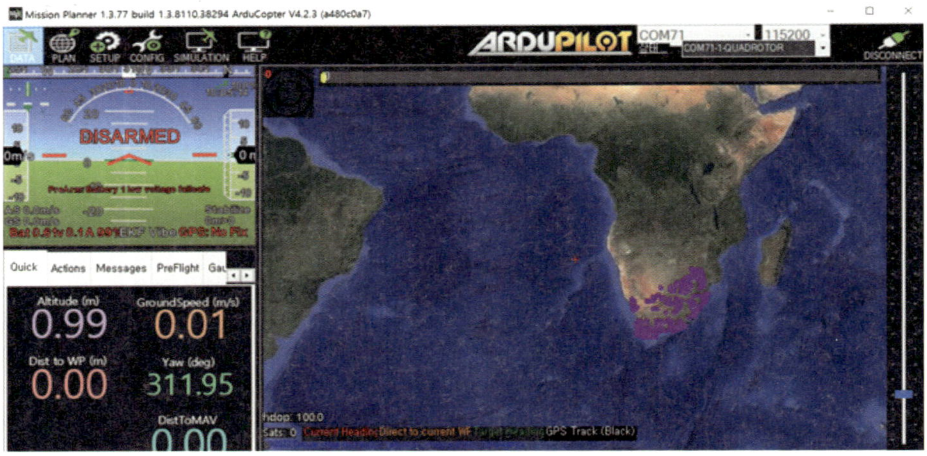

그림 2.39 아두파일럿(ArduPilot) 세팅화면

3 펌웨어 (Firmware) 업로드하기

(예 : Mission Planner로 쿼드콥터)

1) 최신 펌웨어(Firmware)의 필요성

- Pixhawk를 구입하여 드론을 조립한 후 세팅을 하고 비행을 하기 위해서는 Pixhawk FC를 구동시킬 수 있는 펌웨어를 설치하고 이를 이용하여 드론 기체에 맞는 세팅을 실시하여야 한다. 최초 구입한 Pixhawk에는 랜덤으로 펌웨어가 올라가 있어서 기체에 맞는 펌웨어를 올려서 세팅을 해야 안전한 드론비행을 할 수 있다.

2) 펌웨어(Firmware) 업로드시 주의사항

① 인터넷에 연결되어 있어야 한다.

② USB 데이터 케이블을 통해 연결한다.

③ USB 데이터 케이블로 연결시 통신 속도는 '115200'을 사용한다.

④ 사용하려는 기체의 유형과 완전히 다른 펌웨어를 먼저 올려야 EPROM이 초기화 된다.

⑤ 최신 펌웨어보다는 비행하고자하는 기체에 맞는 'Stable(안정화)'버전을 이용한다.

⑥ 'BUZZER'와 'Safety switch'를 연결한 상태에서 진행한다.

⑦ 'Music Tune'를 기억해둔다.

3) 펌웨어(Firmware) 업로드 절차

① 현재 Pixhawk의 펌웨어 유형과 버전을 확인한다.

② SETUP 메뉴에서 'Install Firmware' 탭을 클릭한 후 DISCONNECT

③ 활용하고자 하는 기체 유형의 아이콘을 선택한다.(예 : X 쿼드콥터)

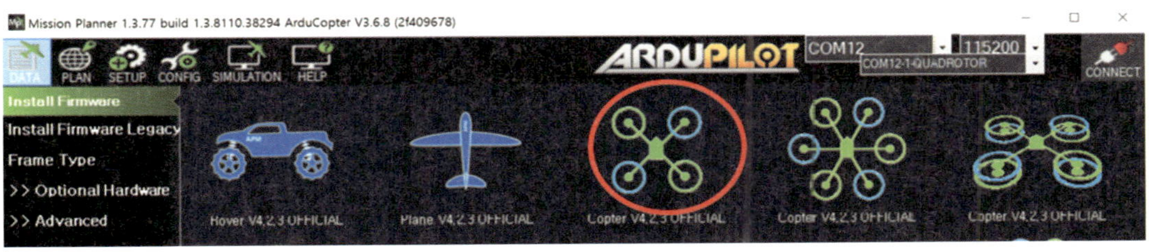

④ 업로드하고자 하는 Platform과 Firmware를 선택하고 Upload Firmware를 클릭한다.

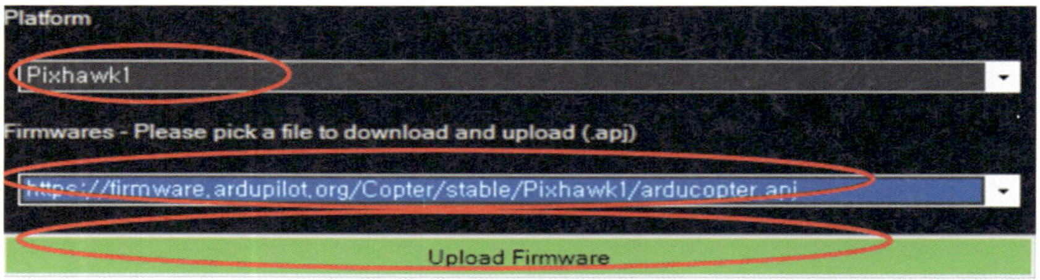

⑤ 보드에서 플러그를 빼고 OK를 누른 뒤 다시 플러그를 끼운다. "미션 플래너가 30초간 보드를 찾을 것이다"라는 메시지가 뜨면 'OK" 버튼을 클릭한 후 Uplord Done 메시지를 확인한다.

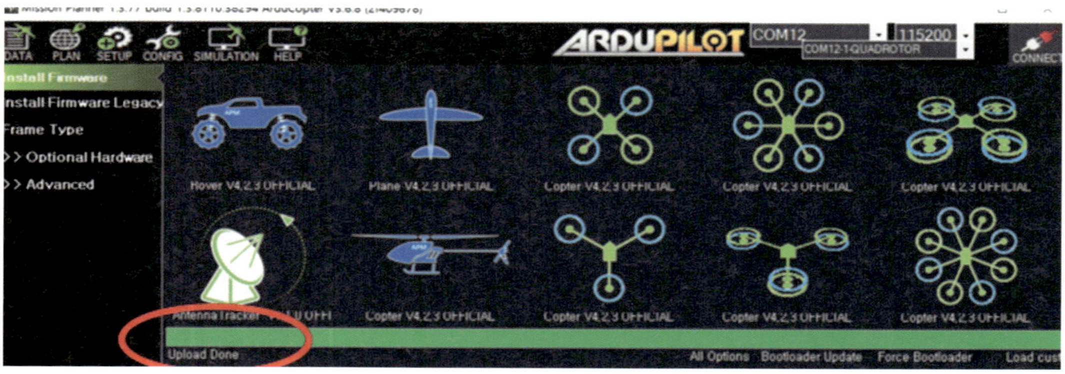

4) 펌웨어(Firmware) 업로드가 정상적으로 완료되어 있는지 확인하는 절차

① Safety switch를 누른 상태에서 USB 포트 연결한다.

② 연결 후 정상 부팅 음이 아닌 펌웨어 발견 뮤직 톤이 울리는 것을 확인한다.

③ 새롭게 부팅했을 때 변경된 펌웨어 버전과 COM 번호를 확인한다. 기존과 동일하여 변경이 안되어 있다면 다시 동일한 순서로 반복하여 펌웨어를 업로드하여야 한다.

4 드론 애플리케이션 (Drone Application)

1) 컴퓨터 조종 시뮬레이션(Simulation) 프로그램

조종 시뮬레이션 프로그램은 실제 드론 조종에 앞서 컴퓨터를 이용하여 모의로 조종 연습을 하는 프로그램을 의미한다. 현재 널리 사용되고 있는 프로그램으로 PC 환경에서는 리얼플라이트(RealFlight), 프리라이더(FreeRider), DJI 비행 시뮬레이터(Flight Simulator) 등이 있고 핸드폰과 같은 모바일 환경에서도 다양한 종류의 앱을 이용하여 실물 드론을 이용한 비행 이전에 드론 시뮬레이션 조종연습을 할 수 있다.

• 리얼플라이트(RealFlight)

리얼플라이트는 의심의 여지없이 가장 우수하고 현실감 있는 비행 시뮬레이션 프로그램이다. 100여 종의 다양한 비행기 모델에 대한 조종 시뮬레이션을 현실세계와 유사한 환경에서 실행할 수 있으며, 비행기/비행장 편집기를 사용하여 나만의 비행기와 비행장을 만들어 사용할 수가 있다.

또한 게임 환경에서는 도전 게임을 통해 단계적으로 조종 실력을 향상 시키거나, 인터넷을 통해 세계 누구와도 조종 실력을 겨룰 수 있는 멀티플레이어 게임 환경도 제공한다.

그림 2.42 리얼플라이트(RealFlight)

• 프리라이더(Freerider)

레이싱 드론 조종 연습용 시뮬레이션 프로그램인 프리라이더는 FPV Freerider Recharged와 일반 FPV Freerider 두 가지 버전으로 제공된다. 최신 버전인 FPV Freerider Recharged가 보다 현실감 있는 레이싱 환경을 제공한다. 무료인 데모 버전(Demo version)도 제공이 되는데 이용할 수 있는 레이싱(Racing) 경기장이 제한된다.

그림 2.43 프리라이더(Freerider)

• DJI 비행 시뮬레이터(DJI Flight Simulator)

DJI사가 개발하여 시판중인 팬텀 시리즈, 인스파이어 시리즈, 매빅 시리즈, 매트릭스 200 등 다양한 종류의 드론에 대하여 실제 비행 이전에 유사한 비행환경에서 기초 비행훈련부터 자유비행, 응용훈련 등의 단계로 연습할 수 있도록 개발된 프로그램이다.

드론 비행 중 발생하는 화면 끊김이나 일시적인 데이터 전송 오류에 의한 화면 노이즈도 재현해 주고, 바람에 의한 영향, 지면효과, 물체와의 충동시의 현상 등 실제와 유사한 조종 시뮬레이션 환경을 제공해 준다.

또한 배터리가 정해진 수준까지 소모되면 리턴홈 되거나 자동 착륙하는 등과 같이 DJI Go 앱을 이용하여 조종할 때 발생하는 다양한 환경과 동일하게 시뮬레이션 환경을 제공해 준다.

그림 2.44 DJI 비행 시뮬레이터(DJI Flight Simulator)

2) 영상편집 프로그램

최근에 드론 조종을 배우는 계기가 되는 것중의 하나가 지상이 아닌 하늘의 3차원 공간에서 드론을 이용하여 사진과 영상을 촬영하여 나만의 앨범을 만들고 싶은 욕구라고 생각한다. 촬영한 영상을 필요한 부분만 컷편집하고 자막과 음악을 넣어서 하나의 영상작품을 완성하기 위해서는 영상편집을 위한 프로그램 도구(Tool)이 필요하다. 최근에는 PC환경에서 편집하는 도구와 핸드폰과 같은 모바일 환경에서 앱을 이용하여 즉석해서 간단히 편집하여 유튜브 등에 로딩하는 등 이를 구현하는 속도도 빨라지고 있다. 일정금액의 이용료를 지불하는 전문적인 영상편집을 위한 프로그램 도구부터 무료로 이용할 수 있는 프로그램 도구 등 다양하다. 대표적인 영상편집 프로그램 도구(Tool)로는 PC환경에서 편집하는 베가스 프로(Vegas Pro), 어도비 프리미어 프로(Adobe Premiere Pro), 파이널 컷 프로 엑스(Final Cut Pro X), 윈도우 무비 메이커(Window Movie Maker), 미니툴 무비메이커(MiniTool Movie Maker) 등이 있고 스마트폰을 사용해서 간단히 편집할 수 있는 블로(VLLO), 키네마스터(KineMaster), 비타(VITA) 등이 있다.

• 베가스 프로(Vegas Pro)

베가스 프로는 소니사에서 만든 동영상 편집 소프트웨어로써 2016년 이후에는 소니로부터 경영권을 인수한 독일의 매직스 소프트웨어사(MAGIX)가 출시하고 있는 영상편집 소프트웨어 패키지이다. 최초에는 오디오 편집기로 개발되었으나 버전 2.0부터는 영상과 소리를 위한 비선형 편집 시스템으로 개발되었다.

단축키 몇 개만을 사용해서 동영상 편집이 가능할 만큼 직관적인 사용자 인터페이스를 갖추고 있다. 다양한 비디오 효과와 전환효과 등을 기본적으로 제공하며, 색보정 등의 영상 수정작업 또한 전문적으로 진행할 수 있는 영상편집 프로그램이다.

베가스 프로(Vegas Pro)는 어도비 프리미어 프로(Adobe Premiere Pro)와 함께 영상 편집을 하는 사람들 사이에서 가장 많이 사용하는 프로그램으로서 프리미어 프로(Premiere Pro) 에 비해서는 용량도 작고 요구성능도 높지 않아서 일반 사용자가 사용하기에 편하다. 막 편집 기능이 매우 강력하고 오버랩과 같은 트랜지션 효과를 줄 때 렌더링 없이 실시간으로 변환되는 것은 베가스 프로(Vegas Pro) 의 뛰어난 장점이다. 유료로 판매되는 프로그램이다.

Windows OS 전용 프로그램이며 윈도우즈 7 버전 이상에서만 운영된다. 베가스 프로 16 버전부터 정식 한글패치를 제공되지만 입력문제는 해결되지 않았다는 평가이다.

그림 2.45 베가스 프로(Vegas Pro)

• 어도비 프리미어 프로(Adobe Premiere Pro)

프리미어 프로는 어도비사에서 만든 동영상 편집프로그램으로서 실시간, 타임라인 기반의 영상 편집 응용 소프트웨어이다. 다양한 비디오 효과 등을 통한 전문 영상 제작이 가능하고 윈도우(64비트 이상) 및 맥 OS 환경에서 모두 실행 가능하기 때문에 다양한 플랫폼에서 작업이 가능하다. 또한 에프터 이펙트(After Effects)[75]와 같은 어도비 제품들간에 연동이 가능하기 때문에 다양한 영상처리 작업을 처리할 수가 있고 다양한 영상 포맷을 지원하여 별도의 트랜스

75) 에프터 이펙트(After Effects)는 글자 자막이 흔들리는 등 감성적인 시각 효과를 주는 편집 기능이다.

코딩(transcoding, 변환 코딩)을 거치지 않아도 촬영한 장비에 따라 편하게 작업할 수 있는 환경을 제공한다. 메기스 베가스(MAGIX Vegas) 프로그램과 같이 대중들이 가장 많이 알려진 영상편집 프로그램으로 연간 또는 월간으로 유료 판매한다.

그림 2.46 어도비 프리미어 프로(Adobe Premiere Pro)

• 윈도우 무비 메이커(Window Movie Maker)

윈도우 무비 메이커는 마이크로 소프트사가 개발하여 윈도우즈 운영체제(Windows OS)에서 운용되는 동영상 편집 프로그램이다. 베가스 프로나 프리미어 프로가 유료인 반면에 무료로 제공되는 장점이 있다. 누구나 쉽게 사용방법을 익힐 수 있으며 기본적인 특수 효과나 편집 기능 등이 제공된다.

무비 메이커는 거의 모든 PC에서 사용 가능한 무료 비디오 편집 소프트웨어이다. Windows 8 버전까지 공식 Microsoft 사이트에서 다운로드가 가능하였으나 마이크로 소프트사에서는 2017년 말 이후로 무비 메이커에 대한 지원을 중단하고 다운로드 사이트를 폐쇄했다. 대신에 Windows 10에 제공된 사진 앱을 사용하여 동영상을 만들 수 있다. 사진 앱의 최신 버전에는 음악, 텍스트, 동작, 필터 및 3D 효과가 포함된 동영상을 만들고 편집하는 기능도 있다.

윈도우 무비 메이커(Window Movie Maker)를 이용하기 위해서는 현재는 타사의 웹 리소스(web resorce)에서 무비 메이커를 다운로드하여 사용할 수 있다.

그림 2.47　무비 메이커(Movie Maker)

• 파이널 컷 프로 엑스(Final Cut Pro X)

파이널 컷 프로는 애플(Apple)사에서 개발한 영상 편집 프로그램으로 타임 라인(time line)에서 다른 클립에 구애받지 않고 스토리라인(story line)을 기획할 수 있는 전문적인 비선형 영상 편집 소프트웨어이다. 특히, 독립 영화 제작사들 사이에 널리 쓰이며, 파이어와이어(Firewire)[76]가 부착된 미니DV 비디오에서부터 컨슈머 디지털 비디오 카메라, 전문 DV카메라에서 HDV를 포함한 다양한 HD규격의 고선명 데이터에 걸친 촬영 자료를 편집할 수 있다.

다만, 이 소프트웨어는 현재 mac X 버전 10.11.4 이상에서만 사용할 수 있으며, 윈도우에서는 구동이 불가하다. 모션 4, 사운드 트랙 프로, DVD 스튜디오 프로, 컬러 1.5, 콤프레서 3 등의 애플 응용 프로그램과 호환도 가능하여 전문적인 영상 편집이 가능하다.

미국, 영국, 한국에서는 학생들을 대상으로 파이널 컷 프로, 로직, 모션, 컴프레서, 메인스테이지 이렇게 총 5개 앱을 200달러 정도의 가격으로 구매할 수 있다. 그러나 학생이 아닌 사람들은 파이널 컷 프로 하나만 300달러 정도로 비싸다.

76) 파이어와이어(FireWire) 혹은 IEEE 1394, 아이링크(i.Link)는 미국의 애플(Apple Inc.)이 제창한 개인용 컴퓨터 및 디지털 오디오, 디지털 비디오용 시리얼 버스 인터페이스 표준 규격이다. 데이터의 고속 전송과 등시성 실시간 데이터 서비스를 지원한다

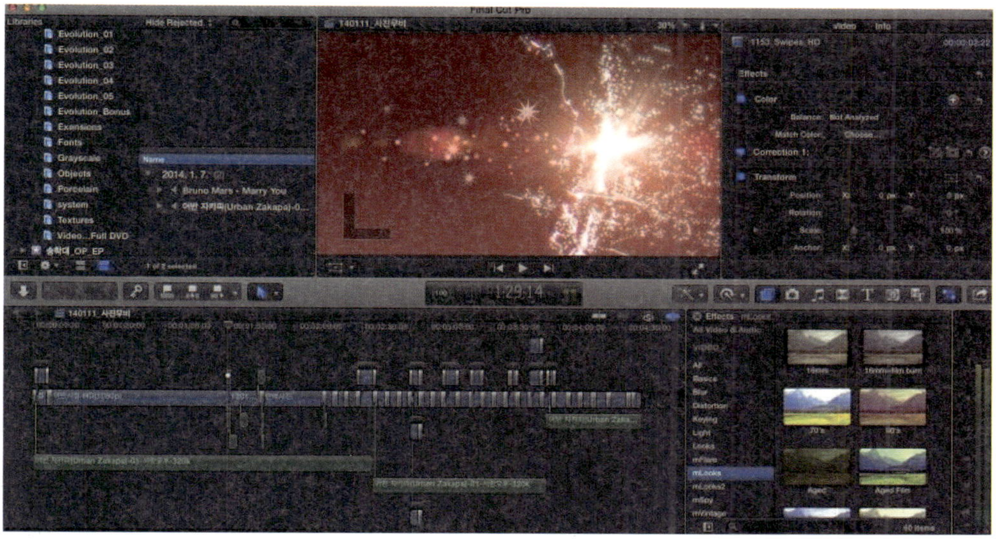

그림 2.48 파이널 컷 프로(Final Cut Pro)

• 블로(VLLO)

블로(VLLO)는 핸드폰으로 촬영한 사진이나 영상을 직접 편집할 수 있는 다양한 편집 어플의 한 종류이다. 안드로이드 폰과 아이폰 모두 앱을 다운받아서 편집할 수 있고 무료로 사용이 가능하지만 다양한 편집기능을 사용시 일정 금액의 이용료를 지불해야 한다. 워터마크없이 편집이 가능하고 편집시 데이터를 사용하지 않고 저작권없이 사용이 가능한 무료배경음악을 지원하는 등 핸드폰으로 짧은 시간에 사진이나 영상을 편집할 수 있다. 블로(VLLO)와 유사하게 핸드폰으로 직접 편집이 가능한 앱으로는 키네마스터(KineMaster), 비타(VITA) 등이 있다.

• Pix4D

Pix4D는 스위스의 École Polytechnique Fédérale de Lausanne 컴퓨터 비전 연구소의 분사로 2011년에 시작한 스위스 회사에서 촬영한 2차원 이미지를 이용하여 고정밀 지리참조 지도 또는 3D 모델을 생성하는데 사용되는 프로그램이다.

Pix4D를 이용하면 토지대장 지적도를 검증하거나 건설 현장에서 공사관리, 도로 선형분석, 농작물 분석, 산림환경 모니터링 등의 작업을 처리할 수 있다. 드론으로 촬영한 영상을 적절하게 모자이크 처리를 할 수 있으며 날씨가 흐린 하늘에서도 정확하게 매핑을 할 수 있는 솔루션을 제공한다. 상업용으로 연단위 프로그램 이용료가 비싸다.

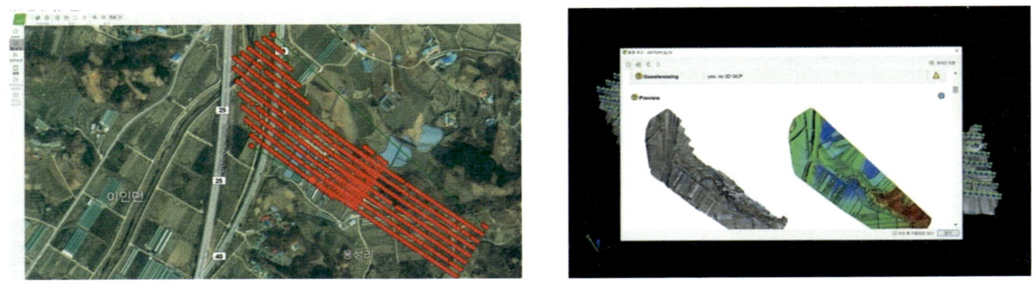

그림 2.49 드론으로 항공촬영후 Pix4D를 이용한 프로세싱

5 드론 임베디드 소프트웨어 (Drone Embedded SW)

1) 임베디드란

- 임베디드 시스템(Embedded system)은 제어를 위한 특정 기능을 수행하는 컴퓨터 시스템으로 장치 내에 존재하는 전자 시스템이다. 특정 목적을 수행하는 컴퓨터 시스템이 전자 하드웨어와 기계 부분을 포함하는 전체 장치의 일부로 내장되었다는 의미에서 내장형 시스템이라 한다.
- 임베디드 SW는 미리 정해진 목적을 위해 물리적 입력 및 가공된 데이터를 이용하여 적절한 반응을 제공하도록 설계된 SW로 일반적인 컴퓨터가 아닌 다양한 기기에 내장되어 제품을 구동하고 서비스 기능을 제공하며 기기와 사용자를 연결하는 소프트웨어이다.
- 제품 및 서비스의 첨단화가 진행되면서 소프트웨어와 산업 간 융·복합화가 확대되고 전기가전, 자동차, 교통, 국방, 조선, 의료, 항공 등의 산업에서 임베디드SW를 적용하는 분야가

증가하고 있다. 임베디드 SW는 간단히 한 개의 마이컴만 사용한 것부터 여러 주변장치와 네트워크를 갖춘 규모가 큰 것까지 복잡하고 다양하다.

- 임베디드에 포함된 운영 체제(OS, Operating System)는 RTOS, 윈도우 CE 또는 리눅스(Linux)와 같은 것으로 이 운영체제 위에 특수한 기능만을 수행하도록 응용 프로그램이 연동되어 동작한다.

2) 드론 임베디드 SW 특성

- 첫째, 임베디드 시스템은 고(高) 신뢰성이 있어야 한다. 소프프웨어(SW)면에서는 어떠한 문제가 발생하더라도 이를 극복하고 정상적인 비행을 할 수 있는 알고리즘이 탑재되어야 한다. 이를 위해서 소프트웨어의 최적화된 시스템이 구축되어야 하고 다양한 상황에서도 이를 이중, 삼중으로 극복할 수 있는 방안들이 강구되고 이를 조치할 수는 장치들이 탑재되어 있어야 한다. 하드웨어면에서는 신뢰성있는 센서와 프로세서 등을 결합하여 드론이 안정적으로 비행할 수 있도록 제작하여야 한다.
- 둘째, 모든 정보와 데이터를 실시간(Real Time)으로 처리하고 조치해야 한다는 것이다. 드론 기체가 기울었는데 이를 바로 잡지 않으면 균형을 잃고 추락할 것이며, 전방에 나타난 장애물을 회피하지 않으면 충돌하여 추락할 것이다. 이러한 위험한 상황을 실시간으로 인지하여 바로 잡아야 한다. 이를 위해서는 다양한 센서들로부터 데이터를 끊임없이 수집하고 그 데이터를 판단하여 결과값을 도출하여 그 결과를 가지고 모터를 끊임없이 통제하여 안전하게 비행할 수 있도록 제어해야 한다.
- 셋째, 멀티 프로세싱(Multi Processing)이 되어야 한다. 다양한 센서와 다양한 응용 제어 알고리즘들이 정해진 순서만으로 운용되는 것이 아니다. 다양한 센서들이 주기를 가지고 체크하고 여러 알고리즘이 연계하여 동시에 운용이 되어야 한다.
- 넷째, 주어진 시간안에 탑재되어 있는 하드웨어와 소프트웨어가 최적화되어 운용되어야 한다. 무한하게 시간이 주어지는 것도 아니고 무한하게 하드웨어와 소프트웨어를 탑재할 수 없다는 것이다. 이러한 것들이 최적화되어 운용되는 것이 가장 효율적이다.
- 다섯째, 생존성(Liveness)이 있어야 한다. 드론의 임베디드 SW는 발생하지 않을 이벤트를 기다리면서 무한히 멈춰있거나, 어떠한 이유로 동작이 중지되어서는 안된다. 동작이 멈춰지는 순간 바로 추락으로 이어지기 때문이다.
- 여섯째, 자원 및 환경의 제약(Constraints)을 가진다. 임베디드 SW는 CPU 처리속도, 메모리 크기, 사용자 인터페이스 등에서 설계 단계에서 정해진 제약을 가지며 전력공급, 프로토콜(Protocol)[77]의 불일치, 시장가격 등 외부환경의 제약도 설계 단계에서 고려되어야 한다.

77) **통신 프로토콜** 또는 **통신 규약**은 컴퓨터나 원거리 통신 장비 사이에서 메시지를 주고 받는 양식과 규칙의

3) 드론 지원 지능형 임베디드 소프트웨어(Embedded SW)

① 드론 지원 지능형 임베디드 소프트웨어 플랫폼 구조

- 현재 드론시장은 자율 비행 관련 센서 부품 기술, 인공지능 기술 등의 발전으로 지능형 드론을 위한 별개의 요소 기술들이 진화하고 있으며, 드론에 탑재되는 임베디드 시스템의 특성상 고가의 여러 센서, 부품을 제어하고 연동하기 위한 플랫폼 기술이 중요해지고 있고 실시간성으로 안전성 확보를 위해서는 SW 플랫폼의 역할이 더 증대되고 있다.
- 드론 지원 지능형 임베디드 SW 플랫폼은 드론의 기능 및 성능의 고도화 요구에 따라 다양한 센서용 SW와 지능형 SW 모듈들이 용이하게 탑재가 가능해야 하고, 개별적인 임무를 수행하는 미션 SW들의 안정적인 운용이 가능하도록 지원해 주는 운영체제 기술을 포함하는 플랫폼이어야 한다.
- 드론 임베디드 SW 플랫폼에는 기존의 드론의 기능이 단순한 임무 수행에서 복잡한 다중 임무를 수행하게 됨으로써 멀티 태스크(Multitask), 멀티 스레드(Multithread)[78] 기능이 가능한 임베디드 SW 플랫폼이 필수적으로 탑재될 것들이 요구된다.
- 다양한 형태의 드론 구조와 비행 방식에 따라 드론을 구분할 수 있으나 탑재되는 지능형 임베디드 SW 플랫폼은 공통적으로 사용이 가능하다.

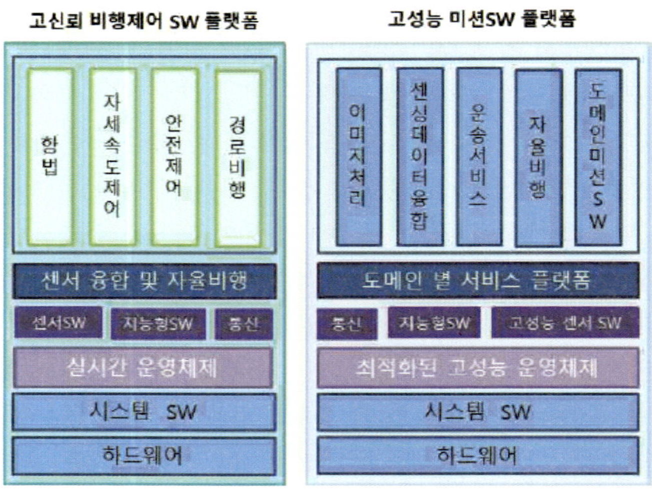

그림 2.50 드론 지원 지능형 임베디드 SW 플랫폼 구조[79]

체계이다.

78) 멀티 스레드(Multithread)는 하나의 프로그램에 동시에 여러 개의 일을 수행할 수 있도록 해주는 것이다. 스레드는 프로세스 내에서 일을 처리하는 세부실행 단위이다.

79) 자료출처 : 중소기업 기술로드맵 2018-2020, 임베디드 SW, 중소벤처기업부, 중소기업기술정보진흥원

② 드론 임베디드 SW 시스템 구성

- 드론 임베디드 시스템은 하드웨어와 소프트웨어가 실시간으로 작동되고 운용되면서 밀접하게 연동되며 드론을 제어하는 종합적인 시스템을 의미한다.
- 드론의 주 프로세서 HW를 구성하고 있는 것은 메모리, 플레시 메모리(Flash memory)[80], I/O[81], 신호처리 장치, 다양한 센서 등이다.
- 드론에 탑재되는 지능형 임베디드 SW 플랫폼은 기존 펌웨어 중심의 단순 비행제어 SW를 확장하여 자율 비행을 SW 플랫폼 수준에서 지원하기 위한 기술들과, 다양한 미션 SW들의 안정적인 운용을 지원하는 SW 플랫폼 기술을 의미한다.
- 드론 지원 지능형 임베디드 SW 플랫폼 기술의 범위는 비행 안정성 고도화를 위한 초정밀 위치 제어기술, 충돌 방지 및 회피 기술, 다중 센서 융합 및 필터링 기술, AI 기반 비행 경로 설정 기술, 산업용 미션 SW 탑재 기술, 미션 SW 개발용 라이브러리(Library)[82] 및 지원도구 기술 등을 포함한다.
- 드론의 SW는 시스템 SW와 응용 SW로 구분한다. 시스템 SW는 RTOS가 운용되어 실시간으로 드론의 다양한 센서, 모터, FC에 탑재되어 있는 프로세서 등을 전반적으로 관리하고, 실시간 Task 스케줄러, 동기화, 메모리를 관리해주는 역할을 한다. 응용 SW는 드론의 비행을 제어하기 위해서 자세제어, 위치제어, 통신제어, 장애물 회피 및 감지 등을 관리해주는 역할을 한다.

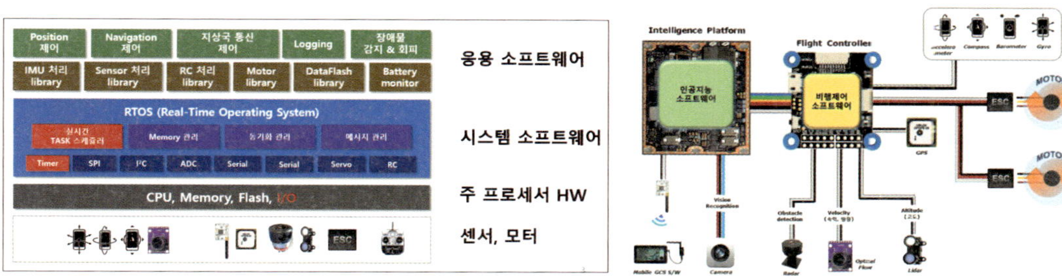

그림 2.51 드론 임베디드 시스템 구성(예)

③ 드론 임베디드 SW 기술 범위

드론 용도에 따른 드론 임베디드 SW 기술범위로 드론이 적용되는 분야 또는 서비스에 따라서 탑재되는 미션장치 및 임베디드 SW가 달라진다.

---

80) 플래시 메모리(Flash memory)는 비행에 관한 다양한 파라메타(매개변수)를 저장하는 메모리이다.
81) I/O는 Input, Output으로 다양한 센서들과 장치들이 정보를 주고 받는 인터페이스를 의미한다
82) 라이브러리(library)는 다른 프로그램들과 링크되기 위하여 존재하는 하나 이상의 기능들이 저장된 파일들의 모음이다.

- 작업용 드론은 산업분야에서 가장 많이 필요로 하는 드론으로 농업분야, 전력분야, 건설 분야 등으로 시장이 확대되고 있다. 이러한 드론에는 거리 및 공간 스캔 기능을 갖는 센서를 융 · 복합화하여 3차원 공간을 정밀 스캐닝하며 높은 거리 분해 능력을 가지는 광학 시스템 설계 기술, 장애물 검출을 위한 고속 영상처리 기술 등의 융합 기술이 집적된 첨단 센서가 필요하다.
- 엔터테인먼트용 드론은 현재 가장 많이 보급된 형태의 드론으로 초소형부터 프리미엄급까지 다양한 취미용 드론이 제품으로 출시되어 판매되고 있으며 드론 축구 등의 스포츠분야에도 확대되고 있다. 이러한 분야의 드론에는 모바일 기기용 복합 모션 감지가 가능한 10축(3축 가속도 · 자이로 · 지자계 + 1축 압력) 초소형 스마트 콤보 센서로 최근 스마트 모바일 기기 인터페이스 구현의 핵심 센서가 필요하다.
- 데이터 획득용 드론은 예찰, 모니터링, 감시 등에 일차적으로 활용되고 있으나, 빅데이터(Big data), 인공지능(AI)과 결합하여 새로운 산업을 창출할 수 있는 분야가 크게 확대될 것이다. 이러한 분야의 드론에는 스마트팩토리(Smart factory) 내의 다양한 센서 및 디바이스 정보 수집, 분석을 통하여 이벤트를 처리하고 가상시스템 설계를 통한 시뮬레이션 환경 구축, 고장 예지 보전, 실시간 모니터링이 가능한 스마트팩토리 구축에 필요한 핵심 센서들과 관련된 기술이 필요하다.
- 개인용 비행체(PAV, Personal Aerial Vehicle)는 수직 이착륙이 가능한 차세대 개인용 운송수단으로 전 세계 드론 선진국들이 교통란을 해결하기 위하여 개발중인 공중 운송수단이다. 멀티콥터 형태, VTOL 형태로 개발하여 실증비행을 하고 있다. 이러한 드론에는 기체 제어, 자율비행, 장애물 탐지 및 회피, 생체정보 인식, 동작센싱, 환자수송시 환자상태 실시간 센싱 등의 다양한 정보를 위성, 5G 통신 등을 통하여 전달하고 분석하여 서비스에 활용한다. 이러한 기능을 위해서는 임베디드 SW기술이 필수적이다.

드론제품분류 관점에서 임베디드 SW에 적용되는 기술은 실행 SW의 실시간성 보장성 보장시간, 지능형 SW 운용을 위한 고성능 컴퓨팅 여부, 다양한 미션 SW탑재 및 운영여부에 따라 달라진다.

- 비행제어 드론 임베디드 SW 플랫폼은 드론의 안전한 비행제어를 위한 고신뢰 임베디드 SW플랫폼 기술들이 세부 기술로 포함되며, 기본적인 센서 데이터 처리, 다중 센서 융합, 오류값 보정을 위한 필터링(Filtering)하는 기술들과 보안(Security) 기능의 기술이 필요하다.
- 충돌방지 드론 임베디드 SW 플랫폼은 드론의 이동 중에 발생할 수 있는 충돌을 방지하면서 자율비행이 가능하도록 지원하는 고안전(高安全) 임베디드 SW 플랫폼 기술과 열악한 환경에서 장애물을 인지하고 회피하는 기술이 핵심적으로 필요하다.

- OS 활용 드론 임베디드 SW 플랫폼은 다양한 드론용 서비스를 위한 미션 SW 개발 및 실행을 보장하는 미션 SW 플랫폼 기술들이 세부 기술로 포함되어야 하며 공통 라이브러리 구축을 통해 SW 재사용성 가능성을 높이고 개발 지원도구를 통허 개발 생산성을 증대하는 기술이 핵심이다.

6 드론과 RTOS (Real Time Operating System)

1) RTOS(Real Time Operating System, 실시간 운영 체제)란

- RTOS는 실시간 응용 프로그램을 위해 개발된 운영 체계로 주어진 작업을 정해진 시간 안에 수행할 수 있는 환경을 제공한다.
- 임베디드 시스템에서 중요시 하는 기능 중에 하나가 실시간(Real Time) 응답성이다. 임베디드 시스템의 대부분이 Real Time이다. 제어 분야에서 특히 이러한 실시간적인 응답과 신뢰성을 보장해 주어야 하는 경우가 많은데, 이러한 요구를 충족시키는 것이 바로 RTOS이다. 이러한 기능은 일반 PC의 OS에서는 볼 수 없는 기능이다.
- RTOS는 운영 체제의 기능 중에서 CPU 시간관리 부분에 초점을 맞추어 설계한 것으로서 프로그래머(Programmer)가 프로세스(Process) 우선순위에 의해서 더 많은 제어를 할 수 있게 한다. 응용 프로그램의 우선 순위가 시스템 프로그램의 우선 순위를 넘어설 수도 있다.
- RTOS의 핵심은 응용 프로그램의 테스크(Task)를 처리에 걸리는 시간을 일관되게 유지하는 것이다.

2) RTOS가 드론 Embedded system에 도입된 이유

- 드론의 시스템은 일반적인 Computer system과는 달리 드론을 제어하기 위한 작업만을 하도록 설계하는 것이 가장 중요하다. 초기의 Embedded system은 비교적 단순해서 OS가 필요 없이 인간이 순차적인 프로그램을 작성해서 수행하도록 했고 중간에 간섭(interrupt)이 발생되는 경우에만 그 순차적인 프로그램에서 잠시 벗어나는 정도였다.
- 그러나 드론의 제어를 위해서는 단순한 정보가 아닌 멀티(Multi) 정보를 처리해야 하기에 시스템이 해야 할 일들도 많아지고 복잡해졌다.
- 따라서 Embedded system에서 OS의 개념이 필요하게 되었으며 Embedded system의 특성

상 실시간(Real Time) 응답성이라는 요소를 반드시 필요하기 때문에 RTOS(Real-time OS)가 드론의 Embedded system에 도입되었다.

3) RTOS의 적용 및 특징

- RTOS는 멀티태스킹(Multitasking)을 지원한다. 즉, 다수의 작업에 우선순위를 두어서 임무의 관계를 쉽게 구현 할 수 있다. 핸드폰의 경우라면 음악파일을 재생시켜 놓고, 메시지를 보내는 등의 다수의 임무(Task)간 우선순위와 동기화, 통신 기법을 이용하여 테스크 관리를 명확히 할 수 있고, 그에 따라 다양한 기능을 쉽게 만들 수 있다.
- RTOS는 테스크 관계를 명확히 하여 예측이 가능하게 하고 가변성(Portable)이 우수하여 다양한 시스템에 적용이 가능하다.
- RTOS는 ROM에 전체 커널을 다 올릴 수 있고, 선점형 커널(Preemptive Kernel)[83)]을 가지고 있다. 간섭(Interrupt)에 대한 처리시간을 최소화하도록 구현한다.
- RTOS는 적은 용량의 커널(Kernel)을 사용하여 소형기기의 경우 메모리 사이즈가 10~50 kb 수준 정도이고 이벤트에 대한 반응(Interrupt latency) 속도가 빠르다.
- RTOS는 요구자가 원하는 다양한 기능을 빠른 시간에 구현하고 수정이 용이하기 때문에 가전제품, 통신기기, 산업, 군사기기 분야에서 임베디드용 RTOS 커널(kernel)이 많이 사용된다.
- OS kernel 벤더들이 kernel만 제공 하는게 아니라, networking 기능, file system 기능, graphic 기능의 middleware를 같이 내놓기 때문에 사용하기가 편리하다.
- IoT 환경에서 생각해보면, 대형마켓에서 제공하는 할인 쿠폰을 개개인 가정의 냉장고 IP 주소에 보내어 냉장고 LCD(Liquid crystal display, 액정디스플레이)에 표시되게 하여 사용자가 집에서도 편리하게 확인하게 하는 방법도 실생활에서 RTOS가 적용되는 예가 될 것이다.

4) Hard Real Time과 Soft Real Time

Real Time에 대한 개념은 장치 제어에 치명적인 영향을 주느냐? 그렇지 않느냐?에 따라서 Hard Real Time과 Soft Real Time으로 구분한다.

- Hard Real Time

경성 실시간 시스템(Hard real-time system)은 작업의 실행 시작이나 완료에 대한 시간 제약

83) 선점형 커널(Preemptive Kernel)은 time silence 동안 간섭이 들어오면 우선순위에 의하여 바로 CPU의 우선권을 갖고 바로 실행되는 커널이다. 이로 인해 실시간성을 보장된다.

조건을 지키지 못하는 경우 시스템에 치명적인 영향을 주는 시스템이다. 드론제어, 무기제어, 철도자동제어 등의 경우를 들수 있다. 보장되는 컴퓨팅, 시간의 정확성과 컴퓨팅에 대한 예측성을 가지게 해주어야 한다. 드론의 경우처럼 모터제어가 2.5ms마다 제어되어야 하는데 갑자기 100ms마다 제어된다면 비행간 기체는 위험한 상황에 처할 수 있는 것이다.

• Soft Real Time

연성 실시간 시스템(Soft real-time system)은 작업실행에 대한 시간 제약이 있지만, 이를 지키지 못하더라도 전체 시스템에 큰 영향을 끼치지 않는 시스템을 말한다. 드론에서 촬영하는 영상 처리를 예로 들어, 초당 일정한 프레임(Frame) 이상의 영상을 재생해야 한다는 제약이 있으나, 통신부 시스템의 다른 작업으로 인하여 프레임(Frame)[84]이 건너 뛰어져도 영상을 재생하고 있던 시스템에는 큰 영향을 끼치지 않으며 이러한 것이 드론 제어와 관련이 없다는 것이다.

• 우선순위(Priority) 배정

실시간 제어에서 중요한 것이 우선순위 배정이다. 드론에서 우선순위 배정은 어떻게 시간을 할당하느냐는 것이다. 시간주기의 할당은 드론비행과 드론이 수행하는 임무 등 여러 기능들 중에서 해당 기능의 중요도에 따라서 우선순위를 지정한다.

예를 들어 조종기에서 기체에 장착된 수신기로 보내지는 R/C 신호는 100ms마다 데이터를 주고, IMU센서는 2.5ms, Lidar와 초음파 신호는 10ms, 텔레메트리 신호는 50ms, 비행기록부는 25ms 주기로 신호를 통한 데이터를 수신하도록 프로그래밍한다. 드론 비행제어에 중요한 모듈일수록 우선순위(Priority)가 높게 지정한다. 태스크가 2.5ms마다 데이터를 수신하도록 되어있다면 순차적으로 끊임없이 이를 수신할 수 있도록 RTOS가 이러한 역할을 해주는 것이다.

5) 실시간 스케줄링(Real time scheduling)

- 비행컨트롤러(FC)의 실시간 스케줄링(Real time scheduling)이란 다양한 테스크가 어떠한 주기로 데이터를 주고받을 지에 대하여 프로그래밍하는 것이다. 드론이 비행하기 위해서는 다양한 센서와 통신 신호들이 연동되어야 하는데 모든 데이터와 신호가 동일한 우선순위로 실행되는 것은 아니다.
- 멀티태스크(Multi task)들이 동시에 실행될 시 우선순위가 높은 테스크가 자주 시행이 되고 그 다음 순위의 태스크는 조금 더 낮은 주기로 실행이 되도록 프로그래밍해야 한다.

84) 프레임(Frame)은 DATA 통신, 컴퓨터 그래픽스(Computer Grapics:CG), TV(Tele Vision) 방송 등에서 전송되는 정보의 일정한 단위이다. 초당 그림이 보이는 수라고도 볼 수 있다.

- 100ms 정도는 낮은 우선순위라 할 수 있다. 2.5ms는 우선순위가 높다 하겠다. 그림 2.24에서 보는 바와 같이 데이터를 축적하는 로깅(logging) 작업과 지상으로 드론의 상태에 대한 정보 데이터를 전송하는 텔레매트리(Telemetry)는 실시간으로 드론을 제어하는 것이 아니기 때문에 낮은 우선순위로 실행이 되도록 하고 실시간 드론 제어와 밀접한 RC 신호, IMU sensing 등은 높은 우선순위로 프로그래밍해 주어야 한다.

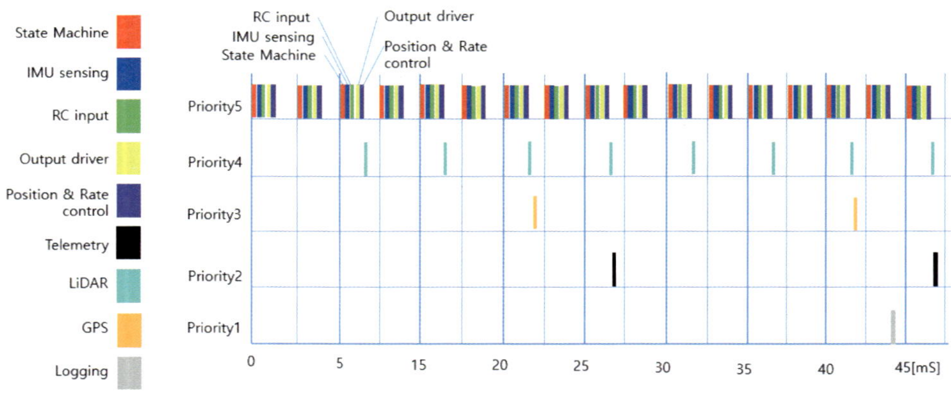

그림 2.52 멀티테스크(Multi task)의 타임 스케줄링(Time scheduling) '예'

7 드론과 메타버스 (Metaverse)

1) 메타버스(Metaverse)

- 메타버스(Metaverse)는 '확장 가상세계', '웹(web) 3.0'으로 불리기도 한다. 메타버스 4차 산업혁명의 시대를 살고 있는 우리에게 빼놓고는 이야기가 되지 않을 정도로 구글, 인텔 등 세계의 빅테크(Big Tech.)기업들이 미래시장을 선점하기 위해서 사활을 걸고 있는 분야 중의 하나이다. 드론산업도 4차 산업의 중요한 분야중의 하나이기에 이미 메타버스의 영역이 적용되어 운용중이거나 앞으로 연구되어 개발되어 적용할 분야가 무궁무진할 것으로 예측된다.
- 메타버스라는 용어는 지금으로부터 30여년 전인 1992년 닐 스티븐슨(Neal Stephenson)의 소설 《스노우 크래쉬》 에서 처음 등장한 개념과 용어로서 가상, 초월을 뜻하는 메타(Meta)와 세계, 우주를 의미하는 유니버스(Universe)의 합성어로 현실과 같은 경제, 사회, 문화 활동이 이뤄지는

가상 세계를 의미한다.

- 인공지능(AI, Artificial Intelligence, 人工知能)이 컴퓨터가 인간의 지능적인 행동을 모방할 수 있도록 하는 정보기술의 한 분야라고 한다면 메타버스는 이러한 각종 AI 기술이 융합된 플랫폼이라 할 수 있다. 즉, 메타버스는 현실 세계를 모방한 환경 속에서 이를 사용하는 운용자들이 3D 디지털 대상이나 장치 등을 이용하여 3D로 구현된 가상의 아바타들과 상호 교류하는 보다 확장된 가상공간이라 할 수 있다.
- 미래시장에 대한 규모가 얼마나 크고 핵심적인 산업이기에 2021년 10월 28일 마크 주커버그 페이스북 CEO가 메타버스가 다음 개척지(the next frontier)라고 천명하면서 회사이름 자체를 '페이스북(face book)'에서 '메타(Meta)'로 바꾼다고 발표까지 했겠는가!
- 글로벌 리서치 기관 스태티스타(Statista)에 따르면, 전 세계 메타버스 시장 규모는 2021년 307억 달러(약 34조 1,077억 원)에서 2024년 약 2,969억 달러(약 329조 8,559억 원)까지 성장할 것이고 특히, 메타버스의 영역이 특정 산업에 국한되지 않고, 전 산업과 사회 전반에 영향을 미칠 것이라 전망했다.

그림 2-53 메타버스 서울 화면(그림출처 : 저자)

2) 메타버스(Metaverse)의 분류

- 비영리기술연구단체 ASF(Acceleration Studies Foundation)은 메타버스를 가상세계(Virtual Worlds), 증강현실(Augmented Reality), 일상기록(Lifelogging), 거울세계(Mirror Worlds)로 분류하였는데 이러한 하나 하나의 AI기술은 수준의 차이는 분명히 존재하지만 다양한 산업분야에서 연구되고 장치가 개발되어 일상생활에서 직·간접적으로 활용하고 있는 것들이 많이 있다. 드론분야도 마찬가지이다. 중요한 것은 AI의 기술적인 발전이 인간이 상상하는 수준까지는 따라오지 못했고 거기에 더하여 이것을 융합하는 단계까지는 아직 초보단계라는 것이다.

• 가상세계(Virtual Worlds) : 현실과 유사하거나 혹은 완전히 다른 대안적 세계를 디지털 데이터로 구축한 것으로 아바타를 통해 현실세계의 경제적, 사회적인 활동과 유사한 활동을 한다는 특징이 있다. 우리에게 가장 친숙한 메타버스의 형태라 할 수 있다. 3차원 컴퓨터그래픽환경에서 구현되는 커뮤니티를 총칭하는 개념으로 젊은이들에게 익숙한 리니지 게임 등을 상상하면 이해가 쉬울 것 같다. 드론의 시뮬레이션 어플 등이 이러한 가상세계의 개념에 의한 것이다.

(a) 미래항공모빌리티 비행 시뮬레이션
(사진출처 : 저자 촬영)

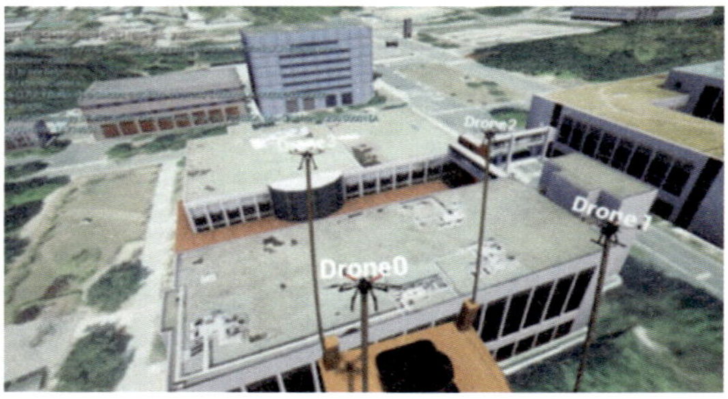

(b) 가상현실속 고정밀 분산 드로시뮬레이션
(사진출처 : ETRI 홍보화면 캡처)

그림 2-54 드론과 가상세계

• 증강현실(Augmented Reality) : 사용자가 지각하는 것에 컴퓨터가 만든 정보를 추가하는 것으로 가상현실이 내가 조작되고 창작된 공간으로 들어가는 것이라면 증강현실은 사용자가 눈으로 보는 현실세계에 가상 물체를 겹쳐 보여주는 기술이다. 가상현실이 100% 가상이라면 증강현실은 50:50이다. 군사용으로 많이 사용되는 전투기 조종사의 HUD(Head Up Display)가 대표적이고 침투하는 드론을 식별하는 기술이나 드론 조종연습 등을 위하여 많이 연구되고 제품이 개발되어 상용화되고 있다.

(a) 드론과 증강현실
(사진출처 : Xtend 이스라엘)

(b) DJI드론용 증강현실 APP. Drone SoAR
(사진출처 : EPSON 홍보화면 캡처)

그림 2-55 드론과 증강현실

• 일상기록(Lifelogging) : 사물과 사람에 대한 일상적인 경험과 정보를 캡처하고 저장하고 묘사하는 기술이다. 일상생활에서 일어나는 모든 순간을 텍스트, 영상, 사운드 등으로 캡처하고 그 내용을 서버에 저장하여 이를 정리하고, 다른 사용자들과 공유가 가능하다. 비행기에 장치되는 '블랙박스' 개념이라고 이해하면 쉬울 듯하다.
드론도 영상 카메라 송·수신기, 텔레메트리 송·수신기 등을 통해 실시간으로 드론 기체와 지상의 GCS간에 또는, LTE망과 5G망을 통해 영상 및 비행정보를 필요한 곳으로 송신하는 것이 이러한 개념이다. 완구용 드론을 제외한 대부분의 산업용 드론은 FC에 SD카드를 장치시켜 영상 정보, 비행정보 등을 저장하여 사후에 다양한 용도로 활용한다. 이러한 기술이 완전히 적용되기 위해서는 MEMS 개념의 정밀센서와 장치 등이 연동되고 송·수신 장치간의 통신 문제가 선행되어야 한다.

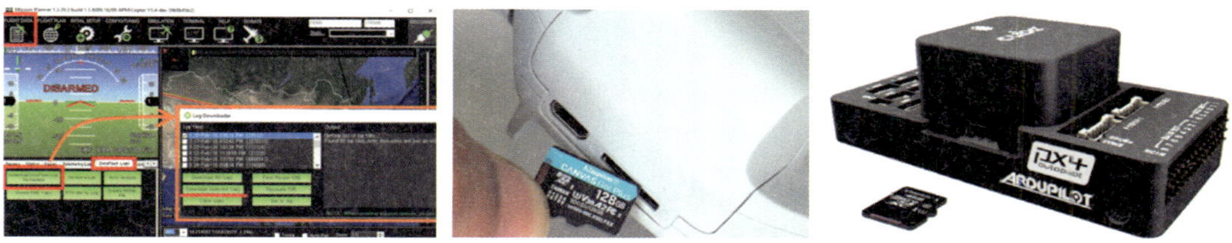

(a) MP(미션 플레너)로그분석화면 (b) DJI 드론 SD카드 삽입 (c) Pixhawk 드론 SD카드 삽입

그림 2-56 드론 Log 관리

• 거울세계(Mirror Worlds) : 디지털 트윈(DW, Digital Twin)이라고 한다. 실제 세계를 최대한 사실적으로 반영하되 '정보적으로 확장된 가상세계이다'라고 이해하면 된다. 구글 어스(Google Earth)가 대표적인데, 주기적으로 위성사진을 업데이트해서 현실 세계의 모습을 사실 그대로 반영하고 있다. 디지털 트윈은 2010년에 미국 나사(NASA)에서 우주선 운용에 대한 물리적 모델 시뮬레이션을 하면서 시작되었고, 미국 제너럴 일렉트릭(General Electric, GE)에서 발전시켜 현재 제조업 분야에 많이 적용하여 시뮬레이션 분석을 통해 예측하고 최적화하여 작업 생산성을 높이고 사고예방 등에 크게 기여하고 있다. 아래 그림은 Naver 랩스가 ALIKE 솔루션으로 서울시 전역을 3D 모델링한 데이터를 표현한 것이다. 이러한 데이터를 구축하는 수단으로 크게 사용하는 것이 바로 드론이고 이러한 데이터의 완성을 통해서 자율주행을 위한 고정밀지도(HD)를 제작해야 UAM시장을 열어 드론택시를 도시공간에 띄울 수 있는 것이다.

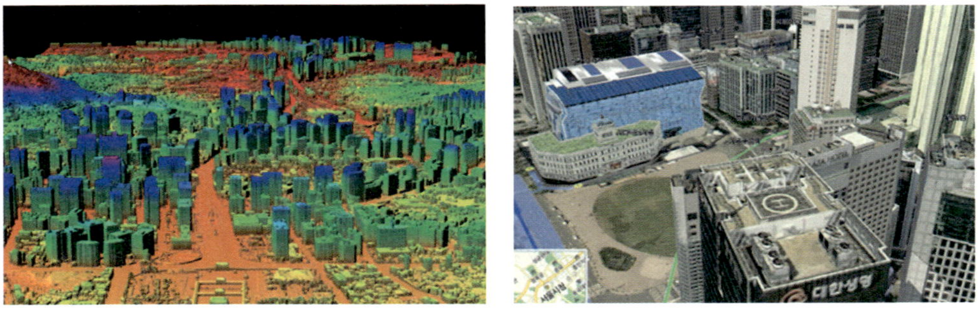

(a) 서울시 고정밀 지도 데이터 (b) 서울시청 주변 3D 모델링 촬영

그림 2-57 디지털 지도 제작(사진출처 : 서울시 홍보자료)

3) 메타버스(Metaverse) 교육과 데이터 생성

메타버스는 드론교육 현장에서도 시도되고 있다. 메타버스 플랫폼을 이용하여 본인의 ID와 같은 아바타 닉네임을 정하고 순서에 정해진 통로를 따라서 때로는 자유롭게 드론에 관련된 다양한 정보를 얻을 수 있다. 제작자의 의도에 따라서 문제풀이 등 다양한 코너를 개설하고 실시간에 참여한 참여자들과 정보를 공유하면서 게임을 즐기듯이 흥미롭게 공부할 수 있다. 물론 자신의 만든 드론 관련 영상이나 자료 등도 탑재하여 양방향으로 소통을 할 수도 있다.[85)]

인공지능과 메타버스는 용어 자체가 어렵게 느껴지지만 우리 일상에 너무나도 많이 들어와 있고 우리가 그 혜택 속에서 현대 생활을 영위하고 있다. 향후 얼마나 빠른 속도로 진화하여 우리의 생활과 환경을 변화시킬지 가늠할 수도 없다. 세계의 빅테크(Big Tech)기업이 기업의 사활을 걸고 합성데이터를 통한 초거대 AI 등 관련기술개발에 매진하고 있는 이유가 바로 여기에 있는 것이다.

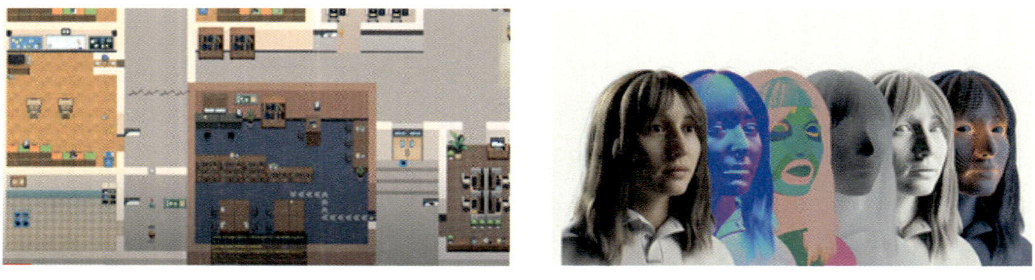

(a) 'FLY 송쌤'의 '메타버스 드론교실' (b) 합성 데이터를 딥러닝에 활용한 신세시스 AI(Synthesis AI)

(사진출처 : https://www.technologyreview.kr/ 최은창)

그림 2-58 메타버스 교육 및 초거대 AI 데이터 생성

85) 자료 참조 : 유튜브 'FLY 송쌤"의 '메타버스 드론교실'

물론 좋은 점만 있는 것만 있는 것이 아니라, 지적 재산권 보호, 사생활 보호, 정보 보호 등 다양한 제도적, 윤리적, 법적인 문제가 있지만 병행해서 발전이 될 것이라 생각한다.

인공지능(AI)과 메타버스(Metaverse)에 대한 방대하고 전문적인 분야를 짧은 지면에 설명하기에는 많은 부족함이 있다. 부족한 부분에 대해서는 관련 분야 전문서적과 관련된 검색 등을 통하여 전문성을 높여줄 것을 당부한다.

4) 인공지능과 드론의 연동

- 드론은 인공지능과 연동하여 인간에게 유익한 다양한 서비스를 제공할 수 있다. 즉, 인공지능 소프트웨어 플랫폼과 드론을 제어하는 플랫폼이 연동하여 산업시설검사(철탑, 플랜트, 태양광 패널 등), 물류검사(재고 조사, 물품의 상태조사 등), 보안검사(시설물 점검, 외부 침입자 확인 등), 해양 인명구조(정상적 활동과 위험한 상황 구분 등), Non-GPS 상황 극복(숲, 터널 등), 드론 상호간 협력 비행(군사/재난 상황)등의 다양한 서비스를 제공한다.
- 과거에는 AI(인공지능)과 연동하기 위해서는 고가의 슈퍼 컴퓨터가 필요하였으나 현재는 소형화 경향화되어 필요한 서비스에 적합한 임베디드(Embedded) 형태의 컴퓨팅 모듈(Computing Module)이 많이 나와 있다. 성능이 좋고 드론에 적합한 소프트웨어를 탑재하여 FC와 연동시켜 비행제어를 실시한다.
- 기본적인 플랫폼에 다양한 인공지능 Module를 탑재하고 AI 심층신경망[86], SWARM 알고리즘(Algorithm)등을 통해서 필요한 데이터를 실시간으로 FC와 연동하여 요구자가 요구하는 서비스를 제공한다.

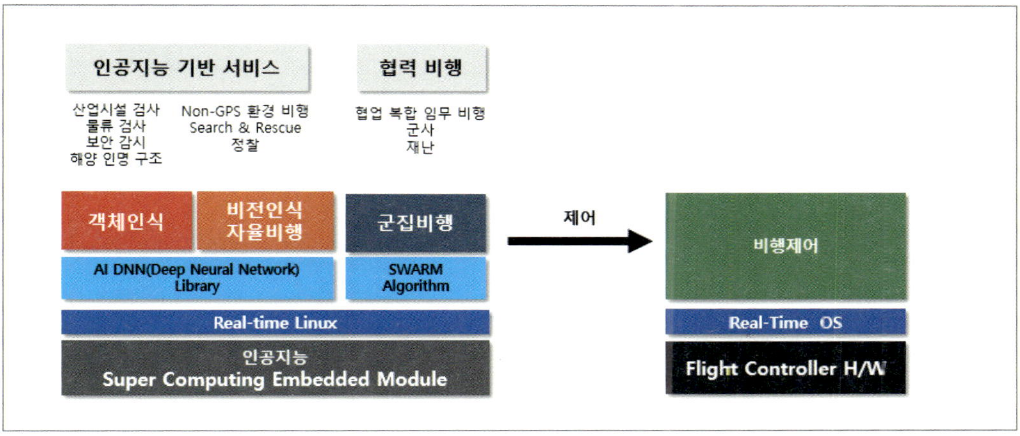

그림 2.59 AI 소프트웨어 플랫폼 연동

86) 심층 신경망(Deep Neural Network, DNN)은 입력층(input layer)과 출력층(output layer) 사이에 여러 개의 은닉층(hidden layer)들로 이뤄진 인공신경망(Artificial Neural Network, ANN)이다.

5) FC 이중화(Redundancy)

- FC(비행 컨트롤러)는 드론의 심장이며 두뇌이다. FC는 신뢰성이 높아야 어떠한 위험상황도 극복하면서 드론이 안정적으로 비행하며 임무를 수행할 수 있다.
- 이러한 안정된 비행을 위해서 중요한 기능을 담당하는 센서나 GPS, 텔레메트리 등을 이중화할 필요가 있다. 가능하다면 FC 자체를 이중화할 필요가 있다. 또한 이중화가 시행될 수 있는 알고리즘(Algorithm)이 필요하다.
- 향후 드론산업이 발전하여 유인드론을 활용한 UTM체계가 이루어지기 위해서는 이러한 센서의 이중화, GPS의 이중화 · 삼중화, FC의 이중화가 반드시 필요하다. 현재 시중에 판매되고 있는 일부의 드론은 GPS가 3개 달려 있기도 하다. 이러한 복수의 센서는 주와 예비로 별도로 운용되기도 하고 동시에 운용이 되면서 데이터를 상호 보정하는 역할을 하여 최적의 데이터로 비행을 제어할 수도 있다.
- 예를 들어 비행중 FC 자체에 문제가 발생하여 작동을 하지 않을 시에 이를 대체할 수 있는 제 2의 FC가 없다면 드론은 바로 추락의 위험에 직면한다. 따라서 FC를 이중화하여 FC 2개 동시에 활성화되어 모니터링하다가 FC 1개에 문제 발생시 문제가 된 FC에서 정상적으로 기능을 유지하고 있는 FC로 역할이 스위치 오버(Switch over) 되어 지속적으로 비행이 가능한 상태로 유지되어야 한다.

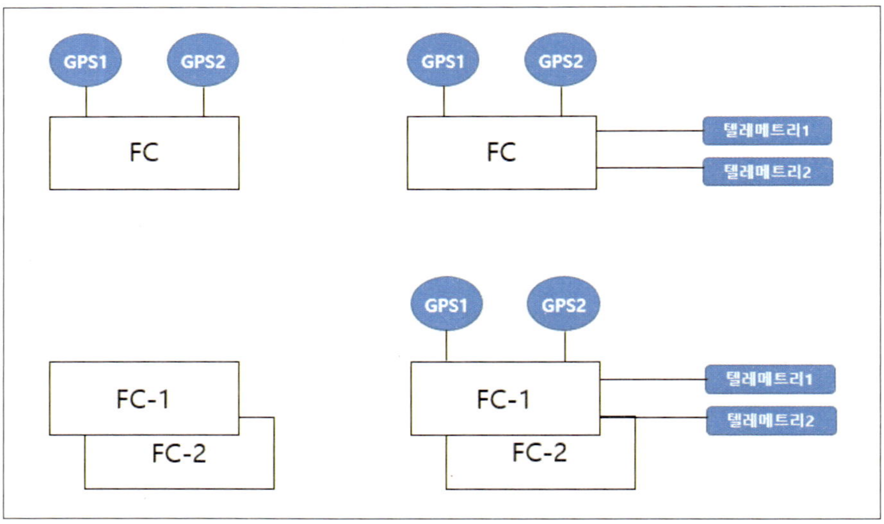

그림 2.60 FC 이중화(Redundancy)

8 드론과 코딩 (Cording)

1) 교육계의 화두 코딩

- 4차 산업 혁명에서 필요한 인재는 어떠한 인재인가? 최근 교육계의 화두는 학생들의 문제해결 능력에 두고있다. 현실에서 문제점을 찾아내어 이를 해결하는 기획력을 갖춘 인재를 필요로 한다. 이러한 요구에 의해서 미국에서는 1990년부터 NSF(National Science Foundation, 국립과학재단)에서 시작하여 과학, 수학, 기술 등의 학문들의 내용과 방법의 맥락을 통합하는 교육인 STEM(Science, Technology, Engineering, Math, 스템)을 시작하였고 우리나라도 이에 예술 분야인 Art를 추가한 STEAM(스팀) 교육을 추구하고 있다. 현대 생활에서 없으면 불편한 전철이나 버스 도착을 예고하는 어플이케이션의 시작도 현실에서 불편한 것을 해결하고자한 어느 고등학생의 아이디어에서 시작되었다는 이야기는 문제점을 발견하는 것이 얼마나 중요한 것인지를 이야기 하는 것이라 생각한다.
- 코딩이란 바로 우리가 생각하는 것을 컴퓨터를 이용하여 해결하는 한 과정중의 하나이다. 즉 단어, 숫자, 기호로 구성된 코드를 이용하여 컴퓨터와 대화하여 인간이 원하는 하드웨어를 제어하는 등의 절차를 의미한다.

2) 코딩과 프로그래밍 그리고 드론 코딩

- 일반적으로 프로그램을 제작하는 과정은 첫째, 특정 문제를 해결하기 위한 프로그램의 요구를 인지하고, 둘째, 프로그램을 기획하고, 도구(하드웨어와 프로그래밍 언어)를 선택하고, 셋째, 프로그램 언어를 사용하여 프로그램을 제작하고, 넷째, 테스트를 통하여 디버깅(dedugging)과정을 거치며, 마지막으로 일반 사용자에게 공개한 후, 지속적인 유지와 보수를 진행하는 것이다. 여기서 세 번째 과정인 프로그램 언어를 사용하여 프로그램을 제작하는 단계를 코딩(Cording)이라고 한다. 즉, 코딩은 프로그래밍 과정중에 한 단계이다.
- 드론 코딩은 드론이라는 하드웨어를 제어하기 위하여 프로그램 언어를 사용하여 프로그램을 제작하는 과정을 드론 코딩이라고 할 수 있다. 드론의 제어 및 조종은 조종기라는 하드웨어를 사용하는 것이 일반적인 방법이지만, 4차 산업에서 드론산업은 조종기를 사용하여 드론을 제어하는 것은 공간적, 정밀도 등 많은 제한이 있기에 드론을 다양한 프로그래밍 언어를 사용한 드론 코딩을 통해서 자동으로 비행하며 다양한 분야에서 요구하는 임무를 수행한다.

3) 프로그래밍 언어의 종류

프로그래밍 언어는 로우레벨 언어와 하이레벨 언어로 구분되는데, 로우레벨 언어는 컴퓨터의 CPU가 이해 할 수 있는 언어로 '0'과 '1'로만 만들어진 기계언어로서 사람이 이해할 수는 없고 이를 실행하기 위해서는 머신코드로 변환해야 한다. 하이레벨 언어는 사람이 쓰는 언어에 가까운 언어로서 기능을 중시하며 데이터 베이스의 사용을 목적으로 만들어진 언어이다.

- 교육용 프로그래밍 언어
  - 스크래치 : 미국 MIT에서 만든 시각적 교육용 프로그래밍 언어로서 만 8세부터 16세, 프로그램 초보자를 대상으로 만들어진 언어이다. 소스공개, 수정 및 별점주기 등 SNS방식 효과를 사용하며, 소리, 동작, 대사, 연산, 변수 등의 명령 단위를 블록으로 표현하고 블럭을 조립하여 프로그래밍하는 언어이다.
  - 엔트리 : 2013년 엔트리교육연구소에서 개발한 프로그램 초보자용 언어이다. 다른 프로그램 언어와 차이점은 학습의 재미 요소를 추가하고 게임 하듯 성과나 목표를 넣어 스스로 학습 부분을 강화한 것이다.

- 일반 프로그래밍 언어
  - C언어 : 1972년 벨 연구소에서 만든 프로그래밍 언어로서 베이직, 포트란에서 사용된 START, END와 같은 명령어를 배제하고 { }와 같은 기호로 표현하여 코드상 깔끔하고 용량을 줄였다. 우리나라 컴퓨터공학부에서 프로그래밍 언어의 기초 역할을 한 언어이다. 컴퓨터 아키텍쳐 및 시스템 프로그래밍, OS를 배우기 위해선 C언어 만한 게 없다고 한다.
  - JAVA 언어 : 미국의 썬 마이크로시스템즈에서 1995년에 개발한 객체 지향 프로그래밍 언어로서 2019년 1월부터 유료화되었다. Java의 가장 큰 특징은 플랫폼에 독립적인 언어라는 점이다. 즉, C 계열 언어들은 윈도우에서 빌드(Build)한 프로그램을 그대로 리눅스나 macOS에서 실행하려 하면 일반적으로 오류가 나지만 Java로 작성 된 프로그램은 플랫폼에 맞는 JVM만 설치되어 있다면 문제 없이 동작한다. 대한민국 전자정부의 Framework, 카카오뱅크 등이 JAVA 프로그래밍 언어로 개발되었다고 알려져 있다.
  - 파이썬 언어(python) : 1991년에 발표된 인터프리터 방식의 프로그래밍 언어로서 문법이 매우 쉬워서 초보자들이 처음 프로그래밍을 배울 때 추천되는 언어이다. 미국 공과 대학교에서 컴퓨터 프로그래밍 입문 수업으로 Python을 많이 사용하고 있으며, 전 세계의 모든 프로그래밍 언어 중에서 파이썬 정도의 낮은 난이도를 가지면서, 범용성을 갖추고, 파이썬 수준의 프로그램 개발 속도를 따라잡는 언어가 없다고 한다.

4) 드론 코딩

- 드론 코딩은 교육용 프로그래밍 언어나 일반적인 프로그래밍 언어를 사용하여 하드웨어인 드론을 제어하는 것으로서 쉬운 단계로 교육용 코딩드론을 이용하여 코딩을 실시하고, 점차 다양한 드론으로 다양하고 복잡한 임무에 맞게 코딩을 실시하여 4차 산업에 사용되는 다양한 드론을 제어할 수 있다.
- 코딩을 교육하기 위한 드론은 현재 다양한 종류가 출시되어 활용되고 있는데, DJI사의 텔로 드론과 로보링크사의 코드론 미니, 코드론 EDU 등의 코딩용 드론이 대표적이다.
- 코드론 구성품

그림 2.61 코딩드론 구성품(로보링크사 코드론 EDU)

5) 스크래치 프로그래밍 언어를 사용한 드론 코딩

- 스크래치 드론 코딩 연습 절차

  첫째, 코딩 드론을 조립한다. (DIY 코딩 드론인 경우, 완제품인 경우는 생략)
  둘째, 조립된 드론에 대한 세팅을 실시한다. (페어링, 모드설정 등)
  셋째, 시뮬레이션 SW를 이용하여 실 기체 비행전 시뮬레이션 연습을 실시한다.
  넷째, 스크래치 프로그램의 기능에 대해 이해한다.
  다섯째, 이륙 · 착륙 등 기본 코딩 비행연습을 실시한다.
  여섯째, 장애물 회피 등 다양한 패턴에 대한 코딩 비행연습을 실시한다.

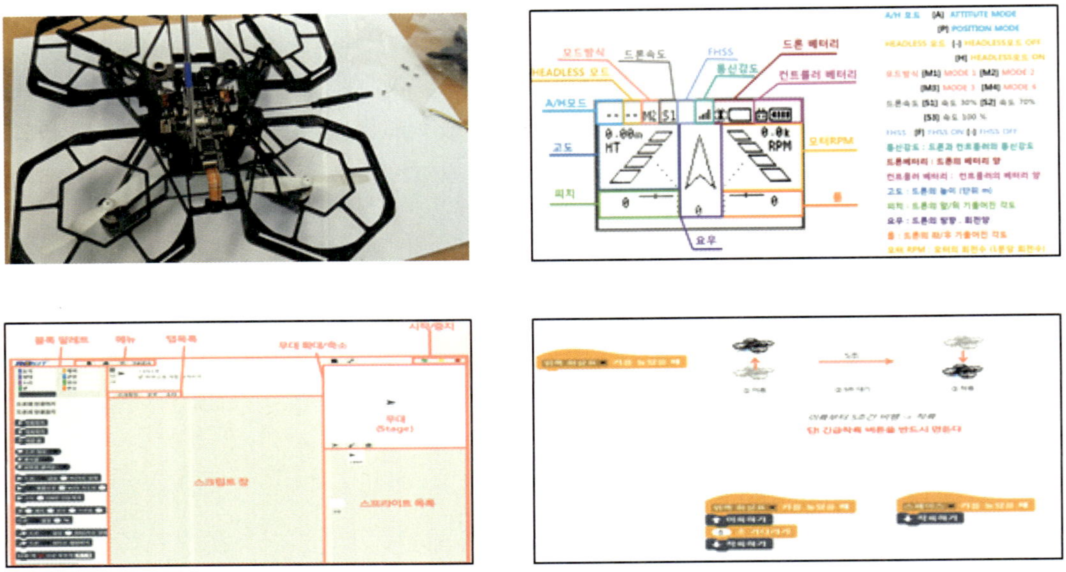

그림 2.62 드론 코딩 연습 절차(로보링크사 홈페이지 참조)

6) 파이썬언어(python)를 사용한 드론 코딩

- 파이썬언어는 문법이 쉽고 간결하며 라이브러리가 다양하고 결과를 확인하기가 쉽고 활용도가 높은 언어로서 다음과 같은 디자인 철학을 가지고 있다.
  첫째 : 아름다운 것이 추한 것보다 낫다. (Beautiful is better than ugly)
  둘째 : 명시적인 것이 암시적인 것보다 낫다. (Explicit is better than implicit)
  셋째 : 간결한 것이 복잡한 것보다 낫다. (Simple is better than complex)
- 파이썬언어와 다른 명령언어와 간결성 비교("Hello"를 표현하고자 할 때 코딩)

- JAVA 언어

```java
package wiki.namu.test;

public class HelloWorld {
    public static void main(String[] args) {
        System.out.println("Hello");
    }
}
```

- C언어

```c
#include <stdio.h>

int main() {
    puts("Hello");
    return 0;
}
```

- 파이썬 언어

```python
print("Hello")
```

- 파이썬 언어 코딩을 위해서 사전 이해해야 할 파이썬 문법 용어
  - 클래스, 객체, 인스턴스, 변수, 입력/출력, 함수와 리스트, 모듈, 조건문(While문, for문) 등
- 파이썬 언어를 이용한 기본 연습
  - Tkinter를 이용한 계산기 만들기

그림 2.63 파이썬으로 계산기 만들기 (로보링크사 파이썬 교재 참조)

- 터틀(turtle)을 이용한 그림 그리기

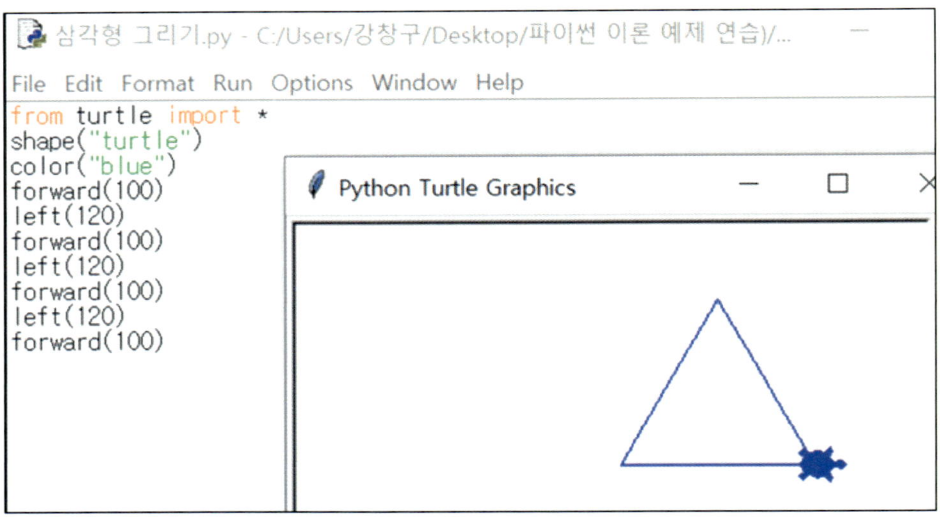

그림 2.64 파이썬으로 그림그리기 (로보링크사 파이썬 교재 참조)

• 파일썬 언어 드론 코딩 연습 절차

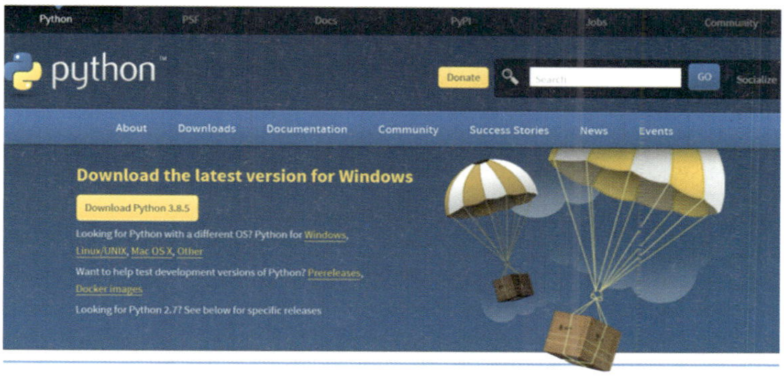

① 노트북이나 PC에 파일썬(python)을 설치한다.

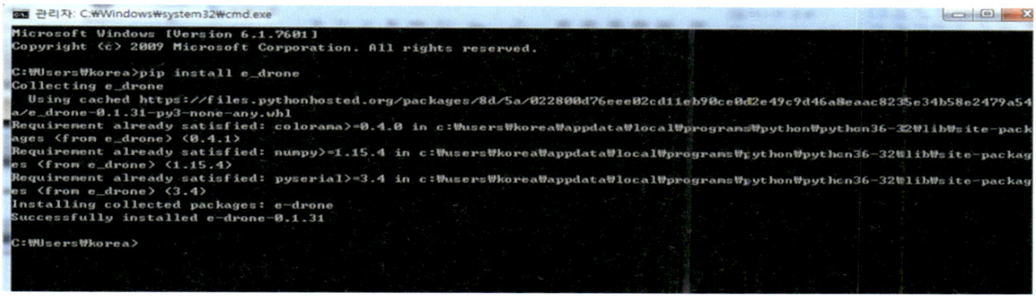

② 드론 코딩 라이브러리(Library)를 설치한다.

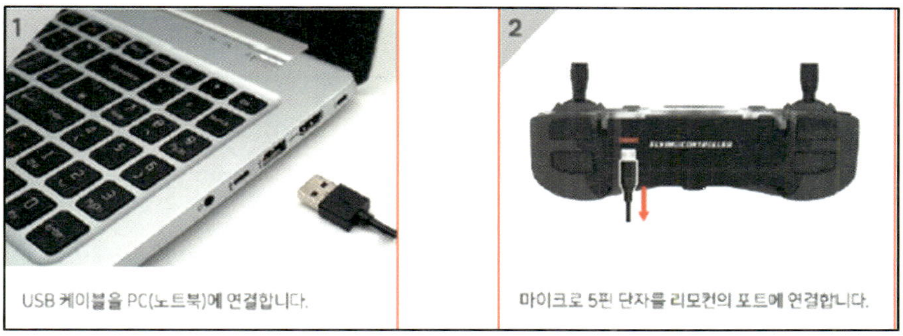

③ 코딩 드론을 노트북에 연결한다.

```
from time import sleep
from e_drone.drone import *
from e_drone.protocol import *
if_name_='_main_'
drone = Drone()
drone.open("COM3")

drone.sendBuzzer(BuzzerMode.Mute, BuzzerScale.Mute.value, 100)
sleep(0.2);
drone.sendBuzzerScale(BuzzerScale.G4, 300);
sleep(0.4);
drone.sendBuzzerScale(BuzzerScale.G4, 300);
sleep(0.4);
drone.sendBuzzerScale(BuzzerScale.A4, 300);
sleep(0.4); drone.sendBuzzerScale(BuzzerScale.A4, 300);
sleep(0.4); drone.sendBuzzerScale(BuzzerScale.G4, 300);
sleep(0.4); drone.sendBuzzerScale(BuzzerScale.G4, 300);
sleep(0.4); drone.sendBuzzerScale(BuzzerScale.E4, 300);
sleep(0.4);

drone.close()
```

④ 연결상태를 확인하고 파이썬 드론 코딩을 실시한다.

그림 2.65 파이썬 언어 드론 코딩 절차

- 파일썬 언어를 사용한 드론 코딩
  - 이륙 / 착륙 코딩(예)

```
from time import sleep

from e_drone.drone import*
from e_drone.protocol import*

if_name_='_main_'
drone=Drone()
drone.open("COM34")

print("takeOff")
drone.sendTakeOff()
sleep(0.01)

print("Hovering")
drone.sendControlWhile(0, 0, 0, 0, 5000)
sleep(0.01)

print("Go Stop")
drone.sendControlWhile(0, 0, 0, 0, 1000)

print("Landing")
drone.sendLanding()
sleep(0.01)
drone.sendLanding()
sleep(0.01)

drone.close()
```

Shell 창에 표시되는 문구

```
== RESTART: C:₩Users₩강창구₩Desktop₩파일썬 코딩₩파일썬 드론코딩 연습예제(20200829)₩이륙 5초호버
링 착륙.py =
takeOff
Hovering
Go Stop
Landing
>>> |
```

- 이륙/전진/후진/착륙(예)

```
from time import sleep

from e_drone.drone import*
from e_drone.protocol import*

if_name_='_main_'
drone=Drone()
drone.open("COM34")

print("takeOff")
drone.sendTakeOff()
sleep(0.01)

print("Hovering")
drone.sendControlWhile(0, 0, 0, 0, 4000) # 4초 호버링

print("Go Start")
drone.sendControlWhile(0, 50, 0, 0, 2000) #전진명령(피치 50%)후 2초 전진


print("Go Stop")
drone.sendControlWhile(0, 0, 0, 0, 1000) #1초 대기


print("Go Start")
drone.sendControlWhile(0, -50, 0, 0, 2000) #후진명령(피치 50%)후 2초 후진


print("Go Stop")
drone.sendControlWhile(0, 0, 0, 0, 1000) #1초 대기

print("Landing")
drone.sendLanding()
sleep(0.01)
drone.sendLanding()
sleep(0.01)

drone.close()
```

드론 구동부

09
CHAPTER

1 개요

구동부는 FC(Flight Controller, 비행컨트롤러)로부터 명령값을 받아 실제적으로 드론을 구동시키는 부분이다. 구동부는 전자변속기(ESC : Electronic Speed Controller), 모터, 프로펠러, 배터리 등을 포함한다.

- 전자변속기(ESC)는 FC로부터 PWM(Pulse Width Modulation)신호들을 받아 각 모터를 구동시키고, 배터리의 직류 전원을 교류전원으로 바꾸어서 모터에 공급해 주는 장치이다. 통상 모터 한 개에 변속기 한 개가 별개로 연결되어 있다.
- 모터는 전기에너지를 이용하여 회전 토크를 얻는 장치이다.
- 프롭은 모터에 결합되어 회전에 의해서 양력을 발생시키는 장치이다.
- 배터리는 모터에 전원을 공급해주는 공급원이다.

그림 2-66 구동부의 구성

2 전자변속기 (ESC, Electronic Speed Controller)

1) ESC(전자변속기)란

- ESC(Electric Speed Controller, 전자변속기)는 BLDC모터의 방향과 속도를 제어할 수 있도록 해주는 장치이다. FC(비행 컨트롤러)로부터 받은 명령값에 따라 적정 전압과 전류를 조절하여 모터의 회전수를 조절하여 기체를 제어한다. 만약, ESC가 없다면 프로펠러는 항상 모터가 낼 수 있는 빠른 속도로 회전하여 비행조작이 불가능할 것이다.

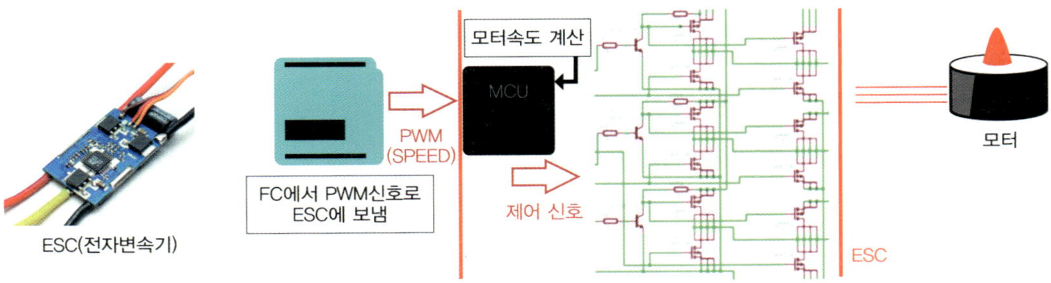

그림 2.67 전자변속기(ESC) (그림출처 : blog.naver.com)

2) ESC의 종류

- 브러시형(Brush Type) 변속기

  DC모터에는 통상 브러시형 변속기를 사용한다. 구동전선은 +, −의 2가닥으로 되어있다. BLDC모터가 사용되기 이전에 DC(직류)로 동작하는 모든 모터는 브러시형 변속기를 사용하였다. 장난감 RC자동차, RC 보트 등에는 브러시형 변속기가 사용한다. RC 비행기나 드론에는 사용하지 않는다.

- 브러시리스형(Brushless Type) 변속기

  브러시리스형 모터에는 반드시 브러시리스 변속기를 사용해야 한다. 구동전선은 U, V, W의 3선이다. 드론에는 이 변속기가 사용된다. 모터 구동이 복잡하지만 장점이 많아 유용하다.

- 전자변속기는 모터의 용량에 맞게 전류 용량 중에 적합한 것을 사용해야 한다. 통상 중・소형 드론은 20~30[A], 대형 드론은 50[A]를 사용한다. 전류용량이 큰 것이 일반적으로 좋으나 비싸기 때문에 조립하여 비행할 기체의 무게, 배터리 전압용량, 모터 등의 여러 조건을 고려하여 적당한 것을 사용해야 한다.
- 전자변속기는 배터리의 전원전압과 모터의 최대 허용전력이 얼마인지를 인지하여 최대 허용전압범위 내에서 사용해야 한다. 중・소형 기체는 2~4셀이 주로 사용되나 산업용 대형기체는 6셀의 전자변속기를 사용한다. 허용 전압이 높으면 성능이 좋지만 가격이 비싸고 중량이 무거워지므로 적당한 것을 채택해야 한다.
- 전자변속기에 전압출력단자가 달려 있느냐 없느냐에 따라서 일반 변속기와 옵토변속기로 구분한다. 일반 변속기는 5(V) 출력단자가 있는 변속기이다. 별도로 수신기를 위한 정전압 장치가 필요없다. 발열로 인하여 고장 발생우려와 가격이 비싸다. 옵토변속기(Opto)는 5(V) 전압출력단자가 없는 변속기이다. 3핀 커넥터에 중간 핀(적색)이 없고 2핀만 있다. 변속기가 간단하고 발열에 대한 우려가 감소하고 저렴하여 많이 사용하는 추세이다.

3) ESC의 입력과 출력

- 변속기는 FC로부터 3핀 커넥터를 통해서 PWM신호 형태로 명령값을 받는다. 이러한 값을 BLDC모터에 모터 회전용 3상 출력전력을 내준다. 출력신호의 크기는 U, V, W의 3상 교류로써 BLDC 모터의 회전수에 해당하는 주파수의 출력형태로 내어준다. 3상 교류출력의 주파수는 통상 5~10(kHz)이다.
- 배터리 전압을 5(V)의 정전압으로 강하시켜서 수신기에서 사용할 수 있도록 해준다.

4) ESC 연결시 주의사항

- ESC는 동작간에 열이 발생하므로 기체에 설치할 때는 공기에 의해 직접 냉각되는 곳에 설치하며 소음에 민감한 수신기와는 가능한 한 분리시켜서 설치하고 진동과 충격에 약하기 때문에 케이블 타이, 양면 테이프 등으로 단단하게 결속한다.

3 모터(Motor)

1) 모터란

모터는 전기에너지를 이용하여 회전 토크를 얻는 장치로 드론에서는 로터를 회전시켜 양력을 얻어 비행하기 때문에 반드시 필요한 장치이다. 무인헬리콥터는 엔진을 사용하지만 드론은 경량화와 소음 최소화를 위해 배터리로 전원을 공급하는 전기모터를 사용한다. 전기모터는 브러시 모터와 브러시리스 모터가 있는데 드론에는 브러시리스 모터를 사용한다.

2) 브러시(Brush) DC 모터

- 브러시 DC 모터는 고정자(스테이터)자석이 고정되어 있고 로터(회전자)가 움직여서 브러시를 통하여 전기를 공급하는 모터이다. 간단하게 DC전원만 인가하면 회전하므로 구동제어부가 필요없다. 정류자에 의한 소음이 있고 기계적 마모로 인해서 열이 발생한다.
- 주기적 청소와 교환이 필요한 모터이다. 일반 장난감에 많이 사용한다.

3) 브러시리스 모터(BLDC, Brushless Motor)

- BLDC 모터는 전류의 방향을 전자적으로 검출하여 주기 때문에 브러시(Brush)가 필요없다. 브러시가 없기 때문에 소음이 발생하지 않아 진동과 소음에 민감한 주변 전자회로에 영향이 적다. 베어링을 긴 주기에 걸쳐서 교체해준다면 반영구적으로 사용할 수 있다.
- 별도의 센서와 장치가 필요없이 3상의 모터선만으로도 속도와 위상까지를 정확하게 제어하기 때문에 드론에서 필요로 하는 안정되고 초고속의 회전을 달성할 수 있는 것이다. 그러나 엄격한 온도 한도 내에서 작동하기에 그 한도를 넘어가면 효율성이 저하되는 단점도 있다.
- 드론에 브러시리스 모터를 사용하는 이유는 순간적으로 속도를 높이고 조절할 수 있기 때문이다. 속도조절이 전압의 변화로 이루어지기 때문에 가능한 일이다. 일반 엔진은 기계적 관성이 커서 BLDC모터처럼 순간적으로 고속회전제어가 거의 불가능하다.

- 모터 스펙 8025~100KV의 의미는 80은 모터 stator의 지름(Stator width), 25는 모터 stator의 높이(Stator height)이고 단위는 mm이다. 100KV는 1V의 전압으로 분당 100RPM을 회전한다는 것이다. KV의 의미는 1V당 모터의 회전수를 나타낸다. KV 수치가 낮을수록 힘이 커서 더 큰 프로펠러를 회전시킬 수가 있다. 산업용 드론은 크기와 용도에 따라서 KV의 수치가 크게 다르다. 최대이륙중량이 무거운 수송용 드론은 150KV 내외의 모터를 사용하기도 하고 작은 산업용 드론은 1,200KV 내외의 모터를 사용한다. 레이싱드론의 경우 2,300KV 정도이기에 이 정도로 모터의 회전으로 기체를 순간으로 방향회전을 시키는 등 기체 제어 능력이 뛰어나다.
- 예를 들어 브러시리스 모터 1200KV라면 1V 전압일 때 1분당 1,200RPM이라는 의미이다. 3.7V 6개를 직렬로 연결한 리튬폴리머 배터리의 전압이 22.2V라면 분당 26,640RPM으로 회전한다는 의미이다.
- 모터에도 허용 전력량에 맞는 적당한 것을 맞추어서 사용해야 한다. 통상 드론에 사용하는 리튬폴리머 배터리는 셀의 수로 표시한다. (예, 3S, 4S, 6S 등)

표 2.6 브러시모터와 브러시리스 모터의 장·단점 비교

구분	브러시 모터	브러시리스 모터
장점	• 가격이 저렴하다. • 구동이 간단하다. • 직류전압을 조절하면서 회전수 조절이 가능하여 변속기가 필요없다.	• 수명이 길고 발열이 적다. • 크기가 작고 효율이 높다. • 부하로 인하여 회전수 변동이 적다.
단점	• 수명이 짧다. • 브러시로 인해 발열이 많다.	• 가격이 비싸다. • 별도의 ESC(변속기)가 있어야 하고 세팅이 비교적 어렵다.

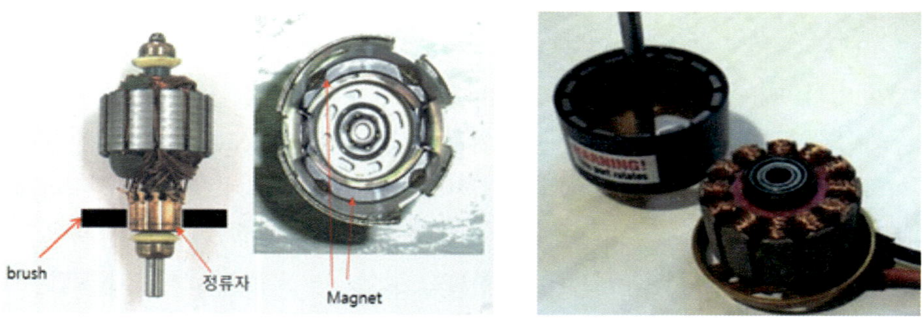

(a) 브러시 모터 (b) 브러시리스 모터

그림 2.68 모터의 종류

4) 브러시리스 모터(BLDC, Brushless Motor)구입 및 연결시 주의사항

- 최초 구입시 왼쪽 나사선으로 프롭과 조립되는 것과 오른쪽 나사선으로 조립되는 것이 다르기 때문에 이를 구분하여 필요한 모터를 확인 후 구입하여 결합하여야 한다. 모터의 색깔로 구분되어지는 것도 있다.
- 모터의 회전방향 변경시 BLDC모터는 3선(U상, V상, W상) 중에서 2선만을 서로 바꿔서 연결하면 회전방향이 반대로 바뀐다.
- 통상 쿼드콥터인 경우 시계방향(CW) 나사선 모터를 전좌(前左), 후우(後右)에 장착하고 반시계방향(CCW) 나사선 모터를 전우(前右), 후좌(後左)에 장착한다.
- 모터는 제작시부터 허용 전력량을 결정해 놓고 제작하기에 이미 모터가 출력할 수 있는 최대 출력량도 정해져 있는 것이다. 통상 전압으로 표시하지 않고 드론에 사용되는 리튬폴리머 배터리의 셀 수로 모터의 겉 표면에 표시하기에 드론 제작시에는 기체의 용량에 맞는 스펙의 모터를 선정하여 사용하여야 한다.

4 프로펠러 (Propeller)

1) 프롭이란

모터의 회전에 의해 양력을 발생시키는 장치이다. 앞쪽 공기를 뒤쪽으로 밀어내어 밀어낸 거리만큼 기체는 이동한다.

2) 프롭의 규격과 회전방향 표시

- 프로펠러 길이와 피치는 인치(inch)로 표기한다. 피치(Pitch)는 프로펠러가 한 바퀴 회전시 앞으로 나아간 거리이다. 프로펠러 표시 단위는 4자리 숫자로 표기하고 두 자리씩 끊어서 읽는다. 프로펠러에 8045라고 기입되어 있다면 "팔공, 사오"라고 읽으며 프로펠러 길이가 8인치이고 피치가 4.5인치라는 의미이다.
- 시계방향으로 회전하면 CW[87], 반시계방향으로 회전하면 CCW[88]라고 표기한다.
- 프롭이 회전시 임의적으로 풀리는 위험한 상황을 방지하기 위하여 프롭 회전방향과 반대방향으로 나사선이 제작된 고정용 너트, 스피너(spinner)를 결합한다.

---

87) CW : clockwise의 약자로 시계방향의 의미이다.
88) CCW : counter clockwise의 약자로 시계반대방향의 의미이다.

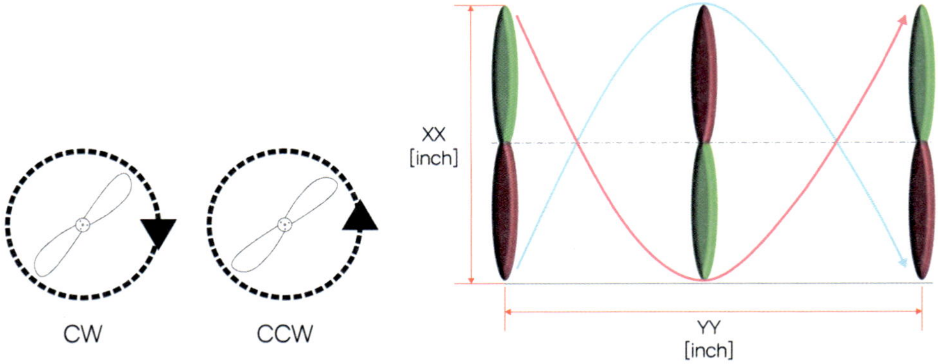

그림 2.69 프로펠러 (그림출처 : brunch.co.kr)

3) 프롭의 재질

프롭은 회전 시에 형상 변화가 적은 단단한 재질일수록 양력을 얻는에 좋다. 무른 재질의 프롭은 갑작스러운 속도의 변화에 프롭의 변형이 생길 수가 있다. 단단한 순서라면 카본(Cabon), GF[89], 플라스틱 등을 사용하는데 이중 최근에는 가벼워서 모터에 부하가 적게 걸리는 카본 재질의 프롭을 많이 사용하나 가격이 비싸고 비행중 파손시 다소 위험하다.

4) 기체와 프롭의 선택

- 멀티콥터의 크기와 모터의 성능에 따라 적절한 사양의 프로펠러를 선택해야 한다. 프로펠러의 무게가 증가하면 모터의 빠른 회전으로 부하가 증가하여 비행시간이 단축되고, 날개의 수가 많으면 양력을 순간적으로 많이 발생시킬 수 있어 급회전 등에 유리하지만 비행시간이 단축된다.
- 멀티콥터 드론의 단점중의 하나가 소음에 취약하다는 것이다. 이러한 소음을 줄이기 위하여 최근에 출시되는 많은 드론은 공기역학적으로 소음을 최소화한 저소음 퀵 릴리즈 프로펠러를 장착하여 비행한다.
- 멀티콥터의 소음은 프로펠러가 회전하면서 프로펠러 끝단에서 발생하는 와류로 인하여 발생하는데 퀵 릴리즈 프로펠러는 그림에서 보는 바와 같이 프로펠러의 끝부분의 모양을 공기역학적으로 와류를 최소화할 수 있도록 구부려서 소음을 최소화하였다.

89) GF(Glass Fiber) : 플라스틱에 유리섬유를 첨가하여 단단하게 만든 것. GF는 무겁기 때문에 대신 CF(Cabon Fiber)를 사용하기도 한다.

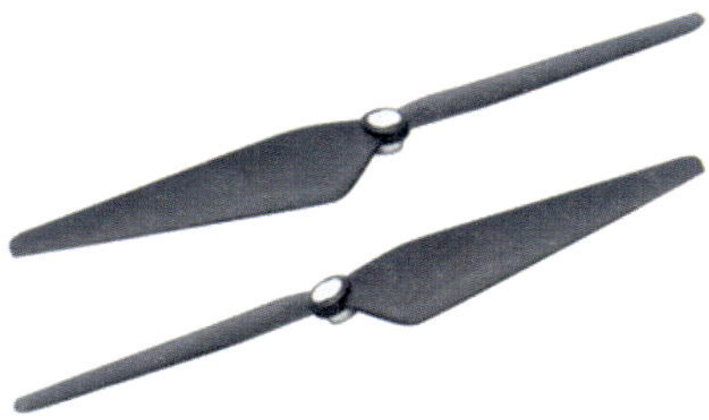

(a) 일반 프로펠러

(b) 저소음 퀵 릴리즈 프로펠러

그림 2.70 프로펠러의 종류

5 배터리 (Battery)

1) 개요

배터리는 화학반응에 의해서 전기를 얻는 "전지(電池)"의 영어식 표현이다. 미국의 정찰용 무인항공기인 "글로벌 호크(Global Hawk)"는 터보팬 엔진(turbofan)을 사용하여 1만 km의 비행반경을 32시간 동안 비행할 수 있는 능력을 가진 무인항공기이다. 방제용 무인헬리콥터도 연료를 사용하는 4행정 엔진을 사용하여 60여분 정도를 비행한다. 산업용 드론의 경우 배터리를 이용하여 모터를 회전시켜 현재까지는 통상 20~30분 정도로 비행할 수 있는 기체이다. 짧은 비행시간이라는 단점에도 불구하고 배터리를 사용하는 이유는 기체의 소음을 줄이고 기체를 경량화하기 위해서이다.

2) 배터리(Battery)의 종류

① 1차 전지

충전할 수 없고 한번 사용하고 버리는 일회용 전지로 손전등에 사용되는 1.5V "알카라인 전지"나 시계에 사용되는 "망간전지" 등이 1차 전지이다. 1차 전지는 기전력이 크고 전압이 오랫동안 유지되며 자기 방전이 적어서 오래 두어도 용량이 줄지 않고, 무게가 가볍고 가격이 저렴하나 용량이 적고 내부저항이 큰 단점이 있다.

② 2차 전지

재사용할 수 있도록 충전이 가능한 전지로 자동차에 사용하는 "납 축전지, 휴대용 전자기기나 장난감 등에 알카라인 전지를 대신하여 주로 사용하는 "니켈 카드뮴(Ni-cd)전지, 캠코더 등에 주로 사용되는 "니켈 수소(Ni-Mh)전지", 스마트폰에 사용되는 "리튬 이온(Li-ion)전지, 초경량노트북, 스마트폰 등에 사용하는 "리튬 폴리머(Li-Po)전지"가 있다.

드론과 관련제품에는 "리튬 폴리머(Li-Po)전지"가 주로 사용되나 니켈 카드뮴(Ni-cd)전지, 니켈 수소(Ni-Mh)전지, 리튬 이온(Li-ion)전지도 제품의 종류와 사용용도에 따라서 병행하여 사용된다.

표 2-7에서와 같이 드론에 사용되는 2차 전지 중에서 리튬 폴리머(Li-Po)전지가 타 전지에 비하여 가볍고, 메모리 효과가 없으며 안전성면 등 여러 면에서 장점이 있어 많이 사용된다.

표 2.7 2차 전지의 성능 비교

구분	리튬 폴리머 (Li-Po)	니켈 카드뮴 (Ni-Cd)	니켈 수소 (Ni-Mh)	리튬 이온 (Li-ion)
용량비 무게	가벼움(견고한 외장이 필요없음)	무거움	비교적 무거움	가벼움 (견고한 외장 필요)
메모리 효과[90]	없음	있음	없음	없음
자연 방전율	낮음	낮음	높음	낮음
셀당 전압	3.7V	1.2V	1.2V	4.2V
기타	• 전해질이 젤 형태라서 다양한 크기와 형태로 제작 • 제조공정이 리튬-이온보다 쉬워서 대량생산 및 대형 배터리 제조 가능	• 전기적으로나 기계적으로 튼튼 • 수명이 길고 안전하며 보전이 수월 • 갱내 안전등, 열차 점등용, 통신전원, 전기차 동력으로 사용	• 충방전 사이클이 길어서 500회 이상 가능 • 기온강하시 기능 급격히 저하 • 캠코더, 노트북 등에 사용	• 가볍고 에너지 밀도가 크다. • 수명이 2~3년(500회 이상 충전시 급격히 떨어짐) • 높은 온도에서 폭발할 수 있어 유의

- **드론에 사용하는 배터리의 조건** : 고속으로 모터 회전을 조절하기 위해서는 높은 순간전류량을 낼 수 있어야 하고, 배터리 크기에 비해서 가벼워야 하며 온도 변화에 크게 영향을 받지 않고 방전시에 최대전압과 최소전압의 차이가 적어야 한다.
- **드론에 리튬폴리머 배터리를 사용하는 이유(리튬-이온 배터리와 비교)**

  리튬-이온 배터리도 비슷한 성능을 가지고 있으나 리튬폴리머 배터리가 리튬-이온보다 얇고 폭발 위험이 적으며, 배터리 무게에 대비 전압과 방전률이 뛰어나며 구조적으로 안정적이며 다양한 형태로 제작할 수 있다.

  또한, 전해질이 준고체 상태이기 때문에, 용액이 잘 새어 나오지 않으며 다른 방식의 2차 전지에 비해 상당히 가볍다는 장점이 있다.

  그러나 온도 변화에는 민감하여 영하 10도 이하에서는 급격하게 성능이 저하되어 추락의

90) 메모리 효과는 완전히 방전되지 않은 상태에서 충전을 반복하면 최대 용량이 줄어드는 현상이다.

원인이 되기도 한다. 그러나 현재까지 개발된 2차 전지중에는 리튬폴리머 배터리가 최고 적격이기 때문에 드론에는 리튬폴리머 배터리를 사용한다.

③ 차세대 2차 전지

배터리 기술의 발전은 컴퓨터 등 타 산업의 발전에 비해서 더딘 속도로 발전하고 있다. 지금 세계의 각 국가는 배터리 성능향상을 위한 전쟁을 벌이고 있다 해도 과언이 아니다. 첨단기기에 들어가는 배터리의 안정성과 효율을 높이면서 가격을 어떻게 저렴하게 할 것인가가 가장 핵심이다.

- 리튬–황 배터리
  리튬-이온배터리보다 에너지 밀도가 5배 높고 충방전율이 우수하고 저렴한 황을 연료로 사용할 수 있는 전지이다.
- 리튬–에어 배터리
  리튬과 산소의 화학반응으로 전기를 생성하는 전지로 리튬-이온보다 에너지 출력이 2배 높고 에너지 생성비용은 5배 저렴하다.
- 나트륨–이온 배터리
  원료인 나트륨을 해수에서 무한정 얻을 수 있다는 장점과 에너지 효율이 높아 2,000회 정도의 충·방전이 가능한 것으로 연구되고 있다.
- 전고체리튬 이온 배터리
  리튬의 액체 전해질 대신에 고체 전해질로 바꾸어서 만든 전지이다. 구멍이 발생해도 폭발하지 않는 안전성이 가장 큰 특징이고, 높은 에너지 효율과 저렴한 가격을 목표로 연구 중인 전지이다.

④ 연료전지(Fuel Cell)

연료전지는 수소와 산소가 가진 화학적 에너지를 직접 전기 에너지로 변환시키는 전기화학적 장치로서 수소와 산소를 양극과 음극에 공급하여 연속적으로 전기를 생산하는 새로운 발전 기술이다.

- 인산형 연료전지(Phosphoric Acid Fuel Cell, PAFC)
  인산형 연료전지(PAFC)는 액체 인산을 전해질로 이용하는 저온형 1세대 연료전지이다. 전극은 카본지(carbon paper)로 이루어지는데, 백금 촉매를 이용하기 때문에 제작 단가가 비싸다. 병원, 호텔, 건물 등 별도의 분산시설에서 활용하고 있다.
- 알칼리형 연료전지(AFC : Alkaline Fuel Cell)
  전해질로써 수산화칼륨과 같은 알칼리를 사용하고 연료로서 순수 수소를 쓰며, 산화제로서는 순수 산소를 쓰며 60~120℃에서 운전하는 저온형 연료전지이다. 우리가 통상 이야기하는 "수소자동차"를 생각하면 이해가 쉽다. 우주산업에 가장 먼저 사용되었다.

- 용융탄산염 연료전지(MCFC, Molten Carbonate Fuel Cell)

  650℃의 고온에서 운전되는 고온형 2세대 연료전지로서 석탄가스, 천연가스, 메탄올, 바이오매스 등 다양한 연료를 사용하여 효율이 높고 친환경적이다.

- 고체산화물 연료전지(Solid Oxide Fuel Cell, SOFC)

  현존하는 연료전지 중 가장 높은 온도(700~1000℃)에서 작동하는 고온형 3세대 연료전지이다. 산소 또는 수소 이온을 투과시킬 수 있는 고체산화물을 전해질로 사용하는 연료전지이다.

- 직접 탄소 연료전지(DCFC, Direct Cabon Fuel Cell)

  고체산화물 연료전지(SOFC)와 용융탄산염 연료전지(MCFC)에서 한 단계 발전한 차세대 고온형 연료전지 기술이다. 기존의 화력 발전소 혹은 석탄가스화복합발전에 활용 가능한 연료전지이다.

- 직접 에탄올 연료전지(DMFC, Direct Ethanol Fuel Cell)

  메탄올을 개질하여 수소로 만들 필요가 없어 소형화가 가능한 전지로서 전기자동차에 사용할 수 있는 연료전지이다.

- 고분자전해질 연료전지(Polymer Electrolyte Membrane Fuel Cell, PEMFC)

  수소이온을 투과시킬 수 있는 고분자막을 전해질로 사용하는 저온형 4세대 연료전지이다. 다른 형태의 연료전지에 비하여 전류밀도가 크고 구조가 간단하다. 또한 빠른 시동과 응답특성, 우수한 내구성을 가지고 있으며 수소 이외에도 메탄올이나 천연가스를 연료로 사용할 수 있어 자동차, 현지 설치용 발전기, 군수용 전원, 우주선용 등 활용분야가 다양하다. 대기 오염의 주 원인인 내연기관 차량을 대체할 수 있는 무공해 자동차로는 원래 배터리를 동력원으로 하는 전기자동차가 각광을 받고 있었다. 그러나 배터리를 전기자동차 동력원으로 사용할 경우 충전시 많은 시간을 요구하고, 에너지 밀도가 낮아 주행가능거리가 짧으며 배터리의 수명이 짧은 문제점이 있다. 또한 전기자동차가 상용화된다면 많은 전기 충전소의 설치가 필요하며 여기서 사용되는 전기는 대규모 발전소에서 공급되므로 결국 오염원의 이동에 불과하다고 볼 수 있다. 따라서 전기자동차 동력원으로서의 배터리에 대한 단점을 보완하기 위하여 배터리와 연료전지를 동시에 사용하는 혼합형(hybrid)형태로 동력을 발생시키는 방법에 대한 연구가 활발하다. 드론도 이에 대한 연구가 활발히 진행 중에 있다.

3) 리튬폴리머(Li-Po) 배터리 정보 표기

드론 전용 배터리에는 그림 2.71에서 보는 바와 같이 배터리에 대한 중요한 정보들을 표기해 놓았는데, 구입시부터 사용할 기체에 적합한 배터리를 구입해야 하고, 또한 어떠한 기체로 비행을 하더라도 적격한 배터리인지를 사전에 반드시 확인 후 비행하여야 한다. 배터리 표면의 표기를 보고 확인할 수 있는 사항은 다음과 같다.

① Cell 연결 개수와 전압 확인

- 상업용 드론에 사용하는 리튬폴리머 배터리는 통상 6개의 셀을 하나로 묶은 모듈(Module) 단위로 배터리를 장착한다. 여기서 Cell이란 배터리 낱개 하나를 의미하는데, 6개를 직렬로 연결했을 때 6S(Serial, 직렬)로 표기하고 직렬로 연결할 때는 1P(Perallel)로 표기한다.
  6S 리튬폴리머 배터리 2개를 사용하는 기체라면 총 12Cell을 직렬로 연결한 전원을 사용하는 기체라는 의미이다.
- 리튬폴리머 배터리의 1Cell당 공칭전압(정격전압)은 3.7V(볼트)이고 만충전압은 4.2V이다. 6개를 직렬과 연결했을 때 정격전압은 22.2V (3.7V×6)이고 만충전압은 25.2V(4.2V×6)라는 의미이다.
  각 셀의 전지는 2.8V(최소)~4.2V(만충)의 전압을 유지해야 한다. 3.2V 이하에서는 2.8V 이하로 급격히 떨어져 영구적으로 배터리를 사용하지 못할 수 있다.

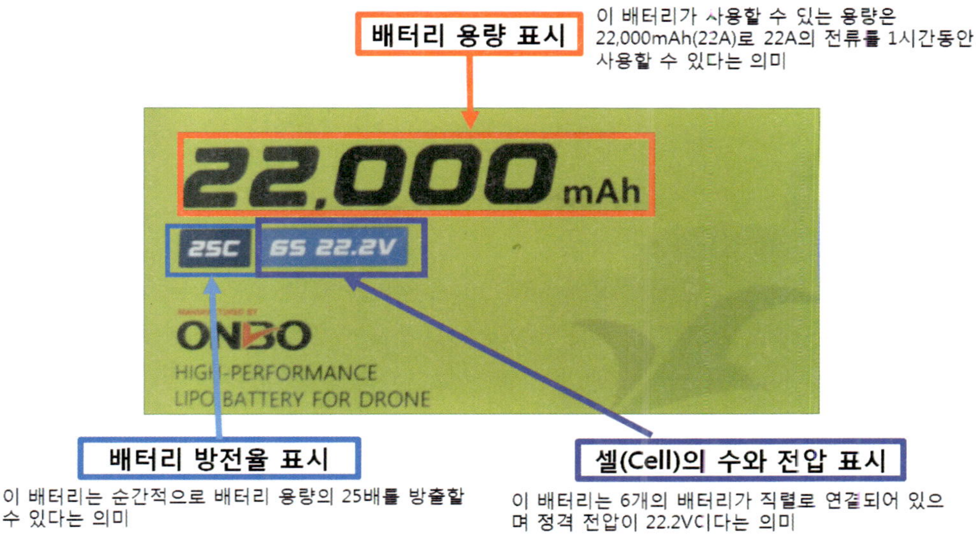

그림 2.71 배터리의 정보 표기

② 배터리 용량(전류량) 확인

- 배터리 용량을 표시하는 단위는 Ah(암페어시) 또는 mAh(밀리암페어시, 1Ah=1,000mAh)로 표시한다. 10Ah는 10A로 1시간을 사용하거나 1A로 10시간을 사용할 수 있다는 의미이다. 그림 2.71에서와 같이 22,000mAh로 표시된 배터리는 22A의 전류를 1시간, 11A의 전류는 2시간 공급할 수 있다는 의미이다.
- 드론의 모터가 40Ah를 소모한다면 22,000mAh인 배터리로 약 33분 정도 비행이 가능한 기체라고 판단하면 된다.

③ 배터리 방전율 확인

- 배터리 표면에 15C, …. 25C, …, 50C로 표시되어 있다. 여기서 15C는 순간적으로 배터리 용량의 15배를 방출할 수 있다는 것을 의미한다. 또한 Cont 25C는 연속방전율을 의미하고 Burst 50C는 순간 최대방전율을 의미한다.
- 그림 2.71에서와 같이 "25C"로 표기되어 있으므로 순간 최대방전율이 25배인 배터리라는 의미이다. 방전율이 무조건 높다고 좋은 것은 아니다. 그만큼 배터리 수명이 짧아진다는 의미이다. 드론의 종류에 따라서 적절한 것을 선택해야 한다.

④ 배터리 출력 확인

- 방전율 값(C)과 전류량(배터리용량)을 곱하여 배터리의 출력을 산출할 수 있다. 그림 2.71에서와 같이 방전율이 25C이고 배터리 용량이 22Ah인 배터리의 출력은 550W이다(25C×22Ah=550W).

4) 리튬폴리머(Li-Po) 배터리 사용시 주의사항

- 정격 용량 및 장비별 지정된 정품 배터리를 사용해야 한다.
- 배터리가 합선되지 않도록 주의한다.
- 배터리는 충격에 매우 약하기 때문에 떨어뜨리지 않도록 하며, 강한 진동이나 충격을 주지 말아야 한다. 안전하고 튼튼한 절연통(탄통 등)에 담아서 이동해야 한다.
- 배터리를 물이나 습기가 많은 장소에 보관하지 말아야 한다. 배터리 속에 물이 들어가면 화학적 분해가 일어나 화재가 발생하거나 폭발할 수 있다. 물에 들어갔을 경우 건져서 안전하게 개방된 공간에 두고 완전 건조시까지 안전거리를 유지한다.
- 부풀어진 배터리는 사용해서는 안된다. 이러한 현상을 스웰링(swelling) 현상[91]이라 하는데 저항으로 산소가 발생하고 리튬과 반응하여 열이 발생하는 현상이다. 계속 사용시 화재가

91) 스웰링 현상이란 배터리의 배가 부풀어오르는 현상이다.

발생할 수 있다.

- 전원이 켜진 상태에서 배터리를 탈착해서는 안된다.
- 배터리는 −10℃～40℃의 온도 범위에서 사용한다. 50℃ 이상 환경에서 사용시 폭발 위험이 있다.
- 배터리를 금속탁자 등 전기 및 전자기 환경에서 사용하거나 보관하지 말아야 한다.
- 배터리를 임의로 분해시 폭발하거나 화재가 발생할 우려가 있다. 리튬 배터리에 의한 화재는 화학적 반응에 의한 화재이므로 일반 소화기로 잘 꺼지지 않는다.
- 전해질은 부식성이 강해서 만약 전해질이 피부에 접속될 경우 즉시 흐르는 물에 15분 이상 세척 후 반드시 의사의 진단을 받아야 한다.
- 손상되거나 심한 충격을 받은 배터리는 사용을 금지해야 한다.
- 금속 탁자와 같은 전도성의 표면 위에 배터리를 두어서는 안된다.

5) 리튬폴리머(Li-Po) 배터리 충전시 주의사항

- 배터리 충전시 상전이나 차량 전원에 직접 연결하지 말고 반드시 적합한 충전기를 사용해야 한다. 전원공급기(power supply)와 충전기를 사용하여 밸런스 충전[92]을 실시한다.
- 배터리는 충전을 한 상태에서 방치하지 말고 주의 깊게 관찰한다.
- 비행 직후 온도를 확인하여 온도가 높아진 상태에서 충전하지 말아야 한다.
- 충전시 애완동물에 주의하고 사용하지 않을 경우 충전기에서 분리해야 한다.
- 충전기를 알코올이나 솔벤트 등으로 청소해서는 안 된다. 또한 손상된 충전기는 사용해서는 안 된다.
- 충전이 완료되면, 셀 전압 테스터기로 반드시 셀별로 전압을 확인한다. 4.2V가 넘으면 불량한 셀이니 폐기한다.

6) 리튬폴리머(Li-Po) 배터리 보관시 주의사항

- 화로나 전열기 등 열원 주변에 보관해서는 안 된다.
- 더운 날씨에 차량에 배터리를 보관해서는 안 된다. 적합한 보관 장소의 온도는 22℃～28℃이다. 50℃ 이상의 장소에 배터리를 적재해서는 안 된다.
- 겨울철에 너무 차가운 곳에 보관하면 배터리의 성능이 떨어진다.
- 습도가 높은 곳, 물방울이 있는 곳 등에 두지 않는다.

92) 밸런스 충전은 셀 1개당 충전과 방전을 미세하게 자동 조종하면서 충전하는 방법으로, 충전 후에는 각 셀당 전압편차가 거의 없이 모든 셀이 4.2V에 근접하여 충전된다. 충전시 불량 셀을 자동으로 발견하여 과충전과 저충전을 예방하여 준다.

- 배터리를 낙하, 충격, 쑤심 또는 인위적으로 합선시키면 안 된다.
- 안경, 시계, 보석, 머리핀 등의 금속성 물체들과 같이 보관해서는 안 된다.
- 배송시에는 보관모드로 충전한 상태에서 배송한다.
- 보관시에는 드론과 배터리를 분리한다. 일주일 이상 사용하지 않고 보관할 경우 반드시 보관모드로 충전시의 전압인 3.7~3.8V 정도로 유지한 상태에서 보관한다.

드론 비행원리와 드론 비행

10 CHAPTER

1 무인멀티콥터 구조와 특성

1) 멀티콥터 구조

- 멀티콥터는 3개 이상의 동력 축(모터)에 프로펠러를 장착하는 구조로 되어있다. 작용과 반작용의 원리로 양력을 발생시키기 때문에 일반적으로 짝수의 동력 축과 프로펠러를 장착한다. 드론은 일반적으로 비행체, 지상통제시스템(GCS), 임무탑재장비(Payload)로 구성되어 있다.
- 비행체 : 기체구조물, 착륙장치(스키드), 프로펠러, 모터, ESC(전자변속기), 배터리, FC(비행제어기) 및 각종 센서 등
- GCS(Ground Control System/Station) : 원격조종기, GCS장비, 데이터링크(Datalink) 등
- 임무탑재장비(Payload) : 촬영용 카메라(EO/IR 등), Mapping장비(다중분광 카메라, LiDAR 등), 통신 중계 장비, 특수 장비(인명구조장비, 약제 살포 장비, ……) 등

그림 2.72 멀티콥터의 GCS(지상통제시스템)

2) 멀티콥터의 특징

- 멀티콥터는 헬리콥터에 비해 기체구조가 간단하고, 부품수가 적으며 구조적으로 안정성이 뛰어나 초보자들도 조종하기 쉽다.
- 멀티콥터는 각 프로펠러들이 독립적으로 통제됨에 따라 헥사콥터나 옥토콥터처럼 프로펠러가 많은 경우에는 어느 한 프로펠러에 문제가 발생하더라도 나머지 프로펠러들을 가지고 보상하여 이론적으로 비상착륙이 가능하다. 그러나 실제로는 기체가 균형을 잃어 위험한 상황으로 이어진다. 헬리콥터는 메인 로터와 테일 로터가 구조적으로 연결되어 있어서 어느 한 부분에만 고장이 생겨도 실속상황으로 이어져 오토레이션을 하면서 추락으로 이어진다.

3) 헬리콥터와 멀티콥터의 양력발생 원리의 차이

- **헬리콥터**는 블레이드가 회전하면서 블레이드의 피치각을 조절하여 변동시키면서 양력을 발생시킨다. 한마디로 '**변동 피치**'로 메인로터의 회전에 의해 양력을 얻고 이때 발생한 토크를 테일 로터 블레이드 회전하면서 반토크 힘을 만들어 내어 토크를 상쇄시킴으로서 방향을 유지하며 비행한다.
- **멀티콥터**는 프로펠러가 이미 모터에 고정되어 있다. 프로펠러의 피치각도 이미 '이 프로펠러는 한 바퀴 회전에 얼마만큼 드론이 이동한다'라고 정해져 있다. 헬리콥터처럼 회전하면서 피치각에 변화를 줄 수가 없다. 단지 모터의 회전으로 모터에 고정된 프로펠러의 회전수에 의해 양력의 크기를 조절하여 비행한다. 모터의 분당회전수(RPM)가 높으면 양력이 높게 발생하는 것이다. 즉, '**고정 피치**'로 인접한 프로펠러를 서로 역방향으로 회전시킴으로서 토크를 상쇄시키고 모든 프로펠러가 수평으로 회전하며 양력을 발생시키면서 비행하는 것이다.

4) 멀티콥터의 종류

• 멀티콥터는 프로펠러(Rotor)의 숫자에 따라 X자를 기본 형태로 하여 트리콥터(3개), 쿼드콥터(4개), 헥사콥터(6개), 옥타콥터(8개) 등으로 분류한다. 통상적으로 볼 수 있는 형태는 프로펠러가 4개인 쿼드콥터이다. 방제형 멀티콥터의 경우 기본을 +형으로 한다. 프로펠러가 많으면 강한 회전력을 낼 수는 있지만 배터리 소모가 많아서 비행시간이 짧다는 단점이 있다.

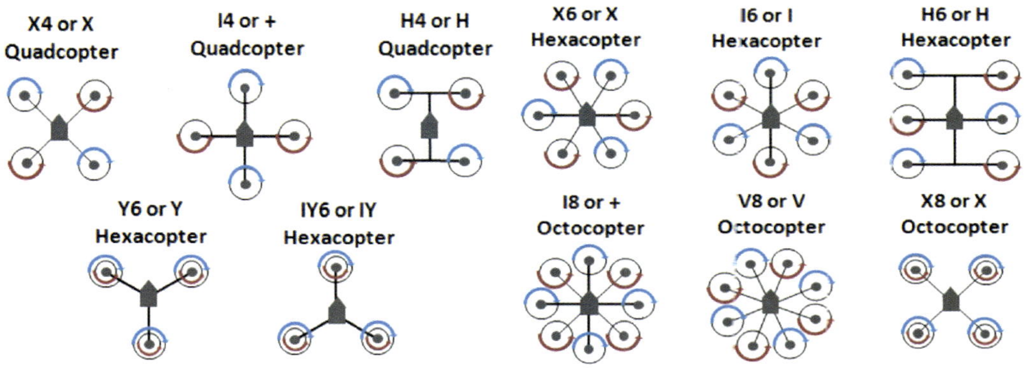

그림 2.73 로터 숫자에 따른 멀티콥터의 분류

5) 멀티콥터 조종기 모드 종류

• 드론의 조종기는 무선모형에서 쓰이는 R/C(Radio Controlled) Controller를 그대로 빌려와서 사용한다. 필수적인 신호를 4개 채널로 나누었다. 각 채널 별로 어떻게 움직일지 미리 정해 놓았다. 조종기의 양쪽 스틱에 할당하여 조종기에서 드론에 내장되어 있는 수신기(Receiver)로 신호를 보내는 것이다. 수신기는 이 신호를 받아 FC(비행제어기)에 전달하면, FC(비행제어기)에서는 각종 센서들의 정보를 같이 계산하여 모터의 회전 값을 결정하게 된다. 채널을 지정하는 것은 조종기와 FC의 종류에 따라서 다르다. 통상 채널 1~4번에 방향을 통제하는 에일러런, 엘리베이터, 스로틀, 러더 기능을 입력하도록 제품이 출시된다. 드론 FC의 어시스턴트 프로그램(Assistant program)으로 조종기와 함께 세팅시에 조종자가 사용하는 조종 모드에 맞게 지정해야 한다.

ⓐ 채널 1 : 좌 · 우측 이동 Roll을 통제하는 에일러런(Aileron)이다.
ⓑ 채널 2 : 전 · 후진 Pitch를 통제하는 엘리베이터(Elevator)이다.
ⓒ 채널 3 : 상승하고 하강하는 것을 통제하는 스로틀(Throttle)이다.
ⓓ 채널 4 : 좌 · 우측 방향전환 Yaw를 통제하는 러더(Rudder)이다.

- 조종기의 모드(Mode)는 각 채널을 송신기 좌 · 우측 어느 스틱에 할당하느냐에 따라서 총 4개의 Mode로 구분한다. 주로 모드(Mode) 1과 모드(Mode) 2를 선호한다. 어느 모드를 선택하더라도 조종기 내에서 변경하여 조종이 가능하므로 본인이 조종하기에 편한 모드를 선택하면 된다. 중국제 취미용 드론은 주로 모드 2로 세팅되어 판매되고 있고 국내의 산업용 드론은 모드 1과 모드 2를 병행해서 사용하는 추세이다.

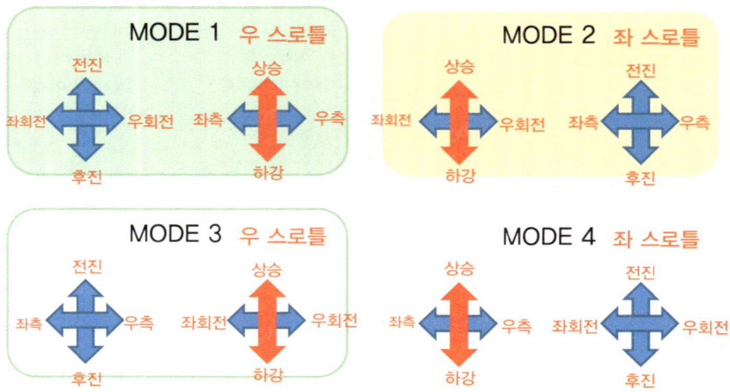

그림 2.74 멀티콥터 조종기 모드

6) 드론의 이동 방향과 상태 결정

- 드론은 각각의 모터 속도에 따라서 드론의 방향과 상태가 정해진다. 각각의 프로펠러가 회전하는 방향은 시계방향(CW)과 시계반대방향(CCW)으로 이미 정해져 있다. 그림 2.74에서 화살표로 표시된 방향이 프로펠러가 회전하는 방향이다. 대각선으로 마주보는 프로펠러는 같은 방향으로 회전하고, 옆에 인접한 프로펠러는 반대 방향으로 회전하여 반토크의 힘을 발생시켜 기체가 균형을 유지할 수 있도록 한다.
- 드론의 이동 방향을 결정하는 것은 각각의 프로펠러가 회전하는 상대적인 속도의 차이이다. 그림 2.75에서와 같이 드론이 전진을 하기 위해서는 뒤쪽에 위치한 두 개의 프로펠러의 회전속도가 앞에 위치한 두 개의 프로펠러 속도보다 빨라야 한다. 왼쪽으로 회전하기 위해서는 시계방향(CW)으로 회전하는 프로펠러의 속도가 시계반대방향(CCW)으로 회전하는 프로펠러보다 회전속도가 빨라야 한다. 시계방향, 즉 오른쪽으로 회전하는 속도가 빠르므로 토크가 발생하여 기체는 왼쪽으로 방향이 돌아가는 것이다. 나머지 방향전환에 대한 상태도 같은 원리로 이해하면 된다.

  시계방향으로 회전하는 모터들에 장착되는 프로펠러를 **푸셔(Pusher) 프로펠러**라 부르고 반시계방향으로 회전하는 모터들에 장착되는 프로펠러를 **트랙터(Tractor) 프로펠러**라 부른다.

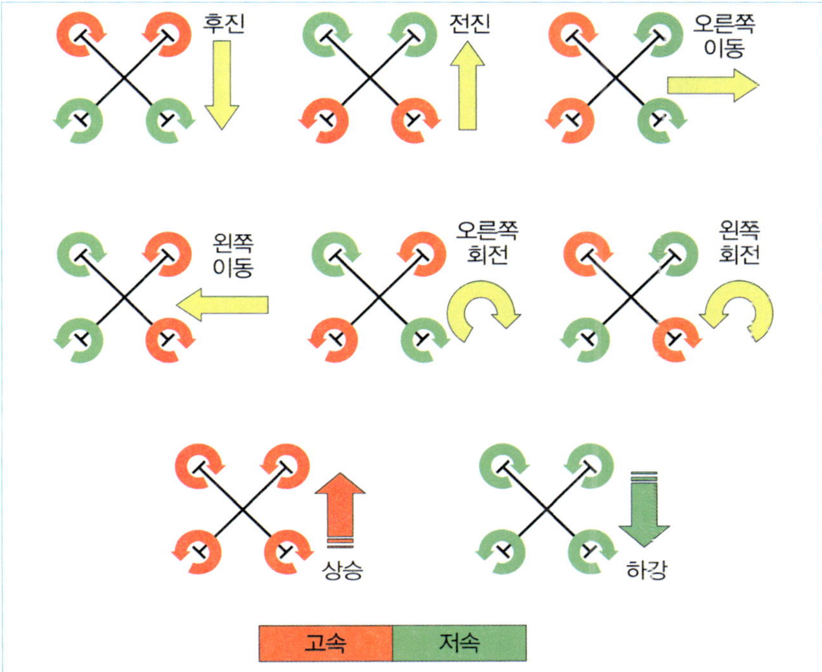

그림 2.75 모터의 회전속도와 방향에 따른 드론의 이동방향(그림출처 : hooc.heraldcorp.com)

2 드론 조종기 조작요령

1) 조종기 각 부위 명칭

- **전원스위치** : 조종기의 전원을 인가하는 스위치로 위로 올리면 전원이 인가되어 조종자가 스틱으로 명령하는 명령어를 기체로 전달할 수 있다. 아래로 내리면 전원이 꺼진다.
- **전원표시등** : 조종기 전원을 인가하면 불이 들어오고 전원을 끄면 불이 꺼진다.
- **조종 스틱** : 조종기의 모드에 따라서 스로틀(상하 이동명령), 엘리베이터(전진, 후진), 러더(좌, 우회전), 에일러런(좌, 우측 이동)을 통제하는 스틱이다.
- **토글스위치** : 드론에 따라서 여러 개의 토글스위치가 있는데, 기본적으로 GPS모드, 자세모드(Atti 모드), 매뉴얼 모드, RTH를 설정할 수 있다. 드론이 어떠한 임무를 수행하느냐에 따라서 토글 스위치에 수행할 임무를 입력시키는 것이다. 예를 들어 인명구조용 튜브낙하, 방제를 위한 약품 스프레이 분사 등의 임무를 토글 스위치에 입력할 수 있다.

- 트림(Trim)버튼 : 트리밍은 소총의 영점을 잡듯이 조종기 스틱을 미세조종하여 스로틀, 엘리베이터, 러더, 에일러런 스틱의 영점을 잡는 것이다. 예를 들어 스로틀을 위로 올렸는데 기체가 수직으로 상승하지 않고 좌측 또는 우측으로 상승한다면 스로틀 트림의 버튼을 좌측 또는 우측으로 조종하여 중점을 맞춘 이후에 조종해야 한다. 무의식적으로 트림 버튼을 조작한다면 기체는 조종자가 조작하는 방향이 아닌 엉뚱한 방향으로 비행하여 혼란스러운 상황에 빠질 수 있다. 따라서 비행전 조종기 캘리브레이션을 통해서 트림의 상태를 확인하는 것은 대단히 중요하다.
- 조종기 기능 설정 버튼 : 조종기의 기능을 설정할 수 있는 버튼이다. 예를 들어 설정버튼을 조작하여 모드 1과 모드 2의 비행모드를 바꿀수가 있다. 조종기 제조사에 따라서 조작하는 방법이 다르므로 조종기 구입시에 조작매뉴얼(설명서)을 잘 참고해야 한다.
- LCD 디스플레이 : 조종기에 설정된 내용을 화면을 통해서 볼 수 있다. 주간에도 볼 수 있도록 백라이트(back light)기능이 있다.
- 조종기 스트랩 걸이 : 조종기의 중심을 잡기 위해서 목에 끈을 걸수 있도록 된 고리형태의 걸이이다.

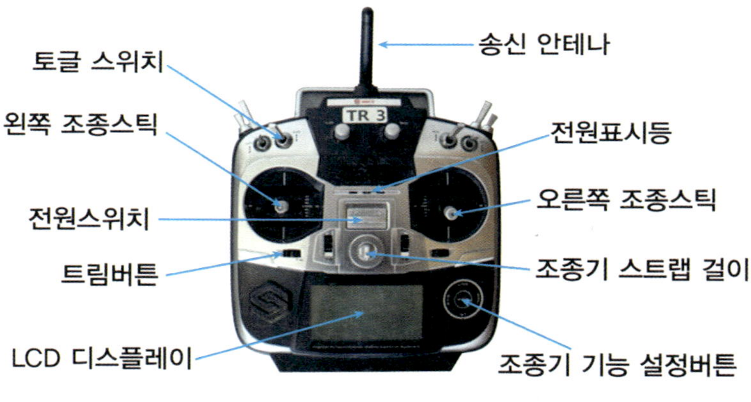

그림 2.76 조종기의 각 부위 명칭

2) 송신기와 수신기 연결

송신기와 수신기를 서로 매칭하여 송신하는 명령대로 기체가 작동하게 하는 것을 '바인딩(Binding)'이라고 한다. 하나의 송신기에 하나의 기체가 작동하도록 송신기와 수신기를 맞추는 작업이다. 최초에 한번 바인딩을 하면 비행할 때마다 바인딩을 할 필요는 없다. 완구용 드론에서는 바인딩 이외에 '페어링(fairing)' 타임을 분리하여 주파수 간섭을 피하여 비행할 수 있다.

3) 비행모드 선택

드론의 비행제어모드는 어떠한 FC(비행 컨트롤러)를 사용하느냐에 따라서 용어를 일부 달리한다. 일반적으로 DJI사의 FC를 사용했을 시에는 수동모드, 자세제어모드, GPS 자동비행 모드로 구분한다.93) 비행제어를 선택하는 토글 스위치는 조종간에 조종자가 손에 쉽게 닿을 수 있는 위치의 토글 스위치를 선택하여 지정한다.

- **수동 모드(Manual mode)** : 완전한 수동 모드로서 자동화된 자세 제어 기능이 없다. 전·후진, 좌·우이동, 고도이동 모든 비행조종을 조종자가 직접 실시하는 모드로 저가의 연습용 드론에 사용한다.
- **자세제어 모드(Attitude mode)** : 기압센서에 의해서 고도만 유지되고 GPS가 지원되지 않기 때문에 안정된 비행을 할 수 없는 비행모드이다. 기체가 전·후, 좌·우로 많이 흘러 안정된 조종이 어렵다. 항상 GPS지원을 받는다는 보장이 없으므로 자세 제어 모드에서의 조종연습이 필요하다.
- **GPS 자동비행 모드(GPS mode)** : GPS를 이용한 위치 인식과 각종 센서를 이용하여 안정된 비행을 할 수 있는 모드로 최근에 출시되는 대부분의 드론이 GPS모드로 비행할 수 있도록 제작된다. 실내에서는 GPS 신호가 수신이 되지 않기 때문에 초음파거리센서, 비젼센서 등을 장착하여 고도와 위치보정을 하며 비행한다.

4) 조종기 조작요령

- **기체 시동 On / Off** : 조종기의 전원을 켜고 조종기 좌·우측 스틱을 중앙 하단으로 모으면 1~2초 후에 프로펠러가 회전을 시작하여 상승하게 되고 비행중에 스로틀 스틱을 서서히 내리면서 기체가 지면에 닿은 후 스로틀 스틱을 완전히 내리면 잠시 후 프로펠러 회전이 멈추어 시동이 꺼진다.
- 드론 모터에 번호를 부여하는 순서는 드론에 장착된 FC의 종류에 따라서 다르다. Pixhawk 계열의 FC나 DJI 계열의 FC는 그림 2.77에서 보는 바와 같이 12시 방향의 우측에 있는 모터부터 번호를 부여하되 번호를 부여하는 순서가 다르다. 어떠한 종류의 FC를 선택하느냐에 따라서 상이하므로 매뉴얼을 반드시 참고해야 한다. 조립 후 세팅시에 모터의 순서는 중요하고 비행의 안전과도 매우 밀접한 관계가 있다.
- **스로틀(Throttle) 스틱 조작** : 스로틀(Throttle) 스틱은 **기체의 상승과 하강**을 조작하는 스틱이다. ①, ②, ③, ④번 프로펠러의 회전수를 동일하게, 빠르게 또는 느리게 하여 기체의

93) APM 콥터의 자세제어 비행모드는 평행모드(Stabilize Mode), 고도유지모드(Alt Hold Mode), 위치고정모드(Loiter Mode), Pos Hold Mode로 구분한다.

고도를 조절한다.

- 엘리베이터(Elevator) 스틱 조작으로 피치(Pitch) 조절 : 엘리베이터(Elevator) 스틱은 기체를 전진시키고 후진시키는 스틱이다. 기체의 기수방향을 기준으로 앞 · 뒤 프로펠러의 회전수를 조절하여 회전면을 기울여서 기체를 전진 또는 후진시킨다.

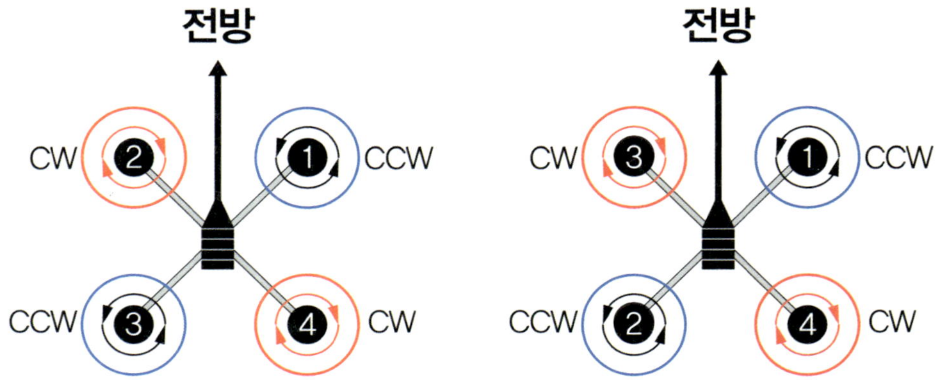

(a) DJI 계열 드론 (b) Pixhawk 계열 드론

그림 2.77 멀티콥터 모터의 회전방향과 번호부여 순서

- 에일러론(Aileron) 스틱 조작으로 롤(Roll) 조절 : 에일러론(Aileron) 스틱은 기체를 좌측 · 우측으로 이동시키는 스틱이다. 기체의 좌 · 우측 프로펠러의 회전수를 조절하여 프로펠러의 회전면을 기울여 기체를 좌측 또는 우측으로 이동시킨다.
- 러더(Rudder) 스틱 조작으로 요(Yaw) 조절 : 러더(Rudder) 스틱은 기체의 방향을 좌측 · 우측으로 전환시키는 스틱이다. 기체의 대각선으로 마주한 프로펠러의 회전수를 조절하여 기체를 좌측 또는 우측으로 전환시킨다. 러더 스틱을 좌로 움직이면 시계방향으로 회전하는 프로펠러의 회전이 시계 반대방향으로 회전하는 프로펠러 회전보다 강하여 기체는 수평을 유지한 상태에서 좌측으로 방향을 전환한다.
- 호버링(Hovering) 조작 : 호버링(Hovering)상태는 반시계방향으로 회전하는 모터의 회전속도의 합과 시계방향으로 회전하는 모터의 회전속도의 합이 동일하고 전체 추력의 합력이 드론의 무게를 상쇄하면 드론은 공중에서 정지한다.

5) 자동복귀(RTH, Return to home)

드론은 통상 RF신호로 1km 내외의 가시권 내에서 직접 조종으로 비행을 한다. 대부분의 기체는 작기 때문에 조금만 시야에서 벗어나더라도 기체의 방향을 인지하기가 어려워서 조종자의 위치로 기체를 복귀시킬시 어려움을 겪는 경우가 많다. 이러한 경우 유용하게 활용하는 기능이 자동복귀 기능이다. 자동복귀는 FC의 종류에 따라서 용어를 달리하는데 DJI사 드론은 RTH(Return To Home)이라 하고, Pixhawk FC 드론은 RTL(Return to Launch)라고 한다.

- **스마트 자동복귀(Smart RTH)** : 조종자의 판단에 의해 기체를 자동으로 복귀시키는 상황이다. 조종자가 자동복귀 버튼을 누르면 기체는 조종자의 조작 없이 설정된 Home으로 복귀하여 복귀한 위치에서 호버링하거나 스스로 착륙까지 할 수 있다. 조종자는 기체가 리턴 투 홈(RTH)하는 동안에 다시 버튼이나 토글스위치를 조작하여 RTH 상황을 해제한 후 수동으로 기체를 조작할 수 있다. 스마트 자동복귀 기능은 기체가 가시권을 벗어나고 기체의 방향을 제대로 판단할 수 없을때 자주 사용하는 유용한 기능이다.
- **배터리 부족시 자동복귀(Low Battery Fail/Safe)** : 조종자가 배터리 부족 경고를 받았음에도 불구하고 기체를 운용하면 자동으로 RTH 기능이 실행되는 상황이다. 기체가 홈 위치에 복귀하기에 배터리 잔량이 충분하지 못할 때 실행된다.
  이 상황에서도 기체가 홈으로 복귀 중 조종자가 수동으로 기체를 조작할 수 있다. 복귀하는 중간에 장애물을 만나 회피해야 할 필요성이 있기 때문이다.
  이 기능을 사용하기 위해서는 비행전에 배터리가 몇 %로 떨어졌을 때 저전압으로 경고를 하고 리턴 투 홈(RTH)을 할 것인지를 조종자가 설정을 해야 한다.
- **No Control에 따른 자동복귀(No Control Fail/Safe)** : 비행중 일정 시간동안 조종기와 기체간의 송수신이 단절될 시에 발생하는 상황으로 지형과 주변 상황에 따라서 자주 발생한다. 비행 전 설정시에 노콘(No Control)상황에서 이를 무시하고 계속 임무를 수행할 것인지, 그 자리에 바로 착륙할 것인지, 리턴 투 홈(RTH)할 것인지 등을 설정할 수 있다. RTH 상황에서 노콘 상황이 해제되면 다시 기체를 수동으로 제어할 수 있다.

6) 텔레매트리 정보 확인

- 비행중에 드론의 속도, 고도, 조종자와의 거리, 배터리 잔량, 통신상태 등 다양한 비행정보를 확인할 수 있다. 일부는 조종기의 OSD창을 통하여 확인이 가능하지만 모든 텔레매트리 정보는 GCS의 HUD(Head Up Display)창을 통해서 확인할 수 있다.
- 기체운용 중 조종 장치 배터리 전압이 기준치 이하로 떨어지면 조종기에서 경보음이 울리거나 화면에서 경고메시지를 확인할 수 있다. 이때에는 신속히 기체를 복귀시켜 착륙시켜야 한다.
- GCS에서 텔레매트리 정보를 확인하기 위해서는 텔레매트리 정보를 송수신할 수 있는 송수신기를 기체와 GCS에 별도로 장치해야 한다. 최근에 출시되는 대부분의 촬영용 드론은 핸드폰이 GCS 기능을 대신하여 핸드폰에 비행하는 기체의 앱을 설치한 후에 드론과 연결하면 핸드폰의 모니터를 통해서 영상과 텔레매트리 정보를 동시에 볼 수 있다.

3 드론 비행전 준비사항

1) 배터리 충전상태 확인 및 충전

조종기 및 기체 배터리 충전상태를 확인하고 부족 시 충전한다. 배터리는 반드시 정격 충전기를 이용하여 충전해야 안전하다. 가정용 상전에 바로 충전을 하면 배터리 충전에 많은 전기가 소모되어 전원이 차단될 수 있다.

2) 기체운반 시 유의사항

- 기체에서 배터리 등의 장착물을 분리하고 운반한다.
- 이동전에 모든 전원 스위치가 Off에 위치해 있는지를 확인한다. 기체 전원을 On상태로 이동시 이동전의 위치를 Home으로 인식한다.
- 운반 시 프로펠러 등이 외부의 충격으로부터 파손되지 않도록 고정한 후 이동한다.

3) 비행전 육안 확인사항

- 기체 외관상의 파손
- 프로펠러(파손, 휨 현상 등), 모터(온도 등), 커넥터(벗겨짐 등), 배선(벗겨짐 등)의 이상유무
- 연결부위의 볼트와 너트 등의 결합 및 고정상태(볼트가 풀어져 느슨하지 않은지 등)

4) 캘리브레이션(Calibration)

드론에 사용되는 장치나 센서의 초기 값에 문제가 있을 경우, 이를 정상으로 복구해 주는 교정 작업이다. 비행 전에 캘리브레이션(Calibration)을 통해서 기체가 정상적인 상태에서 조종자가 조종하는 대로 조종이 가능하도록 만들어 놓고 비행을 해야 한다.

캘리브레이션은 드론의 종류와 FC(비행제어기)에 따라서 종류와 방법이 다르다. 드론 구입 시 첨부되어 있는 매뉴얼을 참고하여 캘리브레이션을 하여야 한다.

- **조종기 캘리브레이션** : 조종기 스틱의 값을 맞추는 작업이다. 조종자가 스틱을 조작하는 대로 FC(비행제어기)가 정확하게 인지하게 하는 작업이라고 이해하면 된다. 조종기 기능스위치나 트림스위치를 이용하여 조정한다.
- **전자변속기(ESC) 캘리브레이션** : 조종기의 스로틀 스틱을 최대, 최소로 했을 때 모터의 최고 속도와 최저 속도에 대한 값을 MCU[94]가 정확히 계산하는지를 확인하는 것이다. ESC 캘리브레이션이 안되어 있으면, 기체를 상승시키려고 스로틀 스틱을 올렸는데도 상승이 안

될 수도 있고 시동이 걸리지 않을 수도 있다.

- **수평(Level) 캘리브레이션** : 기체를 수평으로 놓았을 때 전후, 좌우 방향으로 평형상태를 FC(비행제어기)에 정확히 알려주는 것이다. 수평 캘리브레이션이 맞지 않으면 기체가 상승할 때 기울어져서 상승이 되거나 한쪽 방향으로 고꾸라지는 현상이 발생한다. 기울어진 상태를 수평으로 인식하기 때문이다.
- **지자계(Compass) 캘리브레이션** : 드론 기체가 지구 자기장을 인식하는 지자계센서(Compass 센서)의 값을 통해서 비행 진행방향을 FC(비행제어기)가 정확하게 인식할 수 있도록 하는 대단히 중요한 캘리브레이션이다. GPS모듈이 장착되어 있는 FC만 실시한다. 지자계 캘리브레이션이 안되어 있다면 기체가 방향을 제대로 인식하지 못하기 때문에 엉뚱한 방향으로 비행한다.

  지자계 캘리브레이션을 할 때에는 전자기의 간섭이 없는 장소에서 실시한다. 근거리에 자동차나 철재 펜스 등이 있는 주차장은 적합하지 않다. 지자계 캘리브레이션 방법은 FC마다 다르기에 매뉴얼을 반드시 확인해야 한다.

4 드론 비행절차

1) 비행안전구역 확인 및 상황 판단

- 조종자가 비행하고자 하는 지역 주변에 다른 비행체(경비행기 또는 초경량 비행장치)가 비행하는 지를 반드시 확인해야 한다. 조종자 스스로가 비행에 대한 전반적인 상황 판단을 해야 하기 때문이다.
- 비행 전 기체의 이·착륙 지점에 대한 확인을 해야 한다. 조종자와 비행기체 사이에 장애물이 있다면, RTH 기능 사용 시에 장애물에 의한 기체 파손이 우려되고, 조종 시 조종자의 시야가 제한되므로 안전한 조종이 제한된다. 주변에 장애물이 없고 주변의 차도/인도를 통해서 일반인이 접근하지 않는 곳에 조종자의 위치를 선정해야 한다.
- 기체가 이륙 시 프로펠러가 회전하는 동안 기체가 안정화되지 않았기 대문에 우발상황에 대비하기 위하여 기체로부터 이격하여(조종자 자격증 교육시는 최소 15m 이상) 시동을 걸고 시동전에는 다른 일반인이 접근하고 있는지의 여부를 반드시 확인해야 한다.

94) MCU(Micro Controller Unit) : 드론에서 컴퓨터의 CPU(중앙처리장치) 역할을 하는 것으로 FC(비행제어기) 내에 장착되어 각 모터의 회전수를 계산하여 전자변속기(ESC)로 전달하는 역할을 하는 Unit이다.

2) 기상 상태를 확인하여 비행 가능여부 판단

- 바람의 상태를 확인한다. 풍속이 5m/sec 이상인 상태라면 비행이 제한된다. 바람주머니(Wind Sock)나 손수건이 90°의 각도로 펄럭이는 상태이다.
- 지자계의 수치를 확인한다. 지자계의 수치가 5 이상이라면 비행이 제한된다. Ready to fly 어플을 활용하여 확인하는 것이 쉬운 방법이다. 만약 5 이상의 수치로 확인이 되면 비행장소를 재선정하거나 기다렸다가 지자계 수치가 낮아진 것을 확인한 후 비행해야 한다.

3) 시동 전 조종기 점검 실시

- 시동 전 조종기의 스위치가 바르게 위치되어 있는지와 스틱에 이물질로 인한 조종 장애여부 등 문제가 없는지를 다시 한 번 체크하여야 한다.
- GPS 수신 상태를 확인한다. GPS 수신여부를 알려주는 LED 등의 신호표시를 확인한다. 통상 녹색 색깔의 LED등이 점멸하여 정상적으로 GPS가 수신되는 지를 알려준다.

5 드론 비행간 비정상 상황발생시 조치요령

1) 기체가 균형을 잃거나 급격히 고도가 떨어지는 등 이상 징후 발견 시

- 최대한 기체의 평행자세를 유지시키며 착륙시킨다.
- 착륙 후에는 바로 기체의 전원과 조종기의 전원을 차단하고 기체를 점검한다.
- 프로펠러의 이상 유무를 확인한다(프롭의 파손, 균열, 모터와의 유격, 볼트 고정 등)
- 모터의 이상 유무를 확인한다.(지원하는 assistant 프로그램 연결)

2) 조종기가 제대로 작동되지 않을 시

- 주변에 조종기의 전파를 방해하는 고출력의 통신장비, 고압전선 등이 있는지 확인한다.
- 시동을 시도하였으나 시동이 걸리지 않을시에는 정해진 시동절차로 수회 반복하여 재시동을 시도한다. 그럼에도 불구하고 불가할 시에는 조종기 배터리, 지원 프로그램을 연결하여 조종기 캘리브레이션 등을 확인하다.
- 비행 중 조종 장치에 이상이 있을시에는 가능한 한 안전한 곳에 착륙시킨 후에 점검하며, No Control 상황이라면 fail/safe 상황으로 RTH 상황으로 이어진다.

3) GPS 수신감도 저하 시

- 숙련된 조종자가 아니라면 비행을 중지하고 일정시간을 대기하여 GPS가 6개 이상 연결되었을 때 다시 시도한다. 약 15분 정도 기다려도 GPS수신 감도가 6개 이상 연결되지 않을 시, 장소를 이동하여 재시도 한다.
- GPS신호가 6개 이하로 수신되어도 비행이 불가능한 것은 아니다. 숙련된 조종자라면 GPS 모드에서 자세제어 모드(Atti-Mode)로 전환하여 비행을 실시한다.

4) 비행간 사고발생시 조치사항

- 인명구조를 최우선으로 한 후 신속히 신고하고 상황조치를 한다. 또한 사고조사를 위하여 기체와 현장을 보존한다.

6 드론 비행 후 조치사항

① 비행이 완전 종료된 이후에는 비행전 점검 요령과 동일한 내용으로 조종기, 프로펠러, 모터, 기체 내 · 외부, 랜딩 기어 등을 확인한다. 특히 배터리 덮개, 카본 파이프 등 오염된 부분을 물수건과 마른 수건으로 깨끗이 닦아준다.

② 비행 로그(Log) 확인: 비행 날짜, 비행 횟수, 배터리 사용횟수, 비행장소 및 시간, 비행 목적 등이 기록되어 조종자가 한 눈에 비행정보 및 기체에 대해 파악할 수 있는 자료가 된다.

드론 조립

11
CHAPTER

1 개요

지금까지 드론에 대한 일반적인 이론과 비행에 대한 역학과 작동원리 등에 대해서 설명하였다. 이러한 것들을 기초로 해서 지금부터는 드론 조립에 대한 기본 지식에 대해서 기술하도록 한다.

가장 먼저 어떠한 기체를 선택하느냐가 중요하다. 단순히 취미용 드론을 조립할 것인가?, 레이싱 드론을 조립할 것인가?, 촬영을 목적으로 한 드론을 조립할 것인가? 그리고 목적이 결정이 되었다면 크기에 따라서 300mm 이하 500~800mm 또는 그 이상의 대형기체를 조립할 것인가?를 결정해야 한다. 여기서는 최근에 드론 조립에 입문하는데 가장 많이 선호하여 사용하고 있는 450mm쿼드(Quad) 드론 조립에 대해서 설명하고자 한다.

드론을 조립하기 위한 장비, 공구, 부자재는 많으나 최소한 필요한 필요한 것 들에 대해서만 소개하고 보다 상세한 것에 대해서는 조립에 관련된 전문서적을 참고해야 할 것이다.

1) 드론 제작에 필요한 공구 / 부자재(예)

- 납땜 도구
  - 납땜 인두 : 연납땜에서 땜납과 접합부를 가열하기 위해서 사용하는 공구이다. 니크롬선 히터나 세라믹 히터를 이용한 전기 가열식 제품이 대부분이다.
  - 인두 받침대 : 안전한 납땜 인두 작업를 하기 위해서 인두를 거치해 놓는 작업대
  - 인두팁 클리너 : 납땜 인두 작업시 인두 팁에 묻어 있는 잔여 납과 이물질을 제거하는데 사용

- 페이스트 : 페이스트는 납땜 작업시 인두에 납이 인두에 잘 붙도록 보조해주는 물질
- 땜납 : 납땜에 사용되는, 녹는점 낮은 합금을 말한다. 주로 납과 주석을 주성분으로 한 것이 사용

• 히트건(Heat Gun) : 열수축 튜브를 수축할 시 사용
• 핫 멜트 글루건(Hot Melt Glue Gun) : 원형 플라스틱 막대를 녹여서 접착 대상물을 접합할 때 사용
• 니퍼 : 전선 또는 자재 커팅시 사용
• 와이어 스트리퍼(Wire Stripper) : 전선의 피복을 벗기는 용도로 사용
• 핀셋 : 범용 공구로서 세밀한 대상물을 집을 때 사용
• 육각 렌치 세트 : 나사류 조임용으로 사용
• 열수축 튜브 : 배선을 납땜 접속으로 연장하고 테이핑 절연용으로 사용
• 와이어 매쉬 : 케이블 정리용으로 사용
• 케이블 타이(Cable Tie) : 케이블 정리용으로 사용
• 나사고정 접착제 : 볼트 결합시 견고하게 결합하기 위하여 사용

납땜 인두

인두 받침대/인두팁 클리너

페이스트 / 땜납

히트건

핫 멜트 글루건

니퍼

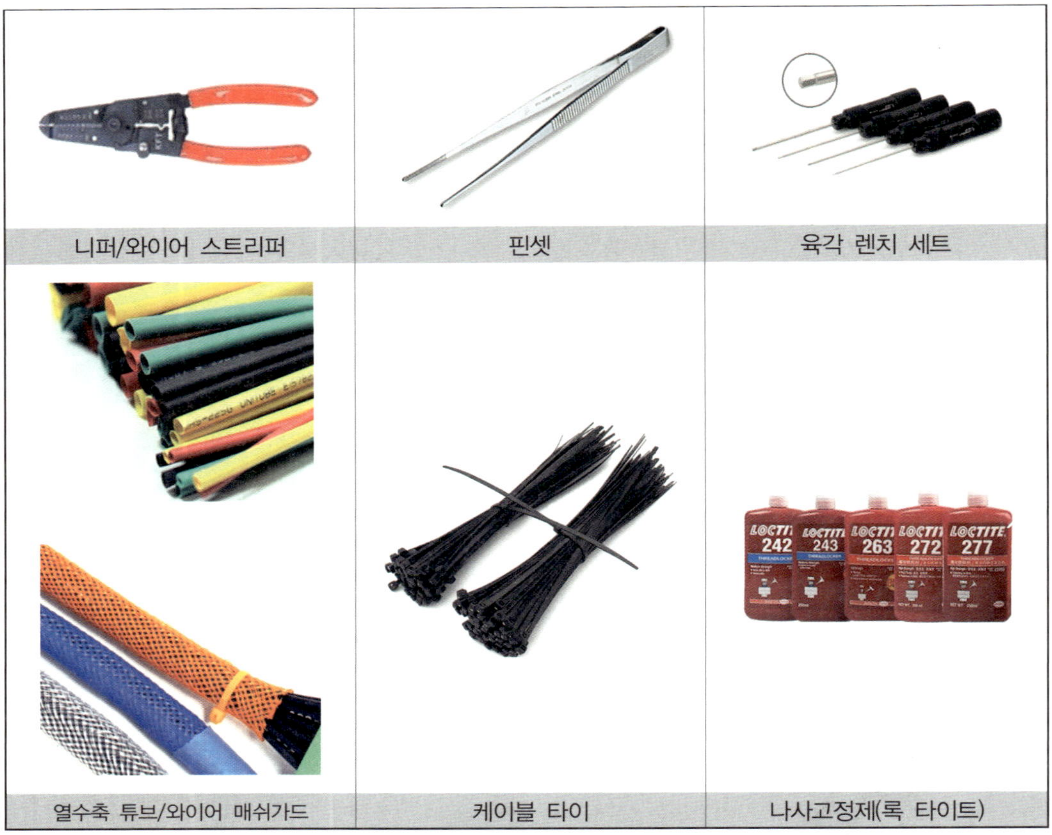

그림 2.78 드론 조립을 위한 공구/부자재(예)

2) 기타 장비

- 파워 서플라이(Power Supply) : 배터리 충전시 직류전류를 일정하게 공급해주는 장비
- 전용 충전기 : 리튬폴리머 배터리를 밸런스 충전시켜 주는 장비
- 디지털 멀티미터 : 전압, 전류, 저항 등을 측정하는 장비
- 드론 배터리 체커 : 배터리의 전압을 측정해 주는 장비
- 조종기충전케이블 : 드론 조종기 배터리를 충전해 주는 장비
- PC에 FC를 지원하는 설정프로그램 설치 : 조립 완료후 FC 점검시 PID세팅 및 파라미터를 변경할 시 사용 (Assistant,Missionplanner,Soomvi GCS 등)

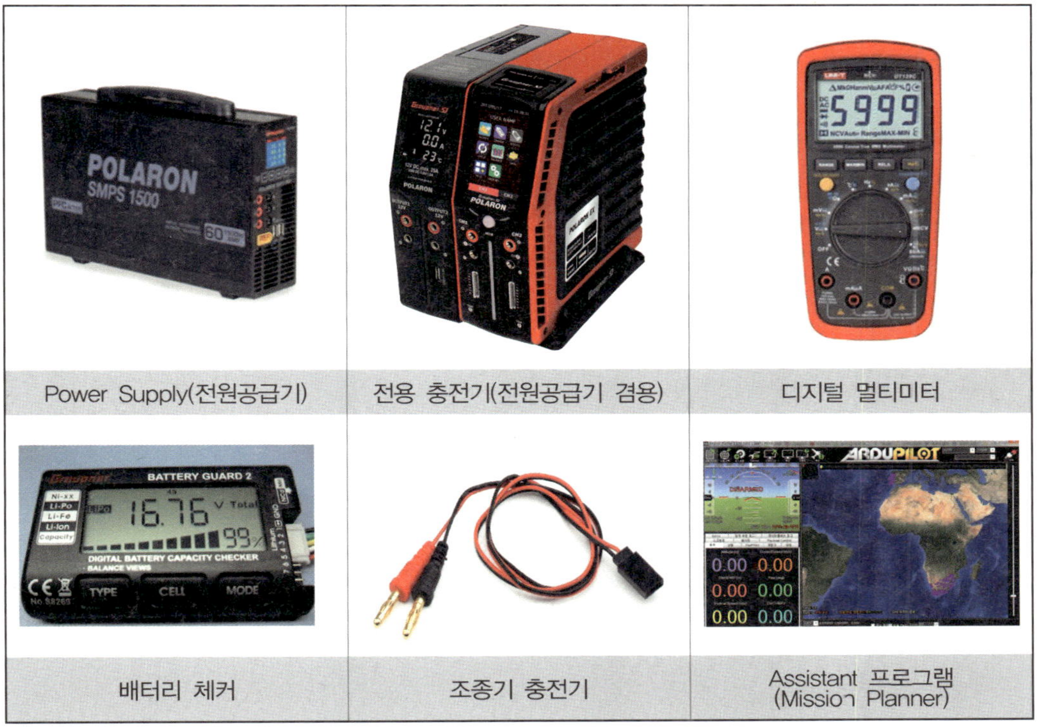

그림 2.79 드론 조립 장비(예)

3) 450 쿼드 구성 부품

드론 조립을 위해서는 ARF[95] 조립세트를 구입하여 준비하며 주요 구성품은 다음과 같다.

- 프레임(450 기체)
  기체의 축간 거리 즉, 대각선 모터 축간거리가 450mm인 프레임이다. 조립용으로 구입이 용이하고 저렴하다.
- BLDC 모터
  450기체에 적당한 출력과 소비전력이 필요한 2212 / 920kV의 모터이다.
- 프로펠러
  3S~4S 배터리를 사용할 경우 1045 정도 크기의 프로펠러를 선택한다.

95) ARF : "Almost-Ready-to-Fly", 조립제품으로 '거의 준비가 다 되었다'를 의미하는 약자이다. 기체, 조종기 및 컨트롤러와 엑세서리 등 모든 부품이 있는 제품으로서 드론 조립에 입문하는데 적절한 제품이다. 완전한 제품은 RTF(Ready To Fly), 송신기만 제외하고 완전히 조립된 제품은 BNF(Bind and Fly)라고 한다.

• ESC(전자변속기)

2S~4S의 리튬폴리머 배터리를 충분히 지원해 줄수 있는 30A 정도의 ESC를 선택한다.

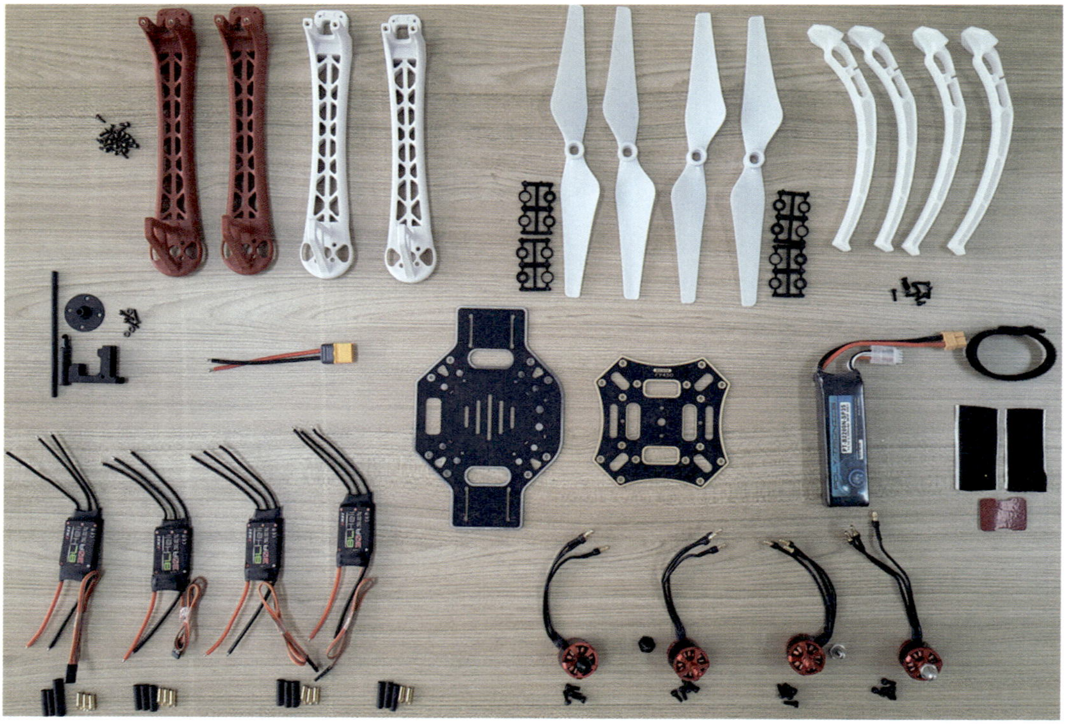

그림 2.80 450급 드론 조립 구성품

• 리튬폴리머 배터리

450mm 기체에 맞는 리튬폴리머 배터리는 전압 3~4셀과 전류는 3,000~5,000mAh, 순간방전률 25C 이상의 배터리를 선택한다.

• 배터리 저전압 경고 알람(Lipo Alaram, 리포 알람)

배터리 전압을 알려주는 알람은 배터리 수명을 정상적으로 유지하기 위해서 필요한 장치이다. 일반적으로 셀당 3.4(V)~3.6(V)로 정하여 그 이하가 되었을시 경고를 해 줄 수 있도록 사용한다. 알람 전압은 0.1(V)단위로 세팅하여 사용할 수 있다. 알람을 통하여 리튬폴리머 배터리의 전압 저하를 예방할 수 있다.

• 송수신기

드론용 송수신기는 내구성, 편리성, 조작성 등을 고려하여 가격대비 성능이 좋은 것으로 선정하여야 한다. 드론에서 필요한 송수신기의 기본 채널수는 5개이다. (Rudder / Throttle

/ Elevator / Aileron / Mode) 기본적인 5개 채널이외에 추가로 필요할 수도 있지만 향후에 어디까지 필요한지 미리 고려해서 선택하는게 좋다. 확장까지 고려한다면 10채널까지 지원되는 송수신기가 필요하다. 대부분 송신기는 5~7.4V를 사용하는데 리튬폴리머 배터리 선택하여 사용하는 것을 권장한다.

그림 2.81　450급 드론 조립 구성품 세트 부품(예)

- FC(Flight Controller, 비행컨트롤러)

  FC는 드론의 모든 동작을 제어하는 쿼드콥터 부품중의 제일 핵심인 컴퓨터 장치이다. FC로 사용되는 종류는 다양한데 제일 사용이 편한건 DJI사의 NAJA, Tarot ZYX, Pixhawk2 등이 있다. 또한 아두이노를 이용한 FC도 있는데 APM(ArduPilot Mega)이다. 이러한 FC는 모듈화되어 있어서 자이로센서와 같은 센서와 조정세팅을 아주 쉽게 할 수 있기 때문에 환경설정에 커다란 문제가 없도록 되어 있다.

  그리고 아예 Multiwii와 같은 오픈소스를 활용하여 Arduino Nano나 Uno와 연결하여 SW만으로 설정하여 구동시키는 방법이 있다. 이런 방법은 학습과 실제 PID(Proportional(비례), Integral(적분), Differential(미분)등을 직접 설정하여 운영하여야 하기 때문에 상당히 까다

롭다. APM방식의 FC모델은 실제 셋팅에 필요한 지식을 어느 정도 보유하고 있어야 하기 때문에 초급자는 FC완제품인 DJI NAJA나 Pixhawk를 사용하는 것을 권장한다.

- 전체 무게는 1.9kg 정도이며 짐벌과 카메라를 부착하면 500g 정도가 추가된다.

2 드론 조립절차(조립기체 : F450)

1) 프레임 밑판에 ESC(전자변속기) 연결

- 납땜 인두와 땜납을 이용하여 ESC연결 단자 4곳에 납땜작업을 한다. 이때 다음 납땜 작업을 위해 바닥 판 납땜할려는 전극부분에 충분히 납이 녹아서 두툼하게 되도록 납을 붙여준다.
- ESC 3선은 모터 컨넥터와 연결할 수 있도록 컨넥터를 납땜하여 결합하고 선과 선을 분리시켜주기 위해 수축튜브와 히팅건을 사용하여 마무리한다.
- +극(적색), -극(흑색)을 구분하여 ESC 4개를 차례로 연결한다. +극과 −극을 혼돈하여 납땜할 경우에는 쇼트가 발생하여 불량이 발생한다.

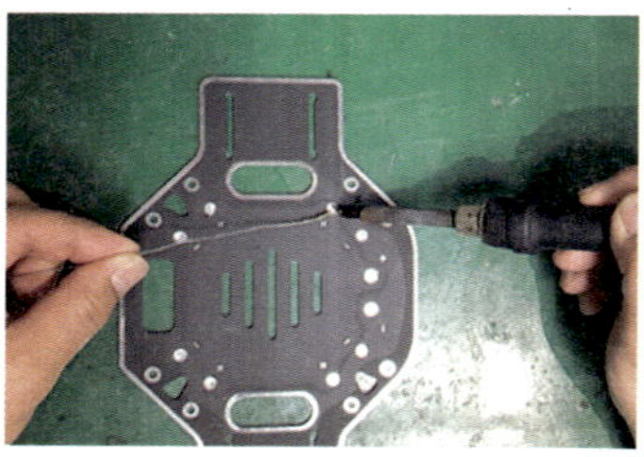

(a) Power Pad 납봉작업

(b) 컨넥터 납땜와 수축튜브

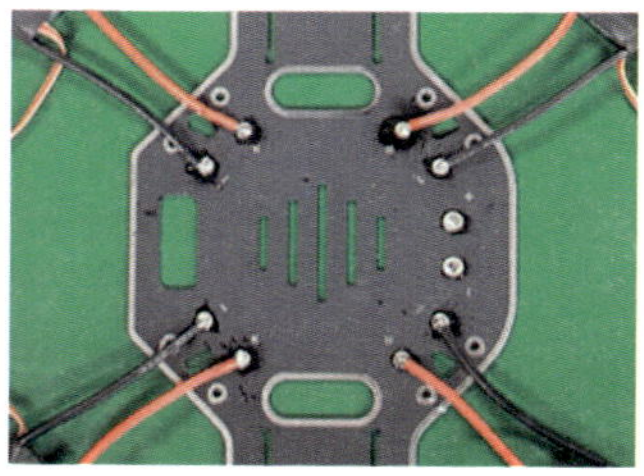

(C) +극과 −극을 구분 ESC선 납땜

그림 2.82 프레임 밑판에 ESC 연결

2) 프레임 밑판에 Power Pad에 배터리선 연결하기

- XT-60 컨넥터와 주 배터리선을 연결한다.

* RTF 조립제품은 통상 XT–60 컨넥터와 주 배터리선이 결합한 상태로 판매되나 분리되어 있을 경우에 납땜으로 연결한다.

- XT-60 컨넥터를 연결한 주 배터리선을 +선(적색)과 −선(흑색)을 구분하여 Power Pad에 납땜으로 연결한다.

(a) XT-60컨넥터 고정　　(b) XT-60컨넥터 주배터리선을 Power Pad에 납땜

그림 2.83 프레임 밑판 Power Pad에 주 배터리선 연결

3) 프레임 밑판에 PMU선 또는 파워 모듈선 납땜 연결하기

- PMU(Power Management Unit)는 전원을 일정하게 분배해주는 유닛이다. FC(비행컨트롤러), LED 등으로 전원을 공급한다.
- Pixhawk FC를 이용시에는 PMU기능을 하는 파워모듈(Power Module)을 주배터리선에 연결한다.
- 프레임 밑판 Power Pad에 PMU선을 그림 2.84와 같이 납땜으로 연결한다.

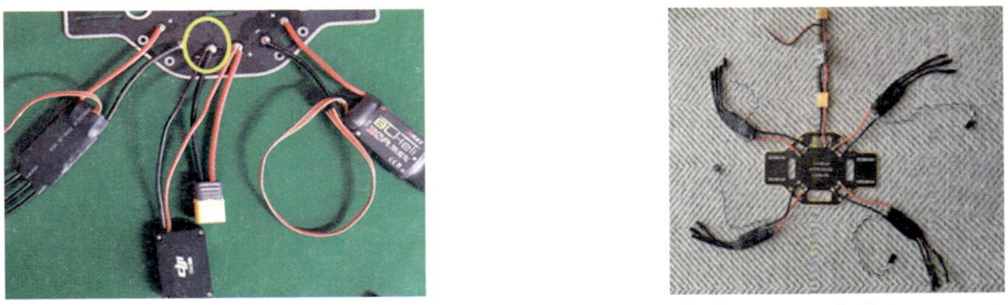

(a) PMU 연결(Naza V2 FC)　　(b) 파워 모듈 연결(Pixhawk FC)

그림 2.84 PMU선을 프레임 밑판에 납땜으로 연결

4) 전압테스터기로 ESC와 배선의 체크

- XT60입력에 전원을 인가하고 +(적색)배선과 -(흑색)배선을 전압테스터기를 이용하여 전압 체크하여 입력 전압과 동일한 전압이 나오는지 확인한다.
- -(흑색)에 전압테스터기의 흑색 검침막대를 접지한 상황에서 각 +(적색) 지점을 접촉 했을 때 정상적인 입력 전압이 출력 되는지 확인하여 납땜이 정상작업되었는지 또는 정상 전류가 흐르는지 확인한다.
- 위의 작업은 전원의 잘못된 회로구성 점검을 위하여 반드시 필요한 작업으로 ESC(전자변속기)부품의 파손을 막아준다.

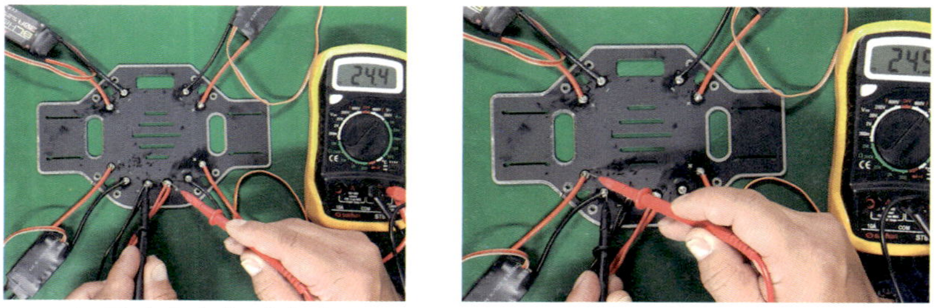

(a) 주배터리선 전압체크 (b) ESC 전압체크

그림 2.85 테스터기를 이용하여 전압체크

5) 프레임 밑판에 암 결합하기

- 프레임 밑판에 2.0mm 나사 2개씩을 이용하여 육각렌치로 암 4개를 순차적으로 결합한다.
- 암 결합시 나사 한 개를 한꺼번에 완전히 조이지 말고 2개를 나누어서 조금씩 균형되게 조인다.
- 암의 색깔로 전방과 후방을 결정하여 암을 결합하는데, 통상 적색을 전방, 흰색을 후방으로 한다.
- 나사결합시 나사고정제인 록타이트를 발라주면서 결합하여 비행간에 기체 진동에 의해 나사가 풀려서 안전사고가 발생하지 않도록 해준다.

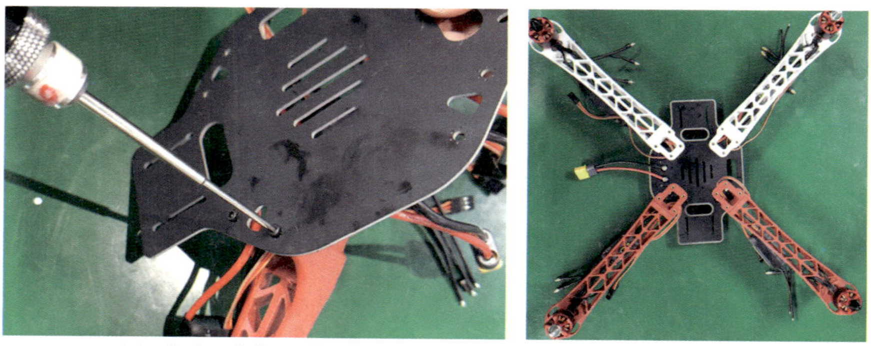

(a) 육각 렌티로 암 결합 (b) 암 4개가 결합된 모습

그림 2.86 프레임 밑판에 암 결합

6) 암에 모터를 결합하고 모터와 ESC를 연결하기

- 암(Arm)에 2.5mm 나사 4개씩을 이용하여 육각렌치로 모터 4개를 순차적으로 결합한다.
- 모터 결합시 ESC(전자변속기)와 연결을 용이하게 하기 위해서 모터선을 암의 밑으로 내려준다.

- 대각선의 모터가 같은 방향으로 회전할 수 있도록 연결한다. 전우와 후좌는 반시계방향인 CCW, 전좌와 후우는 시계방향인 CW이다.
- 최근 판매되고 있는 대부분의 모터는 모터 외부 측면에 CW, CCW로 구분하여 표시되어 있으므로 이에 유의하여 결합한다.
- 모터의 3선과 ESC 3선을 연결한다.

* 모터의 테스터시 모터의 회전방향을 변경하는 방법은 3선 중에서 임의의 2개 선을 바꾸어서 연결하면 된다.

- ESC(전자변속기)를 케이블 타이를 사용하여 암에 단단히 고정시킨다.

(a) 모터를 암에 연결　(b) 모터선을 암 밑으로 내림　(c) 모터선과 ESC선 연결

그림 2.87　암과 모터를 결합하고 모터와 ESC 연결

7) FC(비행 컨트롤러)를 프레임에 연결하기

- FC를 프레임 밑판에 부착할 시에 FC의 방향에 유의하여 부착한다. 통상 비행방향으로 화살표가 표시되어 있고 NAZA V2는 얇은 쪽이 비행방향이다.
- FC 하단에 양면 테이프를 부착한 후 프레임 밑판 정 중앙에 FC를 부착한다.

(a) 얇은 쪽이 비행방향　(b) 양면테이프를 이용하여 프레임 밑판에 FC 부착

그림 2.88　프레임 밑판에 FC(비행제어기)를 부착

- APM FC와 Pixhawk FC는 FC의 기체의 진동이 FC에 직접 전달되는 것을 완화하기 위해서 완충장치(댐퍼)를 같이 부착하며 기체의 크기에 따라서 프레임 안쪽 공간이 협소하여 프레임 윗판에 부착할 수도 있다.

(a) NAZA M V2 FC (b) APM 2.6 FC (C) Pixhawk FC에 댐퍼부착

그림 2.89 프레임에 FC연결된 모습

8) LED 모듈을 암 옆면에 부착하여 고정

- LED 모듈을 눈에 잘 보이는 암 옆면에 부착한 후에 케이블 타이를 사용하여 단단히 결속하여 고정한다.
- Pixhawk FC에는 별도의 LED가 있는 것이 아니라 FC에 있는 화살표 모양의 LED창을 통해서 기체상태를 파악할 수가 있고 I2C(아이 투 씨)단자를 이용하여 별도의 LED를 연결할 수가 있다.

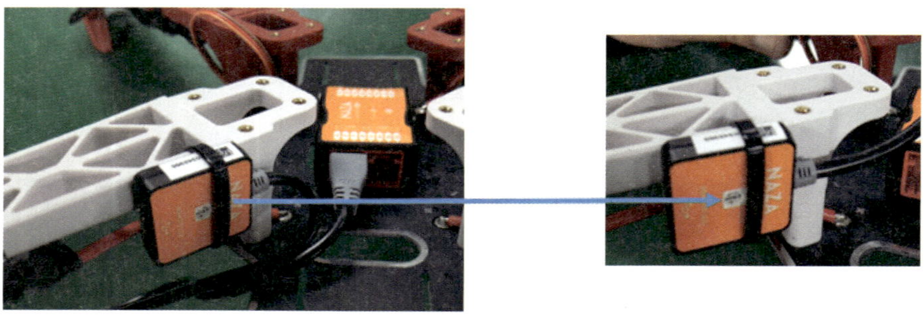

그림 2.90 LED 모듈을 암 측면에 부착 고정

9) PMU 모듈에 선 연결하기

- GPS센서/COMPASS(지자계)센서 인입선은 GPS(→) 포트에 OUT선 FC의 EXP. 포트와 연결한다.
- LED 모듈선 파워핀은 FC의 X-3에 연결한다.

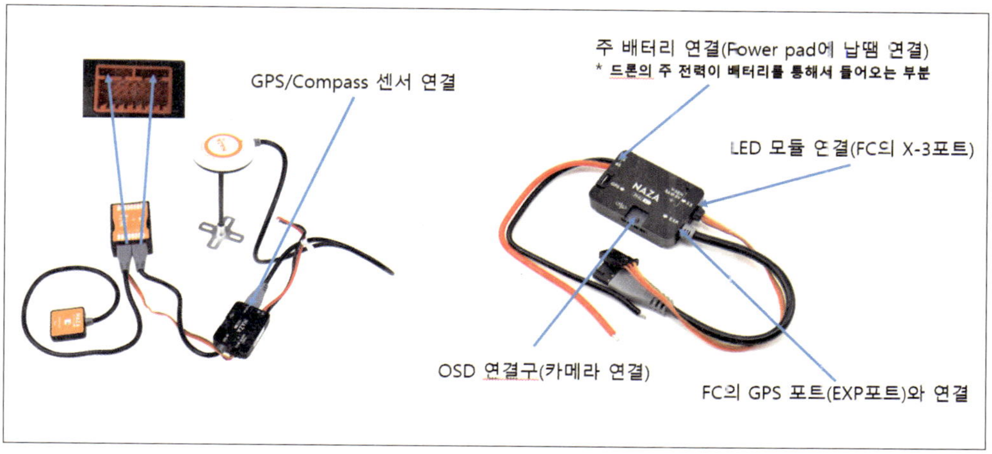

그림 2.91 NAZA M V2 FC 연결(FC+PMU+LED+GPS)

- PMU 모듈과 iOSD를 통한 불루투스모듈과 젠뮤즈 짐벌카메라를 연결할 수 있다.

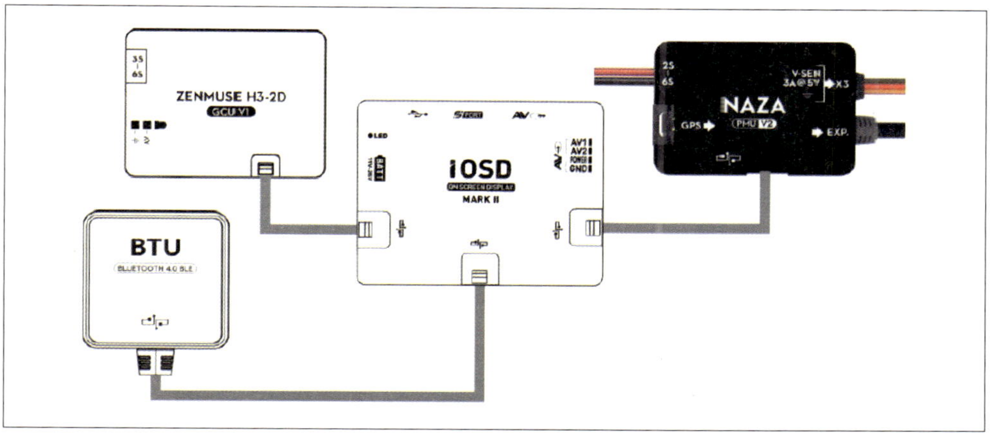

그림 2.92 PMU와 OSD연결

- PMU 모듈과 CAN HUB를 통해 iOSD, 불루투스 모듈, 젠뮤즈 짐벌과카메라를 동시에 연결할 수 있다.

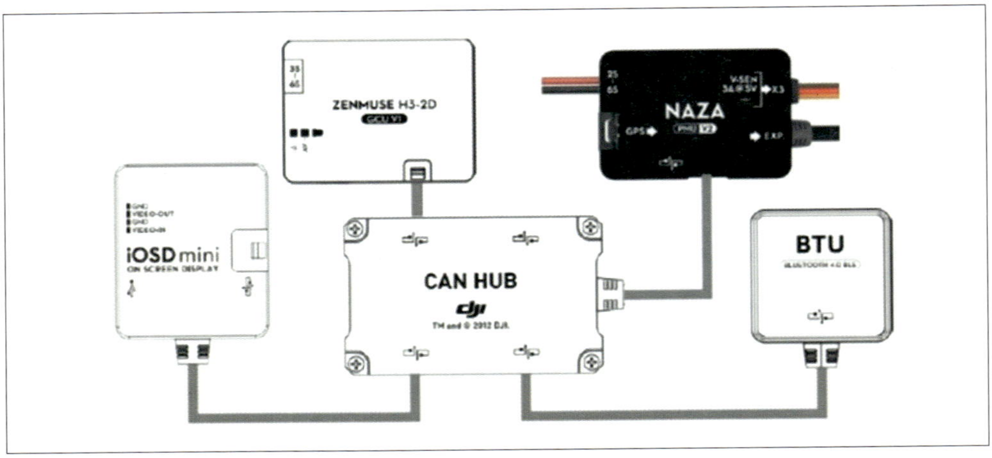

그림 2.93 PMU와 CAN HUB 연결

10) FC(비행컨트롤러) 연결구 구성

- FC의 종류에 따라서 배선이 다르기 때문에 어떠한 FC를 사용하는 지가 중요하며 제품구입 시 설명서를 참조하여 제품에 맞는 배선을 해야 한다.
- DJI NAZA M V2 FC 연결구 세부구성

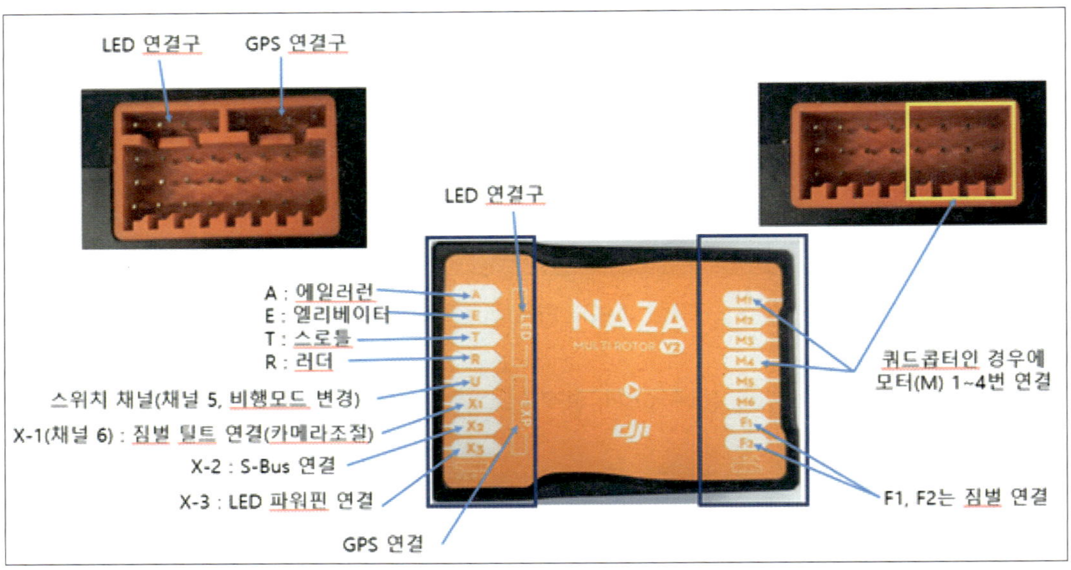

그림 2.94 FC(비행컨트롤러) 전기적 연결 유형

- Pixhawk1 FC 연결구 세부구성

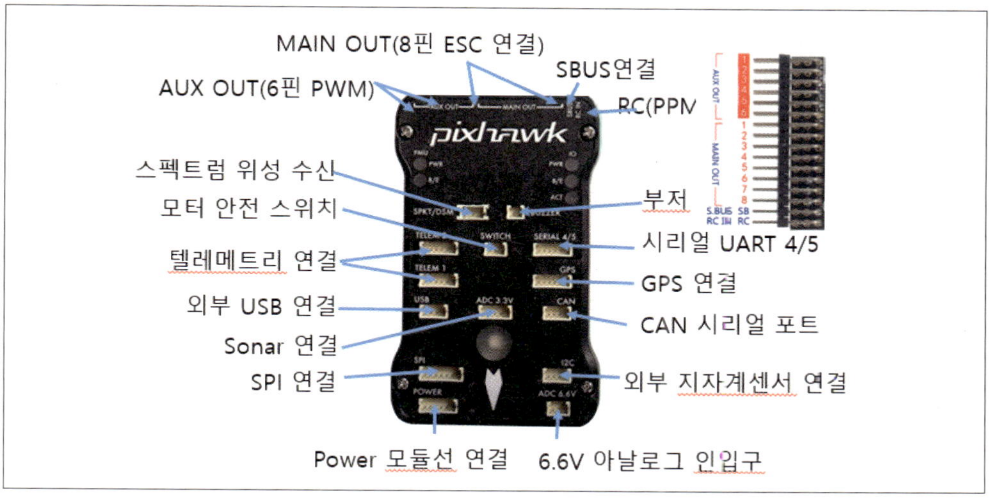

그림 2.95 Pixhawk1 FC 전기적 연결 유형

- APM2.6 FC 연결구 세부구성

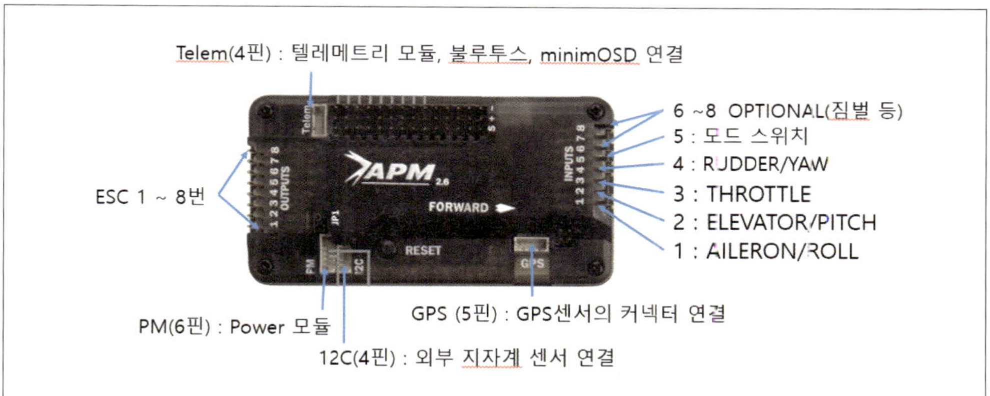

그림 2.96 APM 2.6 FC 전기적 연결 유형

11) FC(비행제어기)와 ESC(전자변속기) 센서선 연결

- 쿼드콥터이므로 전면 방향 앞쪽우측부터 모터 1번과 연결된 ESC부터 반시계방향으로 통상 2번, 3번, 4번 순으로 연결한다.(FC와 기체의 형식에 따라 채널 구성은 상이하다. Pixhawk FC는 앞쪽 우측부터 1번, 3번, 2번, 4번 순)
- ESC 센서핀을 연결후에 케이블 타이를 사용하여 선을 정리한다.
- 센서선 연결 때 소켓의 극성 방향을 주의한다.

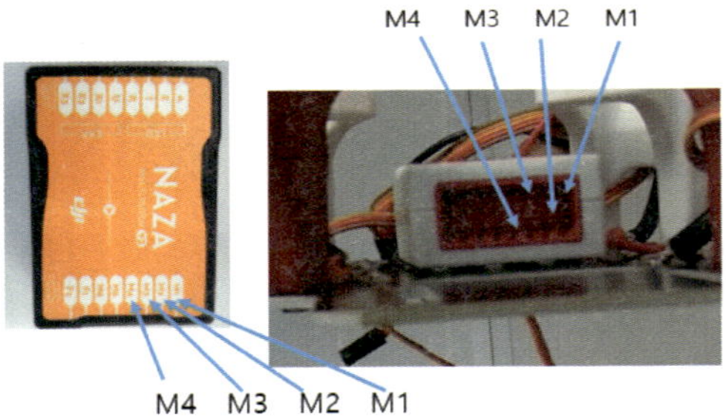

(a) 우측부터 모터 1, 2, 3, 4번 순으로 연결

(b) Pixhawk FC에 ESC핀 연결

그림 2.97 FC(비행제어기)와 ESC(전자변속기)선 연결

12) FC(비행제어기)에 수신기 핀과 LED 모듈 전원선 연결

- 좌측부터 에일러런(A), 엘리베이터(E), 스로틀(T), 러더(R) 핀 순서로 연결한다.
- 송수신기 통신 방식에 따라 SBUS, PPM, DBUS, FMD 등이 있으며, 후타바의 Sbus, DJI사의 Dbus는 1개의 센서 선으로 한꺼번에 신호를 전달하여 배선이 간략해진다. NAZA V2는 X2연결구에 연결하고 Pixhawk FC는 RCIN연결구에 연결한다.
- LED 모듈의 센서핀을 FC의 우측 X3 연결구에 연결한다.
- 케이블 타이를 사용하여 선을 묶어서 가지런히 정리한다.

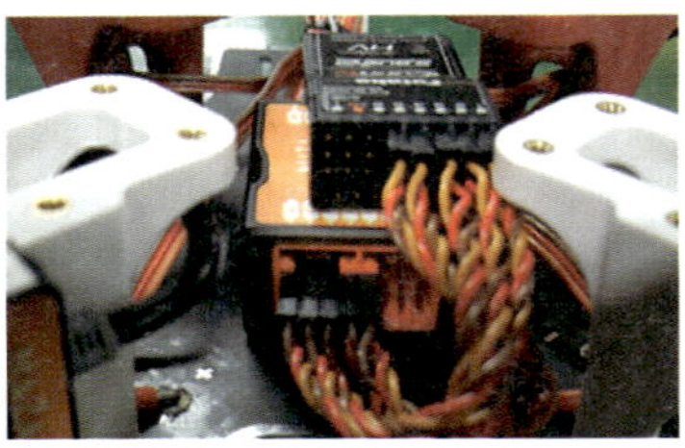

(a) NAZA V2 FC와 수신기 4핀 연결

(b) Sbus를 이용한 연결

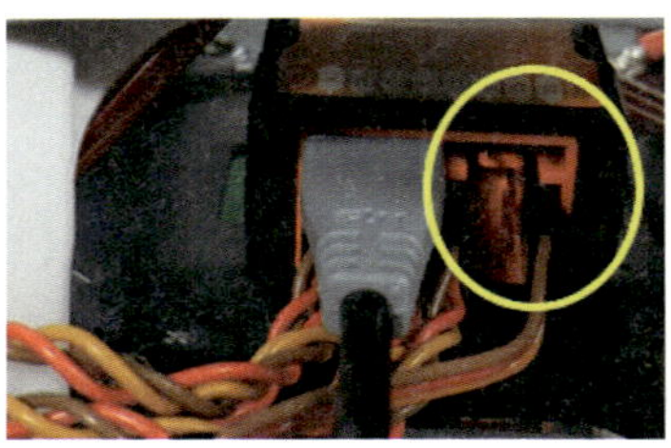

(c) LED 모듈 전원선 FC연결

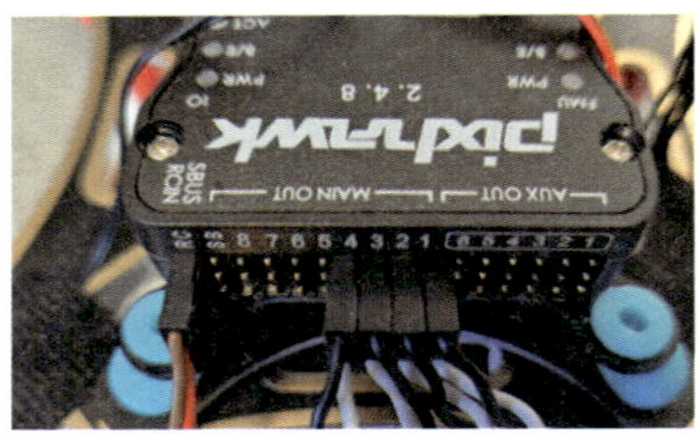

(d) Pixhawk FC와 수신기 핀 연결

그림 2.98 FC(비행제어기)와 수신기 핀과 LED 모듈 전원선 연결

13) 프레임 윗판 설치와 배터리 부착 밴드 설치

- 프레임 윗판을 육각렌치를 사용하여 2.5mm나사 4개를 연결하여 설치한다. 이때 밑판 설치 시와 동일하게 한꺼번에 조이지 말고 나누어서 균형되게 조인다.
- 양면테이프를 사용하여 배터리 설치를 위한 밴드를 설치한다. 이때 비행방향과 무게 중심을 유의하여 배터리가 놓일 수 있도록 설치해야 한다.

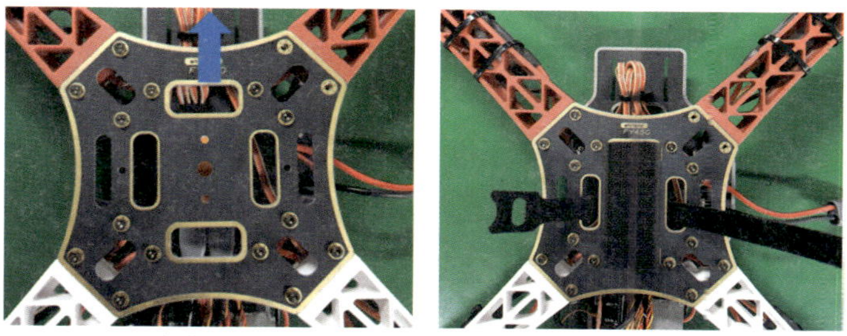

(a) 프레임 윗판 설치 (b) 배터리 부착 번드 설치

그림 2.99 프레임 윗판 및 배터리 부착 밴드 설치

14) GPS/COMPASS센서 설치

- GPS설치대 받침판을 육각렌치와 볼트를 사용하여 상판프레임과 암에 함께 부착한다.
- GPS센서의 화살표가 FC의 비행방향과 일치가 되도록 절대적으로 유의하여 양면테이프를 사용하여 부착한다. 이는 GPS와 지자계가 인식하는 자북과 FC가 인식하는 자북의 방향이 일치되어야 드론이 오류없이 방향을 유지할 수 있기 때문이다.
- GPS센서 포트를 FC의 EXP.에 연결한다.

(a) GPS 부착 및 FC에 연결 (b) Pixhawk FC의 GPS 부착

그림 2.100 GPS/COMPASS센서 설치

15) 모터 동작방향 확인 및 조정

- 모터방향과 조종기 캘리브레이션을 하기 전 반드시 프로펠러는 제거된 상태에서 진행하여야 한다.
- 조종기로 모터의 작동상태 확인한다. (Roll, Pitch, Yaw, Throttle)
- 캘리브레이션을 실시한 후 문제가 없으면 안전한 장소에서 실시해야 한다. 많은 사고가 발생하는 요인 중의 하나이다.

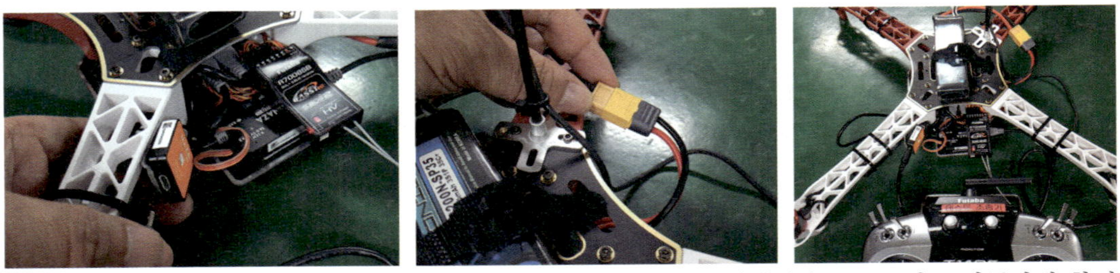

(a) LED의 USB연결선 분리 (b) 주전원 배터리선 분리후 재연결하고 조종기로 작동상태 확인

그림 2.101 모터 동작방향 확인 및 조정

16) 프로펠러 장착

- 정방향(시계반대방향, CCW)과 역방향(시계방향, CW)에 유의하여 1번부터 4번의 순서대로 연결한다.
- 모터회전 방향과 프로펠러가 일치되도록 반드시 확인후 연결한다.
- 렌치를 이용하여 프로펠러를 단단히 고정한다.

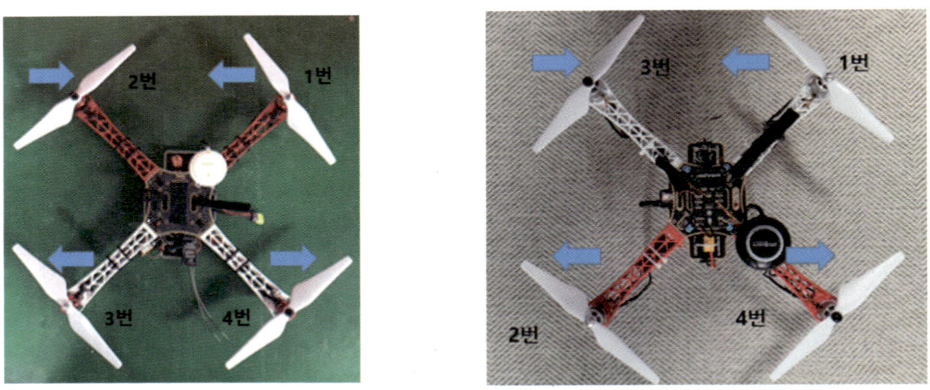

(a) DJI계열 FC 드론의 프롭순서 및 회전방향 (b) Pixhawk FC 프롭순서 및 회전방향

그림 2.102 프로펠러 장착 및 회전방향

3 FC 세팅

1) Assistant Program(어시스턴트 프로그램) 설치

- 조립한 기체를 세팅하기 위해서는 FC를 지원하는 어시스턴트 프로그램을 PC에 다운로드받아 설치한 후 드론의 다양한 세팅을 한다.
- APM FC나 Pixhawk FC를 사용했다면 이를 지원하는 Mission Planner(미션 플래너) 등을 다운받아 세팅을 하고 DJI의 FC를 사용했다면 DJI 제품만을 전용으로 지원하는 FC에 맞는 assistant program을 다운받아서 세팅을 실시해야 한다.

2) Mission Planner 설치 및 드론 세팅

PC환경에서 Pixhawk FC를 세팅하기 위해서 가장 많이 사용하는 GCS이다. 가장 먼저 개발이 되었고 세계적으로 가장 많은 사용자가 이용하는 현재까지는 가장 완벽하고 계속 보완이 진행중인 GCS이다. 모바일 환경에서 세팅할 때 가장 많이 사용하는 GCS는 Qground Control이다. GCS를 이용하여 세팅을 한다는 것은 조종자가 직접 기체를 조종하기 않고 GCS를 이용하여 자동으로 비행을 할 수 있다는 의미이다.

① 프로그램 설치

- 다운 받을 웹주소 http://firmware.ardupilot.org/Tools/MissionPlanner/
- MissionPlanner는 여러 버전의 프로그램이 있기에 기체에 최적화된 버전을 알고 있다면 그 버전을 다운받고 처음으로 시작한다면 안정버전(stable) 또는 최신버전(latest)을 선택하여 다운받는다. *.msi 파일은 다운로드 즉시 PC에서 바로 설치되는 직접 설치 파일이고 *.zip 파일은 다운로드 받은 후 사용자가 압축을 풀어서 PC에 설치해야 하는 파일이다.

Type	Filename	Date
	Parent Directory	--
	Firmware	--
	LogAnalyzer	--
	MetaData	--
	MissionPlanner-1.3.76.msi	Sat Dec 25 04:59:56 2021
	MissionPlanner-1.3.76.zip	Sat Dec 25 05:00:02 2021
	MissionPlanner-1.3.77.msi	Wed Mar 16 10:26:46 2022
	MissionPlanner-1.3.77.zip	Wed Mar 16 10:27:22 2022
	MissionPlanner-1.3.79.msi	Tue Dec 6 03:04:40 2022
	MissionPlanner-1.3.79.zip	Tue Dec 6 02:58:53 2022
	MissionPlanner-latest.msi	Tue Dec 6 03:04:40 2022
	MissionPlanner-latest.zip	Tue Dec 6 02:58:53 2022
	MissionPlanner-stable.msi	Tue Dec 6 03:04:40 2022
	MissionPlanner-stable.zip	Tue Dec 6 02:58:53 2022

그림 2.103 Mission Planner 설치 프로그램 다운로드

② 초기화면

- 제작한 기체의 FC와 PC를 USB 케이블로 연결하여 각종 파라미터(Parameter)[96]를 셋팅한다.
- 최초 화면은 왼쪽 상단에는 HUD(Head Up Display)창을 통해서 기체의 자세표시 등의 텔레매트리 정보, 하단에 아날로그 계기판, 오른쪽에는 지도가 표시된다.
- “Mandatory Hardware”와 “Optional Headware”가 나타나는데 먼저 “Mandatory Hardware” 아이콘을 누르고 필수적인 초기 셋팅을 시작한다. “Mandatory Hardware” 의 하부메뉴에서 Frame Type(기체의 형태), Accel Calibration(가속도계 캘리), Compass(지자계 캘리), Radio Calibration(라디오 캘리브레이션), Flight Modes(비행모드), FailSafe(페일세이프) 등을 세팅하고 그 이후에 “Optional Hardware”에서 Battery Monitor(배터리 모니터), Motor Test(모터 테스트) 등을 확인한다.

그림 2.104 Mission Planner 초기화면

③ Frame Type 설정

세팅하는 드론의 플레임 형태를 지정하는 것으로 세팅하고자 하는 드론의 모양의 아이콘을 찾아서 클릭한다.

96) 파라미터(Parameter)는 FC(비행 컨트롤러)가 인식해야 할 다양한 변수들로서 드론이 정상적으로 비행하기 위해서는 세팅시에 파라미터 값을 조종해주어야 한다.

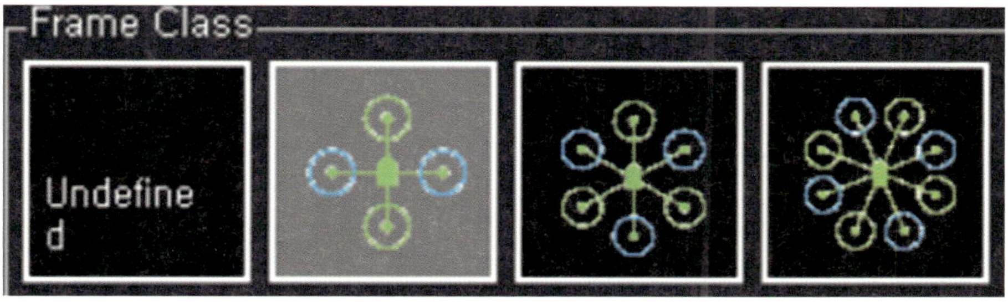

그림 2.105 플레임 형태(Frame Type) 지정

④ Accel Calibration

"Calibrate Accel" 아이콘을 누르고 순서대로 6축 방향 가속도계 캘리브레이션을 실시한다. Accel Calibration은 가속도 센서와 자이로 센서을 보정하는 것으로서 기체의 균형을 유지하고 속도의 변화에 따라서 기체를 안정되게 비행하도록 해주는 중요한 절차이다.

- Please Place vehicle LEVEL : 기체를 수평한 곳에 놓은후 "Click when Done" 을 '클릭'
- Please Place vehicle Left : 기체를 좌측면으로 놓고 "Click when Done" 을 '클릭'
- Please Place vehicle Right : 기체를 우측면으로 놓고 "Click when Done" 을 '클릭'
- Please Place vehicle nose Down : 기체 앞쪽을 바닥을 향하게 하고 "Click when Done" 을 '클릭'
- Please Place vehicle nose Up : 기체 앞쪽을 위를 향하게 하고 "Click when Done" 을 '클릭'
- Please Place vehicle Back : 기체를 거꾸로 뒤집어 놓고 "Click when Done" 을 '클릭'

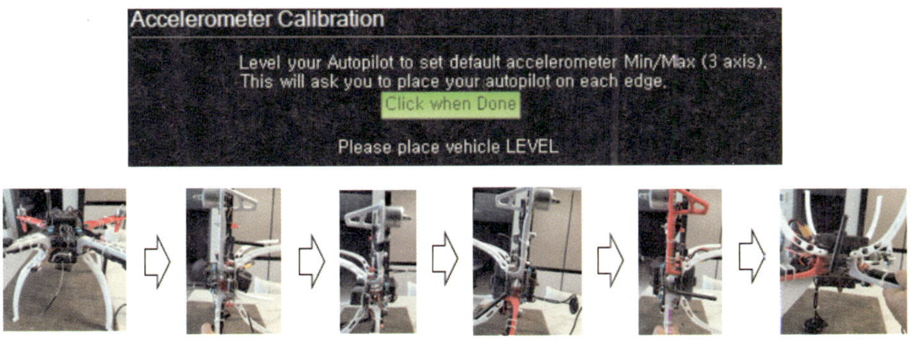

그림 2.106 Accel Calibration 상태 메시지와 순서

캘리 작업이 끝나면 'Calibration successful'이라고 화면에 뜨면 정상적으로 가속도계 캘리가 완료된 것이다. 'Calibration Failed'로 화면에 표시되면 실패하였다는 의미이므로 다시 처음부터 반복하여 완료한다.

⑤ Compass Calibration : "Compass" 아이콘을 누르고 순서대로 지자계 캘리브레이션을 실시한다.

- 지자계 캘리브레이션 설정은 대단히 중요하다. 기체가 비행시 정확하게 방향을 인지하도록 실시하는 절차이다. 지자계 캘리브레이션이 안되면 기체 방향 유지에 오류가 발생하여 경로지점(Waypoint)을 지정하여 자동비행을 할 수가 없다.
- Compass 1, Compass 2, Compass 3 중에서 사용하고자 하는 지자계센서를 지정한다. 통상 외부에 설치되어있는 Compass 1을 지정하지만, 기체에 장치한 Compass의 숫자와 FC내부의 Compass를 이용할 것인가를 결정하여 추가로 지정할 수 있다.
- Start 아이콘을 클릭하고 기체를 6축 방향에 대해서 회전시켜 캘리브레이션을 실시한다. 만약 Compass 1을 지정했다면 Mag 1이 녹색으로 진행을 나타내며 캘리브레이션을 진행한다.
- 녹색바가 100% 끝에까지 이르러 캘리브레이션이 완료되면 'Mag_Cal_ successful'이라는 메시지가 나타난다. 'Failed'라는 메시지가 나타나면 실패했다는 의미이므로 Start를 클릭하여 6축 방향에 대한 지자계 캘리브레이션을 다시 진행한다. 성공을 했다하더라도 X, Y, Z값의 합이 600이상이면 장소를 변경하여 다시 실시한다. 합이 0에 가까울수록 지자계 캘리브레이션이 잘 되었다는 의미이다.
- 지자계 캘리브레이션을 완료한 후에는 반드시 재부팅을 해주어야 한다. 저장의 의미이다. 방법은 배터리를 분리후 다시 연결한 후 재부팅하는 방법과 단축키 Control + F를 누른 후 Reboot Pixhawk를 찾아서 재부팅하는 방법도 있다.
- 지자계 캘리브레이션은 6축 방향에 대해서 회전시키면서 진행하기에 FC와 GCS(노트북일 경우)를 연결한 USB 케이블선이 꼬일 수가 있다. 선이 꼬여서 연결이 끊기면 다시 진행해야 한다. 텔레매트리 송수신기를 연결하여 진행하면 이러한 어려움을 해결할 수 있다.

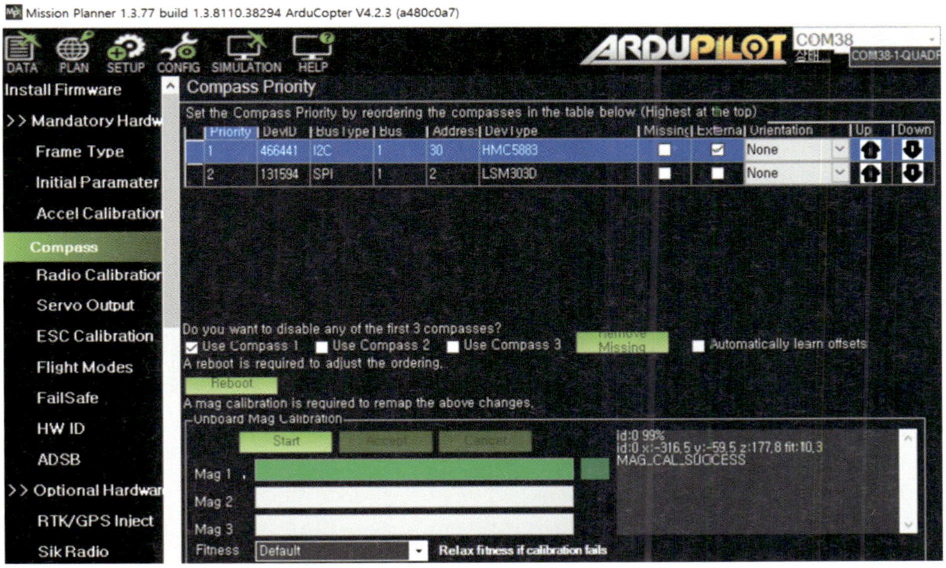

그림 2.107 Compass Calibration

⑥ Radio Calibration : "Calibrate Radio" 아이콘을 누르고 순서대로 조종기 캘리브레이션을 실시한다.

- Radio Calibration은 원격조종기가 제어하는대로 드론이 제대로 제어가 되는지를 확인하고 점검하는 절차이다. 롤 스틱을 움직이면 기체가 좌 · 우로 제어가 되어야 하고 미세하게 스틱을 움직이면 미세하게 기체 제어가 되어야 한다는 것이다.
- Radio Calibration을 하기전에는 송신기와 수신기가 사전에 바인딩(Binding)이 되어있고, 송신기의 모든 값은 초기화상태로 있어야 한다.
- 송신기는 ON 상태 수신기 전원은 켜고 프로펠러를 제거하라는 주의에 대한 팝업창이 뜨고 'OK'를 클릭하면 조종기 캘리를 시작할 수 있다.
- 먼저, 설정한 조종모드에 따라서 CH1(에일러런), CH2(엘리베이터), CH3(스로틀), CH4(러더) 스틱을 움직이면서 조종기 제어신호와 FC의 일치여부를 화면의 녹색바의 방향을 통해 확인한다. CH2(엘리베이터)는 위로 올리면 녹색바가 밑으로 내려가는 것에 유의한다. 일치하지 않는다면 조종기에서 방향을 재설정하거나 파라미터를 수정해야 한다.

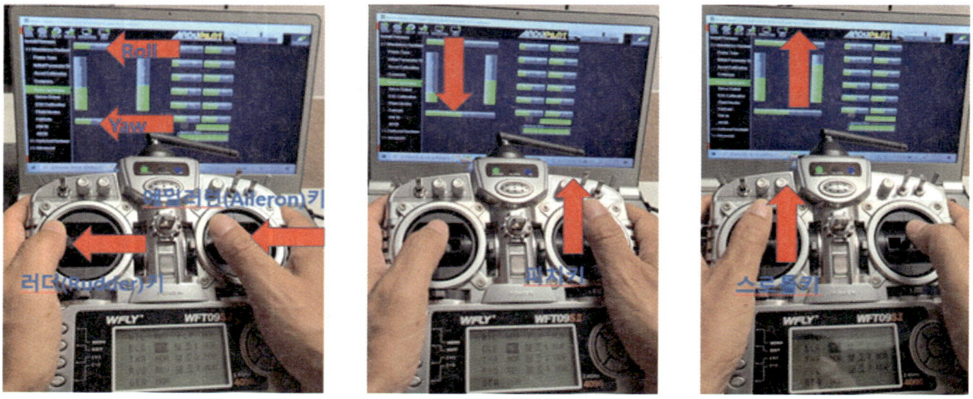

(a) Roll과 Yaw 확인 (b) Pitch 확인 (c) 스로틀 확인

그림 2.108 Compass Calibration

- CH1(에일러런), CH2(엘리베이터), CH3(스로틀), CH4(러더), CH5(비행 모드), 기타 설정된 모든 채널의 조종기 스틱을 최소~최대로 움직이면 빨간 띠가 FC가 인식할 최대, 최소 범위를 설정해준다.
- 완료가 되면 모든 스틱을 중립에 놓는다. 교정후 최소값은 '1100', 최대값은 '1900' 정도의 범위에서 유지되는지를 확인한다. 완료되면 'OK'를 클릭하고 'Completed'를 확인하고 종료한다.

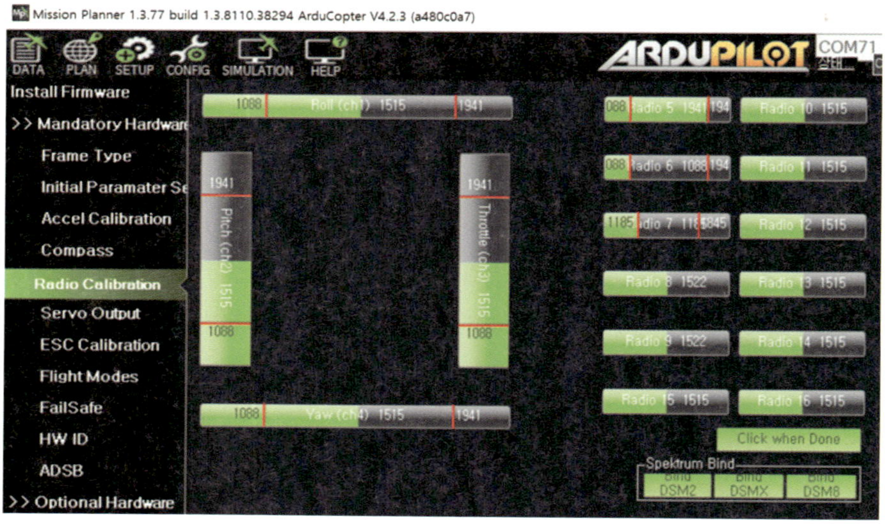

그림 2.109 Radio Calibration

- 완료가 되면 모든 스틱을 중립에 놓고 스로틀 스틱을 최하로 위치시키라는 팝업창이 나탄난다. 이 상태로 완료가 되었으면 'OK'를 클릭하면 각 채널에 대한 최소~최대값이 수치로 팝업창으로 나타난다.
- 다시 'OK'를 클릭하면 'Completed'라는 아이콘이 표시되며 캘리를 종료한다.

⑦ Flight Mode : 'Flight Mode' 아이콘을 실행하여 비행모드를 설정한다.

- APM계열의 FC는 모드에 대한 용어가 DJI FC에서 사용하는 용어와 다르다. 'Mannual Mode'는 'Stablize Mode'로, 'Attitude Mode'는 'Althold Mode'(고도 유지 모드)로, 'GPS Mode'는 'Loiter Mode'로 사용한다.
- Mission Planner Flight Mode에서 'Stablize Mode', 'Althold Mode', 'Loiter Mode'를 각각 지정한다.

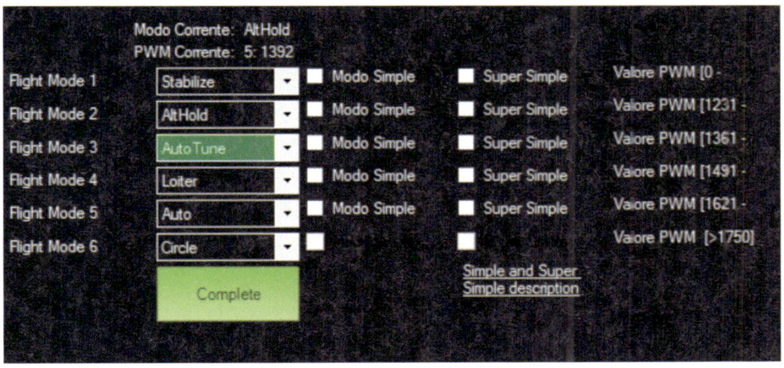

그림 2.110 Flight Mode

⑧ FailSafe : FailSafe 아이콘을 실행하여 페일세이프를 설정한다. 안전을 위하여 프로펠러를 제거하라는 팝업창이 나타난다.

- 아래 그림에서는 배터리는 12.5V 이하, 스로틀은 975 이하로 되면 FailSafe가 진행이 되어 착륙(Land)하도록 설정되어졌다.

그림 2.111 FailSafe

⑨ 추가적인 설정 및 주의사항

- 추가적으로 실 비행을 하기 위해서는 짐벌에 어떠한 패이로드 장비를 장착했는지와 어떠한 지역과 목적으로 비행하는 지에 따라서 조종전에 Optional Hardware와 CONFIG/TUNING 아이콘을 실행하여 필요한 파라메터(Parameter)를 조정해야 한다.
- 파라미터를 수정하였다면, 반드시 각 항목마다 저장(SAVE)하여야 한다.
- FC(비행 컨트롤러)에 대한 세팅이 완료되었을 시에는 상단 우측의 DISCONNECT를 클릭하여 메인 창에서 빠져나와야 한다.

3) DJI Assistant Program 설치 및 드론 세팅

① 프로그램 설치 및 기체 연결

- DJI사의 홈페이지에서 조립한 FC에 맞는 Assistant Program을 다운로드 받아 설치한다. FC의 종류에 따라서 Assistant Program와 버전이 상이하므로 알맞은 종류와 버전을 선택하여 다운로드한다.

(a) 프로그램 다운로드 (b) 프로그램 실행

그림 2.112 프로그램 다운로드 및 실행

• USB를 이용하여 기체에 부착된 LED 모듈의 USB포트와 노트북을 연결한다.

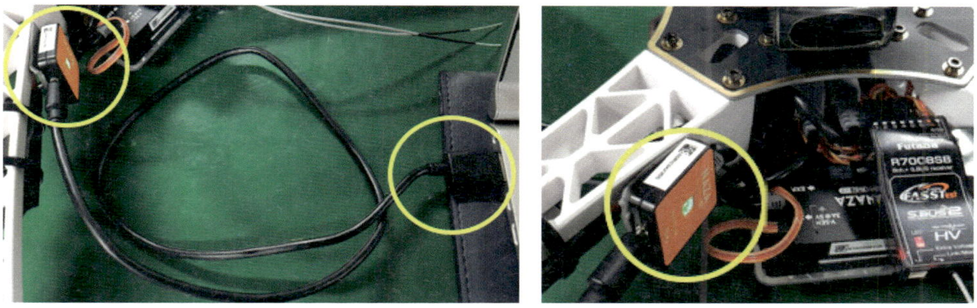

(a) USB로 LED와 노트북 연결 (b) 배터리 연결후 녹색불 확인

그림 2.113 USB를 이용하여 노트북과 기체 연결

② Mixer Type(기체 형태 설정) 및 MOUNTING 확인

• Basic에서 Aricraft을 선택한후 연결하여 시험하고자 하는 멀티콥터의 형태를 체크한다.

• IMU의 장착 방향을 설정하여 기체의 방향과 FC의 장착방향을 동일하게 설정한다. 무게중심으로부터 GPS와의 거리를 X축, Y축, Z축에 설정한다.

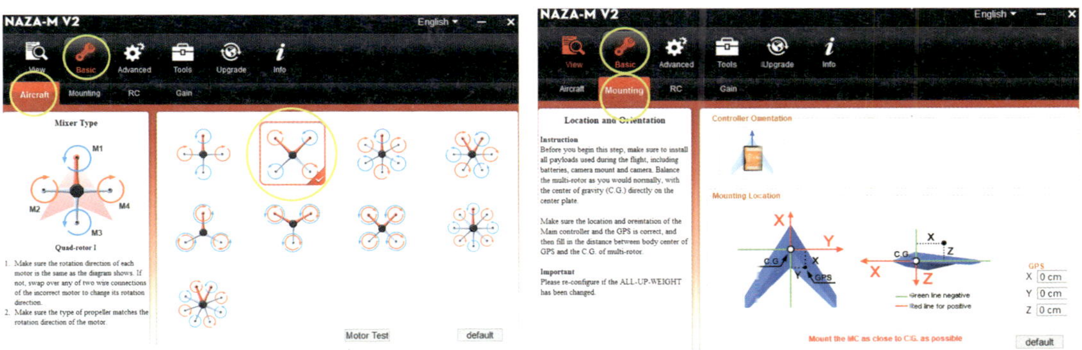

(a) 기체 형태 설정 (b) Mounting 확인

그림 2.114 MOUNTING 확인

③ Motor Idle Speed 확인

• Motor Idle Speed(공회전 속도제어) 확인한다.

• Advanced의 Motor에서 RECOMMAND 또는 한칸 아래로 설정한다.

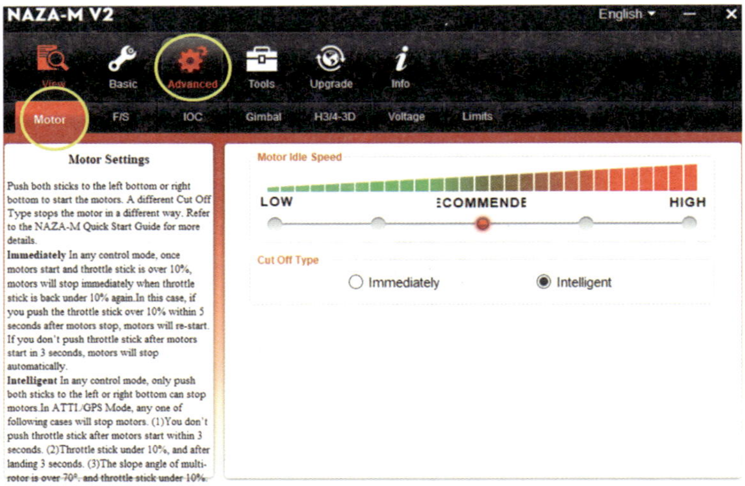

그림 2.115 Motor Idle Speed 확인

④ TX MONITOR(조종기 캘리브레이션) 확인

- Recever 타입에서 수신기종류에 따라 선택한다. (후타바의 경우 Dbus선택)
- 조종기 캘리브레이션을 실시한다.

먼저, 에일러런(중간), 러더(중간), 엘리베이터(중간), 스로틀(최초위치 하단)의 위치를 확인하고,

둘째, 조종기 스틱 하나 하나씩 조종하며 작동여부를 확인한다.

셋째, 스틱 전체를 한꺼번에 전방향으로 움직여서 스틱 전체가 정상적으로 작동되는지를 확인하며

넷째, 에일러런, 엘리베이터, 러더는 녹색인 상태가 정상이며 필요시 트림 버튼으로 미세조정을 실시한다.

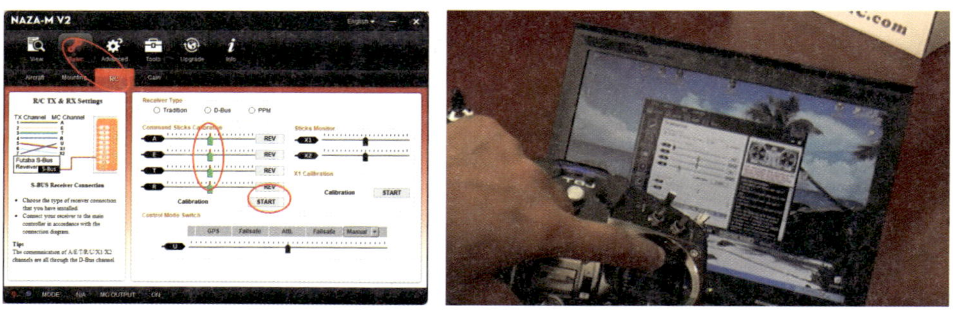

그림 2.116 조종기 캘리브레이션 확인

⑤ TX MONITOR(조종기 비행 모드) 확인

- 비행모드 토글 스위치를 변경해가면서 비행모드가 정상적으로 변경이 되는지를 확인한다 (하단 - Mannual 모드, 중간 - Atti 모드, 상단 - GPS 모드)

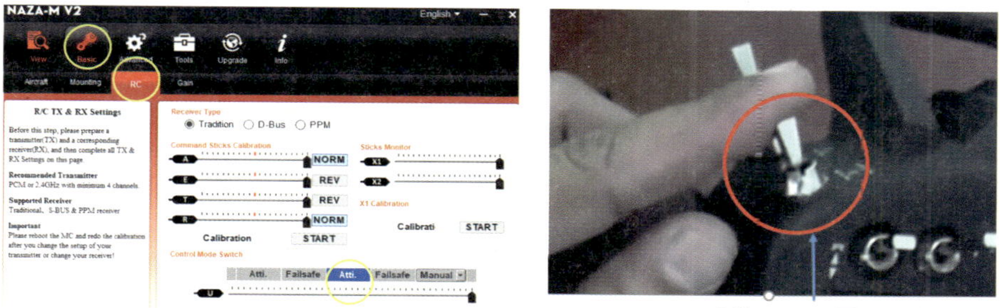

그림 2.117 조종기 비행 모드 확인

⑥ Gain설정 확인

- 피치(Pitch), 롤(Roll), 요(Yaw)의 기본 Gain 값을 확인하고 조정한다.

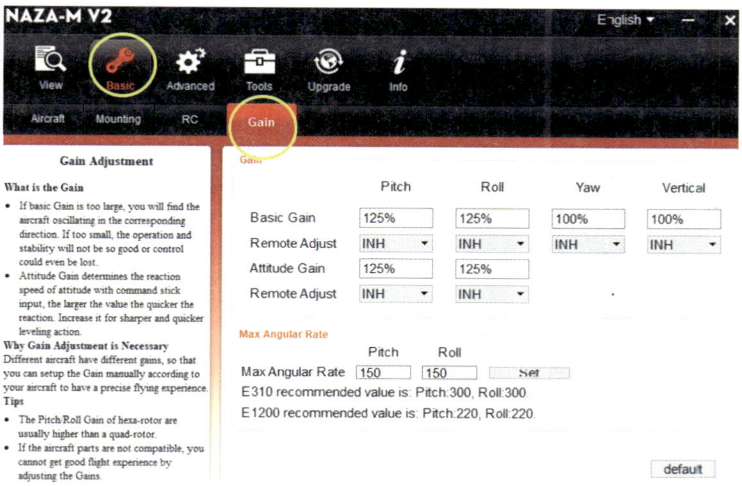

그림 2.118 Motor, Gain 설정 확인

⑦ 지능형 방향 통제(IOC) / Failsafe 설정

- 지능형 방향 통제(IOC)는 홈락(Home Lock), 코스락(Course Lock)을 토글스위치에 설정하고 빈 채널에 할당하고 세팅한다.

- Failsafe는 Landing과 Go-Home and Landing 중에서 통상 Go-Home and Landing으로 설정한다.

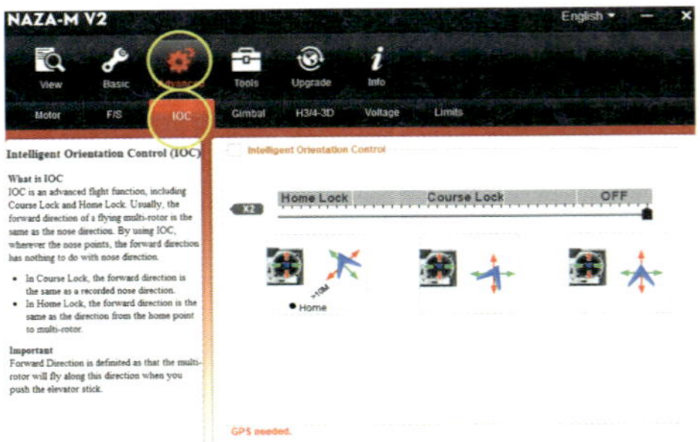

(a) IOC 설정

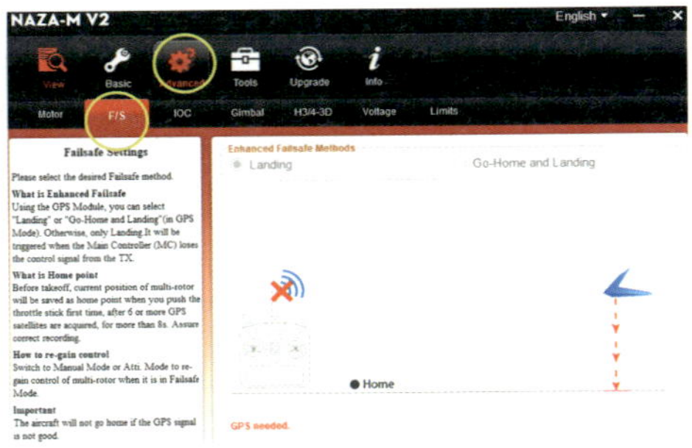

(b) Failsafe 설정

그림 2.119 IOC, F/S 설정 확인

⑧ VOLTAGE MONITOR 확인

- 배터리의 종류, 현재의 전압 등 배터리의 상태를 확인한다.
- 배터리 경고 수준을 설정한다. 최초 경고는 LED등에 경고표시, 최종 경고는 자동 강하로 설정한다.

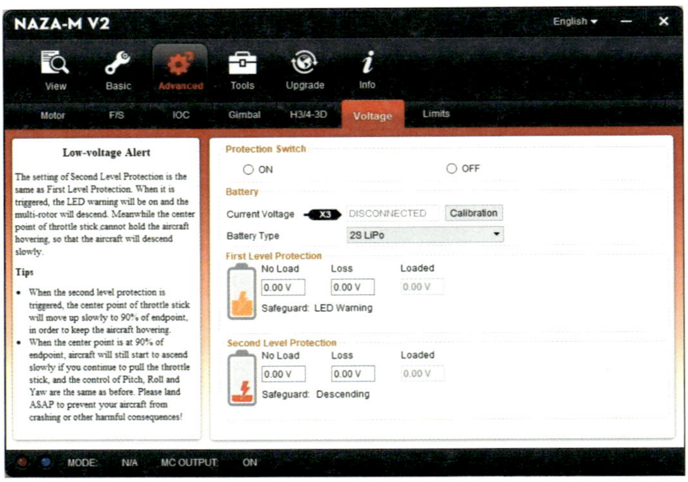

그림 2.120 VOLTAGE MONITOR 확인

PART 3

드론 관련법규 및 항공기상

드론 관련법규

CHAPTER 12

현재 드론은 하늘공간을 비행하는 기체로서 항공에 관한 법률을 적용받는다. 따라서 드론을 비행하거나 관련된 업무를 하고자 하는 자는 누구나 항공 관련 법률, 시행령(대통령령), 시행규칙(국토교통부령) 및 관련 세부규정에 대한 해박하고 명확한 지식과 이해가 있어야 한다.

드론과 관련된 법규는 현재 국제적으로는 ICAO(국제민간항공기구)에서 국제적으로 적용될 수 있는 무인비행 기준을 마련하는 단계에 있으며 각 국가별로는 국제기준이 마련되기 이전에 Drone 비행관련 법과 규정을 별도로 제정하여 시행중에 있다.

또한 2022년 6월부터 드론 활용의 촉진 및 기반 조성에 관한 법률(일명 드론법)이 신설되었다. 이 법은 드론 활용의 촉진 및 기반 조성, 드론시스템의 운영 · 관리 등에 관한 사항을 규정하여 드론산업의 발전 기반을 조성하고 드론산업의 진흥을 통한 국민편의 증진과 국민경제의 발전에 이바지함을 목적으로 하고 있다.

1 ICAO(국제민간항공기구)와 시카고 협약

항공관련 국내법을 이해하기 이전에 국내법 제정에 근간이 되고 영향을 미친 '시카고협약'과 ICAO(International Civil Aviation Organization, 국제민간항공기구)에서 제정한 부속서에 대한 이해가 필요하다.

- '시카고협약'은 안전하고 질서있는 국제 항공서비스 체제를 촉진할 목적으로 제2차 세계대전이 한창이던 1944년 12월에 타결된 국제 민간항공 협약으로 시카고에서 서명했다고 해서

일반적으로 '시카고협약'이라 부르며 전쟁 이후인 1947년에 발효되었다.

- ICAO(International Civil Aviation Organization)는 '시카고협약'에 대한 조치로 1947년 4월에 설립된 '국제민간항공기구'로서 국제 민간항공의 안전, 질서유지와 발전 등의 목적을 가진 UN 전문기관으로 우리나라는 1952년 12월에 가입하였다.
- '시카고 협약'은 4부, 22장, 96조항으로 구성되어 있으며 항공 안전 기준과 관련하여 19개의 부속서(Annex)와 항행업무절차, 기술지침서를 채택하고 있다.
- 부속서에는 관련 회원국들이 준수해야 할 '표준(Standards)'과 준수할 것을 권하는 '권고방식(Recommended Practices)'을 규정하고 있다. 우리나라도 이 부속서에서 제시하는 '표준 및 권고방식(SARPs)'에 따라 항공관련 법령을 제정하여 운영하고 있다.

표 3.1 시카고 협약 부속서(Annex)의 구성

제1부속서 '항공 종사자의 면허(Personnel Licensing)'
제2부속서 '항공규칙(Rules of the Air)'
제3부속서 '국제항공을 위한 기상업무(Meteorological Service for International Air Navigation)'
제4부속서 '항공지도(Aeronautical Charts)'
제5부속서 '공지통신에 사용되는 측정단위(Units of Measurement to be Used in Air and Ground Operations)'
제6부속서 '항공기의 운항(Operation of Aircraft)'
제7부속서 '항공기의 국적 및 등록기호(Aircraft Nationality and Registration Marks)'
제8부속서 '항공기의 감항성(Airworthiness of Aircraft)'
제9부속서 '출입국의 간소화(Facilitation)'
제10부속서 '항공통신(Aeronautical Telecommunications)'
제11부속서 '항공교통 업무(Air Traffic Services)'
제12부속서 '수색 및 구조(Search and Rescue)'
제13부속서 '항공기 사고조사(Aircraft Accident and Incident Investigation)'
제14부속서 '비행장(Aerodromes)'
제15부속서 '항공정보 업무(Aeronautical Information Services)'
제16부속서 '환경보호(Environmental Protection)'
제17부속서 '항공보안(Security - Safe guarding International Civil Aviation against Acts of Unlawful Interference)'
제18부속서 '위험물의 안전수송(The Safe Transport of Dangerous Goods by Air)'
제19부속서 '안전관리(Safety Management Manual)'

2 대한민국 항공관련법규의 제정과 발전

항공에 관한 법률은 항공법으로 적용되어 오다가 2017년 3월 30일부로 항공안전법, 항공사업법, 항공시설법으로 세분화하여 적용하고 있다.

그동안 적용하던 항공법은 1961년 제정되어 몇 차례 개정을 거듭하다가 2011년부터 세분화된 분법 제정의 필요성이 대두되어 2016년 3월 29일 공포하고 1년 후인 2017년 3월 30일부터 적용하고 있다.

- 항공관련법규를 개정하게 된 배경은 다양하고 복잡해지는 국제기준의 변화에 탄력적으로 대응하고, 항공영역이 과거 일부 전문가들만 알고 시행했던 범위를 넘어서 많은 국민들에게 영향을 미치고 있는 시대적인 상황에 발맞추기 위함이다. 이로 인하여 국민들의 알고자하는 욕구를 충족하기 위해 미비점 등을 보완하여 대다수 국민들에게 적용되는 항공안전법과 일부 사업자와 전문가들이 적용받는 항공사업법 그리고 공항시설법으로 세분화하여 누구나 쉽게 접근할 수 있도록 한 것이다.
- 이와 같이 세분화된 항공안전법, 항공사업법, 공항시설법은 모두 '시카고협약'의 부속서에서 규정하고 있는 기준을 고려하여 작성하였음은 물론이다.

표 3.2 항공법 분법

구분	주요 내용
항공안전법	항공기 기술기준, 종사자, 초경량비행장치 등
항공사업법	항공운송사업, 사용사업, 교통이용자 보호 등
공항시설법	공항 및 비행장의 개발, 항행안전시설 등

3 초경량비행장치와 드론의 관계

드론을 배우면서 드론이 법률적으로 어떻게 규정되어 있는지를 아는 것은 대단히 중요하다. 드론의 법률적인 명칭은 '무인멀티콥터'이다. 초경량 비행장치 중 무인비행장치에 속하고, 무인비행장치 중에서 무인동력비행장치에 속하며, 무인동력비행장치 중에서 무인멀티콥터로 분류한다.

여기서 "초경량 비행장치"란 항공기와 경량항공기 외에 공기의 반작용으로 뜰 수 있는 장치로서, 자체중량, 좌석 수 등 국토교통부령으로 정하는 기준에 해당하는 동력비행장치, 행글라이더, 패러글라이더, 기구류 및 무인비행장치 등이다.(항공안전법 제2조 3호)

'무인비행장치'란 사람이 탑승하지 아니하는 비행 장치이다. 이중에서 무인 동력비행장치는 연료의 중량을 제외한 자체중량이 150kg 이하인 무인 비행기 또는 무인 회전익 비행장치(무인 헬리콥터, 무인멀티콥터)이고 무인 비행선은 중량을 제외한 자체 중량이 180kg 이하이고, 길이가 20m 이하인 무인 비행선을 지칭한다.

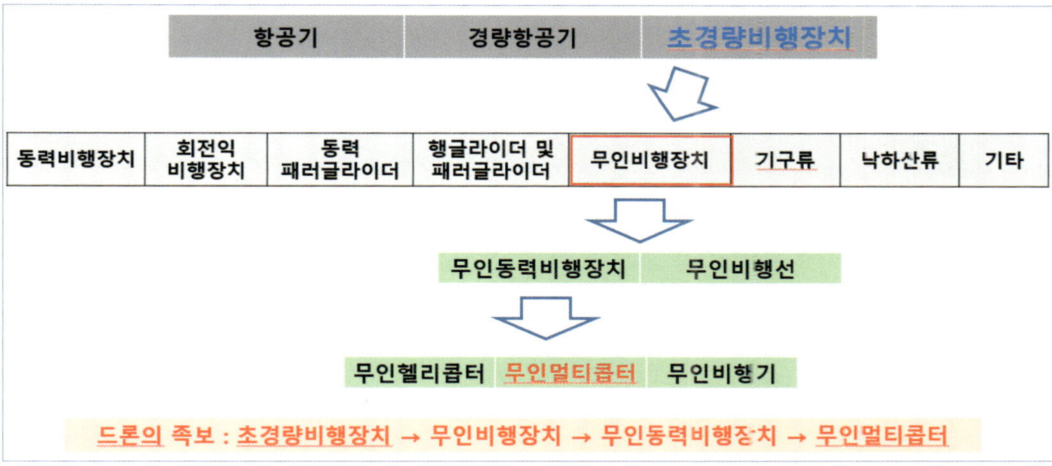

그림 3.1 드론의 족보

국제민간항공기구(ICAO)의 무인항공기 매뉴얼(Doc 10019)에는 무인항공기는 시스템을 포함한 전체의 체계에 대해서 RPAS(Remotely Piloted Aircraft System)로 명칭하고 있으며 비행체만을 지칭할 때는 RPA(Remotely Piloted Aircraft)라고 하고, 지상통제시스템은 RPS(Remotely Pilot Station)라 한다. 우리나라 항공안전법에는 무인항공기는 '항공기에 사람이 탑승하지 아니하고 원격 · 자동으로 비행할 수 있는 항공기이다'라고 정의하고, 무인항공기와 무인비행장치는 무게로 구분하는데 그 기준은 150kg으로 정하였다. 미국의 항공법은 무인비행장치를 소형 무인항공기로 분류하고 무게 기준은 55Ibs(25kg) 이하이며, 4.4Ibs(2kg) 이하는 초소형 무인항공기로 분류한다. 또한 '드론은 원격조종 및 자율조종으로 시계 밖 비행이 가능한 민간용 비행기로 승객이나 승무원을 운송하지 않는다'라고 규정하고 있다.

4 초경량비행장치 신고 및 관리

1) 소유신고(항공안전법 제122조, 항공안전법 시행규칙 제301조)

• 초경량비행장치(드론) 분류체계 개선에 따라서 신고대상 범위가 변경되었다. 초경량비행장치소유자 등은 안전성인증을 받기 전까지 초경량비행장치 신고서(전자문서로 된 신고서)를 드론원스탑 민원서비스 사이트(drone.onestop.go.kr)를 통하여 한국교통안전공단에 제출하여야 한다.[97]

표 3-3 초경량비행장치(드론) 신고대상 범위(21.1.1부) [98]

종전	
비사업용	자체중량 12kg 초과시 신고
사업용	무게와 무관하게 신고

➡

변경(최대이륙중량 기준)			
구분		중량	신고여부
비사업용	완구용	250g 이하	불필요
	모형비행장치	250g 초과 ~2kg	불필요
	저위험	2kg 초과~7kg	소유자 신고
	중위험 고위험	7kg 초과	소유자 신고
사업용		무게와 무관하게 신고	

• 첨부서류
- 초경량비행장치를 소유하거나 사용할 수 있는 권리가 있음을 증명하는 서류
- 초경량비행장치의 제원 및 성능표
- 초경량비행장치의 사진(가로 15센티미터, 세로 10센티미터의 측면사진)

• 한국교통안전공단(지방항공청장 위임)은 신고를 받은 날부터 7일 이내에 수리 여부 또는 수리 지연 사유를 통지하여야 한다. 이 경우 7일 이내에 수리 여부 또는 수리 지연 사유를 통지하지 아니하면 7일이 끝난 날의 다음 날에 신고가 수리된 것으로 본다. 신고번호를 발급받은 초경량비행장치소유자 등은 그 신고번호를 해당 초경량비행장치에 표시하여야 한다.

97) 초경량비행장치(드론) 신고관리 기관이 21년 1월 1일 부로 신고업무의 효율화를 위하여 지방항공청에서 한국교통안전공단으로 변경되었다. 드론 원스탑 민원서비스를 이용한다.

98) 드론의 폭발적인 증가에 따른 21년 1월 1일 부로 무인멀티콥터(드론)의 신고기준이 기존 12kg 초과 기체에서 2kg을 초과하는 기체로 변경되었다.

2) 변경신고(항공안전법 제123조, 항공안전법 시행규칙 제302조)

- 변경신고를 해야 할 사항(항공안전법 시행규칙 제302조)
  - 초경량비행장치의 용도(예 : 엔진교체, 성능에 영향을 미치는 수리나 개조 등)
  - 초경량비행장치 소유자 등의 성명, 명칭 또는 주소
  - 초경량비행장치의 보관 장소(비행장치를 항공에 사용하지 아니할 때 비행장치를 보관하는 지상의 주된 장소)
- 초경량비행장치(드론)소유자 등은 그 사유가 있는 날부터 30일 이내에 초경량비행장치 변경 · 이전신고서를 한국교통안전공단에 드론 원스탑 민원서비스를 이용하여 제출하여야 한다.
- 한국교통안전공단은 신고를 받은 날부터 7일 이내에 수리 여브 또는 수리 지연 사유를 통지하여야 한다. 이 경우 7일 이내에 수리 여부 또는 수리 지연 사유를 통지하지 아니하면 7일이 끝난 날의 다음 날에 신고가 수리된 것으로 본다.

3) 말소신고(항공안전법 제123조, 항공안전법 시행규칙 제303조)

- 초경량비행장치 소유자 등은 신고한 초경량비행장치가 멸실되었거나 그 초경량비행장치를 해체(정비등, 수송 또는 보관하기 위한 해체는 제외한다)한 경우에는 그 사유가 발생한 날부터 15일 이내에 국토교통부장관에게 말소신고를 하여야 한다.
- 말소신고를 하려는 초경량비행장치 소유자등은 그 사유가 발생한 날부터 15일 이내에 초경량비행장치 말소신고서를 한국교통안전공단에 드론 원스탑 민원서비스를 이용하여 제출하여야 한다.
- 한국교통안전공단은 신고서 및 첨부서류에 흠이 없고 형식상 요건을 충족하는 경우 지체 없이 접수하여야 한다.
- 초경량비행장치소유자등이 말소신고를 하지 아니하면 30일 이상의 기간을 정하여 말소신고를 할 것을 해당 초경량비행장치소유자 등에게 최고하여야 한다.

4) 신고를 필요로 하지 아니하는 초경량비행장치(항공안전법 시행령 제24조)

「항공사업법」에 따른 항공기대여업 · 항공레저스포츠사업 또는 초경량비행장치사용사업에 사용되지 아니하는 비행장치

- 행글라이더, 패러글라이더 등 동력을 이용하지 아니하는 비행장치
- 계류식(繫留式) 기구류(사람이 탑승하는 것은 제외한다)
- 계류식 무인비행장치
- 낙하산류

- 무인동력비행장치 중에서 연료의 무게를 제외한 자체무게(배터리 무게를 포함한다)가 2킬로그램 이하인 것
- 무인비행선 중에서 연료의 무게를 제외한 자체무게가 12킬로그램 이하이고, 길이가 7미터 이하인 것
- 연구기관 등이 시험 · 조사 · 연구 또는 개발을 위하여 제작한 초경량비행장치
- 제작자 등이 판매를 목적으로 제작하였으나 판매되지 아니한 것으로서 비행에 사용되지 아니하는 초경량비행장치
- 군사목적으로 사용되는 초경량비행장치

5 초경량비행장치 안전성인증 (항공안전법 시행규칙 제305조)

안전성인증이란 비행기체가 비행하기에 적합한 기준을 갖추고 있는지에 대한 검사이다.

1) 안정성인증 검사의 종류

- **초도검사**는 비행장치를 최초로 설계 및 제작 후 받는 안정성인증 검사이다.
- **정기검사**는 초도검사 이후, 안전성인증서의 유효기간이 만료되어 새로운 안전성인증서를 받기 위해서 실시하는 검사이다. 정기검사 기간은 1년이다.
- **수시검사**는 비행장치의 비행안전에 영향을 미치는 엔진 및 부품의 교체 또는 수리 및 개조 후 비행장치 안전기준에 적합한지를 확인하기 위해 실시하는 검사이다.
- **재검사**는 정기검사 혹은 수시검사에서 불합격 처분된 항목에 대해서 보완 또는 수정 후에 실시하는 검사이다.

2) 초경량비행장치 안정성인증 대상

- 동력비행장치
- 행글라이더, 패러글라이더 및 낙하산류(항공레저스포츠사업에 사용되는 것만 해당한다)
- 기구류(사람이 탑승하는 것만 해당한다)
- 무인비행기, 무인헬리콥터 또는 무인멀티콥터 중에서 최대이륙중량이 25킬로그램을 초과하는 것과 무인비행선 중에서 연료의 중량을 제외한 자체중량이 12킬로그램을 초과하거나 길이가 7미터를 초과하는 것

- 회전익비행장치
- 동력패러글라이더

3) 초경량비행장치 안정성인증 절차

안전성인증 업무는 2017년 11월 4일부터 한국교통안전공단에서 항공안전기술원으로 이관되어 실시중이며 그림 3.2와 같은 절차로 진행된다.

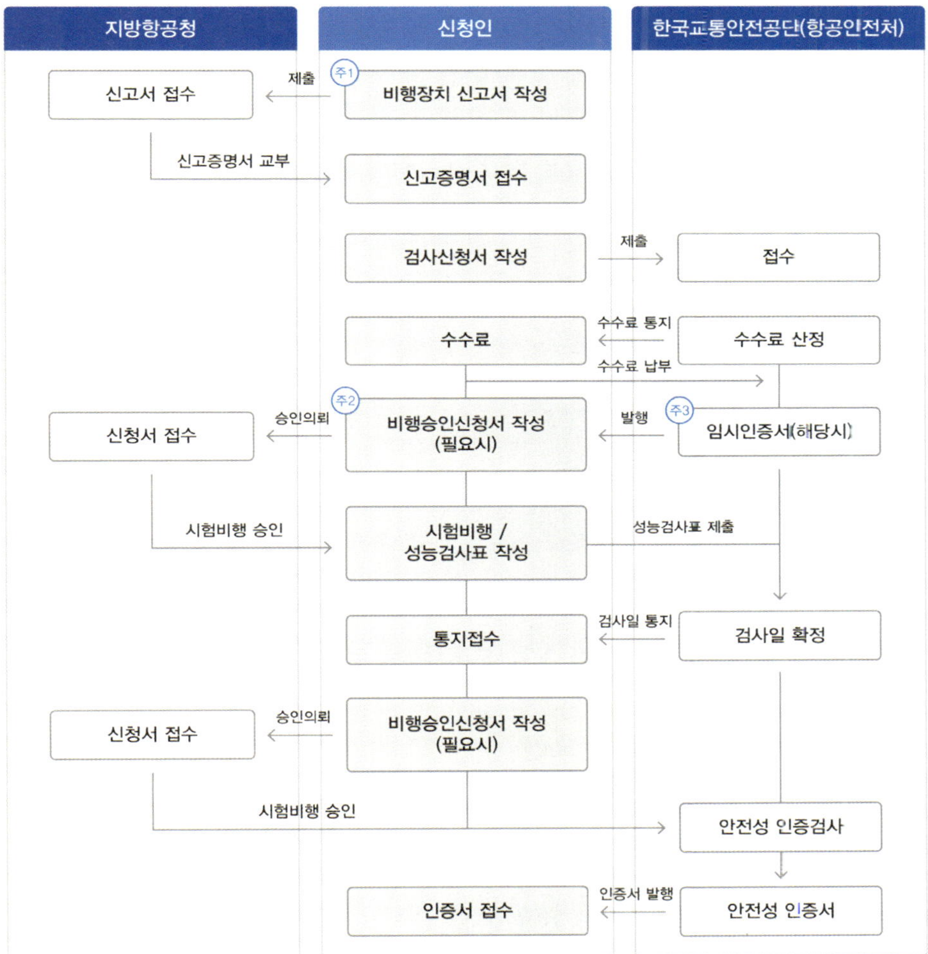

그림 3.2 초경량비행장치 안정성인증 절차

6 드론 조종자 증명(항공안전법 제125조, 항공안전법 시행규칙 제306조)

1) 드론 조종자 자격 종류 및 취득방법

드론 조종자 자격증명은 드론활용 범위 증가에 따라 드론 자격증 시험 관리체계 개선(2021.3.1부)에 따라서 기존에 적용되었던 자체중량 무게의 기준에서 최대이륙중량으로 변경되었다.

① 1종 자격증 : 최대이륙중량 25kg을 초과하거나 자체중량 150kg 이하의 드론을 혼용하여 적용

② 2종 자격증 : 7kg을 초과하고 25kg 이하인 드론

③ 3종 자격증 : 2kg을 초과하고 7kg 이하인 드론

④ 4종 자격증 : 250g을 초과하고 2kg 이하인 드론

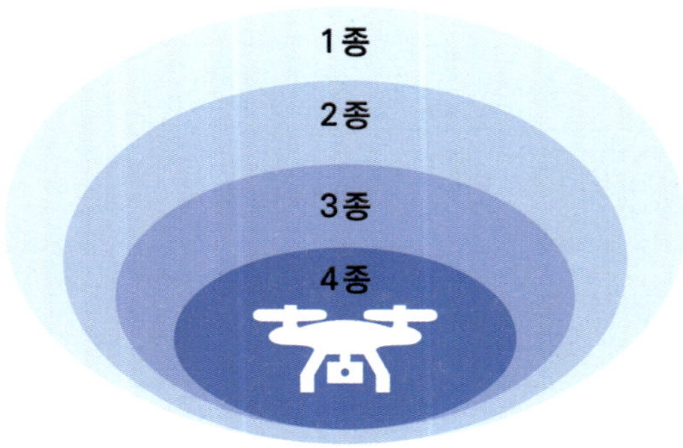

- 1종 : 최대이륙중량 25kg 초과, 자체중량 150kg 이하
- 2종 : 7kg 초과, 25kg 이하
- 3종 : 2kg 초과, 7kg 이하
- 4종 : 250kg 초과, 2kg 이하

그림 3.3 드론자격증 종류

2) 드론 자격 종류별 시험자격 요건

비사업용 드론과 사업용 드론 모두 아래와 같이 공통적으로 적용된다.

① 1종 자격증 : 필기 시험 + 비행경력(20시간) + 실기 시험

② 2종 자격증 : 필기 시험 + 비행경력(10시간) + 실기시험 약식

③ 3종 자격증 : 필기 시험 + 비행경력(6시간)

④ 4종 자격증 : 온라인 교육 수강

* 한국교통안전공단 배움터(https://edu.kotsa.or.kr/user/Main.do)에 접속하여 회원 가입후 온라인 교육 이수(전자파일 교육이수증명서 발급)

3) 드론조종 자격증명 시험 응시기준

① 드론조종 자격증명 응시기준

- 학과시험 : 만 14세 이상(단, 4종 자격증은 만 10세 이상)
- 실기시험 : 자격증 종류별 상이

② 지도조종자 자격 응시기준

무인 멀티콥터를 조종한 시간이 총 100시간 이상인 사람(조종자 자격시험 20시간 포함하여 추가로 80시간 이상)

4) 초경량비행장치 조종자 증명을 취소하거나 1년 이내 효력 정지 사유

- 거짓이나 그 밖의 부정한 방법으로 초경량비행장치 조종자 증명을 받은 경우(조종자 증명 취소 사유)[99)]
- 항공관련 법규를 위반하여 벌금 이상의 형을 선고받은 경우
- 초경량비행장치의 조종자로서 업무를 수행할 때 고의 또는 중대한 과실로 초경량비행장치 사고를 일으켜 인명피해나 재산피해를 발생시킨 경우
- 초경량비행장치 조종자의 준수사항을 위반한 경우
- 주류 등의 영향으로 초경량비행장치를 사용하여 비행을 정상적으로 수행할 수 없는 상태에서 초경량비행장치를 사용하여 비행한 경우
- 초경량비행장치를 사용하여 비행하는 동안에 주류 등을 섭취하거나 사용한 경우
- 주류 등의 섭취 및 사용 여부의 측정 요구에 따르지 아니한 경우
- 초경량비행장치 조종자 증명의 효력정지기간에 초경량비행장치를 사용하여 비행한 경우(조종자 증명 취소사유)

7 전문교육기관 지정 (항공안전법 제126조, 항공안전법 시행규칙 제307조)

1) 전문교육기관 운영자 자격요건

- 만 25세 이상인 자로서 전문교육기관을 적절하게 운영할 수 있다고 인정되는 자
- 항공법규를 위반하여 벌금 이상의 형을 받아 그 집행이 종료되었거나 집행을 받지 아니하기로 한 날부터 2년을 경과하지 아니한 자

99) '조종자 증명 취소 사유'의미는 다른 조항은 위반하면 벌금, 과태료, 조종자 증명 효력 정지 등의 처벌을 받지만 '조종자 증명 취소 사유'의 조항을 위반할 시에는 조종자 증명 자체가 취소되는 중한 처벌을 받는다는 의미이다.

2) 전문교육기관 지정 심사

- **지정신청** : 전문교육기관을 지정받고자 하는 교육기관 운영자는 초경량 무인비행장치 전문교육기관 지정요건에 대한 준비를 완료하고 신청서류를 작성하여 국토교통부에 신청한다.
- 지정 신청 서류
  - 초경량비행장치 전문교육기관 지정 신청서
  - 교관 등 인원 현황(경력 / 자격증명 자료 포함)
  - 시설장비 현황(훈련 및 보조 장비 목록 및 제원. 항공종합보험 증권 등 증빙자료)
  - 교육훈련규정
  - 각종 양식(교육훈련 기록, 비행기록(장비/인원, 장비관리 등)
- **전문교육기관 지정 심사** : 지정신청 후 국토교통부에서는 심사 양식에 따른 제반사항에 대한 심사를 진행한다.

3) 전문교육기관 지정기준

- 전문교관
  - 비행시간이 200시간(무인비행장치의 경우 조종경력이 100시간) 이상이고, 국토교통부장관이 인정한 조종교육교관과정을 이수한 지도조종자 1명 이상
  - 비행시간이 300시간(무인비행장치의 경우 조종경력이 150시간) 이상이고 국토교통부장관이 인정하는 실기평가과정을 이수한 실기평가조종자 1명 이상
- 시설 및 장비
  - 강의실 및 사무실 각 1개 이상
  - 이륙 · 착륙 시설
  - 훈련용 비행장치 1대 이상
  - 출결 사항을 전자적으로 처리 · 관리하기 위한 단말기 1대 이상
- 교육과목, 교육시간, 평가방법 및 교육훈련규정 등 교육훈련에 필요한 사항(국토부령에 고시된 조종자 자격기준 및 전문교육기관 지정요령)

4) 전문교육기관 지정 취소 사유

- 거짓이나 그 밖의 부정한 방법으로 초경량비행장치 전문교육기관으로 지정받은 경우 (전문교육기관 지정 필수 취소 사유)
- 초경량비행장치 전문교육기관의 지정기준 중 국토교통부령으로 정하는 기준에 미달 경우 (3개월 이내 기준미달 사유를 해소할 시 전문교육기관 지정을 취소하지 않는다)

8 드론 비행승인 (항공안전법 제127조, 항공안전법 시행규칙 제308조)

1) 비행승인

- 국토교통부장관은 초경량비행장치의 비행안전을 위하여 필요하다고 인정하는 경우에는 초경량비행장치의 비행을 제한하는 공역을 지정하여 고시할 수 있다.
- 동력비행장치 등 국토교통부령으로 정하는 초경량비행장치를 사용하여 국토교통부장관이 고시하는 초경량비행장치 비행제한공역에서 비행하려는 사람은 국토교등부령으로 정하는 바에 따라 미리 국토교통부장관으로부터 비행승인을 받아야 한다. 다만, 비행장 및 이착륙장의 주변 등 대통령령으로 정하는 제한된 범위[100])에서 비행하려는 경우는 제외한다.
- 비행승인 대상이 아닌 경우라 하더라도 국토교통부장관의 비행승인을 받아야 하는 경우
  - 국토교통부령으로 정하는 고도이상(150m)에서 비행하는 경우
  - 관제공역, 통제공역, 주의공역 중 국토교통부령으로 정하는 구역에서 비행하는 경우
- 드론은 최대 이륙중량 25kg 이하의 기체는 비행금지구역 및 관제권을 제외한 공역에서 고도 150m 이하에서는 비행승인 없이 비행이 가능하고 최대 이륙중량 25kg 초과의 기체는 전 공역에서 사전 비행승인 후 비행이 가능하다. 최대 이륙중량 상관없이 비행금지구역 및 관제권내에서는 사전 승인 없이는 비행이 불가하다. 초경량비행장치 전용공역(UA)에서는 비행승인 없이 비행이 가능하다.

2) 드론 비행고도 150미터의 기준(항공안전법 시행규칙 제308조)

- 사람 또는 건축물이 밀집된 지역 : 해당 초경량비행장치를 중심으로 수평거리 150미터(500피트) 범위 안에 있는 가장 높은 장애물의 상단에서 150미터
- 그 외의 지역 : 지표면 · 수면 또는 물건의 상단에서 150미터

100) '제한된 범위'란 시행령 제 25조에 의해 ① 비행장(군 비행장은 제외한다)의 중심으로부터 반지름 3킬로미터 이내의 지역의 고도 500피트 이내의 범위(해당 비행장에서 법 제83조에 따른 항공교통업무를 수행하는 자와 사전에 협의가 된 경우에 한정한다) ② 이 · 착륙장의 중심으로부터 반지름 3킬로미터 이내의 지역의 고도 500피트 이내의 범위(해당 이착륙장을 관리하는 자와 사전에 협의가 된 경우에 한정한다)

(a) 건축물 밀집지역에서 드론비행 고도　(b) 기타 지표면 및 수면 상단에서 드론비행 고도

그림 3.4　드론 비행 고도

3) 비행승인과 촬영승인 절차

- 초경량비행장치를 사용하여 비행제한공역을 비행하려는 사람은 초경량비행장치 비행승인 신청서를 지방항공청장에게 제출하여야 한다. 이 경우 비행승인신청서는 서류, 팩스 또는 정보통신망을 이용하여 제출할 수 있다. 드론 비행승인 신청과 촬영신청은 드론 원스톱 민원서비스(https://drone.onestop.go.kr/)를 활용하여 신청한다.
- 지방항공청장은 신청서를 검토한 결과 비행안전에 지장을 주지 아니한다고 판단되는 경우에는 이를 승인하여야 한다.
- 동일지역에서 반복적으로 이루어지는 비행에 대해서는 6개월의 범위에서 비행기간을 명시하여 승인할 수 있다.
  - 교육목적을 위한 비행일 것
  - 무인비행장치는 최대이륙중량이 7킬로그램 이하일 것
  - 비행구역은 학교의 운동장일 것
  - 비행시간은 정규 및 방과 후 활동 중일 것
  - 비행고도는 지표면으로부터 고도 20미터 이내일 것
  - 비행방법 등이 안전 · 국방 등 비행금지구역의 지정 목적을 저해하지 않을 것
- 비행승인은 비행금지구역과 비행제한 구역에 따라서 군 또는 지역 지방항공청의 승인을 받아야 한다. 서울시내 비행금지구역(P-73)은 수도방위사령부에 7일 전까지 신청하며, R-75 비행제한구역도 수도방위사령부(담당부서 : 방공작전통제소)에 4일 전까지 신청하여 비행승인을 득해야 한다.
- 촬영허가는 국방부에서 받아야 하며 모든 항공사진 촬영은 사전 승인을 득하고 촬영한다. 그러나 명백히 주요 국가/군사시설이 없는 곳으로서 비행금지구역이 아닌 곳은 국방부에서 규제하지 않는다. 항공사진촬영 허가와 비행신청은 별도사항이다. 항공사진 촬영허가를 받고 이를 첨부하여 비행승인 신청을 해야 한다.

그림 3.5　드론 원스톱 민원서비스

- 항공사진촬영이 금지된 곳
  - 국가 및 군사보안목표 시설, 군사시설(예: 군부대, 댐, 항만시설 등)
  - 군수산업시설 등 국가 보안상 중요한 시설 및 지역
  - 비행금지구역(공익 목적 등인 경우 제한적으로 허용 가능)

표 3.3　드론 비행승인 / 촬영승인기관

구분	비행금지구역 (P-73, P-61 등)	비행제한구역 (R-75)	민간관제권 (반경 9.3km)	군관제권 (반경 9.3km)	그 밖의 지역 (고도 150m 이하)
촬영허가 (국방부)	○	○	○	○	○
비행허가 (군)	○	해당사항 없음	해당사항 없음	○	해당사항 없음
비행승인 (지방항공청)	해당사항 없음	해당사항 없음	○	해당사항 없음	승인 불필요
공통사항	1. 최대 이륙중량 25kg 이하의 기체, 고도 150m 이하로 한정했을 때만 적용된다. 2. 공역이 2개 이상 겹칠 경우 공역 담당하는 두 기관으로부터 각각 허가를 받아야 한다. 3. 150m 이상고도에서 비행 시에는 공역에 관계없이 국토부 비행 계획 승인을 받아야 한다.				

9 공역

'공역'이란 항공기, 초경량 비행장치 등의 안전한 활동을 보장하기 위하여 지표면 또는 해수면으로부터 일정높이의 특정범위로 정해진 공간으로서, 국가의 두형자원 중의 하나로 항공기

비행의 안전, 우리나라 주권보호 및 방위목적으로 지정하여 사용한다. 공역의 설정은 국가안전 보장과 항공안전, 항공교통에 관한 서비스의 제공여부, 이용자의 편의성, 공역의 활용에 대한 효율성과 경제성 등을 고려하여 설정한다.

1) 공역의 범위

- 항공교통관리권역

  항공교통관리권역이란 국제민간항공기구(ICAO)가 항공기 비행을 지원할 목적으로 전 세계 공역을 태평양(PAC), 북미(NAM), 카리브(CAR), 남미(SAM), 유럽(EUR), 북대서양(NAT), 아프리카/인도양(AFI), 중동/아시아(MID/ASIA) 8개의 권역으로 분할하여 관리하는 구역이다. 이 항공교통관리권역 중에 우리나라는 중동/아시아(MID/ASIA) 권역에 속한다.

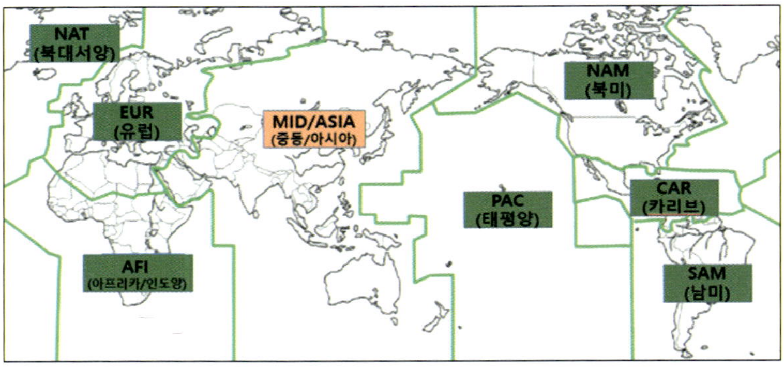

그림 3.6 항공교통관리권역

- 비행정보구역(FIR : Flight Information Region)

  비행정보구역(FIR)은 항공기의 안전하고 효율적인 비행을 위하여 항공교통관제업무, 비행정보업무 및 경보업무를 제공하는 구역으로써 국제적 공역분할의 기본단위를 기준으로 공역을 구분한다. 우리나라의 공역 관할권은 인천 비행정보구역 내이며 면적은 약 43만㎢이다. 인접국 비행정보구역은 후쿠오카 · 상해 · 평양 비행정보구역이 있으며, 지역관제업무 · 비행정보업무 · 경보업무 등에 관하여 상호 협조체제를 구축하고 있다.

- 대한민국의 공역

  비행정보구역(FIR)을 여러 공역으로 등급화하여 설정하고 각 공역 등급별로 비행규칙을 정하고 항공교통관제, 교통정보를 제공하며 필요한 항공기 요건 등을 규정한다.

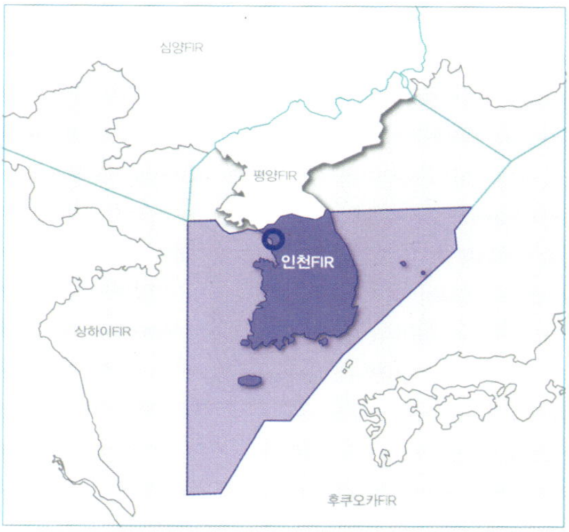

그림 3.7 인천 FIR(비행정보구역)

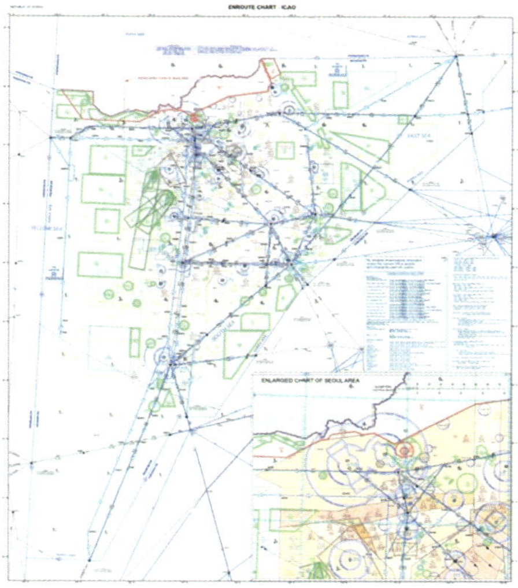

그림 3.8 대한민국 공역

2) 공역의 구분

① 항공교통업무에 따른 공역의 구분

관제공역, 비 관제공역으로 구분하며 비행안전을 확보하기 위하여 인천 비행정보구역을 A, B, C, D, E 및 G 등급 공역으로 세분화하여, 각 공역 등급별로 비행방식과 항공교통업무 제공 범위 등을 지정 고시하여 시행하고 있다. 국제적으로 비관제공역에 F등급 공역이 있으나 우리나라에서는 운용하고 있지 않다.

표 3.4 항공교통업무에 따른 공역의 구분

구분		내용
관제공역	A등급 공역	모든 항공기가 계기비행을 하여야 하는 공역
	B등급 공역	계기비행 및 시계비행을 하는 항공기가 비행가능하고, 모든 항공기에 분리를 포함한 항공교통관제업무가 제공되는 공역
	C등급 공역	모든 항공기에 항공교통관제업무가 제공되나, 시계비행을 하는 항공기 간에는 비행정보업무만 제공되는 공역
	D등급 공역	모든 항공기에 항공교통관제업무가 제공되나, 계기비행을 하는 항공기와 시계비행을 하는 항공기 및 시계비행을 하는 항공기 간에는 비행정보업무만 제공되는 공역
	E등급 공역	계기비행을 하는 항공기에 항공교통관제업무가 제공되고, 시계비행을 하는 항공기에 비행정보업무가 제공되는 공역
비관제공역	G등급 공역	모든 항공기에 비행정보업무만 제공되는 공역

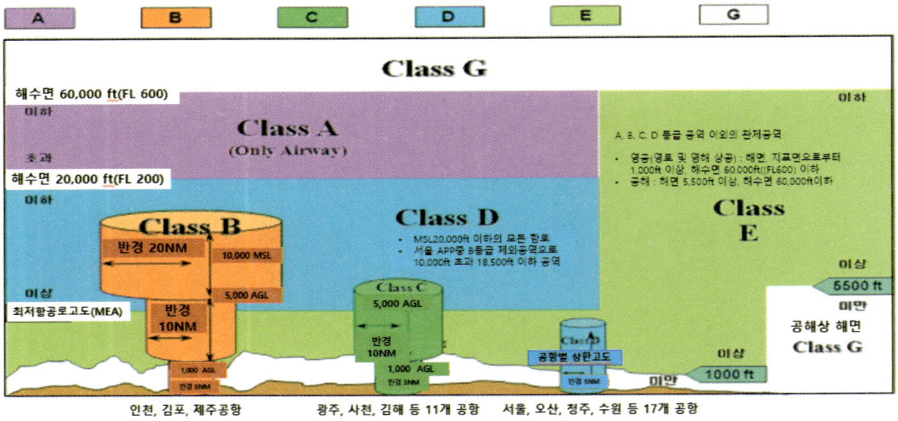

그림 3.9 항공교통업무에 따른 공역의 구분

② 사용목적에 따른 공역의 구분

공역은 사용목적에 따라서 관제공역, 비 관제공역, 통제공역, 주의공역으로 구분한다.

표 3.5 사용목적에 따른 공역의 구분

구분		내용
관제공역	관제권	"항공안전법" 제2조 25호에 따른 공역으로서 비행정보구역 내의 B, C 또는 D등급 공역 중에서 시계 및 계기비행을 하는 항공기에 대하여 항공교통관제업무를 제공하는 공역
	관제구	"항공안전법" 제2조 26호에 따른 공역(항공로 및 접근관제구역을 포함한다)으로서 비행정보구역 내의 A, B, C, D 및 E 등급 공역에서 시계 및 계기비행을 하는 항공기에 대하여 항공교통관제업무를 제공하는 공역
	비행장 교통구역	"항공안전법" 제2조 25호에 따른 공역 외의 공역으로서 비행정보구역 내의 D등급에서 시계비행을 하는 항공기 간에 교통정보를 제공하는 공역
비관제공역	조언구역	항공교통조언업무가 제공되도록 지정된 비관제공역
	정보구역	비행정보업무가 제공되도록 지정된 비관제공역
통제공역	비행금지구역	안전, 국방상 그 밖의 이유로 항공기의 비행을 금지하는 공역
	비행제한구역	항공사격, 대공사격 등으로 인한 위험으로부터 항공기의 안전을 보호하거나 그 밖의 이유로 비행허가를 받지 아니한 항공기의 비행을 제한하는 공역
	초경량비행장치 비행제한구역	초경량비행장치의 비행안전을 확보하기 위하여 초경량비행장치의 비행활동에 대한 제한이 필요한 공역
주의공역	훈련구역	민간항공기의 훈련공역으로서 계기비행항공기로부터 분리를 유지할 필요가 있는 공역
	군작전구역	군사작전을 위하여 설정된 공역으로서 계기비행항공기로부터 분리를 유지할 필요가 있는 공역
	위험구역	항공기의 비행시 항공기 또는 지상시설물에 대한 위험이 예상되는 공역
	경계구역	대규모 조종사의 훈련이나 비정상 형태의 항공활동이 수행되어지는 공역

3) 초경량비행장치 비행구역(UA : Ultralight Vehicle Flight Areas)

초경량비행장치 비행공역 : (UA 2~UA 41) : 32개 지역 초경량비행장치 비행공역으로 지정되어 이 비행공역에서는 비행승인없이 비행이 가능하다. 초경량비행장치만 가능한 구역이 18개소, 무인비행장치만 가능한 구역이 10개 구역(UA31~UA40), 경량 및 초경량비행장치 비행이 가능한 에어파크 지역이 4개 지역(UA20, 22, 23, 25)이다. 이외에 서울/주변지역은 남양주 왕숙천 하천부지, 광나루 한강드론공원, 가양대교 북단 고양대덕드론비행장, 신정교 부근에 드론 전용비행구역을 설정하여 운용하고 있다.

관제공역, 통제공역, 주의 공역 등 초경량비행장치 비행제한구역을 제외한 공역과 비행금지구역을 제외한 공역에서 150m 미만의 고도에서는 비행승인없이 비행이 가능하다. 또한 초경량비행장치 비행제한구역에서 비행승인을 받은 경우는 드론 비행이 가능하다.

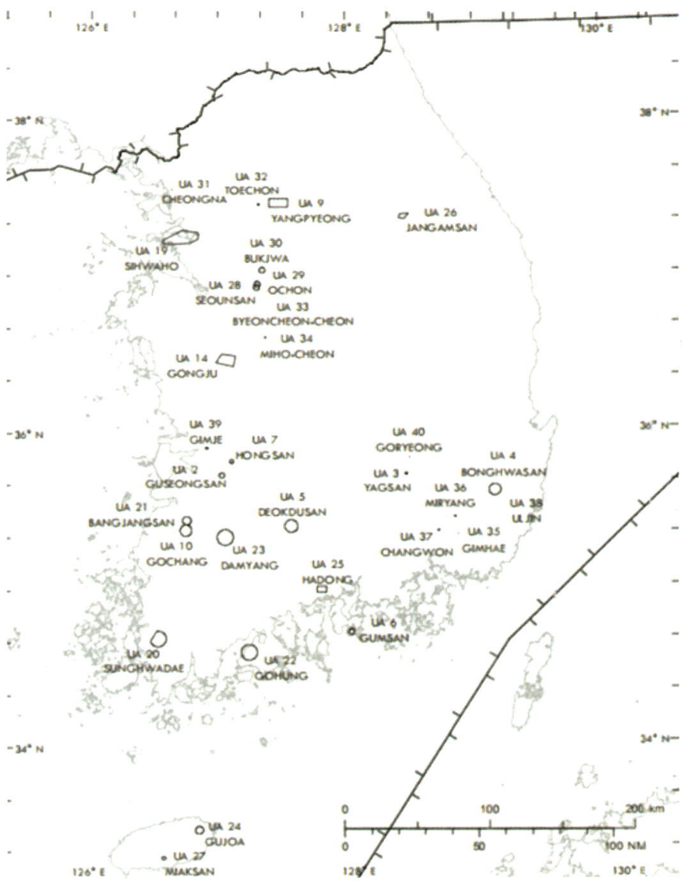

그림 3.10 초경량비행장치 전용비행구역(UA)/드론전용 비행구역 (출처 : 국토교통부)

드론의 비행이 가능한 구역인지를 확인하는 것은 국토교통부에서 제작한 스마트폰 어플 'Ready to Fly' 또는 V월드(https://map.vworld.kr/map/ws3dmap.do)에서 확인할 수 있다.

또한 국토교통부에서는 드론 활용의 촉진 및 활용에 관한 법률(드론법)을 제정하여 드론 산업 육성을 위해 전국에 드론특별 자유화구역 33개소를 지정하였다. 이 지역에서는 항공안전법과 전파법에 대한 규제가 완화되어 드론 택시 사업과 드론 택배에 대한 서비스가 용이하게 진행할 수 있다.

4) 비행금지구역

비행금지구역은 안전, 국방상 그 밖의 목적으로 항공기 비행을 금지하는 공역이다.

- P-518 : 휴전선 지역
- P-73 : 서울 강북 도심지역으로 P-73A(중심반경 2NM), P-73B(중심반경 4.5NM)로 구분
- 비행장 주변 관제권 : 민간 및 군 비행장 관제탑 기준으로 반경 9.3km
- 150m 이상의 고도

* 원전 주변지역 : P-61(고리발전소, 부산), P-62(월성발전소, 경주), P-63(한빛발전소, 영광), P-64(한울발전소, 울진), P-65(원자력연구소, 대덕), 원전 중심으로부터 A지역은 3.7km, B지역은 18km.

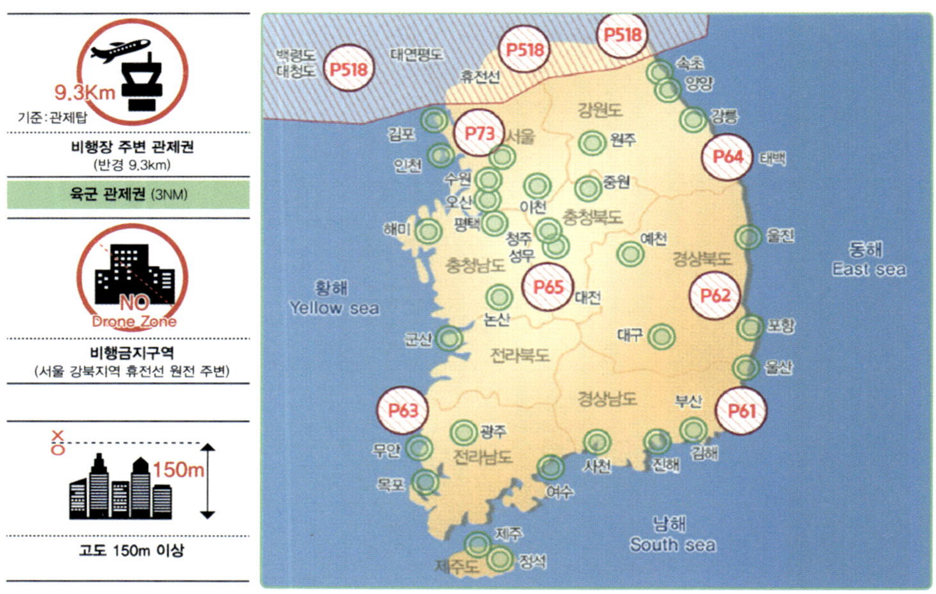

그림 3.11 비행금지구역(출처 : 국토교통부)

4) 비행제한구역

항공사격, 대공사격 등으로 인한 위험으로부터 항공기의 안전을 보호하거나 그 밖의 이유로 비행허가를 받지 아니한 항공기의 비행을 제한하는 공역이다.

- R-75 : 군사적 목적으로 설정된 수도권의 비행제한구역

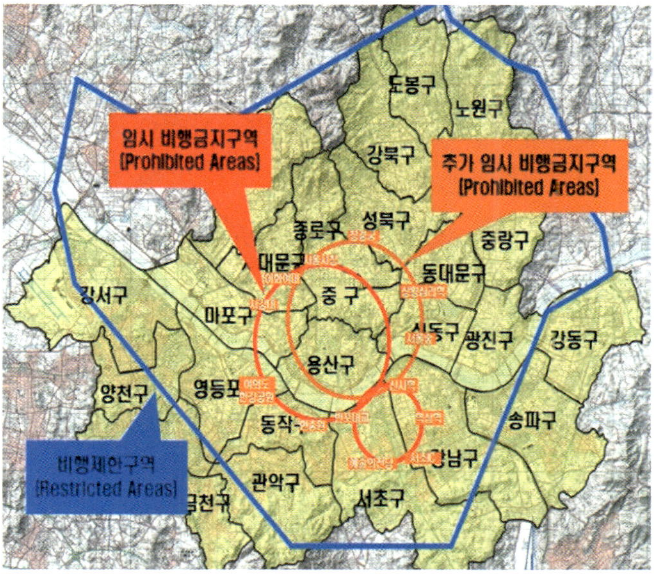

그림 3.12 서울지역 임시 비행제한 · 금지구역(출처 : 국토교통부)

5) 무인비행장치의 특별비행 승인(항공안전법 시행규칙 제312조의 2)

"특별비행"이란 야간비행 및 가시권 밖 비행 관련 전문검사기관의 검사 결과 국토교통부장관이 고시하는 무인비행장치 안전기준에 적합하다고 판단되는 경우에 국토교통부장관(지방항공청장이 대행)이 그 범위를 정하는 승인하는 비행으로 드론 원스톱 민원포탈서비스를 이용하여 신청한다.

- 특별비행승인 신청서에 포함사항
  - 무인비행장치의 종류 · 형식 및 제원에 관한 서류
  - 무인비행장치의 성능 및 운용한계에 관한 서류
  - 무인비행장치의 조작방법에 관한 서류
  - 무인비행장치의 비행절차, 비행지역, 운영인력 등이 포함된 비행계획서

- 안전성인증서(초경량비행장치 안전성인증 대상에 해당하는 무인비행장치에 한정)
- 무인비행장치의 안전한 비행을 위한 조종자의 조종 능력 및 경력 등을 증명하는 서류
- 사고발생시 손해배상 책임을 담보하기 위한 보험 또는 공제 등의 가입 증명 서류 등

• 지방항공청장은 신청서를 제출받은 날부터 30일(특별한 사정이 있는 경우 90) 이내에 무인비행장치 특별비행을 위한 안전기준에 적합한지 여부를 검사한 후 적합하다고 인정하는 경우에는 특별비행승인서를 발급하여야 한다.

6) 비행 및 항공정보를 제공하는 간행물

항공정보를 제공하는 간행물은 AIP, NOTAM, AIC, AIRAC 등이 있다. 간행물 형식으로 제공되지만 최근에는 항공정보체계 홈페이지[101]를 통해서 쉽게 확인할 수 있다.

• AIP(Aeronautical Information Publication, 항공정보간행물) : 비행장 시설의 물리적 특성 및 정보, 항공로를 구성하는 항행안전시설의 형식과 위치, 항공교통관리, 통신 및 기상업무 등과 관련된 정보를 포함하는 간행물
• NOTAM(Notice to Airman, 항공고시보) : 비행장(헬기장 포함) 또는 활주로의 설치 · 변경 · 폐쇄, 비행금지구역, 비행제한구역, 위험구역의 설정 · 변경 · 폐쇄(발효 또는 해제포함) 등의 정보를 수록하여 항공종사자들에게 배포하는 공고문으로 유효기간은 3개월이다. Code형식으로 발표된다.
• AIC(Aeronautical Information Contents 항공정보회람) : AIP, NOTAM에 포함하지 않은 항공정보를 전달하기 위해 항공정보회람을 발행한다. 법령, 규정, 절차 및 시설 등의 변경이 장기간 예상되거나 비행기 안전에 영향을 미치는 것의 통지와 기술, 법령 또는 순수한 행정사항에 관한 설명과 조언 정보 등의 내용을 포함한다.
• AIRAC(Aeronautical Information Regulation and Control, 항공정보관리절차) : 정해진 기간마다 개정되는 절차를 안내하는 간행물

101) AIM 항공정보관리체계 : http://aim.koca.gp.kr

10 드론 조종자 준수사항 (항공안전법 시행규칙 제310조)

초경량비행장치의 조종자는 초경량비행장치로 인하여 인명이나 재산에 피해가 발생하지 아니하도록 국토교통부령으로 정하는 준수사항을 지켜야 한다.

1) 조종자 준수사항

- 인명이나 재산에 위험을 초래할 우려가 있는 낙하물을 투하(投下)하는 행위
- 인구가 밀집된 지역이나 그 밖에 사람이 많이 모인 장소의 상공에서 인명 또는 재산에 위험을 초래할 우려가 있는 방법으로 비행하는 행위
- 관제공역 · 통제공역 · 주의공역에서 비행하는 행위.
  다만, 다음과 같은 경우와 지방항공청장의 허가를 받은 경우는 제외한다.
  - 군사목적으로 사용되는 초경량비행장치를 비행하는 행위
  - 무인비행기, 무인헬리콥터 또는 무인멀티콥터 중 최대이륙중량이 25킬로그램 이하인 비행장치로 최저비행고도(150미터) 미만의 고도에서 비행하는 행위
- 일몰 후부터 일출 전까지의 야간에 비행하는 행위. 다만, 제199조 제1호 나목에 따른 최저비행고도(150미터) 미만의 고도에서 운영하는 계류식 기구 또는 법 제124조 전단에 따른 허가를 받아 비행하는 초경량비행장치는 제외한다.
- "주류 등"의 영향으로 조종업무를 정상적으로 수행할 수 없는 상태에서 조종하는 행위 또는 비행 중 주류 등을 섭취하거나 사용하는 행위(혈중알콜농도는 0.02퍼센트 이상인 경우)
- 안개 등으로 인하여 지상목표물을 육안으로 식별할 수 없는 상태에서 비행하는 행위(무인비행장치는 적용되지 않음)
- 비행시정 및 구름으로부터의 거리기준을 위반하여 비행하는 행위(무인비행장치는 적용되지 않음)
- 그 밖에 비정상적인 방법으로 비행하는 행위

2) 드론 비행시 조종자 유의사항

- 초경량비행장치 조종자는 항공기 또는 경량항공기를 육안으로 식별하여 미리 피할 수 있도록 주의하여 비행하여야 한다.
- 동력을 이용하는 초경량비행장치 조종자는 모든 항공기, 경량항공기 및 동력을 이용하지

아니하는 초경량비행장치에 대하여 진로를 양보하여야 한다.

- 무인비행장치 조종자는 해당 무인비행장치를 육안으로 확인할 수 있는 범위에서 조종하여야 한다. 다만, 시험비행허가 또는 특별비행승인을 받아 비행하는 경우는 제외한다.
- 군 방공태세 인지 시 즉시 비행을 중지하고 착륙할 것.
- 다른 초경량 비행장치에 불필요하게 가깝게 접근하지 말 것.
- 태풍 및 돌풍이 불거나 번개가 칠 때 또는 비나 눈이 내릴 때에는 비행하지 말 것.
- 제원에 표시된 최대이륙중량을 초과하여 비행하지 말 것.
- 주변에 지상 장애물이 없는 장소에서 이 · 착륙할 것.
- 고압송전선 주위에서 비행하지 말 것.
- 비행 중 원격제어장치, 원격계기 등의 이상이 있음을 인지하는 경우에는 즉시 가까운 이 · 착륙 장소에 안전하게 착륙한다. 등

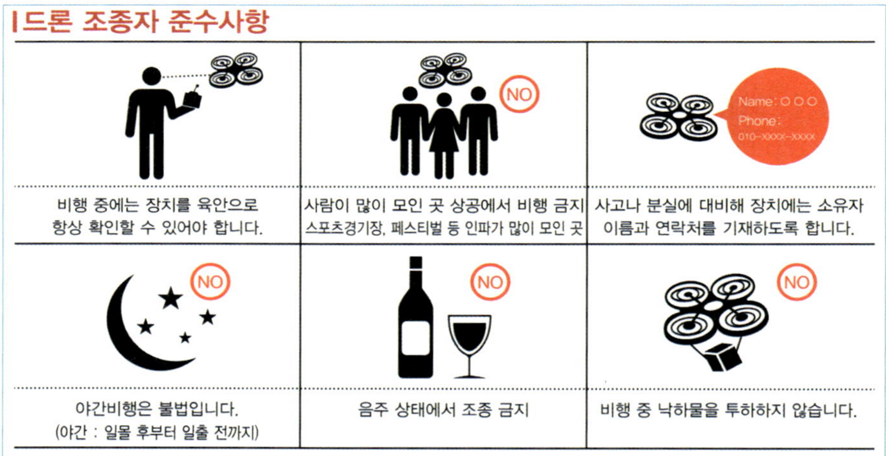

그림 3.13 드론조종자 준수사항(출처 : 국토교통부)

11 초경량비행장치 사고·보험 (항공안전법 제2조, 제161~166조)

1) 초경량비행장치 사고

"초경량비행장치사고"란 초경량비행장치를 사용하여 비행을 목적으로 이륙하는 순간부터 착륙하는 순간까지를 포함하며 다음과 같은 경우를 말한다.

- 초경량비행장치에 의한 사람의 사망, 중상 또는 행방불명
- 초경량비행장치의 추락, 충돌 또는 화재 발생
- 초경량비행장치의 위치를 확인할 수 없거나 초경량비행장치에 접근이 불가능한 경우

2) 사고발생시 조치사항

사고발생시 사고조사를 담당하는 기관은 항공 철도 사고조사위원회이다. 조종자로서 사고발생시 취해야 할 우선순위는 다음과 같다.

- 인명구조를 위해 신속히 필요한 조치를 취할 것
- 사고 조사를 위해 기체, 현장을 보존할 것
- 사고 조사에 도움이 될 수 있는 정황 및 장비 상태에 대한 사진 및 동영상 자료를 세부적으로 촬영할 것

3) 사고보고시 포함내용

초경량비행장치사고를 일으킨 조종자 또는 그 초경량비행장치소유자등은 다음 사항을 지방항공청장에게 보고하여야 한다.

- 조종자 및 그 초경량비행장치소유자등의 성명 또는 명칭
- 사고가 발생한 일시 및 장소
- 초경량비행장치의 종류 및 신고번호
- 사고의 경위
- 사람의 사상(死傷) 또는 물건의 파손 개요
- 사상자의 성명 등 사상자의 인적사항 파악을 위하여 참고가 될 사항

4) 보험가입(항공사업법 제70조)

- 초경량비행장치를 초경량비행장치사용사업, 항공기대여업 및 항공레저스포츠사업에 사용하려는 자는 국토교통부령으로 정하는 보험 또는 공제에 가입하여야 한다.
- 항공보험 등에 가입한 자는 국토교통부령으로 정하는 바에 따라 보험가입신고서 등 보험가입 등을 확인할 수 있는 자료를 국토교통부장관에게 제출하여야 한다.
- 현재 우리나라는 2012년 사업용 드론의 대인배상책임보험 가입 의무 시작으로 2020년 12월에 대물배책보험으로 확대되었으며 사업용 외 국가 및 지방자치단체, 공공기관의 드론까지 의무 가입대상이 확대되었다. 아직까지 개인 드론에 대한 드론 보험은 시행되지 않고 있다. 향후 드론산업의 확대 및 드론 비행인구의 증가에 따라서 보험상품 다양화, 표준약관 마련 등 제도 개선을 위해 많은 노력이 필요하다.

12 항공안전법 위반시 처벌기준 (항공안전법 제2조, 제161~166조)

1) 초경량비행장치 불법 사용 등의 죄

- 3년 이하의 징역 또는 3천만 원 이하의 벌금
  - 주류 등의 영향으로 초경량비행장치를 사용하여 비행을 정상적으로 수행할 수 없는 상태에서 초경량비행장치를 사용하여 비행을 한 사람
  - 초경량비행장치를 사용하여 비행하는 동안에 주류 등을 섭취하거나 사용한 사람
  - 음주여부 측정을 거부한 사람
- 1년 이하의 징역 또는 1천만 원 이하의 벌금
  - 안전성인증을 받지 아니한 초경량비행장치를 사용하여 초경량비행장치 조종자 증명을 받지 아니하고 비행을 한 사람
- 6개월 이하의 징역 또는 500만 원 이하의 벌금
  - 초경량비행장치의 신고 또는 변경신고를 하지 아니하고 비행을 한 자
- 500만 원 이하의 벌금
  - 국토교통부장관 승인을 받지 아니하고 초경량비행장치 비행제한공역을 비행한 사람

2) 명령 위반 및 검사거부의 죄

- 1천만 원 이하의 벌금
  - 안전을 위한 명령을 이행하지 아니한 초경량비행장치사용사업자
- 500만 원 이하의 벌금
  - 국토교통부장관이 위임한 전문인원이 검사를 위하여 출입하는 것을 거부 또는 방해하거나 안정성인증을 위한 정기검사를 거부한 경우

3) 과태료(2021.12.7.일부)

- 500만 원 이하의 과태료
  - 초경량비행장치의 안전성인증을 받지 아니하고 비행한 사람
- 400만 원 이하의 과태료
  - 초경량비행장치 조종자 증명을 받지 아니하고 초경량비행장치를 사용하여 비행을 한 사람
- 300만 원 이하의 과태료

- 다른 사람에게 자기의 성명을 사용하여 초경량비행장치 조종을 수행하게 하거나 초경량비행장치 조종자 증명을 빌려 준 사람
- 다른 사람의 성명을 사용하여 초경량비행장치 조종을 수행하거나 다른 사람의 초경량비행장치 조종자 증명을 빌린 사람
- 다른 사람에게 이를 알선한 사람
- 비행승인을 받지 아니하고 초경량비행장치를 사용하여 비행한 사람
- 조종자 준수사항을 따르지 아니하고 초경량비행장치를 이용하여 비행한 사람

• 100만 원 이하의 과태료
- 신고번호를 해당 초경량비행장치에 표시하지 아니하거나 거짓으로 표시한 초경량비행장치소유자 등
- 국토교통부령으로 정하는 장비를 장착하거나 휴대하지 아니하고 초경량비행장치를 사용하여 비행을 한 자

• 30만 원 이하의 과태료
- 초경량비행장치의 말소신고를 하지 아니한 초경량비행장치소유자 등
- 초경량비행장치사고에 관한 보고를 하지 아니하거나 거짓으로 보고한 초경량비행장치 조종자 또는 그 초경량비행장치소유자 등

13 항공사업법 (항공안전법 제2조, 48조, 항공사업법 시행규칙 제47조)

"항공사업"이란 이 법에 따라 국토교통부장관의 면허, 허가 또는 인가를 받거나 국토교통부장관에게 등록 또는 신고하여 경영하는 사업을 말한다. 항공사업은 "항공기 대여업", "항공기레저스포츠사업", "초경량비행장치사용사업"으로 구분한다.

1) 초경량비행장치사용사업

"초경량비행장치사용사업"이란 타인의 수요에 맞추어 국토교통부령으로 정하는 초경량비행장치를 사용하여 유상으로 다음과 같은 사업을 하는 것을 의미한다.

• 비료 또는 농약살포, 씨앗뿌리기 등 농업지원
• 사진촬영, 육상 · 해상 측량 또는 탐사

- 산림 또는 공원 등의 관측 또는 탐사
- 조종교육 등

2) 초경량비행장치사용사업 등록요건

- 자본금 또는 자산평가액은 법인 3천만원 이상, 개인 4,500만원 이상이나 다만, 최대이륙중량이 25kg 이하인 무인비행장치만을 사용하여 초경량비행장치사용사업을 하려는 경우는 제외한다.
- 조종자 1명 이상, 초경량비행장치(무인비행장치로 한정) 1대 이상
- 해당 보험 상당하는 공제를 포함하는 제3자 보험 가입, 이를 위반시 500만원 이하의 과태료 부과
- 등록제한
  - 대한민국 국민이 아닌 사람(외국 국적을 가진 사람)
  - 외국정부 또는 외국의 공공단체
  - 외국의 법인 및 단체
  - 항공법규 관련 법률을 위반하여 금고 이상의 실형을 선고받고 3년이 지나지 아니하거나 집행유예를 선고받고 그 유예기간 중에 있는 사람
  - 초경량비행장치사용사업 등록의 취소처분을 받은 후 2년이 지나지 아니한 자

3) 초경량비행장치사용사업 등록신청 서류

초경량비행장치사용사업을 하려는 자는 등록신청서에 규정된 서류를 첨부하여 지방항공청장에게 제출하여야 한다.

- 등록요건을 충족함을 증명하거나 설명하는 서류 : 자본금 또는 자산평가액, 초경량비행장치 1대 이상
- 사업계획서
  - 사업목적 및 범위
  - 초경량비행장치의 안전성 점검 계획 및 사고 대응 매뉴얼 등을 포함한 안전관리대책
  - 자본금, 상호 · 대표자의 성명과 사업소의 명칭 및 소재지
  - 사용시설 · 설비 및 장비 개요, 종사자 인력의 개요, 사업 개시 예정일 등
- 부동산을 사용할 수 있음을 증명하는 서류(타인 부동산 사용하는 경우)

14 드론 활용의 촉진 및 기반조성에 관한 법률(일명 드론법)

1) 드론의 범위

- 동력을 일으키는 기계장치가 1개 이상일 것
- 지상에서 비행체의 항행을 통제할 수 있을 것
- 외부에서 원격으로 조종할 수 있는 비행체
- 외부의 원격 조종 없이 사전에 지정된 경로로 자동 항행이 가능한 비행체
- 항행 중 발생하는 비행환경 변화 등을 인식 · 판단하여 자율적으로 비행속도 및 경로 등을 변경할 수 있는 비행체

2) 드론산업의 지원

- 국가 및 지방자치단체는 드론산업을 지속가능한 경제 성장 동력으로 육성하고 기업 간 상생문화를 구축하며 건전한 산업생태계를 조성하기 위하여 행정적 · 재정적 · 기술적 지원을 할 수 있다.
- 국가 및 지방자치단체는 소방 · 방재 · 방역 · 보건 · 측량 · 감시 · 구호 등의 공공부문에서 드론이 활용될 수 있도록 노력하여야 한다.

3) 드론특별자유화구역의 지정 및 관리

- 국토교통부장관은 드론시스템의 실용화 및 사업화 등을 촉진하기 의하여 드론 특결자유화 구역(이하 "드론특별자유화구역"이라 한다)을 지정 · 운영할 수 있다.
- 드론특별자유화구역에서 행하는 드론 실용화 및 사업화 등을 위해 다음 각 호에 따른 법률에 규정된 인증 · 허가 · 승인 · 평가 · 신고 등을 대통령령으로 정하는 바에 따라 유예 또는 면제하거나 간소화할 수 있다.
  - 특별감항증명, 무인항공기의 비행 허가, 시험비행허가 또는 안전성인증, 비행승인, 특별비행의 승인, 적합성 평가

4) 드론교통관리시스템의 구축 및 운영

- 전담사업자는 드론교통관리시스템을 사용하는 자로부터 드론교통관리시스템의 운영 · 관리 등에 소요되는 비용을 징수할 수 있다.
- 드론교통관리시스템을 구축 · 운영하는 경우 드론비행로를 지정하여 운영할 수 있다.

표 3.6 항공안전법/항공사업법 관련 신고 · 준수사항과 위반시 처벌기준

구 분		기체 검사	비행 승인	준수 사항	사업 등록
이륙중량 25kg초과	사업	○	○	○	○
	비사업	○	○	○	×
이륙중량 25kg이하	사업	×	△	○	○
	비사업	×	△	○	×
처벌기준	징역	-	-	-	1년
	벌금	-	300만원	-	3천만원
	과태료	500만원	-		-

구 분		장치 신고	조종 자격
이륙중량 25kg초과	사업	○	○
	비사업	○	○
이륙중량 25kg이하	사업	○	○
	비사업	2kg 초과 소유자신고(○) 2kg 이하(×)	○ 250g 이하(×)
처벌기준	징역	6개월	-
	벌금	500만원	-
	과태료	-	400만원

드론과 항공기상

13 CHAPTER

항공기상은 항공운항에 영향을 주는 기상을 말한다. 드론을 공부하면서 무인기의 영역이 20km 상공을 비행하는 글로벌 호크에서 150m 이하의 고도에서 비행하는 무인멀티콥터(드론)까지 다양한 종류가 있고 비행체별로 영향을 받는 기상요인은 분명히 다르다. 그러나 비행체가 어느 높이에서 비행을 하더라도 공중의 공간에서 변화하는 기상의 원리는 같다. 특히, 무인멀티콥터 안에 내장되어 있는 각종 센서(GPS센서, 지자기센서, 가속도센서, 자이로센서, 기압센서 등)들은 항공기상에서 배우는 지구와 태양의 공전과 자전, 바람, 기압, 강수 등 모든 기상요인들로부터 영향을 받아 이를 종합적으로 계산하여 비행을 하는 것이므로 드론비행과 기상은 깊은 관련이 있다고 하겠다. 본 장에서는 드론 비행에 직접 영향을 미치는 7대 기상에 대해서 중점적으로 기술하였다.

1 태양계·대기·물의 순환

기상의 시작은 태양계에서부터 시작된다. 태양계는 대략 46억 년 전 형성된 태양과 태양을 중심으로 태양의 중력에 이끌려 주변을 회전하는 천체가 이루는 체계를 말한다. 태양을 중심으로 공전하는 행성은 소행성대를 기준으로 안쪽에 있는 네 개의 고체 행성인 수성, 금성, 지구, 화성인 지구형 행성과 바깥쪽에 있는 네 개의 유체 행성인 목성, 토성, 천왕성, 해왕성인 목성형 행성으로 8개이다. 명왕성은 2006년 8월 국제 천문연맹에서 행성에서 왜소 행성으로 변경되었다. 이렇게 태양계는 전체가 태양을 중심으로 이루어져 있다.

그림 3.14 태양계

1) 태양계

태양은 태양계의 중심에서 태양계 전체를 태양을 중심으로 회전하도록 중력으로 지배하며, 인류가 그 표면을 관찰할 수 있을 정도로 가까이 놓여 있는 유일한 항성이다. 물론 달도 보이지만 달은 항성이 아니라 지구 주위를 도는 위성이다.

태양의 질량은 태양계 구성 물질의 거의 전부를 차지하는데 지구질량의 33만 배인 1.98855× 10^{30}kg이다. 표면 온도는 5,778 K(섭씨 5,505도), 지름은 1,392,684±130km(지구의 109배)이며, 현재 나이는 약 45억 6700만 살이고 앞으로 78억 년간 더 살 수 있다. 태양과 지구와의 거리는 1억 4,960만km로서 태양의 빛이 지구까지 도달하는데 걸리는 시간은 8분 19초 정도이다.

태양광으로부터 전달되는 에너지의 형태는 마이크로웨이브(micro-wave), 적외선(infra-red), 가시광선(visible), 자외선(ultraviolet), 광선(X-ray) 등 무선파 형태의 전자기 에너지이다.

태양의 열에너지는 복사되어 지구에 전달되고, 전도와 대류의 방법으로 대기와 지표면과 해양에서 열에너지를 이동시키면서 기상을 변화시킨다. 이러한 태양의 열에너지의 이동이 기상변화의 시작이라 할 수 있다.

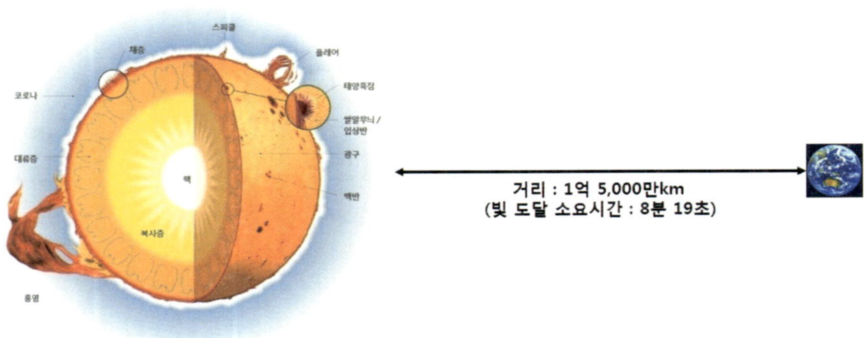

그림 3.15 태양과 지구

2) 태양 복사에너지의 형태

- 마이크로웨이브(microwave) : 전자기 에너지(Electromagnetic Energy)중 낮은 주파수를 가진 전자기적 에너지로 광속(300,000km/sec)으로 전파된다. 도서 지역에서 대용량의 무선통신을 실현하는 기술로 단순한 전파 신호를 넘어 대용량의 음성·영상통신을 무선주파수를 활용해 수십~수백 km까지 전송하는 기술로 활용하고 있으며, 전자레인지도 마이크로웨이브를 응용한 기술이다.
- 적외선(infra-red) : 적색 가시광선보다 파장이 길고 마이크로파보다는 파장이 짧은 전자기적 에너지이다. 야간에 볼 수 있는 야시장비 등 군사용과 의료용으로 활용한다.
- 가시광선(visible) : 사람의 눈에 보이는 전자기파의 영역이다. 개인별로 가시광선 범위의 차이가 존재하지만, 보통 인간의 눈은 400에서 700nm까지의 범위를 감지한다. 전자기적 스펙트럼으로 보면 빨·주·노·초·파·남·보라색으로 식별된다. 태양의 복사에너지 중에서 가장 많이 방출되는 에너지이다.
- 자외선(ultraviolet) : 전자기파 스펙트럼에서 보라색 띠에 인접하지만 사람의 육안에는 보이지 않는 영역이다. 자외선의 파장은 가시광선보다 짧고, X선보다는 길다. 지구의 대기가 대부분의 자외선을 막아주지 않는다면 지구에서는 생물이 살 수 없다.
- 광선(X-ray) : 자외선보다 짧은 파장의 전자기적 에너지이다. 투과성이 강하여 물체의 내부를 볼 수 있으므로, 의료 분야 및 비파괴 검사 등에 쓰인다.

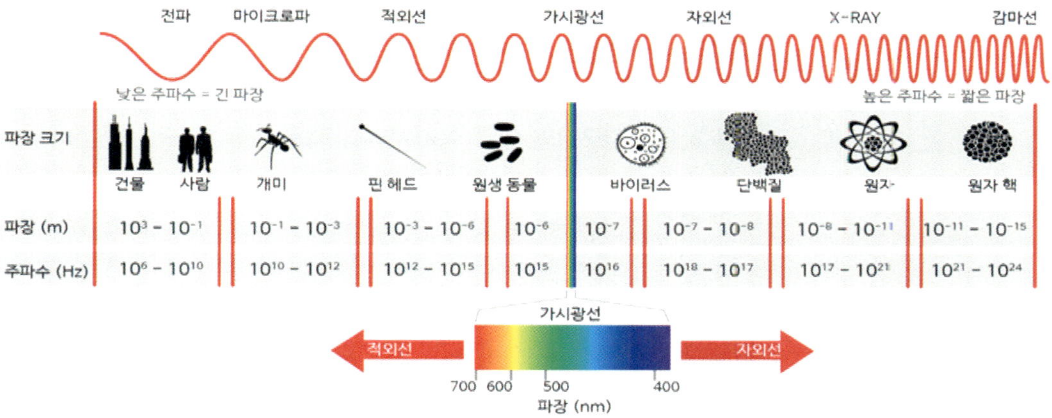

그림 3.16 태양 복사에너지의 형태

3) 태양 열에너지의 이동방법

- 복사(Radiation) : 절대 영도(−273.15℃) 이상의 모든 물체가 전자기파 형태로 에너지를 배출하는 방법이다.
  태양복사에너지는 태양에서 방출하는 에너지를 의미한다. 태양복사에너지의 43% 정도는 가시광선이고, 나머지 반의 대부분은 적외선이며, 자외선은 약 7% 정도가 된다.
  태양복사에너지는 우리의 일상생활에 필요한 에너지의 근원일 뿐만 아니라, 전도 및 대류의 원인을 제공한다. 태양복사에너지는 연중 변동 없이 지구에 도달하지만, 지구 자체가 태양 주위를 공전하고 있으므로, 북반구에서는 하지인 6월 21일경에 단위 면적당 태양복사에너지를 가장 많이 받게 되고, 동지인 12월 21일경에 가장 적게 받게 된다. 이러한 이유로 여름과 겨울이 있는 것이다.

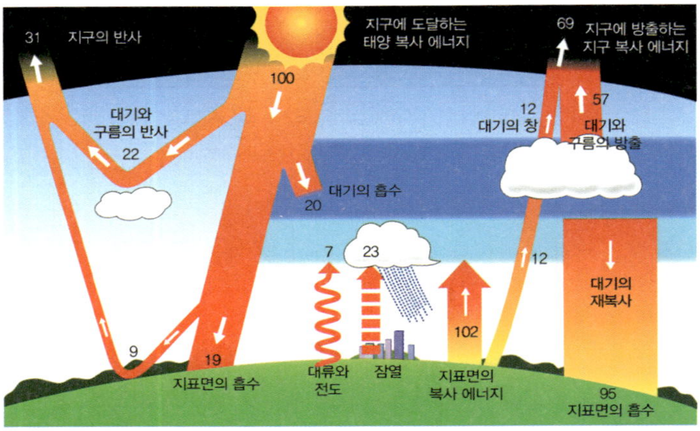

그림 3.17 지구상의 태양 복사에너지 작용

- 전도(Conduction) : 물체가 직접 접촉하여 열에너지가 전달되는 과정으로, 주로 고체에서 열이 이동하는 방법이다. 그림 3.18에서 보는 바와 같이 쇠막대기를 통해서 열이 전달되거나 뜨거운 물을 담은 냄비를 통해서 열이 전달되는 것이다. 그러나 공기도 열전도율은 낮지만 대기 속에서 대부분의 주요 에너지는 공기의 전도로 전달된다. 태양에서 지표면에 도달한 열로 지표면이 가열되면, 지표면 위의 공기를 전도의 방법으로 가열시켜 대기의 기온이 상승한다. 이러한 공기의 전도현상으로 안개가 발생하는 등 기상변화가 발생하는 것이다.

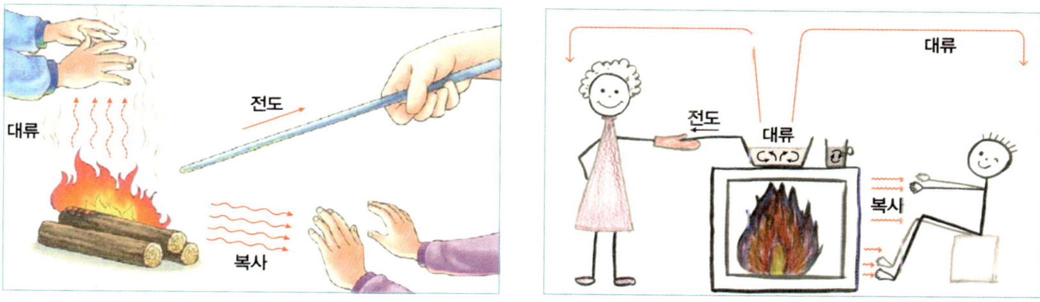

그림 3.18 열의 전도

- **대류** : 열이 전달되는 방법 중의 하나로서 '액체 또는 기체 내의 분자들이 수직적으로 이동하거나 수평적으로 이동하는 것'으로 정의하는데, 수직적으로 순환하는 형태를 '대류'라고 하고 수평적으로 순환하는 형태를 '이류'라고 한다.
  대기에서는 공기의 대류를 통하여 대기의 대순환이 이루어지고, 지역적으로는 기단과 전선이 형성되어 바람이 불고 비가 오는 것이다. 또한 해양에서는 대류를 통해서 바다 속에서 해류가 형성되어 바닷물의 온도가 유지되고 바다 위에서는 공기의 대류를 통해서 태풍이 발생하는 등의 기상변화가 발생한다.

그림 3.19 대류현상

4) 지구

지구는 태양계의 셋째 행성이며 지구형 행성 중에서 가장 크다. 지구는 45억 6700만 년 전에 형성되었으며 초기의 지구와 행성 테이아(Theia)의 격렬한 충돌로 생성된 달을 위성으로 두고 있다. 지구는 엷은 대기층으로 둘러싸여 있어 현재까지 생물들이 살 수 있다고 알려진 유일한 행성이다. 태양에서 지구까지의 거리는 약 1억 5,000만km(1천문단위)이고 지구는 완전한 구(球)가 아닌 회전타원체에 가깝지만 적도에서 반지름이 약 6,378km, 극(極)에서의 반지름이 약 6,357km로 그 차는 약 20km 정도이다.

• 지구의 구성물질

지구는 물 70.8%, 육지 29.2%로 구성되어 있으며 지구 표면은 5대양 6대주로 구분한다. 대양과 대륙으로 인하여 기상이 변화하므로 기상변화의 발원지라 할 수 있다.

• 지구의 자전과 일일변화

지구의 자전(自轉)은 '지구가 남극과 북극을 지나는 선을 축으로 23.5도 기울어진 각도로 하루(24시간)에 한 바퀴의 주기로 회전하는 현상'으로 정의하며 이로 인하여 밤과 낮이 발생한다. 자전의 방향은 서에서 동으로 속도는 시간당 15도(1,670km/h)로 회전한다. 해가 동쪽에서 떠서 서쪽으로 지는 것처럼 보이는 이유이다. 이러한 지구의 자전으로 인공위성은 궤도가 서쪽으로 치우쳐 이동한다. 코리올리 효과도 지구의 자전에 의한 것이다.

• 지구자기장과 방위

지구에는 자기장이 흐르고 있다. 자기장의 세기가 가장 센 곳은 자전축이 지나는 북극점이 아니라 캐나다 북쪽 허드슨만 부근의 천연자력지대이다. S극을 띠는 엄청난 자력을 띠는 물질이 매장되어 있어서 나침반은 그 곳을 가리키고 있다. 따라서 진북점과 자북점간에는 거리 차이가 발생한다. 무려 1,000km 차이가 난다. 드론도 지자계센서를 내장하여 편각의 차이를 보정하면서 비행방향을 유지하는 것이다. 자기장의 세기는 계속 변하기 때문에 드론 비행 전에 항상 그 지역의 자기장 수치가 어느 정도인지를 확인하고 비행하여야 한다. 국립전파원의 우주전파센터에서는 3시간 단위로 kp지수(자기장 세기)를 발표하고 있다.

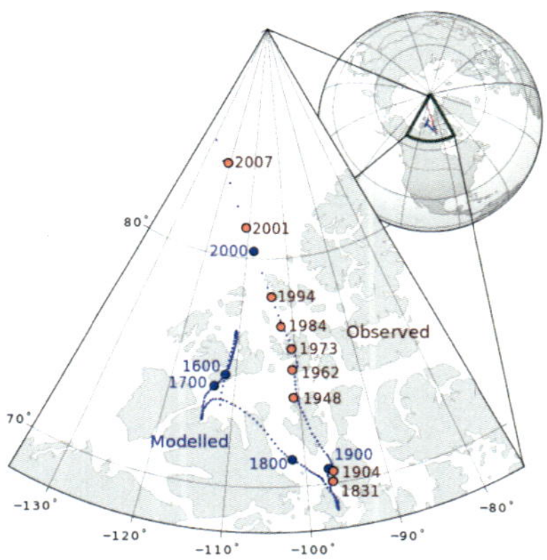

(a) 자북의 위치 변화

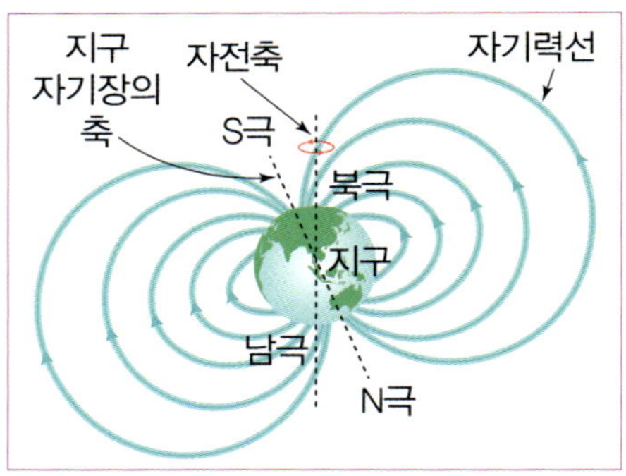

(b) 자전축과 지구 자기장축

그림 3.20 자북과 지구자기장

• 지구의 공전과 계절변화

공전이란 '지구가 1억 4,960만km 떨어진 태양의 주위를 365일 주기로 회전하는 것'으로 정의된다. 공전속도는 하루에 1도(평균 30km/s)씩 으로, 여름철 부는 태풍의 1,000배 정도이고 달까지의 거리라면 4시간 만에 도달할 수 있는 속도이다. 이동방향은 서쪽에서 동쪽인 반시계방향으로 이동한다.

지구의 자전축이 공전 궤도에 대해서 기울어진 채로 공전하기 때문에 태양의 남중고도[102]가 변한다. 이로 인해 태양이 지구에 보내는 복사에너지의 시간과 양을 변화시켜서 사계절의 변화가 이루어지는 것이다. 하지(6월 21/22)는 북극이 태양 쪽으로 23.5도 기울어진 상태로 북쪽의 모든 지방의 낮 길이가 12시간보다 길을 때이며, 동지(12월 21/22)는 남극이 태양 쪽으로 23.5도 기울어져 남쪽 지방의 낮 길이가 12시간보다 길 때이다.

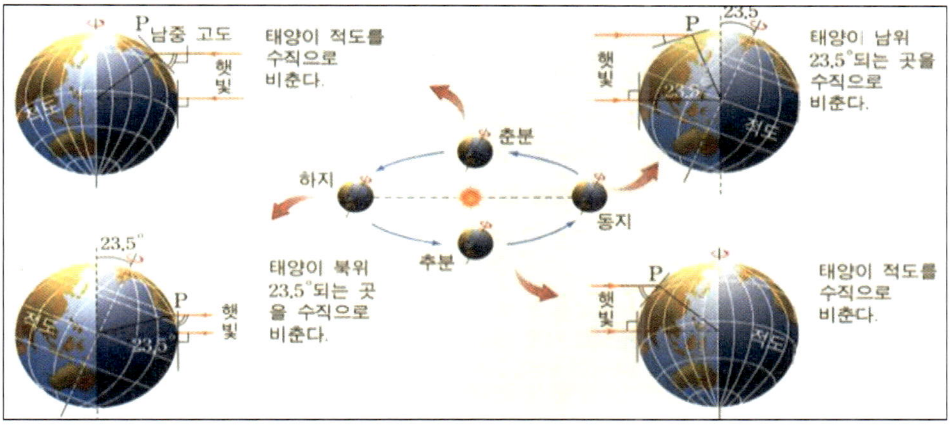

그림 3.21 지구의 공전

5) 대기

대기(Atmosphere)는 '공기'를 가리키는 말로 지구의 중력에 의해 지구에 밀착하여 지구와 더불어 회전하면서 천체의 주위를 대체로 일정하게 둘러싸고 있는 기체층이다. 일반적으로 '대기'라고 표현하면 '지구 대기권'을 의미한다. 대기가 있기에 생명체가 호흡할 수 있는 것이고 우주로부터 떨어지는 운석이나 기타 위협적인 요소들로부터 지구를 보호할 수 있는 것이다.

대기를 구성하고 있는 물질은 주로 질소이다. 그 밖에 산소, 아르곤, 이산화탄소 등의 물질로 구성되어 있다. 특히 산소는 항공기의 엔진이 산소와 연료를 혼합하여 연소함으로서 출력을 발생시키기 때문에 항공기 운항에 절대적으로 필요한 성분이다. 저고도에서 배터리로 운용되

102) 남중고도 : 태양이 정남쪽에 위치하였을 때의 고도로 우리나라에서는 태양이 정남쪽에 위치하는 시각이 12시 30분경이다. 태양의 고도가 가장 높은 시각으로 그림자의 길이가 가장 짧다. 여름은 태양이 높이 올라갔다가 지기 때문에 낮의 길이가 긴 것이다.

는 드론은 크게 영향을 받지 않지만 고고도에서 엔진을 동력으로 하는 무인기는 산소의 양에 따라서 장비의 효율성에 영향을 줄 수 있다.

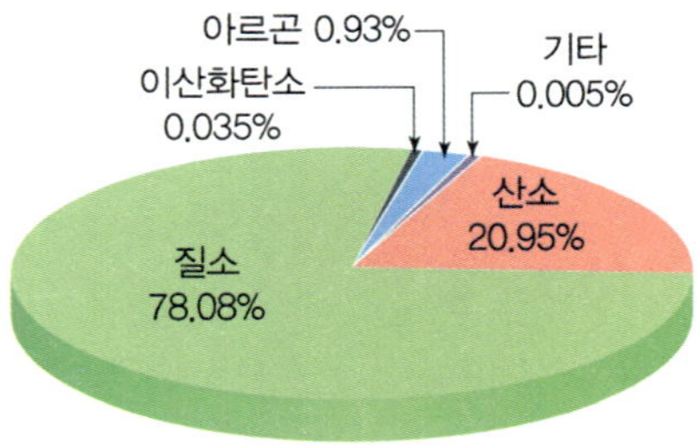

그림 3.22 대기의 구성 물질

6) 대기권의 종류

대기권은 대기의 온도를 기준으로 고도에 따라서 수직으로 나누어 놓은 권역을 말한다. 대류권, 성층권, 중간권, 열권, 외기권 등으로 구분한다. 지구의 대기권은 기체층으로 지표에서 고도 약 1,000km까지 존재한다. 주로 질소와 산소로 이루어져 있으며 그 외에 이산화탄소, 헬륨, 아르곤 등의 희소 기체가 포함되어 있다. 수증기를 제외한 공기 성분은 약 80km까지 거의 일정하다. 기상의 변화는 대류권에서 고도에 따라서 나타나며 다른 권역에서는 오존층을 생성하거나 전자기파의 반사와 같은 성질을 보이는 층이 존재한다.

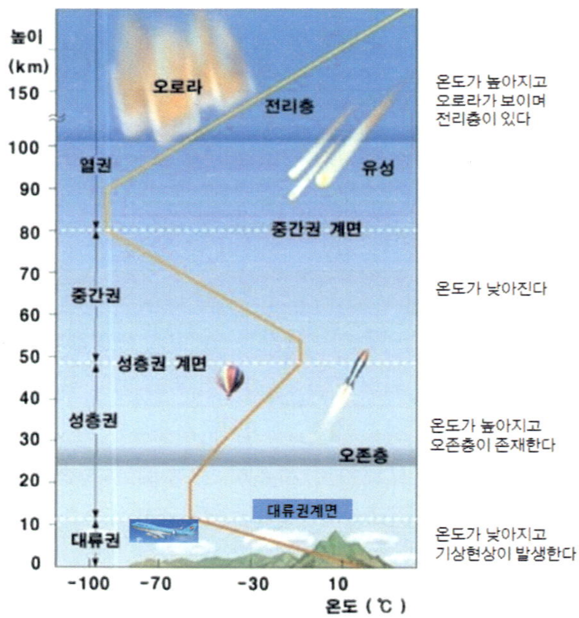

그림 3.23 대기권

① 대류권(Troposphere)

대류권은 지표면(0 km)에서 시작하며 평균 11~12km 정도 고도까지의 대기층이다. 적도지역의 열대지방의 경우는 고도 16~18km까지 대류권이 형성되어 있고 극지방에서는 감소해서 10km 이내의 차이가 있다.

- 대류권 층은 전체 대기 질량의 80% 정도를 차지하고 수증기의 98%가 대류권에 있기에 거의 대부분의 기상과 기후변화가 이루어지는 대기권이다.
- 대류권은 지상에서의 높이에 따라서 저층(지표면~수 m), 지표층(수 m~2km, 마찰 영향을 받음), 이류층(2km~대류권계면, 마찰영향을 받지 않고 대기의 수평적인 활동이 활발함)으로 구분한다.
- 대류권에서는 지표면의 복사열 때문에 고도가 증가할수록 온도가 감소하는데 온도 감소율이 다른 대기권에 비해 일정하다. 일반적으로 고도가 1km 상승할수록 온도는 대략 6.5°C (1,000피트 당 2°C 정도) 떨어진다.

② 대류권 계면

대류권 계면은 대류권과 성층권의 경계층이다. 평균높이는 지상에서 17km 정도이고 두께는 2km 정도이다.

- 대류권과 마찬가지로 적도지역에서는 높고, 극지방에서는 낮게 형성된다. 대류권 계면은 두 지역으로 분리되어 있는데 적도에서 중위도까지를 열대권 계면이라 하고, 중위도에서 극까지를 극 권계면이라 한다. 두 권계면이 분리되어 있기 때문에 분리된 경계지역에서는 제트기류와 같은 강한 난기류(turbulence)가 발생한다.
- 대류권에서는 고도가 증가함에 따라서 기온이 1km당 6.5℃ 정도로 크게 감소하지만, 대류권 계면을 기준으로 기온이 감소하는 폭이 1km당 2℃ 정도로 줄어든다. 이후 성층권에서는 오히려 기온이 증가한다.
- 대류권 계면은 고정되어 움직이지 않는 경계면이 아니다. 적도 근방에서 생겨난 적란운으로 발생한 강력한 폭풍우가 대류권 계면 위에 있는 성층권에 강렬한 충격을 주어 저주파 진동을 유발하여 대기 및 해류에 영향을 미치기도 한다.

③ 성층권(Stratosphere)

성층권은 대류권 계면과 중간권 계면 사이의 대기층이다. 위쪽으로 올라갈수록 따뜻해지고, 지표면에 가까워질수록 온도가 내려가는 특성이 있다.

- 성층권은 따뜻한 공기가 위에 차가운 공기가 아래에 있는 특성으로 말미암아 열적으로 안정된 대기층으로 대류 및 난류가 존재하지 않는다. 성층권은 지표에서 11km에서 50km

사이에 위치한다.

• 또한 성층권은 상부와 하부로 구분되는데 상부인 25km 정도 고도에 오존층(O_3)이 존재하여 태양에서 복사되는 유해한 자외선을 흡수시킨 후 지표면으로 내려 보낸다.

④ 성층권 계면

성층권 계면은 성층권과 중간권 사이의 대기층으로 성층권이 끝나는 50km 정도의 고도에 위치한다.

• 중간권부터는 고도에 따라 온도가 감소하기 때문에 성층권 계면은 온도가 최대로 되는 지점이다. 대류권계면과 마찬가지로 위도와 계절에 따라 성층권 계면의 고도가 달라진다. 성층권 계면의 대기압은 해수면의 대기압의 약 1,000분의 1정도 수준이다.

⑤ 중간권(Mesosphere)

중간권은 성층권 계면과 대기층으로 지표면으로부터 50~80km 고도에 위치한다.

• 중간권에서는 태양에너지를 거의 받을 수 없고, 지표면으로부터 복사열도 받을 수 없는 높이이기 때문에 고도가 올라감에 따라 기온이 감소한다.

• 중간권에서는 하루에도 수백만 개의 유성[103)]과 야광운이 중간권에 분포하는 입자와의 마찰로 타올라 우리가 밤하늘에서 관측할 수 있다. 지표면에 닿기 이전에 완전히 타버리기 때문에 지구에 영향은 없다.

⑥ 열권(Thermosphere)

열권은 중간권과 외기권 사이의 대기층이다. 지표면으로부터 대략 80km 정도에서 시작하여 500~1,000km 정도까지 이어지며, 이 바깥은 외기권으로 대기가 희미해져 우주공간이 되는 영역이다.

• 오로라[104)]가 발생하는 공간이 열권이며, 국제 우주 정거장이 열권의 중간인 320km에서 380km 사이의 고도에서 운용된다.

• 열권에서는 고도가 높아짐에 따라 온도가 상승하는데, 대기 속에 남아있는 산소나 질소 입자가 높은 에너지를 지닌 태양 복사에너지를 흡수하기 때문이다. 온도는 태양의 활동에

103) 유성 : "별똥별"이라 부르며 지구 대기권으로 50km/s의 매우 빠른 속도로 돌입하여 밝은 빛줄기를 형성한다. 유성은 혜성에서 떨어져 나온 돌가루라고 생각할 수 있으며 우리가 맨눈으로 볼 수 있는 유성은 대부분 약 70km 상공에서 발생한 것이다.

104) 오로라(aurora) : 태양에서 방출한 전자 또는 양성자가 열권내의 기체와 마찰하여 빛을 내는 현상이다. 극지방에 가까울수록 관측이 쉽기 때문에 극광(極光)이라고도 한다. 오로라가 가장 많이 나타나는 색은 녹색과 황록색이고 때로는 적색, 황색, 청색, 보라색이 보이기도 한다.

따라 2,000℃까지도 올라갈 수 있다.

- 전리층이 형성되어 전파통신에서 대단히 중요한 역할을 하는 대기권이다. 전리층은 지상 45km 구간부터 900km 고도까지의 구간이지만 2,000km 고도까지 확장될 수도 있다. 2,000km 이상의 고도에 위치한 GPS 위성에서 발사한 전파가 전리층을 지나면서 방향이 틀어져서 오차가 발생하는 것도 전리층이 가진 특성 때문이다.

⑦ 외기권(Exosphere)

외기권(Exosphere)은 지구 대기권의 최외곽을 형성하는 대기층이다. 아래로는 열권과 접해 있으며, 외기권 바깥은 우주 공간이다. 극외권이라 표현하기도 한다.

- 지표면으로부터 500~1,000km 정도에서 시작하며, 대략 10,000km 정도까지가 외기권인 것으로 추정된다. 사실상 우주 공간이 시작되는 구간이고, 외기권의 주된 기체는 수소와 헬륨이며, 외기권 바닥 층에는 일부 원자 상태의 산소도 존재한다.
- 여러 종류의 인공위성[105]이 운용되는 공간이 외기권과 우주공간이다. 외기권의 대기는 극히 희박하게나마 존재하기 때문에, 인공위성이 약간의 마찰력을 받기는 하지만 궤도를 유지하면서 지구 주위를 선회할 수 있다.

7) 물과 물의 순환

- 물은 산소와 수소가 결합된 것으로, 생명을 유지하는 데에 없어서는 안 되는 화학 물질이다. 화학식으로 H_2O로 표기하며, 표준 온도 압력에서 무색 투명하고 무취 무미하다. 물은 지구에서 70% 이상을 차지하고 있는 물질이다. 이중에서 가장 많은 상태는 액체 상태이고 두 번째로 많은 것이 얼음 상태이다. 대기 중에서 수증기, 안개, 구름 등의 형태로 존재한다. 물은 기상변화를 일으키는 중요한 요소로서 물이 다음과 같은 특성이 있기 때문이다.

  첫째, **물은 높은 비열을 가진 물질로 온도변화에 민감하지 않다.** 따라서 주간에 같은 태양에너지를 받더라도 바다는 물 때문에 온도가 천천히 올라가고 육지는 상대적으로 빨리 올라가기 때문에 기온이 낮은 바다에서 기온이 높은 육지방향으로 바람이 부는 것이다. 해안가에 발생하는 안개도 이러한 비열의 차이 때문에 발생하는 것이다.

  둘째, **물은 수은 다음으로 양호한 열전도성(수은은 1, 물은 0.6)을 가지고 있다.** 공기는 물에 비해서 24배, 구리는 670배의 열전도율을 가지고 있다. 이렇게 안정된 물의 열전도성으로 거대한 호수나 바다에서의 표층수와 하층수가 쉽게 혼합되어 동일 구역 내에서의 온도가 거의 동일하게 유지될 수 있는 것이다. 또한 태양에너지가 구름 등의 차단물질로 불균형적

105) 인공위성 운용고도 : 저궤도 인공위성(고도 250~2,000km), 중고도 인공위성(고도 2,000~3만 5,786km), 정지위성(고도 3만 5,766km), 고고도 인공위성(고도 3만 5,766km 이상)

으로 가열되면서 생기는 지역별 수온의 차이로 해류가 발생하고, 물의 증발로 인해서 생기는 기단과 전선으로 인하여 바람이 생성되어 부는 것이다.

셋째, **물은 접착력을 가지고 있다.** 물의 접착력으로 수증기가 모여서 물방울이 되고 물방울이 커지면서 중력의 힘으로 비가 되어 지표면에 내리는 것이다. 수많은 물방울이 합해질 수 있는 것은 표면장력과 입자 간에 서로 끌어당기는 힘이 있기 때문이다.

넷째, **물은 액체(물)와 고체(얼음)와 기체(수증기)의 상태로 존재할 수 있는 유일한 물질이다.** 기온에 따라서 물 분자가 상호 열 교환이 이루어지면서 상태의 변화가 일어나 수증기가 되고, 물방울이 되고, 우박이 되고, 얼음이 되는 것이다.

다섯째, **물은 결빙 시 부피가 증가한다.** 물이 결빙되면 부피가 7% 정도 증가한다고 한다. 이러한 특성 때문에 비행기나 드론 기체의 날개나 프로펠러가 결빙과 해빙을 반복하게 되면 팽창과 수축에 의하여 심각한 균열이 발생할 수 있다.

- 물의 순환

물의 순환은 근본적으로 태양에서 복사되는 에너지에 의해 이루어진다. 물의 순환과정을 지배하는 것은 증발과 강수이다.

물이 증발하고 응결하고 해빙을 반복하면서 강수의 형태로 지표면에 내리는 과정 속에서 대기 속의 공기는 다음과 같은 형태로 순환한다.

첫째, **대류에 의한 순환**은 지표면의 공기와 상층의 공기가 수직방향으로 상호 교류하는 것이다.

둘째, **사이클론에 의한 순환**은 태풍이나 허리케인 같은 열대성 사이클론처럼 저기압구역에서 거대하고 급격한 공기의 상승으로 거대한 대류흐름이 발생하는 것이다.

셋째, **전선에 의한 순환**은 온난전선과 한랭전선과 같은 전선이 서로 충돌하여 활발한 대기활동이 발생하는 것이다.

넷째, **지형적 상승에 의한 순환**은 큰 산맥과 같은 지형을 통과하면서 대기의 상승 등의 활동이 일어나는 것이다.

다섯째, **이류에 의한 순환**은 적도지방의 고온다습한 대기와 극지방의 차갑고 무거운 대기가 수평적으로 이동하여 적절한 온도를 유지하는 것이다.

그림 3.24 물의 순환 (그림출처 : 위키백과사전)

2 기온 (Temperature)

1) 온도와 열에 관련된 용어

온도란 공기 분자의 평균 운동 에너지의 속도를 측정한 값이며, 온도는 물체의 뜨거운 정도 또는 강도를 측정한 것이다. 열이란 물체에 존재하는 열에너지의 양을 측정한 값이다. 모든 원자의 운동은 −273℃에서 정지된다. 이 온도를 '절대 영도'라 한다.

- 열량 : 물질의 온도가 증가함에 따라 열에너지를 흡수할 수 있는 양을 의미
- 비열 : 물질 1g의 온도를 1℃ 올리는데 요구되는 열
- 현열 : 일반적으로 온도계에 의해서 측정된 온도로, 측정하는 방법에 따라서 섭씨, 화씨, 켈빈 등
- 잠열 : 물질의 상태를 변화시키는데 요구되는 열에너지(고체 → 액체, 액체 → 기체 등)로 뇌우, 태풍, 폭풍의 주요 에너지원
- 비등점 : 액체 내부에서 증기 기포가 생겨 기화하는 현상을 비등, 그 때의 온도를 비등점(1기압의 순수 물의 비등점은 100℃이다.)
- 빙점 : 액체를 냉각시켜 고체로의 상태변화가 일어나기 시작할 때의 온도

2) 기온의 단위

기온은 공기의 온도를 말한다. 국제적 기준으로는 지상으로부터 1.25m에서 2m 사이에 있는 공기의 온도를 의미한다.

기온을 나타내는 단위는 켈빈(K), 섭씨(℃), 화씨(°F)이다. 국제적으로 섭씨를 활용할 것을 권장하고 있다.

- 켈빈(Kelvin, K) : 얼음의 빙점을 273K로 하고 끓는 비등점은 373K, 절대 영도(이상 기체의 부피가 0이 되는 온도)는 0K이다. 주로 과학자들이 사용하고 있다.
- 섭씨(Celsius, ℃) : 1742년 스웨덴의 천문학자 안데르스 셀시우스가 처음으로 제안하였으며 이는 표준 대기압에서 물의 어는점을 0℃, 끓는점을 100℃로 두고 그 사이를 100등분하여 정한 것이다. 절대영도는 -273℃이다. 주로 아시아 국가에서 사용하고 있으나 전 세계적으로 통일되고 있는 추세이다.
- 화씨(Fahrenheit, °F) : 독일의 다니엘 가브리엘 파렌하이트의 이름을 딴 온도 단위이며, 이는 물이 어는 온도를 32°F, 물이 끓는 온도를 212°F로 두고 이 사이의 온도를 180등분하여 정한 것이다. 절대영도는 -460°F이다. 미국 등의 국가에서 사용하고 있다.

섭씨, 화씨, 켈빈 간의 환산 관계

섭씨 → 화씨 : $°F = °C \times (1.8) + 32$
섭씨 → 켈빈 : $K = °C + 273.15$
화씨 → 섭씨 : $°C = (°F - 32) \times (1.8)$
화씨 → 켈빈 : $K = (°F - 32) / 1.8 + 273.15$
켈빈 → 섭씨 : $°C = K - 273.15$
켈빈 → 화씨 : $°F = (K - 273.15) \times 1.8 + 32$

3) 기온의 변화

기온변화는 태양에서 복사되는 에너지를 지구가 자전과 공전을 하면서 지구가 언제 어디에서 받느냐에 따라 다양하게 일어난다.

① 기온의 일일변화

밤낮의 기온차를 의미하며 지구가 일일 24시간을 주기로 자전축을 중심으로 회전함에 따라서 생기는 기온의 변화이다. 즉, 지구가 태양을 마주하는 쪽은 주간이고 그 반대쪽은 야간으로, 주간에는 태양열을 받아 기온이 상승하고 밤이 되면 태양열을 받지 못하기 때문에 시간이

지날수록 냉각되어 기온이 떨어지는 것이다. 그렇다면 일일 최저기온이 되는 시점은 언제일까? 바로 일출직후이다. 태양이 떠오르면서 지표면의 온도는 조금씩 상승하므로 지표면의 온도가 가장 떨어졌던 일출직후가 일일 중에 가장 최저기온이라 할 수 있는 것이다.

기온이 올라가면 공기의 활동이 활발해지기 때문에 공기밀도는 감소한다. 중량은 같으나 활동하는 공간이 넓어지기 때문에 밀도가 감소하는 것이다.

② 지형에 따른 변화

- **해양** : 육지에 비해서 기온의 변화가 크지 않다. 해양은 육지에 비해서 비열이 4~5배 높기 때문에 같은 태양의 복사열을 받아도 변화가 크지 않다. 바다와 같은 해양뿐만이 아니라 깊고 넓은 수면도 당연히 육지에 비해 기온의 변화가 심하지 않다.
- **내륙에서의 호수, 큰 강 또는 댐이 있는 지역** : 호수지역과 호수와 접한 지역은 기온의 차이가 발생하기 때문에 이러한 온도의 차이에 의해서 기압이 변하여 국지적으로 산들바람이 불고, 수면과 수면 위의 기온차이에 의해서 아침저녁으로 안개가 잘 발생하는 것이다.
- **사막이나 불모지 같은 지역** : 수분이 부족하고, 지표면은 열을 보존할 수 있는 능력이 부족하기 때문에 주간과 야간의 기온의 변화가 매우 크다. 모래의 반사율은 약 35~45%로 매우 높아 주간에 태양에너지를 받아도 보존할 능력이 매우 떨어져 일몰 후에는 기온이 급격히 떨어진다.
- **눈 덮인 지역** : 눈의 두께와 지역에 따라 다르지만 기온의 변화는 심하지 않다. 쌓인 눈은 태양 복사열의 95%를 반사시키기 때문에 지표면을 가열시켜 열에너지로 바꾸기가 어렵다. 즉, 지표면의 기온이 상승하기도 어렵고 지표면의 기온이 하강하기도 어려워서 큰 변화가 없다.
- **초목지역** : 기온의 변화가 심하지 않다. 큰 활엽수나 침엽수는 태양복사열 흡수 능력이 높아서 주간에 상승한 기온을 야간에도 많이 유지하고 있다. 또한 초목지역에서는 대기의 대류작용(공기의 수직적 이동)과 이류작용(공기의 수평적 이동)이 활발하게 이루어져 더운 공기와 찬 공기가 섞여서 온도의 균형을 유지하기 때문에 기온의 변화가 심하지 않은 것이다.

③ 계절에 따른 변화

지구가 태양의 주위를 1년에 한번 공전함으로서 생기는 기온의 변화이다. 태양과 지구의 상대적 위치에 따라 지구가 받는 태양 복사 에너지의 총량이 다르다.

복사열의 총량은 낮의 길이가 달라지기 때문에 복사에너지를 받는 시간도 달라지고, 지구와 태양이 마주하는 위치에 따라서 복사열을 받는 각도도 달라지기 때문에 변화한다.

북반구에 위치하느냐 남반구에 위치하느냐에 따라서도 계절에 따라 기온이 달라진다. 북반구에서 여름이면 남반구에서는 겨울인 것이다.

④ 위도에 의한 변화

지구는 구면체로 태양 복사를 받아들이는 각도에 따라 기온의 변화를 일으킨다. 저위도 지역은 햇빛을 수직에 가깝게 받기 때문에 열이 좁은 지역에 집중되어 기온이 높고, 중위도 지역은 햇빛을 약간 비스듬히 받고, 고위도 지역은 햇빛을 중위도에 비하여 훨씬 비스듬히 받아서 넓은 지역에 열을 분산하여 받기 때문에 기온이 낮은 것이다. 위도에 따라 태양 복사를 받아들이는 각도를 '태양 입사각'이라 한다.

⑤ 기온감률

지표면에서 11~12km까지의 대기권인 대류권영역에서는 고도가 증가함에 따라 온도가 일정한 비율로 떨어진다. ICAO(국제민간항공기구)에서 규정한 환경기온감률(ELR, Environmental Lapse Rate) 기준으로 1km당 6.5℃ 또는 1,000 ft당 2℃로 적용하고 있다.

지표면의 온도가 0℃인 기온조건에서 국제선 여객기가 항로인 10,000m 상공에서 비행을 한다면 비행기 외부 대기온도는 영하 65도(−65℃)일 것이다.

3 습도 (Humidity)

습도는 공기 중에 포함된 수증기 양의 정도를 뜻한다. 습도가 높으면 공기밀도는 감소한다. 수증기는 온도의 증가로 인한 물의 증발(Evaporation)활동에 의해서 생기는 기체이다.

습도 표기 방법은 기준에 따라 상대 습도, 절대 습도[106], 비습도[107]로 구분한다. 날씨 관련해서는 '상대 습도' 용어를 많이 사용하므로 일반적으로 습도라 할 때는 상대 습도를 의미한다.

1) 상대습도

상대 습도(Relative Humidity)는 공기가 최대로 품을 수 있는 수증기 양에 대해 현재 실제 포함된 수증기 양을 비율로 나타낸 것으로 백분율로 표시한다.

106) 절대습도(absolute humidity) : 1㎥의 공기가 함유하고 있는 수증기의 양이다.
107) 비습도 : 상대습도가 기온을 고려한 지표라면 비습도는 기온을 무시하고 습윤공기 1kg에 함유된 수증기의 양(g)이다.

상대습도를 변화시키는 요인은 수증기량과 기온이다. 습도가 높다는 것은 수증기를 많이 포함하고 있다는 것이다. 수증기 양이 고정된 상태에서 기온이 올라가면 상대 습도는 내려간다. 겨울에 실내가 건조해지는 것이 주로 이 때문이다.

습도는 날씨에 있어 기온과 더불어 매우 중요한 지수로서, 습도가 높아지면 눈, 비, 이슬, 안개의 확률이 높아진다.

기온과 습도를 조합해서 날씨에 따라서 사람이 얼마나 불쾌감을 느끼는지를 나타내는 지수가 '불쾌지수[108]'로서 기상청이 기상예보와 함께 발표하고 있다.

2) 수증기의 상태변화

대기 중의 수증기는 기온변화에 따라서 고체, 액체, 기체로 변한다. 수증기인 기체가 액체인 물로 변하는 과정을 '응결'(액화)이라 하고, 물이 고체인 얼음으로 변하는 과정을 '응고'라고 하며, 얼음이 수증기로 변하는 과정을 '승화'라고 표기한다.

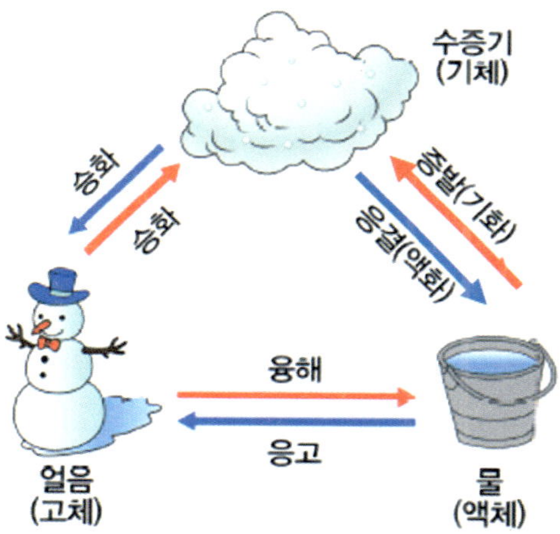

그림 3.25 수증기의 상태변화

3) 응결핵

응결핵이란 고체나 액체상태로 대기 중에 떠다니는 작은 알갱이로, 응결핵을 중심으로 대기 중에서 수증기가 응결하여 구름이 생성된다. 응결핵은 기온에 따라 크기가 달라진다. 대기 중에 존재하는 응결핵은 바닷물의 물보라가 증발하고 남은 해염입자(바다소금), 연소로 생긴

108) 불쾌지수＝(9/5)T－0.55(1－RH)[(9/5)T－26]＋32 여기서 RH : 상대습도(소수단위), T : 기온(℃)
일반적으로 불쾌지수가 70~75인 경우에는 약 10%, 75~80인 경우에는 약 50%, 80 이상인 경우에는 대부분의 사람이 불쾌감을 느낀다고 한다.

미세한 입자나 연기입자, 지면에서 바람에 날려 올라간 토양의 미세입자 등이다. 공장지대에 안개가 많이 발생하는 것은 수증기와 결합할 수 있는 연기로 인한 응결핵이 많기 때문이다. 이 응결핵인 먼지가 대기 중의 수증기와 결합하여 작은 물방울이 형성되어 안개가 되는 것이다.

4) 과냉각수

과냉각수는 액체 물방울이 섭씨 0℃ 이하의 기온에서 응결되거나 액체 상태로 지속되어 남아있는 물방울이다. 0℃～－15℃ 온도 사이의 대기 속에서 존재한다. 과냉각수가 노출된 표면에 부딪히면 결빙이 되는데, 항공기의 착빙(Iceing)현상이 바로 이러한 현상이다. 구름이나 안개는 대부분 과냉각수를 포함한 빙정 상태로 존재한다.

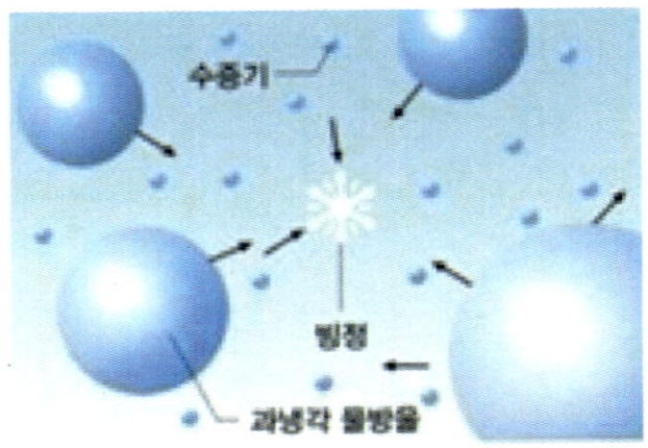

그림 3.26 과냉각수

5) 이슬과 서리

이슬은 지표면 근처에 있는 공기가 수증기 형태로 더 이상 머금을 수 없는 노점기온[109](이슬점)에서 수증기가 변하여 만들어지는 물방울이다. 바람이 없는 맑은 날 밤중에 습도가 높을 때 가장 잘 맺힌다. 이른 아침에 풀잎이나 나뭇잎에 맺혀 있는 물방울이 이슬이다.

서리는 이슬이 맺힌 뒤에 기온이 떨어져서 언 것으로 '언 이슬'이라고도 한다. 기온에 따라 수증기가 바로 얼어서 서리가 되기도 한다.

- 항공기나 드론의 표면에 형성된 서리는 비행 위험요인으로 작용하기 때문에 반드시 제거 후 비행해야 한다. 서리는 항공기나 드론의 기체 표면을 거칠게 하여 날개 위로 흐르는 공기 흐름을 조기에 분산시켜 효율을 감소시킨다.

109) 노점기온(Dew Point Temperature) : '수증기가 가시적 형태의 물방울로 응결되는 온도로 이슬이 맺히는 온도'라 하여 이슬점이라고도 한다.

(a) 이슬

(b) 서리

그림 3.27 이슬과 서리

4 대기압 (Atmospheric Pressure)

1) 개요

대기압은 물체 위에 작용하는 단위 면적 당 공기의 무게이다. 공기의 무게 때문에 생기는 압력이라 '대기압'이라는 용어가 정식 명칭이고 일반적으로 '기압'이라고 부른다.

- 1644년에 이탈리아 물리학자인 토리첼리가 실험을 통해서 대기 속에 있는 공기로 인한 압력이 존재한다는 사실을 증명하여 대기압의 존재를 인식하게 되었다. 이때 시험한 물질이 수은이었다. 왜냐하면 수은의 무게가 물보다 13.6배나 무겁기 때문에 1m의 실험관 정도의 크기로 실험이 가능했기 때문이다. 수은주의 높이가 1㎠ 면적에 약 760mm까지 상승하였을 때의 공기가 누르는 힘(압력)을 1기압이라고 한다. 물과 비교한다면 1㎠ 면적에 10m 정도의 물기둥의 무게가 주는 압력을, 공기의 경우 1㎠ 면적에 1,000km 높이 공기기둥의 무게를 1기압이라고 한다.
- 기압은 지역과 시간에 따라서 변한다. 공기의 밀도가 지역에 따라서 다르고, 같은 지역이라 하더라도 시간에 따라서 공기의 밀도는 변하기 때문이다. 하루 중 대기압이 최고로 높은 시간은 9시와 21시이며, 최고로 낮은 시간은 4시와 16시이다. 대륙지역은 해양지역보다 공기의 밀도차이가 크다. 대기압이 변함으로써 주요 기상 현상을 초래하는 바람이 만들어지는 것이다.
- 대부분의 공기는 지표면으로부터 30km 높이까지 99%가 집중되어 있고, 5.5km이상의 고도에서는 $\frac{1}{2}$로 공기의 밀도가 급감한다. 고도가 낮을수록 공기가 많기 때문에 기압이 높고, 고도가 높을수록 공기가 적기 때문에 기압이 낮다.
- 항공기는 공기 속의 산소를 연소하여 비행하기 때문에 기압은 항공기가 양력을 발생시키는 것과도 연관이 크다고 하겠다. 드론은 150m 고도 이내에서 비행하는 기체이지만 기압의

영향을 받는다.

- 생활속의 기압의 증거
  - 높은 곳으로 올라가면 귀가 먹먹해지는 것은 공기 양이 적어 공기밀도가 낮아 기압이 낮아지기 때문이다.
  - 진공청소기 속으로 먼지가 빨려 들어가는 것은 진공청소기의 팬이 회전하면서 청소기 안의 공기를 밖으로 내보면, 청소기 안의 기압이 낮아져서 상대적으로 기압이 높은 청소기 입구 부근의 공기가 먼지와 함께 빨려 들어가기 때문이다.
  - 풍선에 공기를 불어 넣으면 둥글게 부풀어 오르는 것은 기압은 같은 크기로 모든 방향에서 작용하기 때문이다.
  - 그러나 우리들이 일상생활에서 인간이 기압을 느끼지 못하는 이유는 기압과 같은 크기의 압력이 몸의 안쪽에서 바깥쪽으로 작용하기 때문이다.

- 고도 · 공기밀도 · 온도와 기압과의 관계
  - 고도와 공기밀도는 반비례한다 : 고도가 올라가면 공기밀도가 낮아지기 때문에 산위에서는 지상보다 공기밀도가 낮다
  - 공기밀도와 기압은 비례한다 : 공기밀도가 낮아지면 기압은 낮아지기 때문에 산위에서 공기밀도가 낮으므로 기압이 낮은 것이다.
  - 온도와 기압은 반비례한다 : 온도가 낮아지면 기압은 상승하기 때문에 해풍이 부는 것은 낮에 온도가 낮고 기압이 높은 해양에서 지표면 가열로 온도가 높고 기압이 낮은 육지로 바람이 부는 것이다.

2) 기압의 측정

① 기압의 단위

- 1기압(atm)

  = 29.92 inch Hg(인치 머큐리)

  = 76 cmHg(센티미터 머큐리) = 760 mmHg(밀리미터머큐리) = 760 Torr(토르)

  = 1,013 mb(밀리바) = 101,300 Pa(파스칼) = 1,013 hPa(헥토파스칼)

- 1Pa(파스칼)은 1 m^2의 면적에 1Newton의 힘이 작용하는 압력(사람 몸에 작용하는 힘), 1hPa = 100Pa
- 기압의 단위로는 초기에는 mmHg와 Torr(토르)가 쓰였으나, 1946년 이후 통일된 기압의 단위로 mb(밀리바)를 그리고 현재는 hPa(헥토파스칼)을 주로 쓰고 있다.

② 기압의 측정도구

- **수은 기압계** : 토리첼리의 실험에서 얻은 결과로, 수은을 활용하여 기압을 측정하는 기압계이다.
- **아네로이드 기압계** : 아네로이드라는 연성금속으로 만들어진 진공 상태의 용기가 기압이 높아지면 수축하고, 기압이 낮아지면 팽창하는 원리를 이용한 것이다. 수은기압계가 액체상태이고 유독성 물질이기 때문에 다루기가 어려워 개발하게 되었다. 부피가 작아 휴대하기에 편리하고 견고하기 때문에 선박이나 항공기 등에 널리 쓰이고 있다. 수은 기압계보다 정확성이 떨어지나 질긴 연성물질로 만들어져서 급격한 변화에 강한 장점이 있다. 드론에는 기압센서를 내장하여 기압을 측정하고 있다.

2) 국제표준대기

ICAO(International Civil Aviation Organization, 국제민간항공기구)가 채택하고 있는 국제표준대기이다. 항공기 운항에 필요한 성능과 고도 측정 기준으로 활용하기 위해 정하였으며, 평균 중위도의 해수면(Sea Level)에서 성층권 하부와 대류권의 대기를 기준으로 정하였다.

- 해수면 평균 기압 : 1,013.25 hPa(헥토파스칼), 29.92 inch.Hg
- 해수면 평균 기온 : 15℃ (59°F)
- 음속 : 340m/sec(1,116 ft/sec)
- 기온감률 : 고도 11 km까지는 6.5℃/km(2℃/1,000 ft)로 감온
- 해면상의 공기밀도 1.225 km/m3, 중력가속도 9.8066 m/s
- 대기의 구성성분 : 고도 80 km까지 일정, 수증기를 포함하지 않는 건조공기로 구성

3) 등압선

등압선(isobar)은 해수면 기압 또는 동일한 기압 대를 형성하는 지역을 연결하여 그은 선이다.

- 등압선은 지표면의 여러 관측소에서 측정한 기압 값을 해면의 값으로 보정하여 지도상의 각 관측소의 위치에 기입하고, 기압이 같은 지점을 연결하여 곡선모양으로 그린다.
- 등압선은 도중에 없어지거나 서로 교차하지 않으며 보통 4 hPa 간격으로 그리나 기압의 차이가 많이 나지 않으면 2hPa 간격으로도 그린다.
- 등압선의 간격이 넓으면 기압차이가 작아서 바람이 약하고, 등압선의 간격이 좁으면 기압차이가 커서 바람이 세다는 의미이다. 등압선을 통하여 고기압과 저기압의 위치를 알 수 있고 기압경도를 통해서 바람의 세기 정도를 추측할 수가 있다.

4) 기압경도와 기압경도력

- 기압경도는 한 등압선과 인접 등압선 사이를 측정한 거리에서 기압이 변화한 비율, 즉 주어진 단위거리에 대한 기압의 차이를 의미한다. 기압경도는 경도선 1°의 길이에 대하여 몇 hPa의 기압차가 있다고 표현하기도 하는데, 100 km당 몇 hPa의 기압차로 나타낸다.
- 기압경도력은 기압이 높은 곳에서 낮은 곳으로 이동하려는 힘이다. 따라서 '등압선의 간격이 조밀하다'는 것은 기압이 변하는 거리가 짧기 때문에 기압경도 비율이 높아서 기압경도력이 강하여 바람이 세다는 의미이다. 기압경도력은 등압선과 직각에 가까운 각도로 고기압에서 저기압 쪽으로 불고, 풍속은 기압경도의 크기에 비례한다.

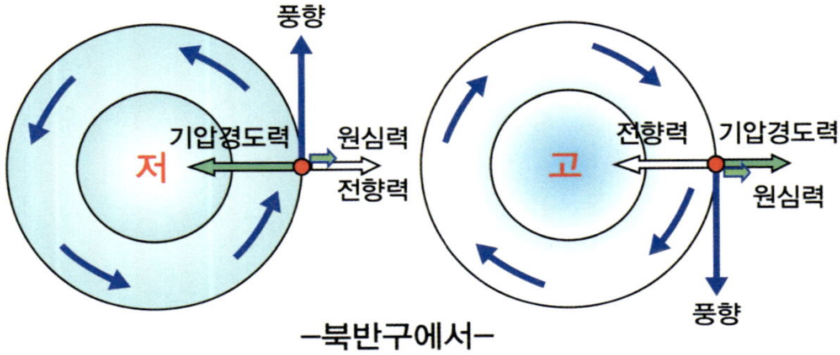

그림 3.28 기압경도와 기압경도력

4) 고기압과 저기압

① 고기압

고기압은 주위보다 기압이 높은 구역으로, 그 중에서 기압이 가장 높은 지점을 고기압 중심이라 한다. 고기압 중심에서는 하강기류가 생겨서 위에 있던 구름이 밑으로 내려오면서 온도가 상승하면서 없어지기 때문에 맑은 날씨가 되며 바람도 약하다.

바람은 고기압 중심이 기압이 가장 높으므로 낮은 쪽인 밖으로 불어나가는데 북반구에 위치한 우리나라에서는 시계방향으로 불어나간다.

- 한랭고기압은 겨울철에 지표면이 냉각되면 하강기류로 발생하는 고기압으로, 상층부는 저기압인 상태에서 밑 부분만 고기압이라 키 작은 고기압으로 불리며 시베리아 고기압이 대표적이다.
- 온난고기압은 적도수렴대에서 생성된 공기가 편서풍의 영향으로 이동하여 대기의 순환에 의해서 하강기류가 생기는 고기압으로 상층부까지 고기압으로 키큰 고기압이라 불린다. 공기는 온난하고 건조하다. 우리나라 여름철에 영향을 주는 북태평양고기압이 대표적이다.

② 저기압

저기압은 주위보다 기압이 낮은 구역으로 그 중에서 기압이 가장 낮은 지점을 저기압 중심이라고 한다. 저기압 중심 부근에서는 상승기류가 생기게 되어 밑에 있었던 수증기들이 상승하고 온도가 하강하면서 응결되어 구름이 형성되기 때문에 흐리거나 비가 오며 기온에 따라 눈이 내리는 것이다.

바람은 저기압중심의 기압이 가장 낮으므로 저기압 중심을 향해서 밖에서 안쪽으로 시계반대방향으로 분다. 저기압에서는 일반적으로 날씨가 나쁘고 비바람이 강하다.

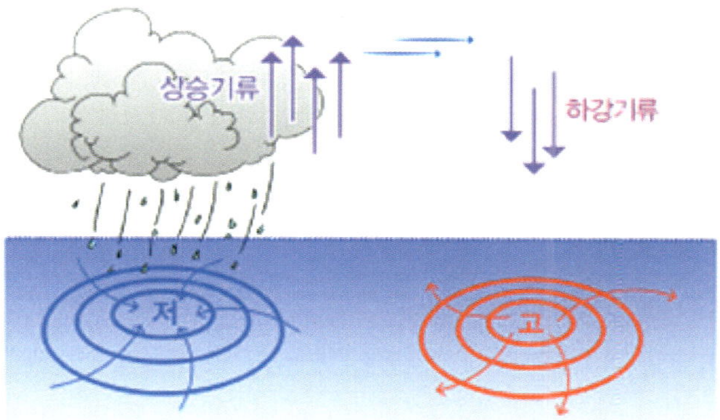

그림 3.29 고기압과 저기압

5 바람 (Wind)

1) 바람이란

바람은 공기의 움직임이다. 바람은 수평으로 이동하는 것이 대부분이지만 때로는 수직으로 이동하는 경우도 있다. 공기가 이동하는 근본 원인은 태양복사에너지를 받는 지표면에서 발생하는 기압의 차이 때문이다.

바람의 이동에도 뉴튼의 법칙이 적용되는데 첫째, 관성의 법칙이 적용되어 바람도 기압이 같아지거나 마찰에 의해서 약해질 때까지 계속 불며, 둘째, 가속도의 법칙(f=ma)이 적용되는데 기압 차이가 클수록 바람의 속도는 증가한다.

2) 풍속

풍속이란 바람이 부는 속도 또는 세기를 의미하며 벡터 량으로 표시한다. 풍속은 지면으로부터의 높이에 따라 다르므로 지상 10m 위치의 풍속을 표준으로 한다. 1분, 2분, 10분간 관측하여 나온 평균치를 사용한다.

풍속이 0.2m/s 이하일 때를 '무풍'이라 칭하고 풍향을 표시하지 않는다. 풍속이 0.5m/s 이하일 때는 정온(calm)이라 하며 바람이 약해 풍향을 판단하기 어려울 시에는 '00'으로 표기한다. **풍속의 단위는 바다에서는 노트(knots, 1시간당의 해리, 1해리는 약 1,852m)로 표기하고 지상에서는 마일(mile) 또는 km/h, m/s로 표기한다.** 평균풍속은 보통 지상 기상관측에서는 주어진 시간 직전 10분 동안의 평균값을 평균풍속이라 하고, 순간풍속은 돌풍성에 의해서 일시적으로 강해진 풍속이다. 순간 최대풍속은 10분 동안의 평균풍속의 약 1.5배이다.

3) 풍속의 측정

① 바람주머니(Wind Sock)에 의한 풍속 측정

바람주머니(Wind Sleeve, Wind Sock)는 비행장이나 고속도로 등에서 풍향을 표시하기 위해 설치하는 것으로 원추형 자루와 같은 모양을 하고 있다

바람주머니는 지름 30~50cm, 길이 1~2m의 무명천(muslin) 등 얇은 양모의 직물을 사용한다. 바람방향과 세기에 따라서 바람주머니가 수평으로 세워진다. 정확한 측정방법은 아니나 주변에서 쉽게 볼 수 있기 때문에 드론을 조종할 때 참고하면 좋다. 바람주머니가 없는 지역에서는 간편하게 휴대하고 있는 손수건을 활용하여 풍속을 측정할 수 있다. 기준은 바람주머니와 비슷하게 판단하면 된다.

Wind Sock 각도	풍속(m/sec)
0도	0m/sec
15 ~ 20도	1m/sec
30 ~ 40도	2m/sec
50 ~ 60도	3m/sec
70 ~ 80도	4m/sec
90도	5m/sec

그림 3.30 바람주머니와 풍속의 측정

② 뷰포트 풍력계급

1805년 영국 해군의 뷰포트는 범선이 받은 힘을 12단계로 구분하여 풍력의 등급을 설정하였고 수 차례의 수정을 거쳐 현재도 이 기준을 적용하고 있다. 드론을 조정하는 조종자라면 주변의 자연 현상을 이용하여 대략적인 풍향과 풍속을 판단할 수 있는 능력을 갖추어야 한다.

4) 풍향의 표시법

풍향은 바람의 방향으로, 남북방향 기준으로 16방위로 표시한다. 예를 들어 북풍은 북쪽에서 남쪽으로 부는 바람을 의미하고 북동풍은 북동에서 남서방향으로 불어오는 바람을 의미한다. 바람이 시작하는 방향이 어느 방향인지가 기준이다. 풍향을 나타내는 방향은 진북을 기준으로 한다.

그림 3.31 풍향의 16방위

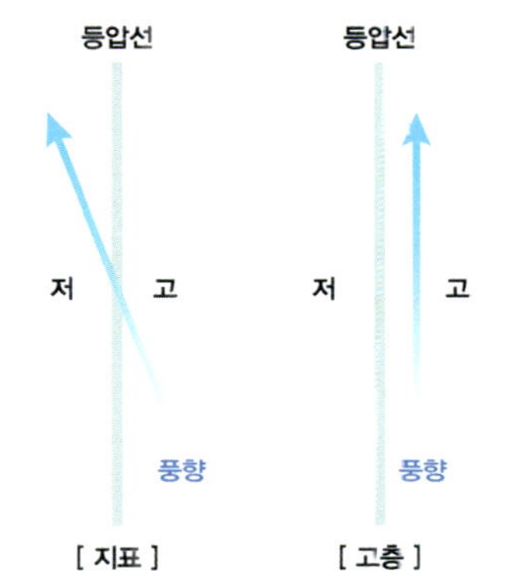

그림 3.32 풍향과 등압선의 관계

5) 대기의 대순환

지구를 둘러싸고 있는 대기의 기류는 끊임없이 움직이고 있다. 대기의 대순환은 전 지구적인 대기운동이다. 이것은 태양으로부터 받는 복사에너지의 양이 다르기 때문이다. 적도 부근에서는 태양에너지를 수직으로 받아 지표면이 가열되어 저기압이 형성되기에 공기가 위로 상승하여 극지방으로 흐르고, 극지방에서는 태양에너지를 비스듬히 받아서 차가운 공기가 형성되기에 고기압이 형성되어 기류가 하강하며 적도지역으로 흐르면서 전 지구적인 대기의 대순환이 발생한다.

① 대기의 연직(수직)순환

- 폴라 순환(Polar Cell, 극 순환) : 극지방에서 하강하고 위도 60° 부근에서 상승하는 대기순환으로 극동풍을 발달시킨다.
- 페렐 순환(Ferrel Cell) : 폴라 순환과 해들리 순환 사이에 끼인 중위도 지역(위도 30°~60°)에서의 대기 순환으로 해들리 셀과 접하는 지역에서는 아열대 제트기류가 형성되고, 폴라 셀과 접하는 지역에서는 극 제트기류가 형성된다.

- **해들리 순환(Hadley Cell, 적도 순환)** : 적도지방에서 상승하고 중위도(위도 30° 부근)에서 하강하는 대기순환으로 열대 우기, 열대 수렴대 사막이 형성되는 원인을 제공하고 제트기류가 발생한다.

② 항상풍

항상풍은 일정 지역 혹은 일정 위도 영역에서 거의 일정한 방향으로 항상 부는 바람이다. 탁월풍의 의미로도 사용되는데 특정한 지역에서 일정하게 부는 바람의 현상을 표현할 때 사용한다. 우리나라에서는 북서계절풍을 탁월풍이라고 한다. 항상풍은 지구 전체를 볼 때 보편적인 바람을 의미하며 무역풍, 편서풍, 극동풍을 의미한다.

- **무역풍** : 위도 30° 부근에 있는 중위도 고압대로부터 적도의 열대 수렴대(적도 수렴대)를 향해 불어 들어가는 바람으로 북반구에서는 북동무역풍이, 남반구에서는 남동무역풍이 분다.
- **편서풍** : 중위도 고압대로부터 위도 60° 부근에 있는 한대 전선대로 불어가는 지상풍이다.
- **극동풍** : 극지방에 있는 극 고압대로부터 한대 전선대를 향해 불어 들어오는 동풍 계열의 바람이다.

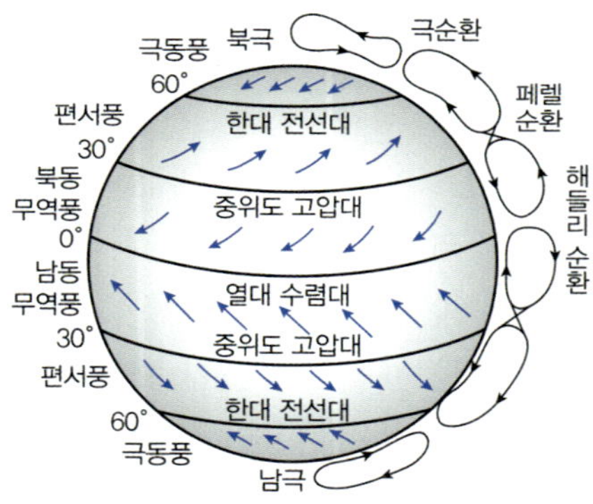

그림 3.33 대기의 대순환

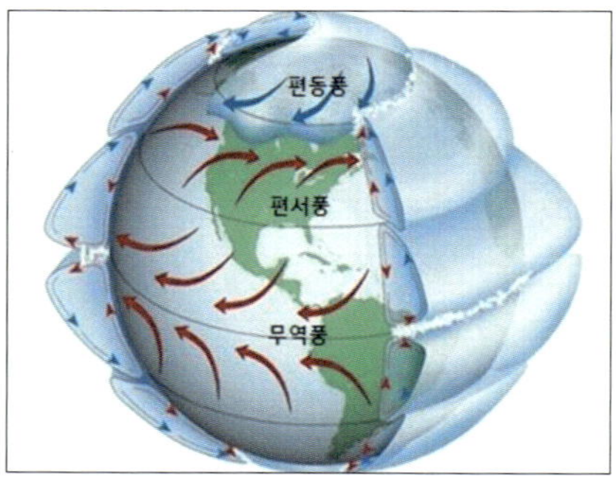

그림 3.34 항상풍

③ 제트기류

제트 기류(Jet Stream)는 대류권 상층부, 대류권 계면, 성층권의 하부에서 전향력의 가속에 의해서 상층바람이 변형되면서 강하고 좁게 흐르는 공기의 수평적 이동이다. 제트기류는 굽이치는 형태로 흐른다.

평균풍속은 겨울철에는 시속 130km, 여름철에는 시속 65km이며 공기밀도의 차이가 가장 큰 겨울철에 풍속도 가장 세다. 전형적인 제트기류는 깊이 1NM(1.852km), 폭 100NM (185.2km), 길이 1,200NM(2,222km) 정도의 크기에 중심부의 바람속도는 최소 50knot(92km)를 초과한다.

제트기류는 폭이 좁은 거대한 바람의 흐름 경로이기 때문에 주변 공기흐름과의 경계구역에서 강력한 난기류를 발생시킬 수 있다.

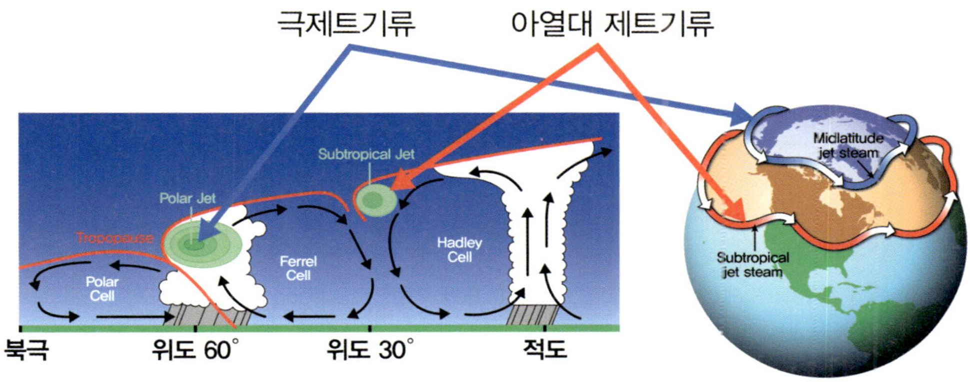

그림 3.35 제트기류

6) 바람의 종류

① 지균풍

지균풍은 지표면의 마찰 영향이 없는 지상 약 1km 이상의 상공에서 기압 경도력과 전향력(코리올리 힘)이 균형을 이루어 부는 바람으로 등압선에 평행한 바람이다.

② 경도풍

경도풍은 지상 1km 이상에서 등압선이 곡선일 때 기압경도력, 전향력, 구심력의 세 힘이 평형을 이루어 등압선에 평행하게 부는 바람이다.

③ 지상풍

지상풍은 약 1km 이하의 지상에서 기압경도력과 전향력, 원심력 이외에 마찰력의 영향을 받아 부는 바람이다. 마찰풍이라고도 한다.

④ 국지풍

국지풍은 지역적으로 태양의 복사열과 지형 등으로 인해 규모가 작은 순환에 의해서 발생하는 바람이다.

- **해륙풍**은 낮과 밤의 차이에 의한 열적 순환[110]의 한 형태로 발생하는 바람이다. 해륙풍의 주원인은 육지와 해양의 가열과 냉각 속도가 다르다는 것이다. 강한 바람이 아니라 하여 '산들바람(breeze)'이라 한다.
  - 해풍 : 주간에 육지는 태양 복사열로 인하여 빨리 가열되고, 해양은 천천히 가열되면서 가열 속도에 따라 기압경도력의 차이가 발생한다. 따라서 상대적으로 공기의 온도가 낮은 해양의 공기가 온도가 상승한 육지로 공기를 채워주기 위해서 해양에서 육지 방향으로 바람이 분다.
  - 육풍 : 반대로 야간에는, 육지는 해가 지면서 지표면이 빨리 냉각하여 차가워지고 해양의 공기는 상대적으로 높기 때문에, 차가운 공기가 있는 육지에서 상대적으로 더운 공기가 있는 해양 쪽으로 바람이 분다. 이것이 육풍이다.

    해풍은 오후 중반에 10~20kts 속도로 발생되어 그 이후 소멸되며, 육풍은 최대 풍속이 약 5kts이다. 해풍과 육풍이 바뀌는 순간을 '뜸'이라 한다.
- **산곡풍**은 태양에너지로 인해 발생한 열적 순환이 산악지역에서 발생하는 형태로 산바람과 골바람이 있다.
  - **산바람**은 야간에 산 정상에서 산 아래로 불어오는 바람이다. 경사면의 복사열 냉각 차이로 야간에 온도가 낮은 산 정상에서 온도가 높은 산 아래로 바람이 분다.
  - **골바람**은 주간에 산 아래에서 산 정상으로 불어오는 바람이다. 산바람을 활강풍, 골바람을 활승풍이라고도 부른다. 주간의 골바람은 온도가 낮은 산 아래에서 산 정상으로 바람이 분다.
  - 산곡풍은 계곡의 깊이, 크기, 방향 그리고 경사도에 따라서 바람의 강도가 달라진다. 일반적으로 산바람은 일출 전에 약 2.5~8m/s(5~15노트)가 보통이지만 깊은 계곡일수록 바람의 통로가 좁게 형성되고, 좁은 통로를 따라 벤츄리 효과가 발생하여 더욱 빨라질 수 있어서 때로는 계곡입구에서 약 13m/s(25노트)를 초과하는 경우도 있다.

⑤ 편서풍

편서풍은 지구상의 중위도 지방의 남위 및 북위 35°~65°의 상공에서 1년 내내 서쪽에서 동쪽으로 치우쳐 부는 바람이다.

110) 열적 순환(Thermal Circulation) : 태양 복사에너지의 지표면 가열시 국지적으로 불균형이 이루어져, 상호 균형을 이루기 위해서 순환하는 현상

원인은 지구의 자전으로 인한 전향력에 있다. 저기압 등은 보통 이 바람을 타고 동쪽으로 이동해 가며, 편서풍의 띠는 때로는 남북으로 물결치면서 동쪽으로 이동하여 날씨 변화의 원인이 된다. 이것을 편서풍 파동이라 부른다. 한반도의 주요 기상 현상에도 영향을 미친다. 봄에는 황사가 날아오게 하는 원흉이다. 편서풍의 영향을 받는 대표적인 것이 항공기이다. 서쪽으로 운항할 때의 비행시간보다 동쪽으로 운항할 때의 비행시간이 짧은 이유도 편서풍의 뒷바람을 받기 때문이다.

⑥ 계절풍

계절풍(Monsoon)은 1년 동안 계절에 따라 바뀌는 바람을 말한다. 주로 우리나라를 비롯한 동아시아, 동남아시아, 남아시아 지역에서 뚜렷하게 나타난다. 여름에는 바다에서 육지 쪽으로, 겨울에는 육지에서 바다 쪽으로 부는 바람으로, 여름 몬순은 동남아시아 지역에 많은 비를 가져온다.

계절풍의 원인은 대륙과 해양의 비열 차이로 발생한다. 대륙은 해양보다 비열이 작아 대륙이 해양보다 빨리 데워지고, 냉각되는 특징이 나타난다.

우리나라는 겨울에는 북서 계절풍이 여름에는 남동 계절풍이 분다. 겨울에 시베리아 내륙에 찬 공기가 쌓이면서 고기압이 발달하고, 태평양에 저기압이 발달하여 차고 건조한 북서 계절풍이 분다. 3~4일 주기로 약해져 삼한사온 현상이 나타난다.

⑦ 기타 바람

- **돌풍** : 바람이 일정하게 불지 않고 강약을 반복하면서 부는 바람이다. 갑자기 10m/s로 바람이 불다가 30m/s가 넘는 강한 바람이 분다. 이러한 돌풍은 지속되지 않고 수 분 또는 수십 분 내에 그친다. 돌풍이 발생하는 원인은 공중의 한랭 기단이 따뜻한 기단의 아래로 급하게 침입하면 따뜻한 공기가 급하게 상승하면서 일어나게 된다. 트네이도와 용오름 현상도 이러한 돌풍 중의 한 현상이다.
- **스콜** : 10분 동안의 1분 간 지속풍속이 10노트(5.2m/s) 이상일 때 이러한 지속풍속으로부터 갑작스럽게 15노트 이상 풍속이 증가되어 25노트(13m/s) 이상으로 2분 이상 지속되는 강한 바람이다. 최근 우리나라에서도 여름철에 자주 발생한다.
- **높새바람(푄현상)** : 습하고 찬 공기가 지형적 상승 과정을 통해서 고온 건조한 바람으로 변화하는 현상이다. 우리나라에서는 늦봄부터 초여름에 걸쳐 동해안에서 태백산맥을 넘어 서쪽 사면으로 부는 북동 계열의 바람이다. 한반도 북동쪽의 오호츠크 해에서 발달한 오호츠크 해 기단이 한반도까지 세력을 미칠 때 나타나게 된다. 기온은 고도가 100m 상승할 때 약 0.5℃ 정도 하강하지만 태백산맥을 넘어 영서지방으로 불어 내려갈 때는 100m 하강할

때 1℃ 정도로 기온이 상승한다. 동해안에서 습한 공기가 넘어와 태백산맥 서측이 건조해져서 산불이 많이 발생하는 것도 이러한 푄현상 때문이다.

⑧ 드론운용 시 바람의 활용

- 맞바람(Head Wind, 정풍) : 드론의 기수 방향으로 불어오는 바람으로 드론 이·착륙 시 맞바람을 적절히 이용하면 안전하게 운용할 수 있다. 그러나 맞바람은 동력을 더 많이 필요로 하기 때문에 배터리 잔량을 고려하지 않고 원거리를 비행했을 때 맞바람에 의해 복귀시간을 맞추지 못해 위험한 상황에 처할 수 있다.
- 뒷바람(Tail Wind, 배풍) : 드론의 후미를 향하여 불어오는 바람으로 뒷바람은 드론 이·착륙 시 원근감의 착시 현상이나 바람의 속도를 고려하지 않을시 위험을 초래할 수 있다. 그러나 공중에서 조작 간 직진 비행 시에는 뒷바람으로 도움을 받을 수도 있다.
- 측풍 : 드론 비행 중 기체의 왼쪽 또는 오른쪽에서 불어오는 바람으로서 조종자는 기체의 방향 유지에 대단히 어려움을 겪을 수 있다.

기상현상 중 드론 비행에 가장 중요한 것이 바람이다. 기체가 가볍고 작기 때문에 바람의 영향을 많이 받을 수 밖에 없다. 따라서 안전한 비행을 위해서는 비행장소의 기상상태, 특히 바람의 상태를 면밀히 확인하여 비행해야 한다.

6 구름 (Cloud)

1) 구름이란

구름은 눈으로 볼 수 있는 공기 중의 수분이다. 크기로 보면 응결핵은 0.0002mm 정도, 구름 입자는 0.02mm, 강우입자는 2mm 정도이다. 대기 중에 있는 수분의 양은 약 40조 갤런이며, 이중에서 1일 10%가 비나 눈으로 변화되어 지표면으로 내려온다.

2) 구름의 형성과정

① 공기상승 : 지표면에서 수증기를 포함하고 있는 공기 덩어리가 상승[111)]한다.

111) 공기가 상승하는 경우 : 지표면이 불균등하게 가열될 때, 공기가 산을 타고 상승할 때, 공기가 모여드는 저기압의 중심일 때, 찬 공기와 따뜻한 공기가 만날 때, 저기압 중심으로 공기가 모여들 때

② 단열팽창(부피팽창) : 공기 덩어리가 상승하면 주변 공기의 압력이 낮아지므로 공기 덩어리가 팽창한다.

③ 기온하강 : 공기 덩어리가 단열 팽창하면서 주변의 공기를 밀어내는 데 열을 소모하여 기온이 낮아진다.

④ 이슬점 도달과 수증기 응결 : 공기 덩어리의 온도가 점점 낮아져서 이슬점과 같아지면서 수증기가 응결한다.

⑤ 구름 생성 : 수증기가 응결하여 생긴 작은 물방울이나 빙정이 모여 구름이 된다.

공기가 수직적으로 이동하면 구름이 형성되어 비나 눈으로 다시 내리는 것이고 공기가 수평적으로 이동하면 바람을 일으키는 것이다.

2) 구름의 관측

① 운고

지표면(AGL, Above Ground Level)에서 구름 하단까지의 높이를 의미한다. 구름이 50ft (15m)이하에서 발생했을 때는 안개로 분류한다.

② 운량

하늘을 덮고 있는 구름양의 비율을 말한다. 눈에 보이는 범위 내에서 하늘 전체의 몇 %쯤이 구름으로 덮여 있는지에 따라 8등분이나 10등분 한다. 구름의 두께나 종류와는 관계없이 하늘 전체의 몇 %가 덮여 있는지를 판단한다.

표 3.7 운량의 구분

숫자부호	10분법	0	1	2, 3	4	5	6	7, 8	9	10		/
	8분법	0	1	2	3	4	5	6	7	8	9	/
기호												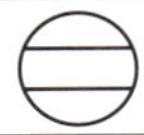
운량		구름 없음	10% 이하	20% ~ 30%	40%	50%	60%	70% ~ 80%	90%	100 %	관측 불가	결측

③ 시정

물체나 빛이 분명하게 보이는 최대 가시거리의 측정 기준이다. 시정은 수평 방향의 시정을 말한다. 시정은 습도와 대기오염 물질 등에 따라 변하며, 항공기 · 선박 · 자동차 등 교통기관의 운행 등에 직접적인 영향을 미친다. 안개가 끼거나 습도가 70%를 넘으면 급격히 나빠진다. 시정을 나타내는 단위는 mile(Statue mile)[112]이다. 7mile 이상의 시정은 없다. 이유는 인간이 눈으로 확인 가능한 최대의 거리가 10 km이기 때문이다. 또한 4mile 이상은 1,000m 단위로 끊어서 사용한다.

- **시정의 종류** : **수직시정**은 관측자가 하늘방향으로 수직으로 보는 시정이고, 우시정은 관측자가 서있는 곳 주변 360°에서 최소 180° 이상의 수평 반원에서 가장 멀리 볼 수 있는 수평거리를 말하며, **활주로 시정**은 활주로상의 특정 지점에서 육안으로 관측한 시정을 말하며, 활주로 가시거리는 특정 계기 활주로에서 조종사가 표준 고광도 등을 보고 식별할 수 있는 최대 수평거리를 말한다.
- **차폐와 실링** : **차폐(obscured)**는 하늘이 안개, 연기, 먼지, 강우 등으로 우시정이 7마일(10km) 이하로 감소될 정도로 지표면으로부터 하늘이 가려질 때를 말하며, 부분적으로 가려질 때는 '부분 차폐'(운량이 9/10 또는 그 이하)라고 한다. **실링(ceiling)**은 운량이 최소 6/10 이상으로 덮인 가장 낮은 구름층의 상태를 가리키는 용어이다. 운량이 5/10~9/10인 브로큰(broken)을 포함하고 있는 용어이다.

표 3.8 운량표시 약어

약어	용어	8등분	10등분
CLR	Clear	1/8	1/10
SCT	Scatterred	2/8 ~ 4/8	2/10 ~ 4/10
BKN	Broken	5/8 ~ 7/8	5/10 ~ 9/10
OVC	Overcast	8/8	10/10

3) 구름의 종류

구름은 지상에서 2km 이하 고도에서부터 8,000m 고도까지 수증기가 응결되어 만들어진 하늘에 떠있는 물방울 덩어리이다. 공기가 이동함에 따라서 유동적이기 때문에 그 모양은 항상 일정하지 않다. 그러나 고도에 따른 기압의 차이와 공기의 이동에 따라서 대략적인 높이와 모양을 갖추고 있다. 가장 큰 범주는 층을 형성하는 의미의 **층운형 구름**과 대류성 구름으로써 쌓인다는 의미의 **적운형 구름** 두 가지로 분류한다. 여기에다 구름이 발생하는 높이와 구름의 특성에 따라서 국제적으로 10가지 종류로 구분한다.

112) Statue mile은 1mile은 1.6093 km이다. NM(Nautical mile 해리)는 1mile은 1.852 km이다.

표 3.9 발생높이와 특성에 따른 구름의 분류

운저고도	온도(℃)	이름	기호	특징
상층운 6~15km	-25 이하	권운(Cirrus)	Ci	연달아 있는 새털모양
		권적운(Cirrocumulus)	Cc	작은 잔물결과 연기모양
		권층운(Cirrostratus)	Cs	반투명한 베일
중층운 2~6km	0~-25	고적운(Altocumulus)	Ac	흰색부터 암회색의 연기, 잔물결
		고층운(Altostratus)	As	흰색부터 회색까지 고르게 하늘을 덮음
하층운 2km 미만	-5 이상	층적운(Stratocumulus)	Sc	부드러운 회색의 조각모양
		층운(Stratus)	St	흐린 회색빛으로 하늘을 고르게 덮음
		난층운(Nimbostratus)	Ns	회색, 운량이 많음. 강수가 있음
수직운 3km 이내		적운(Cumulus)	Cu	편평한 밑바닥을 가진 꽃양배추 모양
	-50(운정)	적란운(Cumulusonimbus)	Cb	거대하게 부풀어 있으며, 흰색, 회색, 검정색, 종종 도루 형태

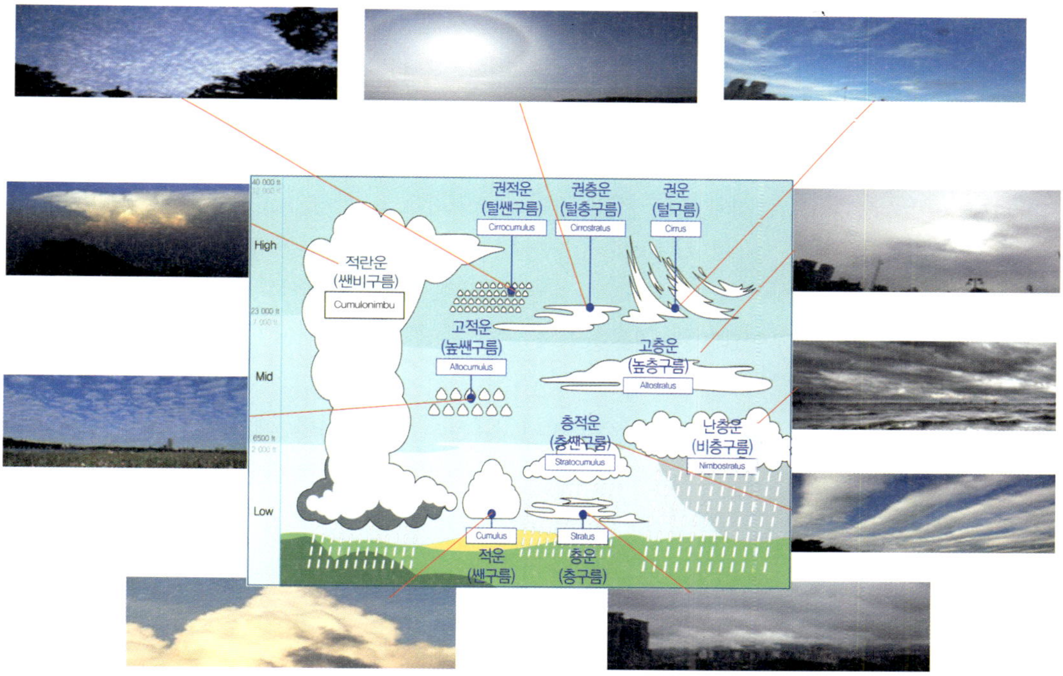

그림 3.36 구름의 종류

① 상층운

6~15km의 고도 대류권의 저온부에서 발생하는데 극지방에서는 3,000m 높이에서도 형성된다. 권운(cirrus), 권적운(cirrusstratus), 권층운(cirruscumulus)으로 구분한다. 이중 권운은 상층운 중에서 가장 높은 8,000m 고도에서부터 만들어 지는데 구름속이 빙정형태로 이루어져 있어서 비행기 운항 시 난기류 발생의 원인을 제공한다.

② 중층운

2~6km의 고도에서 만들어지는데 고적운(altostratus)과 고층운(altocumulus)으로 구분하며 과냉각된 물방울로 구성되어 있다. 산 너머 하늘에 렌즈 모양의 구름을 가끔 볼 수 있는데 이 구름이 고적운으로 경량항공기가 진입시 난기류에 휘말릴 수가 있다.

③ 하층운

2km 이하의 고도에서 만들어지는 구름으로 층적운(stratocumulus), 층운(stratus), 난층운(nimbostratus)으로 구분하며 과냉각된 물방울로 형성되어 있다. 하층운은 드론 비행에 가장 영향을 미치는 구름이다.

- 층적운 : 두루마리구름이나 층쌘구름, 층계구름이라고도 한다. 밑면의 고도는 약 500m, 구름의 꼭대기는 약 2km 정도이다. 구름 입자는 물방울로 되어 있고, 구름 덩어리는 밝은 재색을 띠고 둥그스름할 때도 있고 편평할 때도 있다. 가랑비, 약한 비(눈)의 가능성이 있고 돌풍형태 폭풍의 전조가 된다. 층적운은 층운이 위로 올라가 생기거나, 적운이나 적란운이 상층의 강한 바람 때문에 위로 올라가지 못하고 수평 방향으로 퍼져 나가면서 생긴다.
- 층운 : 층구름 또는 안개와 비슷하여 안개구름이라고도 한다. 안개가 공중으로 떠오른 것 같은 낮은 구름으로 조각 조각으로 나누어진 구름 조각이 되는 수도 있다. 고도 2,000m까지 나타나는 작은 물방울의 집합체로서, 구름이 아주 엷을 때는 달무리가 나타나기도 한다. 층운에서 내리는 비는 이슬비가 대부분이다. 하부부터 냉각되어 안개, 가랑비, 박무가 생기기도 한다. 지형의 영향으로 발생하므로 한정된 범위에서만 나타나고, 오랫동안 남아 있는 경우는 드물고 조각 조각 흩어져 사라지며, 맑은 날씨를 이룰 때가 많다.
- 난층운 : 비층구름 · 비구름이라고도 하고 수직으로 발달하는 구름으로 모양은 특별한 형태가 없다. 구름의 색깔은 어두운 회색이다. 한 여름에 비가 오기 전 태양을 완전히 차단한 채로 하늘을 뒤덮은 잿빛 구름이다. 난층운은 따뜻한 공기가 상승하면서 만들어지는 구름으로 고층운으로 발달하지만, 고층운이 점차로 두꺼워지면서 구름의 바닥이 낮아지면서 난층운으로 되는 경우도 많다. 그렇기 때문에 난층운은 고도 2,000m~7,000m 사이에서 깊게 발생한다. 난층운 아래에는 흔히 조각난 모양의 구름이 나타난다.

④ 수직운

수직으로 발달하는 구름이다. 적운(cumulus)과 적란운(cumulonimbus)으로 구분한다. 수직운은 대기의 불안정으로 구름이 수직으로 발달하고 많은 강수를 포함하고 있다. 수직운 주위에는 난기류 등 기상변화 요인이 많아서 항공기가 수직운 주위를 비행할 때는 각별히 유의해야 한다.

- **적란운** : 수직으로 발달하는 구름으로 적운(Cumulus, Cu, 쌘구름, 뭉게구름)과 비슷하지만, 적운보다 수직으로 더 치솟아 있어 산이나 큰 탑처럼 보인다. 구름 속에 전하가 모여 있어 번개도 동반하므로 **뇌운(雷雲)**이라고도 하며, 강한 비를 동반하므로 **쌘비구름**으로도 불린다. 적란운은 흔히 소나기를 동반하며, 종종 우박과 뇌우를 동반한다. 짧은 시간 동안 강우량이 시간당 30mm~100mm 정도의 매우 많은 비가 좁은 지역에 내리는 집중호우가 발생하기도 한다. 매우 발달한 적란운은 약 1,000~1,500만 톤의 물을 포함하고 있는 거대한 '하늘의 저수지'라고 볼 수 있다. 일반적으로 한랭전선에서 발생하고, 여름철에 장마전선과 태풍에 의해 자주 발생하며 여름에는 뜨거운 태양의 영향을 받아서 생기는 경우도 있다. 적란운은 주로 적운에서 발달하는 일이 많으나 난층운의 일부가 발달해서 생기는 경우도 있다.

⑤ 기타구름

- **비행기 구름** : 비행기가 지나가면서 하얀 항적을 그려내는 것이다. 비행기 구름은 주로 8,000m 이상의 높은 고도로 비행 시에 발생한다. 비행기구름이 발생하는 원인은 비행기에서 배출하는 배기가스 속의 이산화탄소와 수증기가 높은 고도의 낮은 온도에서 순식간에 응결되어 비행기 엔진 뒤로 흰색 항적이 만들어지는 것이다. 이러한 비행기 항적은 시간이 지나면서 주변의 공기로 녹아 들어가 금방 사라진다.

7 강수 (Precipitation)

1) 강수란

강수란 대기에서 떨어져서 지상에 도달하는 액체상태의 물방울이나 고체상태의 얼음조각이다. 비, 눈, 가랑비, 우박, 빙정 등 모두를 포함하는 용어이다. 수증기를 포함한 대기가 상승하여 먼지 등의 응결핵과 결합하여 구름입자로 변하고, 구름입자는 서로 충돌하고 합해지면서 크기와 무게가 증가하여 중력 때문에 더 이상 대기 중에 떠 있을 수 없을 때 지상으로 떨어진다. 구름이 모두 강수가 되는 것은 아니다. 구름 입자들이 응결할 수 있는 조건이 되어야 강수로 발전하는 것이다. 어쨌든 강수는 구름이 형성되어야 내리기 때문에 구름은 강수의 필수 조건이다. 비처럼 액체상태로 내리는 액체강수(Liquid Precipitation), 어는 가랑비처럼 내리는 어는 강수(Freezing Precipitation), 눈처럼 이미 얼어서 내리는 언 강수(Frozen Precipitation)로 구분한다.

2) 강수가 만들어지는 원인

- **지형적 여건으로 내리는 비** : 풍부한 습기를 가진 바람이 산과 같은 장애물을 만나 냉각과 증발과정을 거쳐 내리는 비이다. 동해에서 불어오는 수증기를 많이 포함하고 있는 바람이 태백산맥을 넘으면서 기온의 하강으로 비를 뿌리고 영서지방으로 다시 내려가면서 건조한 바람을 만들게 된다.
- **대류작용에 의해 내리는 비** : 열대지방이나 뜨거운 한여름에 강한 태양복사열로 지표면에서 증발된 수증기가 대기 불안정으로 인해 급속 응결된 강한 비구름에서 내리는 비이다. 크게 볼 때 공기의 대류작용에 의해서 만들어지는 비라고 할 수 있다. 적운에서 많이 만들어지고 폭우, 번개, 뇌우를 동반한다.
- **전선의 형성 또는 지역적으로 저기압이 형성되어 내리는 비** : 한랭전선과 온난전선 사이에서 냉각과 응결로 인해 소나기, 뇌우가 발생한다. 여름철에 남쪽에서 불어오는 따뜻한 온난전선과 북쪽의 한랭전선이 우리나라 부근에서 부딪히면서 습기를 많이 포함하고 있는 따뜻한 공기가 차가운 공기위로 올라가면서 기온의 하강으로 비가 내린다
- **사이클론 비** : 적도지역에서 형성되는 저기압으로 지표면의 수증기가 위로 급하게 올라가면서 구름이 형성되어 내리는 비이다.

3) 강수의 종류

① 액체강수(Liquid Precipitation)

지상에 내리는 액체 강수를 '비(rain)'라 한다. 물방울의 직경이 최소 0.5mm 이상이어야 하고, 그 이하는 이슬비(drizzle)라 한다. 액체 강수를 나타내는 용어는 많이 있다. 우리나라는 지방마다 부르는 용어가 다른데, 비를 표현하는 다양한 용어와 표현은 다음과 같다.

- **이슬비**는 지름이 0.2mm~0.5mm 정도로 작은 빗방울이 거의 같은 세기로 내리는 비다. 언뜻 보면 물방울이 공중에 떠 있는 것처럼 보인다. 보통 두꺼운 층운에서 내리며 강수량은 1시간에 약 1mm 정도로 적다. 산악 지대에서는 수증기를 머금은 공기의 상승과 하강이 활발하여 이슬비의 강수량이 상당히 많지만 이슬비는 1시간에 1mm 이상이 되는 경우는 별로 없다. 이슬비가 내리면 당연히 시정이 줄어든다.
- **안개비**는 안개가 짙어져서 안개와 함께 나타나는 이슬비 현상으로 안개가 꼈을 때 '안개비가 내린다'라고 이야기 한다.
- **가랑비**는 계속 가늘게 내리는 약한 비로, 실비라고도 한다. 빗줄기는 약하지만 꾸준히 내리는 비를 말하며, 빗줄기의 굵기는 이슬비보다는 굵고 산발적으로 내리는 보통 강도의 비보다는 가늘다.

- **소나기**(rain shower)는 흔히 여름철에 국지적으로 단시간에 굵은 빗방울(지름 5~8mm)이 1~2시간의 짧은 시간 동안 강하게 내리다가 그치는 비이다. 적란운이 발달하거나 뇌우가 칠 때 통상 소나기성 강수가 내린다.
- **장마비**는 6월 말경부터 7월 사이 여름철에 오랫동안 계속해서 내렸다 그쳤다 하면서 많이 내리는 비를 말한다.
- **뇌우**는 번개와 천둥을 동반하는 비다.
- **스콜**(squall)은 수 분 이내에 10m/sec 전후의 바람이 갑자기 부는 돌풍을 동반한 세찬 소나기
- **호우**(heavy rain)는 일반적으로 많은 비가 오는 것을 말한다. 단시간에 많은 비가 오는 것을 집중호우라고 하는데, 보통 하루의 우량이 100mm를 초과하면 집중호우라고 한다. 반드시 단시간에 한정하지는 않고 총강수량이 많은 것을 호우라고 한다.
- **진눈깨비**(mixed rain and snow sleet)는 눈이 섞여서 내리는 비다.

② 어는 강수(Freezing Precipitation)

눈이 내릴 때 기온이 0℃ 이상으로 올라가면 비가 되어 내리지만 반쯤 녹은 상태에서 내릴 수가 있다. 이것이 어는 강수이다. 어는 비가 찬 물체에 부딪쳐서 발생하는 **착빙 현상을 우빙**(graze ice)이라 한다.

지상의 나뭇가지, 전선 등에 이러한 현상이 일어나면 나뭇가지가 찢어지고 전선이 끊어지는 현상이 일어날 수 있다. 비행 중에 일어난다면 날개에 영향을 미쳐서 양력 발생의 성능이 떨어진다. 차가운 활주로에 어는 비가 내리면 착빙(우빙)현상으로 활주로가 미끄러워 마찰력을 떨어뜨리기 때문에 비행기 안전에 큰 영향을 줄 것이다.

③ 언 강수(Frozen Precipitation)

- **눈**(snow)은 기온이 섭씨 0℃ 아래로 떨어져, 구름안의 물 입자나 대기 중의 수증기가 얼어서 결정화된 것이다. 눈의 종류는 눈보라, 소낙눈, 땅 눈보라, 눈 스콜, 눈 폭풍 등이 있다.
- **우박**(Hail)은 하늘에서 눈의 결정 주위에 차가운 물방울이 얼어 붙어 땅 위로 떨어지는 덩이를 말한다. 주로 강한 상승기류를 타고 적운이나 적란운에서 발생하며 천둥번개를 동반한 비(뇌우)를 동반하기도 한다. 우박 크기는 보통 지름이 1cm 미만이지만 2~3cm 정도의 것도 있고, 그보다 훨씬 큰 것도 있다.
- **싸라기눈**은 눈 결정에 얼음 결정이나 물방울이 붙어 만들어진 것으로, 붙는 힘이 약해 잘 부서진다. 지름은 약 2~5mm이며, 내리는 동안 녹았다가 다시 얼거나 과냉각 물방울과 부딪혀 물로 둘러싸인 채 얼면 우박이 된다.

4) 비행간 강수로 인하여 발생할 수 있는 현상

- **수막현상** : 비행기 착륙 간 활주로 또는 노면이 젖어 타이어와 지표면 사이에 형성된 수막 위에서 타이어가 미끄러지는 현상이다. 수막현상 상황에서는 동력사용이 제한되고, 착륙거리가 늘어난다. 따라서 착륙 간 양력을 유지하고 속도를 줄이기 위한 다양한 장치들(플랩, 스포일러, 역 추진 장치, 공기저항 낙하산 등)을 적절하게 활용한다.
- **착시 현상** : **무 특색 지형으로 인한 착시 현상**은 눈으로 덮여 지형 형태가 없어 지형 확인이 곤란하거나 조종사의 시각적 착각 유발로 정상보다 낮은 고도로 접근하는 현상이며, **대기현상에 의한 착시 현상**은 눈이나 비로 시야가 가려져서 정상보다 고도가 높다고 착각하거나, 안개가 낀 상황에서는 무의식적으로 높은 고도로 활주로에 접근하다가 갑자기 착륙을 위하여 경사가 깊은 각으로 활주로에 접근하는 현상이다.
- **강수와 드론 비행** : 강수로 인하여 비행간 시계의 제한을 받아 원활한 조종이 제한된다. 프레임이 방수가 되지 않는다면 기체 내부로 빗물이 들어와서 센서 고장의 원인이 된다. 강수의 조건하에서는 꼭 필요한 상황이 아니라면 비행을 시작하지 않거나 비행중에 기상이 악화될 시에는 비행을 중지하고 기상조건이 호전된 후에 다시 재개하는 것이 안전한 비행을 위한 바른 자세이다.

5) 인공강우

인공강우란 구름에 인공적인 영향을 주어 비가 내리게 하는 방법 또는 그러한 비를 말한다. 인공강우는 구름층은 형성되어 있으나 대기 중에 수증기와 결합할 응결핵이 적어 구름 방울이 빗방울로 성장하지 못할 때에 인위적으로 인공의 작은 입자인 '비씨'를 뿌려 특정지역에 강수를 유도하는 것이다.

인공의 '비씨'로는 드라이아이스, 아이오딘화 은(AgI), 염분 입자 등을 이용한다. 이러한 입자들을 공기 중에 뿌리게 되면 빙정형성이나 병합을 촉진시키기 때문에 강수 현상이 발생한다. 구름 속에 '비씨'를 뿌리므로 이를 구름 씨뿌리기(cloud seeding)라고도 한다.

8 안개 (Fog)

1) 안개란

안개는 지표면에서 수증기가 응결핵과 작용하여 작은 물방울이나 빙정으로 구성되어 형성된 구름의 형태이다. 안개는 지표면에서 수평 가시거리를 3마일(1km) 이하로 제한한다. 습도는 거의 100%이다.

안개는 지표면에서 발생하는 것이 대부분이다. 적당한 바람이 있으면 높은 층으로 발달해 간다. 때로는 하층운이 지표면까지 하강하여 생기기도 한다.

구름과 안개는 공기 중에 떠다니는 0.02mm의 작은 물방울이라는 점에서는 같다. 차이점은 구름은 지표면에 붙어 있지 않고 상공을 표류하는 것이고 안개는 지면 부근에서 떠다닌다는 것이다. 통상 지표면(AGL) 50피트(15m) 이상에서 발생 시 구름, 50피트 이하에서 발생 시 안개로 구분한다.

2) 안개의 생성과 소멸

- 안개가 발생하는 조건

  첫째, 공기 중에 수증기가 다량 함유되어 있어야 하고, 공기가 노점(이슬점)온도 이하로 냉각되어야 한다. 둘째, 공기 중에 수증기와 같이 응결할 수 있는 응결핵이 많아야 하며, 바깥에서 공기 속으로 많은 수증기가 유입되어야 한다. 셋째, 바람이 약하고 상공에 기온의 역전이 있어야 한다. 즉, 안개가 하늘로 상승하지 않도록 안개가 형성된 고도위의 온도가 더 높게 형성되어야 한다는 의미이다. 아침에는 지표면의 온도가 더 낮고 안개가 형성된 바로 위 고도의 온도가 더 높다.

- 안개가 사라지는 조건

  첫째, 지표면이 따뜻해져 지표면 부근 기온의 역전현상이 해소되어 안개가 정상적으로 공중으로 올라갈 수 있는 조건이 갖추어졌을 때, 둘째, 지표면 부근 바람이 강하져서 난류에 의해서 안개가 수직과 수평방향으로 혼합되어 상승할 때, 셋째, 공중의 공기가 사면을 따라 하강하여 지표면의 온도와 안개주변 공기의 기온이 올라감에 따라 입자가 증발할 때, 넷째, 안개보다 신선하고 무거운 공기가 안개구역으로 유입되어 안개가 위로 상승하거나 차가운 공기가 유입되어 안개를 건조시켜 안개를 증발시킬 때이다.

3) 안개의 종류

① 복사 안개

복사 안개는 밤에 지표면의 공기가 복사 냉각되어 응결됨으로써 발생하는 안개이다. 지면안개, 땅안개, 역전안개라고도 한다. 기온이 이슬점 이하일 때, 복사 냉각으로 인해 지표의 온도가 공기의 온도보다 낮아지면 발생한다. 지표면의 온도가 공기의 온도보다 낮기 때문에 기온역전이 발생하여 발생하는 안개이다. 그리 높게 발달하지 않고, 대체로 내륙 지방에 형성되며, 이른 아침에 발생하여 일출 전·후에 가장 짙었다가 해가 뜨면서 기온역전 현상이 해소되면서 10시경 공중으로 상승하면서 소멸된다. 바람이 불지 않는 상태에서 복사안개가 지표면으로부터 1~2인치의 두께로 머무를 때 주변 공기 기온이 결빙 이상의 기온이면 이슬이 되어 맺히고 결빙이하 기온이면 서리의 형태로 지표면에 형성된다.

② 이류 안개

'이류'는 공기가 수평적으로 이동하는 현상이다. 따라서 이류 안개는 습한 공기가 차가운 지표면이나 수면 위를 수평적으로 이동할 때 생기는 안개이며 육지보다는 해상에서 주로 생긴다. 주·야간을 가리지 않고 조건만 형성되면 발생한다. 이류 안개는 복사 안개보다 오래 지속되는데, 바람이 약 15노트(7.5m/s)로 불어올 때 더욱 짙어지고 그 이상의 풍속에서는 상승하여 구름으로 변한다. 해상에서 생기는 이류 안개를 해무 또는 바다 안개라고 부른다.

③ 전선 안개

전선 부근에서 발생하는 안개로 온난전선, 한랭전선, 정체전선 중 어느 것에 수반되느냐에 따라 안개의 발생 과정이 조금씩 다르게 나타난다. 주로 온난전선 또는 한랭전선이 통과할 때 발생한다. 전선의 따뜻한 기층에서 내려온 빗방울이 지표면 쪽의 찬 기층에서 증발하면서 생기는 안개이다.

④ 증기 안개

매우 찬 공기가 비교적 따뜻한 수면 위를 지날 때 생기는 증발 안개이다. 수면위의 기온과 수온의 차가 7℃ 이상인 경우 호수 및 강 근처에서 광범위하게 발생하기에 악시정을 유발하는 안개이다.

④ 활승 안개

산악지대에서 따뜻하고 습한 공기덩어리가 비교적 매끄러운 경사면을 상승할 때 고도가 높아짐에 따라 기온의 하강으로 공기가 냉각됨으로써 발생하는 안개이다. 구름의 존재와는 관계없이 형성되는 안개이고 공기를 상승시키는 바람이 없으면 안개는 사라진다. 이류안개와 같이 활승안개도 바람이 있어야 만들어진다.

(a) 전선 안개 (b) 이류 안개 (c) 활승 안개

그림 3.37 안개의 종류

4) 시정 장애물

① 황사

황사는 수목 등이 없는 황량한 황토 또는 모래사막에서 큰 저기압이 발생하여 모래입자를 대기 상층으로 끌어올리고 상층부의 공기가 편서풍을 타고 주변으로 이동하면서 확산된다. 황사의 발원지는 중국 황하유역 및 타클라마칸 사막, 몽고 고비사막으로 알려져 있다. 편서풍을 타고 우리나라에 도착하는데 평균적으로 타클라마칸 사막에서 약 4~8일, 고비사막에서 3~5일 정도가 소요되고, 우리나라 상공에 고기압이 발달하여 하강기류가 생기면 지표면으로 떨어지는 것이다. 지구온난화의 영향으로 사막화가 가속되고 있는 중국의 반 건조 지역은 기후의 영향을 민감하게 받아서, 겨울철 가뭄이 심한 경우 지표가 매우 건조해진데다 봄철에 강한 바람이 불면 황사가 발생한다.

② 스모그

스모그(smog)는 스모크(smoke)와 포그(fog)가 결합된 시정장애물로 광범위한 지역에 걸쳐서 발생하고, 오염 물질로 하늘이 뿌옇게 되어 시정을 매우 불량하게 하는 요인이다. 1905년 영국에서 처음으로 사용한 용어이다. 자동차 배기가스나 화력 발전소 · 공장 등에서 나오는 대기 오염 물질 때문에 생긴다. 대도시에서 많이 생기지만 바람과 함께 이동하여 다른 곳에 피해를 주기도 한다. 대기가 안정적이면 오랫동안 지속될 수 있다. 바람이 불어 사라지거나 비가 와서 지표면으로 떨어진다.

③ 연무

연무(haze)는 공기 중의 먼지나 연기 등으로 시정이 흐려진 것을 말한다. 고운 먼지와 그을음이 공중에 떠다니어 생기는 대기의 혼탁 현상이다. 주로 공장에서 배출된 매연과 자동차 따위의 배기가스에 의하여 일어나며 공기가 뿌옇게 보인다. 기준은 가시거리 1km 이상 10km 미만 상태에서 상대습도가 70% 미만일 때를 말한다. 연무는 한정된 높이가 있으며 이 높이 이상의 수평시정은 양호하나 하향시정은 불량하다.

④ 박무

박무(mist)는 엷은 안개라고 표현하며 안개보다 작은 수적이 무수히 떠있어 시정이 나쁘게 된 상태이다. 안개보다 더 엷으므로 **수평가시거리는 1km 이상으로 통상 1~2km 정도**이다. 같은 공간에서 안개보다 작은 물방울의 수가 더 적기 때문에 당연히 안개보다 다소 건조하여 보통 습도가 80% 이하이다. 우리 눈에는 회색으로 보인다. **해상과 해안지방에서 많이 발생한다.**

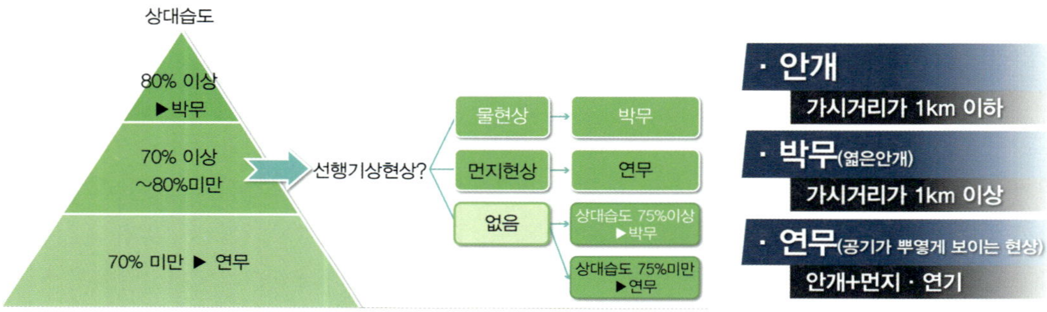

그림 3.38 연무와 박무

9 기타 기상조건

1) 기단

기단은 수평방향으로 수백 km^2부터 수천 km^2까지 넓은 지역에 퍼져 있는 비슷한 성질의 공기 덩어리이다.

기단은 기온의 특성에 따라서 지구의 위도별로 적도기단(적도부근), 열대기단(북위 및 남위 15°~35°), 한랭기단(북위 및 남위 40°~60°), 한대기단(북위 및 남위 60°~90°)으로 분류하고, 지표면 특성에 따라서 대륙성기단과 해양성기단으로 구분한다.

기단이 형성되면 외부 기상의 영향을 받아 서서히 이동한다. 기단은 이동하면서 최초에 지녔던 기단의 특성이 사라지고 새로운 지역의 기상특성 및 기온, 이동속도에 따라 변형되면서 기단이 지나는 지역의 기상변화를 일으킨다. 또한 두 개의 기단이 만났을 때는 기단의 변형이 일어나면서 기상변화의 큰 요인으로 작용한다. 우리나라에 영향을 미치는 기단은 그림 3.39와 같이 5개이다.

- 시베리아 기단
  대륙성 한랭 기단으로 시베리아의 넓은 지역에서 발달한다. 대륙성 고기압으로 나타나기 때문에 시베리아 고기압이라고도 한다. 발원 지역은 대부분 눈이나 얼음으로 뒤덮여 있기 때문에 겨울철의 긴 밤과 강한 복사냉각이 지속적으로 일어나 기온이 급강하하고, 찬 공기로 대기는 안정적이고 날씨는 맑은 편이다. 우리나라에서 겨울철에 하늘은 맑은데 바람은 많이 불고 기온이 급강하하여 두꺼운 외투를 입어도 추운 날씨를 상상하면 쉬울 듯하다.

- 오호츠크 해 기단
  해양성 한랭 기단으로 오호츠크 해 방면의 차가운 해상에서 발생한다. 하층은 저온 다습하지만 상공은 비교적 따뜻하다. 우리나라 쪽으로 기단이 확장하는 시기인 5월~8월 하순경에는 이 기단의 영향으로 안개가 많이 형성되고, 해양의 수증기를 많이 머금고 있는 공기로 인하여 지속적으로 비가 내린다.

- 북태평양 기단
  남태평양에서 발생하는 해양성 열대기단으로 우리나라의 여름철 주요 기상현상에 영향을 미치는 기단이다. 남태평양 해양의 고온 다습한 공기가 이동하면서 일으키는 활발한 대류 활동으로 대기가 불안정해지고 구름을 많이 만들어 비를 많이 내리게 한다. 여름철에 뇌우를 동반한 소나기가 내리는 것은 높은 기온에서 습한 공기가 짧은 시간 내에 상승하여 적운형 구름을 만들어 발생하는 현상이다.

- 양쯔 강 기단
  중국 양쯔 강 유역에서 발원하여 봄과 가을에 한반도 및 일본 일대에 영향을 주는 대륙성 열대기단이다. 온난하고 건조한 특징이 있는 기단으로 이동성 고기압과 함께 동진하여 우리나라에 영향을 미친다.

- 적도기단
  적도 부근의 해양 위에서 생기는 고온 다습한 해양성 기단으로, 7~8월 태풍이 올 때에 우리나라와 일본 등지로 몰려와 큰 비를 내리게 한다. 태풍의 강한 바람이 적도부근의 다량의 습한 공기를 한반도로 끌고 올라와서 시베리아 기단에 막혀 더 이상 올라가지 못하고 우리나라에 머무르면서 큰 비를 내리게 한다.

2) 전선

전선은 전선면과 지표면이 만나는 일련의 선이다. 전선면이란 한 기단이 이동하여 다른 기단과 만날 때 생기는 두 기단의 경계면이다. 전선이 발생하는 이유는 따뜻한 기단과 찬 기단이 만났을 때 바로 혼합되기 어려워서 기단과 기단이 부딪치면서 경계면이 만들어지고, 경계면이 지표면과 닿은 곳에 전선이 발생하는 것이다. 전선면이나 전선은 기하학적인 선이나 면이 아니라 일정한 두께를 가진 기체층으로, 시간이 지나면서 세력이 강한 다른 기단의 성질로 옮아간다.

- 한랭전선(Cold Fronts)

  북쪽의 찬 기단이 남쪽의 따뜻한 기단 밑으로 파고들면서 밀어낼 때 이동하는 한랭기단의 전방부분(Leading Edge)이다. 한랭전선은 한랭기단의 기울기가 가파르게 형성되기 때문에 수증기가 빨리 상승하면서 적운형 구름이 발생하여 좁은 범위에 많은 비를 내리거나 뇌우를 동반하며 기온이 급격히 떨어진다. 봄철에 천둥과 돌풍을 동반한 강한 비와 우박이 내렸다가 화창해진 후에 기온이 떨어지는 현상을 나타낸다.

- 온난전선(Warm Fronts)

  남쪽 따뜻한 기단이 북쪽의 찬 기단 쪽으로 이동할 때의 온난기단 전방부분(Leading Edge)이다. 한랭기단을 타고 따뜻한 공기가 상승하면 냉각되어 층운형 구름을 만들어서 비 또는 눈이 내린다. 온난전선의 기울기는 완만하게 형성되기 때문에 넓은 지역에 오랫동안 가느다란 비가 내리며 전선이 지나간 후에는 기압이 감소하면서 기온이 높아진다. 찬 공기가 더운 공기 밑으로 깔려서 대기는 안정적이고 온난하다.

- 폐색전선(occludeded front)

  한랭전선의 이동속도가 온난전선의 이동속도보다 빠르기 때문에 한랭전선이 온난전선을 덮치는 경우에 형성되는 전선의 형태이다. 추월된 지역의 지표에서는 온난전선이나 한랭전선 중 한 가지의 특성만 나타난다. 한랭전선의 특성을 나타내는 경우는 한랭형, 온난전선의 특성을 나타내는 경우는 온난형으로 구분된다. 폐색전선의 북쪽 끝에 있는 저기압 주위에서는 강한 바람이 분다.

- 정체전선(stationary front)

  찬 기단과 따뜻한 기단의 양쪽 세력이 비슷하여 거의 이동하지 않고 일정한 자리에 머물러 있는 전선을 말한다. 장마철 장마전선이다. 여름철에 가끔 듣는 기상뉴스 중 '한랭전선과 온난전선이 힘의 균형을 이루어서 비가 오고 안 좋은 날씨가 지속되고 있다'는 뉴스를 기억하면 이해가 쉬울 것이다. 정체전선은 시간이 지나면서 세력이 강한 쪽으로 변하면서 사라지게 된다.

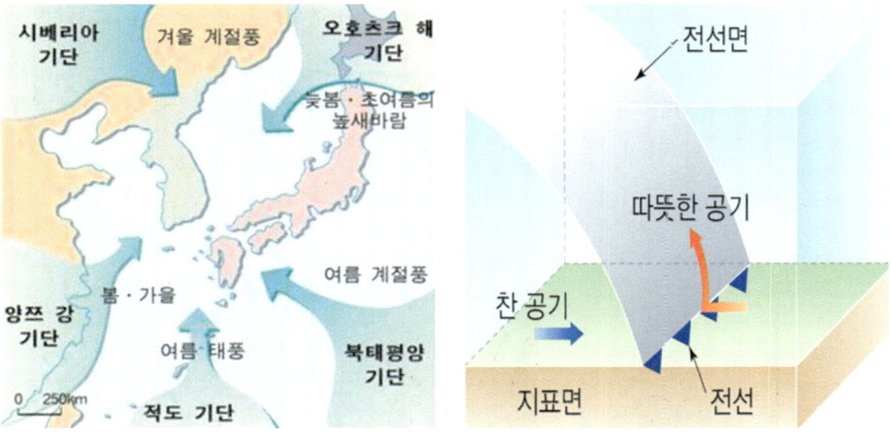

(a) 주요 기단　　　(b) 전선과 전선면

그림 3.39 기단과 전선 · 전선면

3) 뇌우

뇌우(thunderstorm)는 번개와 천둥을 동반한 적란운 구름에 의해서 발생한 폭풍이다. 적운 구름이 대기의 변화에 따라 고도가 상승하면서 적란운으로 발전하여 하강기류가 발생하여 폭풍으로 변한다. 통상 악기상 요소인 폭우, 우박, 번개, 눈, 천둥, 다운버스트(downburst) 그리고 토네이도(tornado) 등을 동반한다. 뇌우는 국지적인 폭풍우이며 천둥과 벼락을 동반하는 점에서 소나기와는 다르다. 뇌우가 지속되는 시간은 짧으며 2시간 이상인 경우는 드물다. 주로 여름철 내륙 지방에서 자주 일어난다. 번개가 강할수록 뇌우도 강하며 번개가 자주 일어나면 뇌우도 계속 성장한다.

- 뇌우가 만들어지기 위한 조건
  첫째, 대기에 풍부한 수증기가 있어서 구름을 만들 수 있는 조건이 갖추어져야 한다. 둘째, 수증기가 빠르게 상승할 수 있는 기류가 형성되어야 한다. 상승기류는 따뜻한 전선과 차가운 전선의 충돌로 인해서 발생할 수 있고, 지표면의 급속한 가열로도 발생할 수 있으며 지형적인 요인에 의해서도 발생할 수 있다. 셋째, 공기가 상승하면서 고도에 따라서 온도가 떨어지는 기온감률의 차이가 커지는 등 대기가 불안정해야 한다.

• 뇌우의 발생과 소멸단계

첫째, 뇌우는 초기에 덥고 습한 공기가 강력한 상승기류를 타고 올라가면서 적운형 구름을 형성하는 단계에서 시작한다. 둘째, 성숙단계에서는 점차 구름의 크기가 커지고 높아지며 적란운으로 발전하면서 그 세력이 커진다. 초강력 단계에 접어든 후 강한 하강기류가 형성되면서 지상에 난기류, 강풍, 돌풍 그리고 많은 비를 내린다. 셋째, 소멸단계에서는 상승기류가 약해지고 하강기류가 우세해지면서 점차 세력을 잃으며 소멸되는 과정을 거친다. 뇌우가 계속 존재하기 위해서는 상승기류가 계속 이어져야 하는데, 상승기류가 약해지면서 하강기류도 약해지는 것이다.

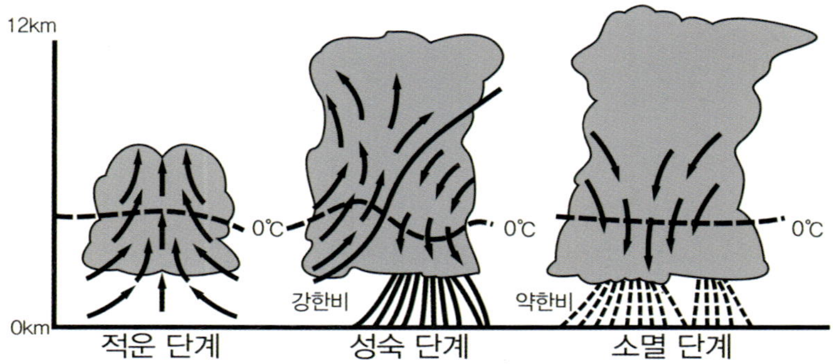

그림 3.40 뇌우 발달 단계

• 단세포 뇌우(Single Cell Thunderstorm)

기단뇌우라고도 하는데, 뜨거운 한여름 오후에 가열된 지표면의 불안정한 공기의 대류현상으로 국지적으로 발생하는 일반적인 개념의 뇌우이다. 해안지역에서는 주로 야간에 발생한다. 지속시간은 대부분 20~30분 정도이다. 작은 우박과 굵은 비를 동반한다.

• 다세포 뇌우군(Multicell Cluster)

여러 개의 단세포 뇌우가 함께 어우러져 발생하는 뇌우로 가장 일반적으로 발생하는 뇌우의 형태이다. 단시간에 많은 비를 내릴 수 있는 거대한 비구름을 포함하고 있어서 홍수가 발생할 수도 있다. 보통크기의 우박을 동반한다.

• 다세포 뇌우선(Multicell Line) 또는 스콜선(Squall Line)

여러 개의 세포가 일련의 선을 형성하고 있는 형태이고, 스콜선이라고 많이 알려져 있다. 한랭전선을 따라서 형성되는 심한 뇌우이다. 스콜선에서 가장 위협적인 기상현상은 다운버스트(downburst)이고 때로는 골프공만한 우박이 떨어지고 돌풍토네이도가 발생하기도 한다.

• 슈퍼셀 뇌우(Supercell Thunderstorm)
뇌우 중에서 가장 강력하고 극심한 피해를 입히는 매우 격렬한 뇌우이다. 심할 경우에 시속 93km/h 이상의 돌풍과 직경 3/4인치 이상의 우박 또는 강력한 토네이도를 동반한 뇌우이다. 뇌우 내부에 회전성 상승기류가 발생하는 특징이 있다. 이런 이유로 중규모 사이클론에 비유된다. 또한 강력한 상승기류로 인하여 상층부에 모루구름이 형성된다. 우리나라에서는 잘 발생하지 않는 뇌우이다.

(a) 다세포 뇌우군(multicell duster)　(b) 다세포 뇌우선(multicell lne)

그림 3.41 뇌우의 종류

4) 천둥과 번개

천둥과 번개는 뇌우가 동반하는 악기상의 하나로서 현대과학으로는 명확하게 그 발생원인을 규명하지 못하고 있다. 천둥은 뇌성과 번개를 동반하는 대기 중의 방전 현상으로 위험하지 않다. 소리는 뇌성, 번쩍이는 불빛은 번개다.

- **천둥(뇌성)**은 전기가 방전될 때 순간적으로 가열된 공기 분자가 팽창하면서 찬 공기와 부딪치게 되고 이때 강한 충격이 발생하면서 나는 소리이다. 천둥소리가 번개치고 난 뒤에 들리는 이유는 소리의 속도는 대기 중 약 340m/sec이고 빛의 속도는 대기 중 약 30만km/sec로 소리의 속도가 빛의 속도보다 느리기 때문이다.
- **번개**는 공기 중에서 발생하는 불꽃 방전에서 일어나는 것으로 한 구름 내부에서 발생하거나 구름과 구름 사이 혹은 구름과 대지 사이에서 발생한다. 번개를 발생시키는 구름은 적란운으로 구름 속 물방울의 양전자와 음전자의 방전으로 발생한다. 밤에 멀리서 수평으로 형성되는 번개는 스콜라인이 발달하고 있는 것으로 판단할 수 있다.

그림 3.42 천둥과 번개

- **낙뢰**는 번개가 구름과 지표면 사이에서 발생하는 것으로 벼락이라고도 한다.
- 번개는 적란운에서 5~10초 간격으로 치며 3~4개의 번개 중 한번은 낙뢰가 된다. 번개의 속도는 초속 45km 정도이다. 벼락이 칠 때 가장 안전한 곳은 자동차 안이다. 벼락이 자동차에 떨어지더라도 전류는 차 표면을 따라 땅으로 흘러 들어가기 때문이다. 이를 패러데이 케이지(Faraday Cage) 효과라고 한다.

5) 태풍과 열대기상

- **태풍**은 저위도 해역에서 발생하는 저기압 중심 부근의 최대 풍속이 17.2m/sec 이상으로 강한 폭풍우를 동반하며, 중위도의 온대 저기압과 구별해서 **열대 저기압**이라고 한다. 그림 3.43에서와 같이 북태평양 서부에서는 '**태풍**', 북대서양과 북태평양 동부에서는 '**허리케인**', 인도양과 아라비아에서 발생하는 것은 '**사이클론**', 호주 부근 남태평양에서 발생하는 것은 '**윌리 윌리**', 필리핀은 '**바귀오**'라고 한다. 태풍은 코리올리 힘의 영향으로 북반구에서 반시계 방향으로 회전한다.
- 태풍은 수온 27℃ 이상의 해면에서 발생하는 경우가 대부분이다. 많은 수증기와 바람을 동반하고, 해수면 온도 25℃에서도 생성이 원활하게 이루어진다. 보통은 중심 부근에 최소 17.2m/s 이상의 강한 비바람을 동반한다. 일반적으로 발생 초기에는 무역풍을 타고 서북서 진하다가 점차 북상하여 편서풍을 타고 북 동진한다. 수증기의 잠열을 주 에너지원으로 하기 때문에 육지에 오르면 그 세력이 약화되는 것이 일반적이다. 우리나라에 영향을 미치는 태풍은 서부 북태평양에서 발생하는 것으로, 1년에 발생하는 태풍 약 30개 중 3~4개 정도가 직접적인 영향을 미친다.
- 열대기상은 적도를 중심으로 북위(남위) 23.5도 사이 위도대의 지역에서 발생하는 기상현상으로 열대기상을 지배하는 요소는 열대 수렴대, 아열대 고기압대 그리고 무역풍 등이 있다. **태풍은 열대 수렴대와 아열대 고기압대가 상호 작용하여 발생한다. 열대 수렴대**는 태양의 입사 에너지가 가장 큰 지역으로 바다 수증기를 증발시켜 거대한 적운과 적란운을 형성하여

대류성 비를 발달시킨다. 아열대 고기압대는 적도 저압대에서 상승한 기류가 이동하던 중 상층에서 식어 하강 기류가 발생해 생성된 고압대이다. 중심이 고기압이며, 해상에서 발생하지만 하강 기류이므로 습도가 낮다. 사철 동안 하늘이 높고 맑다. 대부분의 사막지역이 아열대 고기압대이다.

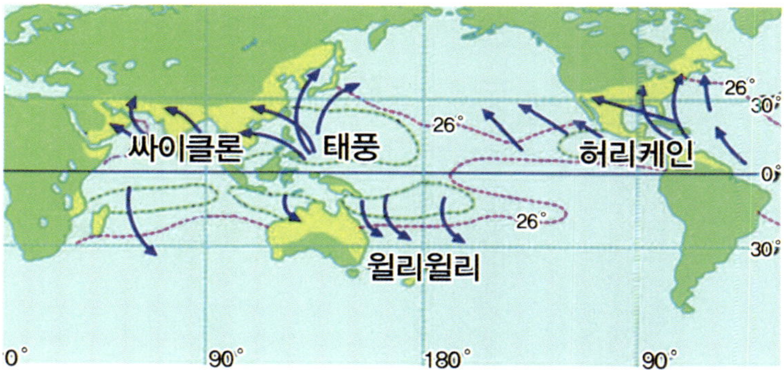

그림 3.43 태풍의 진로와 피해지역

• 태풍의 발달과 분류

태풍은 통상 위도 5~20도 지방의 해수면 온도가 27℃ 이상인 지역에서 발달하여 열대요란 → 열대 저기압 → 열대폭풍 → 태풍의 순으로 발달한다. 아열대 고기압의 서쪽 면에서 고위도 쪽으로 이동하여 차가운 해상이나 육지 위로 이동하여 태풍이 되고 이후 약화되면 북동쪽으로 이동하면서 열대성 저기압으로 소멸된다.

표 3.10은 세계기상기구에서 분류한 풍속에 따른 명칭이다. 17.2m/s 미만은 열대저압부라 하고 17.2m/s이상인 바람을 열대 폭풍, 강한 열대폭풍, 태풍순으로 분류한다. 우리나라에서는 표 3.10과 같이 바람의 세기에 따라 17.2m/s부터 약 · 중 · 강 · 매우 강한 태풍의 등급으로 구분하여 분류한다.

표 3.10 태풍의 구분

세계기상기구의 구분		대한민국의 태풍구분	
최대풍속	명칭	최대풍속	단계
17.2m/s 미만	열대저압부 (TD : Tropical Depression)	17.2m/s ~ 24m/s	약
17.2m/s ~ 24m/s	열대폭풍 (TS : Tropical Storm)	25m/s ~ 32m/s	중
25m/s ~ 32m/s	강한 열대폭풍 (STS : Severe Tropical Storm)	33m/s ~ 43m/s	강
33m/s 이상	태풍(TY : Typhoon)	44m/s 이상	매우 강

• 태풍의 진로

태풍의 오른쪽(가향 반원) 지역은 태풍의 바람과 이동속도가 합쳐져 피해가 크고, 왼쪽(반향 반원) 지역은 이동속도가 감해져 피해가 상대적으로 적다. 태풍의 진행방향은 주변의 기압 배치에 영향을 받기에 한여름이 지나 10월로 갈수록 북태평양 기단의 세력이 약해져서 진행방향이 오른쪽으로 치우친다. 태풍의 소멸은 태풍에 지속적인 에너지가 공급되지 않으면 열대 저기압으로 소멸되고 육지에 상륙하면 습기 공급이 차단되고 마찰에 의해 바람이 약해진다.

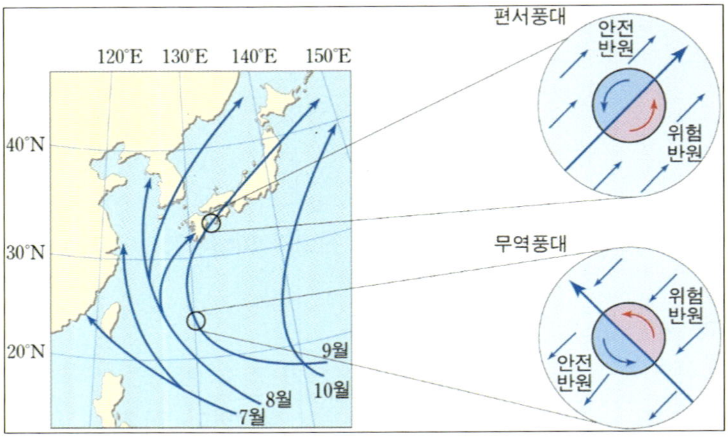

그림 3.44 한반도 주변의 태풍의 진로

• 태풍에 수반되는 현상

풍랑은 해상에서 바람에 의해 일어나는 파도로 태풍이 불기 시작한지 약 12시간 후 최고 파도 높이에 도달한다. 대체로 풍속의 제곱에 비례하나 바람이 부는 거리와도 관계된다.

너울은 직접적으로 일어난 파도가 아닌 바람에 의해 일어난 물결이다. 진행속도는 태풍보다 보통 2~4배 빠르다.

고조는 폭풍 또는 저기압에 의한 해일이다. 바람을 타고 해수가 밀려와 해면이 높아지는 것으로 높이는 풍속의 제곱에 비례한다.

• 토네이도

토네이도(tornado)는 미국과 유럽 등 온난 지역에서 여름에 주로 발생하는 강력한 바람의 일종이다. 해상에서 일어나는 토네이도를 한국에선 용오름현상, 회오리바람이라 부르며, 폭풍의 중심 주위를 맴돌며 분다. 태풍은 수평방향으로 확대되나 토네이도는 수직방향으로 커진다. 일반적인 회오리바람보다 훨씬 커 바람기둥의 직경이 200m 정도이며, 2km를 넘기도 한다. 풍속은 평균 시속 300~800km 정도로 알려져 있으며, 순간풍속이 150m/sec가 넘기도 한다. 연 평균 기온이 10℃~20℃인 온대지방에서 발생하며, 열대 지방에서는 발생 확률이 적다. 발생 조건은 갑자기 생긴 저기압 때문에 일어나고 뇌우 등과 유사하나 자세한 것은 명확하지 않다.

6) 난기류

난기류(turbulence)란 유연한 공기흐름을 방해하는 불규칙한 기류를 발생시키는 현상이다. 난류라는 용어도 같이 사용한다. 주로 대기의 불안정 상태에서 형성된 적운 구름으로 발달한 대류성 기류가 원인이다. 난기류는 발생 형태에 따라서 저고도에서 발생하는 난기류, 뇌우 내부나 뇌우의 주변에서 발생하는 난기류, 맑은 하늘에서 발생하는 난기류, 산악지역에서 발생하는 산악파 난기류 등으로 구분한다.

- 대류성 난기류

  대류성 난기류는 저고도에서 지표면의 불규칙적인 가열로 생기는 대류현상이 원인인 난기류로 열적 난기류라고도 한다. 이 난기류는 일정한 고도까지 영향을 미치고 그 이상의 고도가 되면 안정된다. 이러한 안정층을 캡핑 안정층(Capping Stable Layer)이라 한다. 캡핑 안정층은 통상 수천피트 상공이고 사막지역에서는 10,000ft(3,000m)를 초과할 수 있다. 항공기는 캡핑 안전층 이상에서 비행해야 안전하다.

- 지형성 난기류

  지형성 난기류는 지표면 가까이 있는 공기 흐름이 건물, 나무, 언덕, 산과 같은 지형을 통과할 때 정상적인 공기의 흐름이 흩어져서 장애물 뒤쪽에 소용돌이나 불규칙한 공기의 흐름이 나타나는 난기류이다. 바람이 강해지면 지형성 난기류도 강해지고 더 높은 고도까지 영향을 미친다. 지표면에서 50노트(25m/s) 이상으로 바람이 불 때 지형성 난기류는 약 3,000ft(1km 정도) 고도까지 도달할 수 있다. 지상에서 드론비행 시에 가장 영향을 주는 난기류 형태이다.

- 산악파 · 깔대기 바람

  산악파(Mountain Wave)는 산악지역의 안정된 대기 속에서 강한 바람이 불 때 산 정상을 통과하는 바람이 바람의 위쪽은 안정된 상태로 진행하나 바람의 아래쪽에서는 물결과 같은 파장(wave)이 형성되는 난기류이다. 산악파는 수평거리로 100마일까지 확장될 수 있고, 최대 성층권까지도 도달할 수 있다. 나타나는 구름의 형태는 회전구름, 달린 구름 등의 형태로 나타나는데 모양은 정체되어 있는 것처럼 보이나 구름 속에서는 강한 난기류가 형성되어 불규칙한 바람이 불고 있는 것이다. 산악지역에서 드론 비행 시 이러한 난기류를 예상하고 주의해야 한다. 기체가 바람의 회전에 휘말려 추락할 수 있다.

깔대기 바람은 깔대기 모양으로 좁혀지는 좁은 협곡으로 둘러싸인 산악지형에서 계곡으로부터 압축되어 불어오는 바람이다. 풍속이 급격히 빨라지고 회오리가 일어나기 때문에 산악지역에서 드론 비행 시에 이러한 바람을 만나면 기체 조정 능력을 상실할 수 있다.

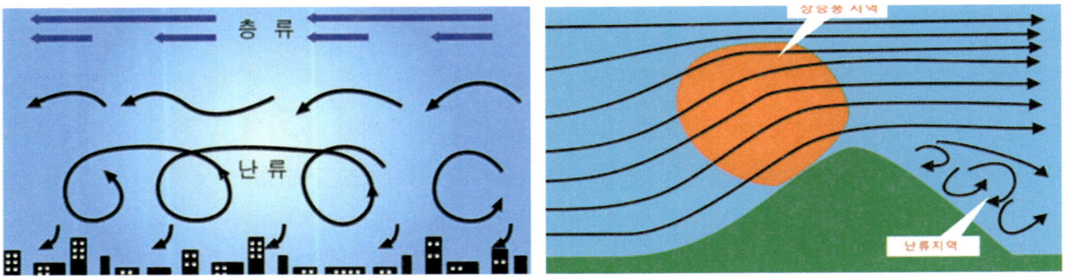

(a) 지형성 난기류 (b) 산악파

그림 3.45 난기류와 산악파

- 청천난기류

청천난기류(CAT : Clear Air Turbulence)는 육안이나 기상 레이더 장비로 관측할 수 없는 맑은 하늘에서 발생하는 난기류이다. 통상 15,000ft(4,500m) 이상의 높은 고도에서 발생한다. 청천난기류는 공기층의 바람속도, 대류성 기류의 수직이동으로 대기의 중력파장(Gravity Waves)이 발생하여 만들어지는 난기류이다. 구름의 형태는 물결모양이 경사진 형태로 만들어진다. 제트기류에서는 청천난기류가 발생하는 것이 일반적인 현상이다. 빠른 제트기류와 느린 제트기류 사이를 지나면서 기체가 심하게 흔들리거나 기체가 뒤틀릴 수 있다.

- 윈드쉬어

윈드쉬어(Wind Shear)는 짧은 거리 내에서 순간적으로 풍향과 풍속이 급변하는 현상으로 전단풍[113] 또는 저고도 기온역전 난기류(Low-level Temperature Inversion)라고 한다. 하층부는 안정되어 있으나 상층부는 기온이 상승하여 대기가 불안정해져서 기온역전층에서는 순간적으로 바람의 속도가 변하고 방향도 변하는 현상이 발생한다. 항공기가 착륙하기 위해 맞바람을 받으며 속도를 줄이면서 내려오고 있을 때 윈드쉬어를 만나 갑자기 바람을 받지 못하면 착륙을 위한 최소한의 양력을 발생시키지 못하기 때문에 기체는 실속(stall) 상황에 빠져 위험한 상황과 직면할 수 있다. 모든 고도에서 나타날 수 있으나 통상 2,000ft

113) 전단풍 : 전단(剪斷)의 의미는 '끊어지다'라는 의미로 '바람이 끊길 정도로 변화가 심한 바람이다'라고 이해하면 될 듯하다.

범위 내에서의 윈드쉬어는 항공기 안전에 직접적인 영향을 미친다. 한랭전선은 온난전선에 비해 기온차가 급격하고 이동속도가 빠르기 때문에 윈드쉬어가 짧게 나타난다. 한랭전선의 통과 후에 짧게 발생한다. 또한 뇌우, 깔대기 바람, 산악파 등에 의해서도 발생할 수 있다.

7) 일기예보

일기예보란 기상청이 기상위성 자료, 일기도와 기타 자료 등을 기초로 앞으로 다가올 날씨를 미리 알려 주는 일을 말한다. 우리나라는 정지궤도 위성인 천리안 2A호를 통해서 기상정보를 수신받아 2분 간격으로 기상정보를 분석하고 있다. 기상청에서는 PC환경에서는 기상청 날씨누리를 통하여, 모바일 환경에서는 기상청 날씨알리미 어플을 통하여 다양한 기상정보를 제공하고 있다.

- 여러 가지 다양한 목적을 위하여 드론 비행을 계획 시에는 일기예보를 확인하여 기상조건이 좋은 날을 선택하여 비행계획을 수립하여야 한다.
- 가장 대표적인 기상예보가 동네예보이다. 5km×5km 격자 방안의 지역에 대해서 1시간 단위로 날씨를 예보하는 시스템이다. 그래픽, 테이블, 문자, 음성정보 등 정보화시대에 부응하는 예보서비스 체계를 구축하고 디지털 자료를 활용하여 응용·가공 가능한 예보를 생산한다. 동네예보 포함내용은 기온, 습도, 강수 확률, 강수 형태, 풍향, 풍속, 유의 파고, 하늘 상태가 포함된다.
- 기상청에서 제공하는 기상정보를 통하여 주간예보, 월간예보, 계절 예보, 과거의 동일기간의 기상정보 등도 확인할 수 있다.

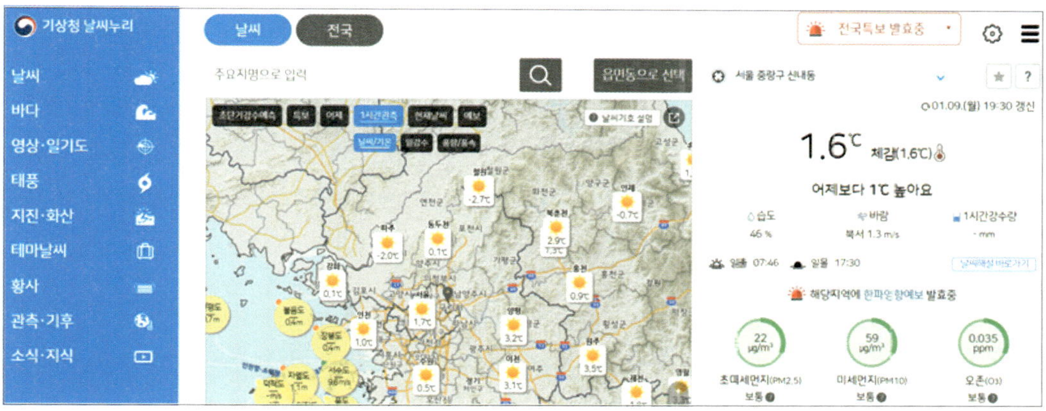

(a) 기상청 날씨우리 기상정보 화면(PC환경)

(b) 기상청 날씨알리미 기상정보 화면(모바일 환경)

그림 3.46 기상예보확인

8) 항공 기상업무

우리나라는 인천공항 기상대, 한국 공군 기상대, 미 공군 기상대에서 공항기상 예보를 발표하고 있다. 국제공항은 00시부터 하루에 4회, 6시간 간격으로 발표하며 예보의 유효시간은 24시간이다. 국내공항에서는 05시부터 하루에 4회, 6시간마다 발표하며 유효시간은 12시간이다. 우리나라 항공기상청의 항공기상 업무는 자동화되어 전국 민간공항 및 군 관할 공항에 공항기상관측장비(AMOS)를 설치하여 풍향, 풍속, 활주로, 가시거리, 기온, 기압, 강수량 등을 관측하여 항공운항 기상지원 서비스(https://global.amo.go.kr/)를 통하여 항공교통업무기관, 비행승무원, 공항운영 및 기타 항공항행 업무 수행기관 등에 제공하고 있다.

- 기상관측망(Meteorological Network)

  기상청에서 운영하는 기상관측소로 지상과 공중에서 발생하는 기상현상을 효과적으로 관측하기 위해 지역별로 운영하고 있다.

- 기상정보시스템(Weather Information System)

국내외 기상현상에 대하여 실시간으로 관측하고 체계적으로 수집, 분석, 처리, 송신할 수 있도록 구성된 항공기상대의 종합정보시스템으로 슈퍼컴퓨터를 통해 분석하고 일본 동경, 중국 북경의 세계기상 통신망 전용회선과 연결되어 세계 주요 항공기상과 기상자료 등을 교환하고 있다.

- 공항기상관측장비(Aerodrome Meteorological Observation System)

활주로 부근의 풍향, 풍속, 활주로 가시거리, 기온, 기압, 강수량 등 수많은 기상현상을 실시간으로 관측하여 제공하는 항공기상 관측의 기본 장비이다. 항공기의 안전한 이착륙에 도움이 되고자 활주로와 인접한 곳에 센서를 설치해서 활주로의 기상상태를 정확하게 관측한다. 모든 자료는 자료수집 처리장치와 주 처리장치의 이중화 시스템으로 운용하고 있다.

- 기상정보보고의 종류

첫째, **정시관측(METAR)**은 공항의 기상상태를 정기적으로 관측하는 기본관측으로 지역항공항행협정에 의해 인천공항에서 30분마다 관측하여 보고하며 기본보고는 1시간 간격이다.

둘째, **국지정시관측(MET REPORT)**은 이 · 착륙항공기를 위한 활주로의 세부적인 기상상태를 인천공항은 30분마다 관측하여 보고하며 기본보고는 1시간 간격이다.

셋째, **공항예보(TAF)**는 30시간 동안 공항의 바람, 시정, 일기현상, 구름 등 기상요소별 변화에 대해서 발표한다.

넷째, 기타 **특별관측(SPECI)**, **국지특별관측(SPECIAL)**, **공역예보(ARFOR)**, **위험기상정보(SIGMET)**, **저고도 위험기상정보(AIRMET)**, **착륙예보(TREND)** 등이 있다.

PART 4

드론의 미래

드론 안전문화와 드론 윤리

14
CHAPTER

1 드론 안전문화

1) 개요

- 안전 문화(Safety Culture)란 사업자나 개인이 작업 환경에서 '안전'이라는 목표에 도달하는 방식의 하나로써 "안전에 관하여 근로자들이 공유하는 태도나 신념, 인식, 가치관"을 통칭하는 개념이다. 즉 "우리가 안전을 일구는 방법"이라고 할 수 있다. 1986년 체르노빌 원자력 발전소 사고 이후 안전이라는 목표 달성에 있어 경영 및 인적 인자의 중요성이 인식되고 안전 문화의 개념이 제창된 이후로 이에 대한 큰 관심이 일어났다. 항공 분야에 사고의 원인으로 안전문화가 처음으로 거론된 것은 1991년 텍사스주 이글레이크(Eagle Lake)에서 탑승자 14명 전원이 사망한 콘티넨탈 익스프레스(Continental Express) 항공 2574편의 사고 이후이다.
- 국제민간항공기구(ICAO)의 협약부속서의 마지막 19번째 부속서(ANNEX19)가 안전관리(Safety Management System) 분야로서 1944년 최초 제정 시에는 18개 부속서로 구성하였다가 안전에 관한 중요성의 대두로 2013년 11월에 추가되었다.
- 드론은 ICAO기준의 무인비행 기준을 마련하는 단계이고 현재는 각 국가의 현실과 제도를 반영하여 드론 비행관련 규정으로만 운영되고 있으나 전체적인 범주에서 항공법의 통제를 받기 때문에 드론에 관한 안전문화가 올바로 정착이 되어야 할 것이다.

2) 드론 안전사고 발생과 안전인식 메커니즘(Mechanism)

- 드론산업이 발전하면서 안전문제에 대한 인식이 대두되고 있다. 드론이 단순한 취미용에서 산업용으로 기체의 크기가 소형에서 중 · 대형으로 발전해가면서 적극적인 시험비행과 활용으로 그만큼 사고확률은 점점 높아지고 있다. 또한 드론이 4차 산업을 이끄는 주요 사업으로 자리매김하며 언론의 주목을 받기 시작하면서 드론과 관련한 조그만 성과나 사고에 대해서 확대하고 과장되어 보도되기도 하고, 비 전문가 집단의 드론사고에 대한 불안의식 등이 드론 안전사고에 대한 우려를 심화시키기도 한다. 이러한 것들은 선순환에 의해 드론 산업이 발전해도 부족함에도 불구하고 오히려 드론산업의 발전을 저해하는 요인으로 작용할 수도 있다.
- 드론으로 인한 사고는 원칙에 의해서 분류한 기준은 없으나 다음과 같이 분류해 볼 수 있다.

  첫째, 대인사고로서 드론의 추락 및 폭발 등의 사고로 직접적으로 인간에게 상해를 입히거나 사망에 이르는 사고이다.

  둘째, 대물사고로서 물적피해가 발생하거나 중요장비, 산업시설 등 고부가가치 시설에 대해 피해가 발생하는 사고이다.

  셋째, 보안사고로서 국가의 산업보안 정보의 유출, 보안지역 운항정보 유출, 주요 보안시설에 대한 정보유출, 국가공간정보의 유출 등 국가의 안보 및 시설의 보안에 크고 작게 영향을 미치는 사고이다.

  넷째, 사생활 침해 등 드론 비행으로 인하여 발생할 수 있는 기타 제반 사고이다.
- 이스라엘 무인기 생산업체인 IAI사에서 발표한 무인항공기 결함 및 사고통계에 의하면 비행조종계통 28%, 추진계통 24%, 인간에러(Human error) 22%, 통신계통 11%, 동력계통 8%, 기타 7%로 분석되었다. 전체적으로 장비 결함과 인간 에러가 70~80% 대비 20%로 장비결함에 의한 사고가 4배 수준이었다. 이것은 자동화율이 높아서 인간의 개입 여지가 상대적으로 낮고 무인기가 아직 신뢰성이 낮아서 기계적 결함에 의한 사고비율이 높은 것으로 개발 초창기의 전형적인 특징이라고 분석하고 있다. 향후 무인기 기술이 발전하면 기술적 문제로 인한 사고는 크게 줄고 상대적으로 인적요인에 의한 사고는 증가할 것으로 예상하고 있다.

  또한 인적 요인에 의한 사고요인은 대부분 피로, 전체적인 상황인식 부족, 교육/훈련 부족, 팀 협동능력 부족, 인간공학적 설계 미흡 등으로 분석되었다.
- 최근 한국소비자원에서 조사한 드론 안전관련 조사결과[114]를 보면 드론 배터리 폭발 · 발화, 프로펠러에 의한 부상 등 드론 관련 사고가 증가하고 있는 추세라고 분석되었다. 특히

114) 자료참조 : 드론안전실태 조사결과, 한국소비자원 안전감시국 제품안전팀, 2017. 6

드론에 사용되는 리튬폴리머 배터리가 안전확인대상 전기용품에 포함되지 않아서 안전성이 검증되지 않은 배터리가 제조 · 수입되는 실정이고 프롭의 고속회전으로 프롭과 신체가 접촉시 발생하는 열상사고가 많이 발생하고 있지만 취미용 드론에도 안전가드가 설치되지 않은 드론이 많고 설치된 안전가드도 안전을 위한 기능보다는 프롭을 보호하기 위한 목적으로 설계되었다고 분석되어 이에 대한 시정을 권고하였다.

3) 국내 · 외 드론 안전사고 사례

- 2022년 8월 해남의 한 농가에서 드론으로 방재작업후 정지되지 않은 프로펠러를 부주의로 만져서 부상을 입은 사고가 발생하였다.
- 최근 국내 · 외에서 대규모 진행되고 있는 드론쇼에서도 모터 고장, 통신장애 등의 원인으로 기체가 추락하는 사고가 발생하고 있고 "이러한 잠재적 사고요인은 항상 존재한다"라고 생각하고 사전에 기체점검을 포함한 철저한 준비를 해야 한다.
- 2017년 5월 5일 어린이날에 경북 봉화읍 내성천 인근에서 진행된 '제7회 봉화 한국과자축제'에서 행사 주최측이 드론에 사탕을 매달아 뿌리는 퍼포먼스 진행 중에 기체 결함과 조종 미숙으로 드론이 추락하여 어른 1명, 어린이 3명이 부상을 입었다.
- 2015년 12월 23일 이탈리아 알파인스키 경기장에서 레이스에 나선 스키선수 바로 뒤에 촬영 장비가 달린 드론이 추락하는 사고가 발생하였다. 스키선수와 불과 50㎝ 떨어진 지점이었다. 간발의 차이로 부상을 피할 수 있었다.
- 매년 국내외에서 드론 배터리 충전 중 배터리 과열에 의한 화재발생 및 배터리 폭발에 의한 인체 손상의 사고가 다수 발생하고 있고, 취미용 소형 드론 비행중 부주의에 의한 충돌 및 충격으로 손가락에 베이거나 안구에 손상을 입는 등 인체 일부분에 손상을 입는 사고가 다수로 발생하고 있다. 실례로 2015년 멕시코 티후아나에서 라틴 팝스타 엔리케 이글레시아스가 콘서트에서 접근하는 드론을 손으로 잡으려다 손을 베이는 사고가 발생하였다.

4) 드론 안전사고와 드론 조종자와의 관계

- 드론 안전사고는 드론 조종자와 밀접한 관계가 있다. 아직 대부분의 취미용, 산업용 드론은 GCS(지상통제시스템)에 의한 비행이 아니라 조종자가 가시거리내에서 비행하는 형태로 진행이 되기 때문에 조종자가 어떠한 상황과 상태에서 임무를 수행하느냐가 기체의 상태와 더불어 대단히 중요한 요소이다.
- 드론 조종자는 항상 HVO(High Value Object)환경, 즉 새로운 환경에서 다양한 고가치 임무를 수행할 경우가 많다. 또한 우리나라와 같이 비행에 대한 제한요소가 많은 상황에서 보안사고 방지에 대한 부담과 만약 사고발생시 불명예 조종자가 된다는 '낙인문화'에 대한

부담감도 갖고 있다. 비행간에는 인명보호에 대한 부담, 순간 순간에 우선순위를 정확하게 판단해야 하는 부담을 갖고 있으며 비행하는 기상조건 등에 따라서 잦은 비행 착시현상과 비행정보 오판 상황에 놓이기도 하고 육체적 또는 심리적 피로누적 상태에 놓일 수도 있다. 이러한 여러 상황으로 인해 안전사고에 상시 노출될 수 있는 것이다.

- 개인적으로 취미로 드론을 조종하든지 산업용 드론으로 특수한 임무를 수행하든지 드론 운영에 대한 시스템 및 임무환경 분석과정을 소홀하게 생각하지 않고 준비해야 드론 안전사고를 예방할 수 있다. 드론 조종자가 만능일 수도 없고 또한 만능일 필요도 없다. 드론으로 수행하는 전문 업무일수록 적합한 운용프로세스와 지속적인 훈련과정 적용이 반드시 필요하다. 단순히 조종을 잘하는 능력으로 만 임무를 수행할 수가 없다. 임무 고도화에 따라 임무에 부합하여 인원, 장비, 시스템이 결합한 '통합운용자모델'이 마련되어지고 이를 준수해야 한다.

5) 드론 안전사고와 조직문화의 관계

드론 사고뿐만이 아니라 사회전반에서 발생하는 사고를 분석해보면 그 조직의 안전문화가 어떻게 형성되어있는지에 많은 연관성이 있다.[115]

먼저, 그 조직을 이끄는 리더의 리더십의 문제이다. 리더가 어떠한 방향으로 안전문화에 대해 조직을 이끄냐에 따라서 조직원들이 안전문화에 대한 목표를 정하고 실천할 수 있는 것이다. 실수를 하더라도 포용하고 이를 교훈삼아서 개선할 수 있는 문화를 마련해주고 이러한 문화가 일관성있게 지속될 수 있도록 리더가 긍정적인 역할을 해주어야 한다.

둘째, 영업이익에 치중하면서 발생하는 비용에 대한 압박이다. 모든 대형 재난사고에서 비용 압박이 사고에 영향을 미치는 요인으로 작용하였다. 비용을 줄이기 위해서 작업일정을 서두르거나 준비가 부족함에도 일정의 촉박함 등으로 무리한 비행을 시도했을 경우에 사고로 이어질 수가 있다.

셋째, 부실한 조직 안전문화이다. 드론 비행에 안전이 최우선 임에도 불구하고 이러한 안전을 등한시하는 조직안전문화 환경에서는 사고발생의 확률은 높아질 수 밖에 없다.

넷째, 통제 및 강제의 부재이다. 드론의 경우도 정해진 매뉴얼대로 제작과 정비를 진행하고 비행절차에 대해서 어떠한 경우라도 지키려는 노력을 하지 않는다면 사소한 나사 풀림현상 하나로도 드론기체가 추락할 수 있는 상황으로 이어질 수가 있다.

다섯째, 의사소통의 실패이다. 의사소통은 수직적인 의사소통과 수평적인 의사소통을 모두 포함한다. 업무를 진행하는 관련자들이 끊임없이 진행사항에 대한 문제점과 해결방안을 소통을 통해서 합리적인 방향으로 진행해야 안전사고의 위험을 최소화할 수 있는 것이다.

115) 자료참조 : 무인비행장치 안전관리, 박승근 SM9 Sky Tech 2018

2 드론 윤리

1) 군사적으로 드론 운용간 발생하는 윤리의 문제[116)]

- 월남전이후 무인기 기술의 발달로 이후에 테러와의 전쟁 등 세계 도처에서 발생한 다양한 분쟁지역에서 유인기를 대체하여 무인기가 투입되어 많은 활약을 하고 있다. 현재 미군에서 정찰과 공격을 위한 수단으로 무인기가 차지하는 비율이 점점 높아지고 있다. 많이 사용된 만큼 인명에 대해 많은 피해를 입혔다는 의미이다. 드론이 인간을 이롭게 하는데 사용되는 긍정적인 면이 있지만 인간을 죽이는데 이용된다는 점은 매우 불행한 일이며 여기에서 드론 사용에 대한 윤리적 딜레마 문제가 발생하는 것이다.
- 유인기는 사람이 직접 눈으로 보면서 폭탄을 투하하지만 무인기는 미국본토에서 아프가니스탄에 있는 무인기를 직접 조종하며 폭탄을 떨어뜨린다. 인명을 직접 살생하는 것이 아니라 마치 게임을 하듯이 무인기를 조작하기에 인명존중에 대한 사고(思考)를 하기가 제한되는 면이 있다. 더군다나 그 공격의 결과가 목표로 겨냥했던 테러집단이 아니고 민간인이 피해를 입었을 때 전쟁 윤리에 대해 많은 비판을 받고있는 것이다.
- 국제 탐사보도언론인 단체인 BIJ(Bureau of Investigative Journalism)가 발표한 자료에 의하면 2005년에 파키스탄내에서 CIA의 드론 공격이 단 3회였지만 2011년에는 75회로 증가하였고 이로 인하여 파키스탄에서만 미국 CIA의 드론 공격으로 최소 2,562명이 사망했으며, 이중 최소 474명은 민간인, 그 중에서 176명이 어린이였다고 한다.
- 또한 무인기를 조작하는 인원들은 당시에는 괜찮을 지라도 시간이 지나면서 자신이 취한 행동으로 무고한 민간인 등 많은 인명을 살상했다는 자책감으로 외상후스트레스 장애(PTSD)[117)]와 같은 질병을 겪어 치료하고 있다는 언론보도를 접하고 있다.
- 대테러같은 불가피한 전투상황에서 사망의 위험을 줄이고 성공의 확률을 높일 수 있다는 주장이 있지만 이는 이러한 능력을 보유한 서구세계의 입장만을 대변한 것이고 드론같은 무인로봇을 이용한 공격이 아군의 위험을 크게 감소시키기 때문에 역설적으로 전투와 전쟁의 횟수를 증가시킨다는 통계도 있다. 대부분의 국가에서 해외 파병을 할 경우 내부적으로 정치적 격론이 벌어지게 되며 국익을 위해서 파병을 옹호하는 입장과 전투로 인한 자국 군인의 사망을 막아야 한다는 입장이 충돌하기에 드론과 같은 로봇을 이용하는 것은 해외

116) 자료출처 : 지능을 갖춘 군사용 로봇 개발 경쟁과 윤리적 딜레마, www.nipa.kr

117) **외상 후 스트레스 장애**(PTSD, post-traumatic stress disorder)는 신체적인 손상과 생명의 위협을 받은 사고에서 심적외상을 받은 뒤에 나타나는 질환이다. 충격 후 스트레스 장애, 외상성 스트레스 장애, 외상 후 증후군, 외상 후 스트레스 증후군, 트라우마라고도 한다.

파병 같은 까다로운 정치적 문제를 회피할 수 있는 교묘한 방안으로 사용되기도 하는 현실이다.

- 미국, 영국 등의 국가에서는 향후 인공지능의 발달로 드론이 수집한 자료를 근거로 하여 드론 자체에서 판단하여 무기를 발사할 수 있도록 해야 할 지에 관한 사항에 대해서도 논의중에 있다. 현재의 기술로는 어려울 것이나 인공지능이 발달하고 법적 · 윤리적 문제가 해결된다면 결국 사람의 목숨과 관련된 전투 결정을 드론 스스로 내리도록 허용하라는 압박이 커질 것이다. 여기서 법률적인 요건이란 군사적 목표물과 시민을 구별할 수 있는 능력, 과잉조치 금지의 법칙, 인간성, 군사적 필요성 등을 의미한다. 드론이 먼저 결정하여 공격을 해야 하는 이유는 그렇지 못할 경우 먼저 공격을 당할 수가 있기 때문으로 정확한 작동 시간을 놓치지 않기 위해서라고 주장하고 있다.

군사용 로봇, 드론에 의한 공격은 더 이상 공상과학이 아닌 현실의 문제이다 군사용 무인기가 발전될수록 윤리적 문제는 더욱 증가될 것이다. 인류애(人類愛)적 차원에서 비판적으로 성찰해야 할 이슈임에는 틀림이 없다.

2) 취미용, 산업용으로 드론 운용간 발생하는 윤리의 문제

- 드론이 군수용에서 민수용 시장으로 확대되면서 특히, 개인 취미의 영역으로 급속히 확대되면서 인간의 개인윤리에 대한 문제로까지 확대되고 있다. 최근에 보도되는 드론에 관한 뉴스중에서 많은 부분이 드론 비행으로 인한 사생활 침해사례이다. 세계 각국이 아직 드론 비행에 대한 법과 제도를 정비하지 못한 상태에서 개인의 자유라는 명목으로 타인의 사생활을 심각하게 침해하는 사례가 국내외에서 자주 발생하고 있는 것이다.
- 또한 민수용 드론이 ISM 주파수 대역을 사용하기에 해킹을 통해 타인의 정보를 취득한다든지 타인의 드론을 강제로 탈취하거나 방해하여 추락시켜 재물의 손상을 입히는 등 재산권을 침해할 수 있는 소지가 다분히 있다고 하겠다.

3) 국 · 내외 사생활 침해 사례

드론에 의한 사생활 침해는 관련 법규가 드론 산업 발전의 속도를 따라가지 못하는 점도 있으나 드론을 운용하는 사람들이 타인의 생활에 대한 존중보다는 무의식적이든 의식적이든 함부로 드론을 날리고 있는 문제가 가장 심각하다 하겠다.

- 사생활침해의 가장 흔한 경우가 드론이 개인 사유지나 건물에 들어가거나 그곳을 영상 촬영하는 것이다. 미국에서는 카메라를 단 채 자신의 집 마당 위를 낮게 나는 드론을 총으로 쏴 떨어뜨린 미국 남성이 기물 파손 혐의로 기소돼 논란이 일고 있다. 우리나라에서도 유명 연예인의 결혼식에 허가없이 드론을 띄워 사생활을 침해한 사고, 또한 인구 밀집지역

에 드론을 띄워 승용차 지붕에 추락시켜놓고 배상하지 않고 도주하는 사고, 2017년 8월에는 제주도의 한 해수욕장 위로 드론을 띄워 몰카를 찍은 사고가 발생이 되어 30대 남성이 경찰에 체포되기도 하는 등의 다양한 사생활 침해사고가 발생하고 있다.

- 또한 미국에서는 국경 경계 감시를 위해 미관세 · 국경보호청(CBP)이 국경에서 드론을 이용하고 있는데, CBP가 다른 연방기관과 주 및 지방 경찰의 활동을 지원하기 위해 정기적으로 드론을 사용하기 때문에 상급관청의 감독이나 법원의 영장 없이도 국경 주변에 살고 있는 사람들에 대한 기록과 감시가 가능하기 때문에 드론에 의한 사생활 침해 가능성이 대두되고 있고 드론을 이용하여 감시정책을 중단하고 프라이버시 보호를 강화해야 한다는 주장이 제기되고 있다[118)]

3 드론 관련법규에 관한 논의

드론산업은 업무의 효율성 증대, 고위험군의 작업 대체, 고부가가치 서비스 창출 등의 순기능을 오랫동안 지속시키기 위해서는 혁신기술 확보와 글로벌 시장 선점을 위한 규제완화도 필요하지만 사생활 침해 등 드론으로 인한 역기능을 바로잡을 수 있는 합리적인 규제에 대한 논의와 제도시행이 뒤따라야 한다.

1) 사생활 침해에 대한 법적 논의

- 현행 항공안전법상에 무인비행장치를 사용하여 개인의 사생활을 몰래 촬영하더라도 항공안전법상의 초경량비행장치 조종자의 준수의무 위반을 이유로 처벌할 수 있는 벌칙 규정이 없다. 단지 개인위치정보 등 개인의 공적 · 사적 생활과 관련된 정보를 수집하거나 이를 전송하는 경우 타인의 자유와 권리를 침해하지 아니하도록 한다고 초경량비행장치 조종자 등이 준수해야 할 의무사항으로만 규정하고 있다.
- 또한 개인정보의 개념은 현행 개인정보 보호법에서는 "영상정보처리기기"를 '일정한 공간'에 '지속적으로 설치'되어 사람 또는 사물의 영상 등을 촬영하거나 이를 유 · 무선망을 통하여 전송하는 장치로만 규정하고 있어, 드론에 부착되어 이동하면서 촬영하는 카메라의 경우 "영상정보처리기기"에 해당하지 않아 해당 장치를 이용하여 수집된 개인정보는 개인정보 보호법상의 보호대상이 되는 것인가?에 대해서는 법적인 논란의 소지가 있다.

---

118) 자료출처 : "국경의 드론: 효과와 프라이버시에 미치는 영향", 카토연구소

- 이러한 문제점에 대해 일본에서는 '드론을 이용하여 피촬영자의 동의 없이 영상 등을 촬영하고 인터넷에 공개하는 것은 민사 · 형사 · 행정상의 처벌을 받게 될 수 있다'.는 내용을 드론 이용자들이 지켜야 할 가이드라인에 포함할 것을 법적으로 검토추진하고 있다.
- 우리나라에서도 향후 고정형 영상촬영기기에 대한 개인정보보호뿐만이 아니라 카메라를 장착하여 사생활침해가 우려되는 공적 · 사적인 공간에서 드론을 비행하면서 실시간으로 스트리밍하는 것에 대한 제한, 카메라 방향과 카메라 각도에 대한 제한, 피해 발생우려시 신속한 조치 등에 관한 권고 등 드론으로 인해 발생할 수 있는 사생활 침해사고에 대해서 조종자로서 준수사항과 처벌규정 등에 법적인 장치가 필요하다. 이러한 요구에 의해서 2022년 12월에 국회에서 드론 등 이동형정보처리기기에 관한 개인정보보호법 개정안이 정무위원회 전체회의를 통과하는 등 활발히 논의중에 있고 관련법이 빠른 시간안에 제정될 것이라 전망된다.
- 또한 드론을 이용한 촬영행위나 촬영영상 등을 인터넷에 공개하는 행위에 대해 민 · 형사상의 책임을 엄격하게 묻는 규정을 명시하고 촬영영상 등을 인터넷에 공개하는 서비스를 제공하는 전기통신사업자에게 촬영영상 등의 전송방지조치의 요청을 받았을 때 적절한 대응 매뉴얼 등을 제시함으로써 안심하고 드론을 이용할 수있는 환경 정비가 이루어져야 드론산업의 발전과 드론 활용 촉진도 균형을 맞추어 나가야 할 것이다.[119)]
- 드론으로 인한 사생활 침해에 대한 법적인 보완과 병행하여 드론의 비행성능이 고도화되고 카메라 등 영상촬영장비가 장착되면서, 해킹으로 인한 개인정보 불법수집(불법촬영 등) 등 범죄 이용에 대한 우려가 커지고 있기 때문에 드론의 범죄 이용을 예방하기 위한 드론시스템의 기술적 요구사항 및 드론해킹 시 처벌 조항 등 법제도적 대응방안에 대한 연구도 필요하다.

2) 드론 조종자 자격과 안전성인증에 대한 법적 논의

- 드론 조종자 자격기준은 기체 무게와 위험성을 기준으로 세분화되었으나 안전성검사 기준은 과거대로 25kg을 초과하는 기체에 대해서만 해당하도록 되어있으나 기체 등록기준이 세분화되었고 조종자 자격기준이 구체화되었기에 이에 따라 안전성검사에 대한 기준도 보다 세분화하여 드론 비행에 대한 안전성을 높일 방법을 찾을 필요가 있다.

3) 드론으로 인한 피해발생시 보상에 대한 법적 논의

- 드론으로 인한 사고는 드론 기체와 시스템의 결함과 조종자의 실수에 의한 요소가 결합하여 사고가 발생한다. 현재 우리나라 대부분의 드론은 국내에서 생산한 부품으로만 제작하는

119) 자료출처 : 드론의 안전한 운용과 프라이버시 보장을 위한 법제 정비 방안, 김명수

것이 아니라, 많은 관련 부품을 중국 등 외국에서 수입하여 완성품을 제작하고 있다. 따라서 사고발생이 관련부품을 공급하는 업체에도 필요한 책임소재를 물어야 하나, 이러한 책임소재를 확인할 마땅한 기준이 마련되어 있지 않기에 조종자가 대부분의 책임을 질 수 밖에 없는 현실이다. 따라서 최소한의 가이드라인 만들어서 제조물에 대한 책임소재를 가릴 필요가 있다.

- 사고발생시 피해액을 보상하는 보험제도에 대한 보완도 필요하다. 현재 드론 관련 보험은 드론보험 초기단계에서는 사업을 목적으로 운용하는 드론에 대한 책임보험 위주로 가입할 수 있었으나, 제도 개선을 통하여 대인책임보험과 대물보험으로 확대되었고, 가입할 수 있는 대상도 사업용 드론에서 정부와 공공기관에서 운용하는 드론에 대해서도 드론보험을 가입하도록 확대되었다. 그러나 개인이 취미용으로 비행하다가 발생한 사고에 대해서는 아직 보험 적용이 되지 않고 있다. 다양한 드론으로 인한 사고발생에 대비하기 위하여 개인이 취미로 비행하는 드론에 대해서도 사고기준에 대한 표준화 작업 등 다양한 보험제도의 확대가 필요하다. 현재 이러한 제도를 발전시키기 위한 정부 관련기관과 단체, 보험회사와의 연구가 활발히 진행 중이다.

4) 드론 교통시대를 대비한 준비

- 현재 세계 여러 나라에서 드론 택시라고 이야기하는 드론의 유인화를 위한 연구 및 시험을 진행하고 있고 일부 상용화를 진행하고 있다. 우리나라도 이러한 세계적인 흐름에 맞추어서 드론을 이용한 교통시대를 열기 위해 유수한 외국 업체와의 협력과 투자, 자체 기술개발, 법과 제도 개선을 위해 노력하고 있다.
- 예를 들어 드론이 비행하는 비관제공역 안에 현행 도로구간을 포함하고, 사유용지에 대해서는 운항을 제한하는 등 드론안전관리와 운항, 공역관리의 용이성 등 종합적인 측면에서의 연구를 진행하고 있다.

안전한 드론비행을 위해서는 드론의 등록 및 운용허가 등의 규제 강화가 불가피하고, 반대로 드론 관련 산업을 빠르게 육성하기 위해서는 드론관련 규제 완화 방안이 필요하다. 동전의 양면과 같은 입장이다. 어느 쪽 한 방향으로만 진행할 수 없는 현실이다.

당연히 발생할 수 밖에 없는 이러한 상충적인 요소를 줄이고 최적의 발전방안을 내놓기 위해서는 관련된 모든 인원들의 넓고 깊은 논의가 필요하다. 이것 역시 미래를 창조해 가는 일 중의 하나이다. 이러한 노력이 지속될 때 드론의 순기능은 살리고 역기능을 보완해가면서 명실공히 드론산업이 4차 산업혁명의 주력산업으로 성장할 수 있을 것이다.

드론방호 15

CHAPTER

1 드론방호 개념

최근 들어 드론에 대한 대비의 개념으로 '드론방호', 안티 드론(Anti- Drone), C-UAS(Counter Unmanned Aircraft Systems), 대드론이라는 용어를 사용하고 있다. 불법 드론을 탐지, 식별, 무력화하는 시스템을 지칭하는 용어이다.

드론방호는 어떠한 차원에서 접근하는가에 따라서 대비하고 준비하는 정도의 차이가 크다고 하겠다. 국가 안보 차원에서 접근하는가?, 주요 인프라시설과 공공시설에 대한 방호차원에서 접근하는가?, 개인 사생활 보호 차원에서 접근하는가에 따라서 시스템과 장비의 차이가 있다고 하겠다.

1) 드론이 위협이 되는 이유는 무엇인가?

첫째, 드론이 자기 영역에 들어왔는지 인지하기가 대단히 어렵다. 인간이 통상적으로 생활하는 공간보다 그 위인 높은 공중공간에서 작은 기체가 순식간에 접근하기 때문에 발견하기가 대단히 어렵다.

둘째, 드론에 탑재된 다양하고 정밀한 장치와 센서로 인하여 목표로 지정한 위치에 정확하게 접근하여 선명한 근접촬영이 가능하다는 것이다. 카메라의 가격과 정밀도에 따라서 아무리 높은 위치에서도 원하는 화질의 사진을 획득할 수가 있다.

셋째, 빠르게 침입하고 빠르게 도망칠 수 있다는 것이다. 드론에 대한 별도의 대비를 하지 않고 있다면 공중으로 100km 이상의 고속으로 접근하여 순식간이 사진을 촬영하거나 물품을 투하하고 도망치기에 드론을 탐지하고 제압할 수 있는 방법이 극히 제한적일 수밖에 없다.

넷째, 드론 운용의 목적에 따라서 무게는 제한적일 수가 있지만 카메라, 액체물질, 폭발물, 해킹장비 등 다양한 장비와 물질을 탑재하여 운용자가 의도하는 목적을 달성할 수 있다.

다섯째, 공중감시 수단이 제한적이라는 것이다. 우리 인간은 일반적으로 일상생활을 영위하면서 군사적 목적을 제외하고는 공중으로 낮게 접근하는 것에 대한 대비를 하지 않고 생활해왔다. 따라서 이러한 장치와 장비에 대한 개발도 미미한 실정이다. 현재의 상태라면 공중으로 침입하는 것에 대해서는 무방비 상태라 해도 과언이 아니다.

2) 드론공격 기술

- Spoofing(스푸핑) : 드론에서 GPS는 위치 정보를 제공하는 장치이다. Spoofing이란 지상에서 가짜 GPS신호를 보내서 드론이 자신의 위치를 착각하여 해커가 의도한 대로 다른 코스로 비행하도록 하거나 착륙시킨 후 드론의 정보를 빼내는 기술이다.
- 재밍(Jamming) : '잡음이나 전자소음'을 발생시켜서 드론이 수신하는 신호를 교란하여 드론이 정상적으로 작동되지 않도록 하게 만드는 기술이다.
- 하이 재킹(Hijacking) : 드론의 제어권을 탈취하여 드론을 불법으로 납치하는 기술이다.
- 도청공격 : 많은 드론이 촬영한 영상이나 내부의 정보를 암호화하지 않고 그대로 수신기에 전송하고 있다. 이러한 취약점을 이용하여 중간에 해커가 개입하여 정보를 도청하는 것이다.
- 악성코드 감염 공격 : 드론 내부 소프트웨어에 악성코드를 감염시켜서 드론 탈취나 무력화를 시도하는 것이다.

2 드론방호 사고사례

1) 스푸핑(Spoofing)에 의한 드론 강제 착륙 사례

- 2011년 12월 아프카니스탄 국경지역에서 운용되던 미 공군소속 RQ-170 Sentinal 무인정찰기가 이란 전자전 부대의 전자매복공격으로 이란 비행장에 강제로 유도되는 사건이 발생하였다. 미국은 무인기의 고장에 의한 것이지 이란 영토를 침범할 목적이 아니었기에 반환하라고 요구하였으나 이란은 거부하였다. 2014년 5월에는 RQ-170 Sentinal 무인 정찰기를 모방하여 "썬더볼트"라고 명명한 무인기를 자신들이 개발한 무인기라고 이란 국가최고 지도자 알리 하메네이(Ali Khamenei) 앞에서 보란듯이 공개하였다.

• 이때 이란이 사용한 통신 기술이 스푸핑(Spoofing)이다. 당시 무인기는 아프카니스탄에 위치한 미 공군기지에서 이륙하여 미국 본토 네바다주에 위치한 공군기지에서 원격제어되고 있었다. 이란의 전자전부대는 전자매복 작전으로 이 무인기에 대해서 방해전파를 발사해서 원격조종기능을 무력화시킨 후에 무인기의 GPS좌표를 교란하여 무인기가 착륙장소를 착각하게 하여 이란 기지에 착륙하도록 한 것이다.

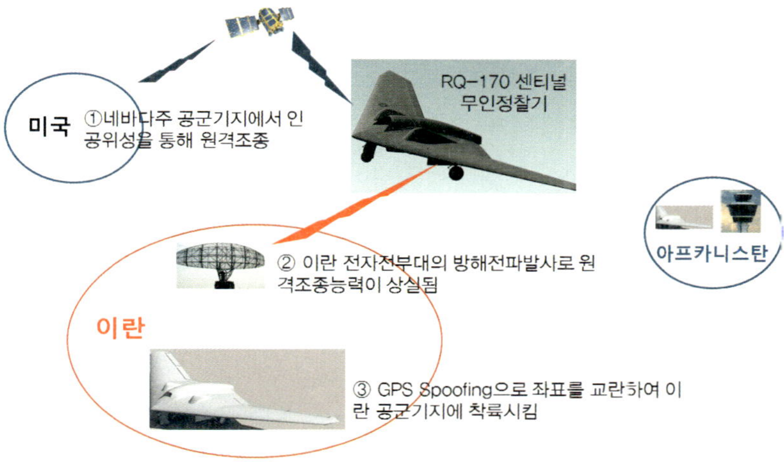

그림 4.1 전파를 이용한 드론 공격 사례

2) 북한의 무인기 침투사례

• 북한은 2014년 3월, 4월 파주, 삼척, 백령도, 17년 6월에는 성주 사드배치지역 정찰을 마치고 복귀하면서 인제지역에서 추락하였다.

• 2022년 12월 26일에는 무인기 5대를 서울, 경기 김포와 파주, 인천과 강화지역을 수시간 비행한 후 복귀하거나 우리 군의 탐지자산에서 사라졌다.

• 북한의 소형무인기는 2미터 내외의 크기로 중국 등의 국가에서 입수한 소형 무인기를 변형시키거나 자체 개발한 것으로, 가솔린엔진으로 비행거리 약 200km, 속도 200km 내외, 비행고도 1.5km 내외에서 운용하는 것으로 추정하고 있다. 북한의 소형 무인기는 외형적으로 보면 단순하고 조잡해 보이지만 정찰임무와 자폭공격 등의 임무를 충분히 수행할 수 있는 성능이라고 평가되고 있다. 2014년에 최초 침투한 무인기는 추락하였지만, 22년 12월에 침투한 무인기는 추락하지 않고 비행경로를 중간에 변경하는 등 성능이 개량된 점을 볼 때 무인기 기술이 날로 고도화되고 우리 국가안보에 대한 위협의 수준이 높아졌다고 평가된다.

3) 드론 테러 및 테러시도 사례

- 2011년 알카에다를 추종하던 레즈완 페르도스가 C4(Plastic Composition 4) 폭탄을 장착한 드론으로 미국방성과 워싱턴 국회의사당을 공격하려다 미수에 그쳤다.
- 급진 수니파 무장단체 이슬람 국가(Islamic State, IS)는 2015년 후반기부터 민수용 드론을 이용한 폭탄 투하 공격을 감행했다. 2016년 10월, IS가 이라크 북부 쿠르드 자치정부 민병대 기지에 드론으로 떨어트린 폭탄에 의해 프랑스 특수부대원 2명과 쿠르드족 민병대원 2명이 사망하는 사건이 발생했다. 2017년 4월에 이라크 정부군의 모술 탈환작전시 IS가 폭탄을 실은 드론을 비행시켜 군인 및 취재진에게 부상을 입혔다. 2018년 7월 2일에는 예멘 반군이 언론을 통해 아랍에미리트(UAE) 병력을 향한 드론 활용 폭탄 투하 영상을 공개하였다.
- 2015년 4월 일본에서 총리 관저 옥상에서 세슘이 포함된 후쿠시마 모래를 담은 통을 매달은 드론이 발견되었는데 드론을 비행시킨 조종자가 자수하기 전까지 13일 동안이나 총리 관저 옥상에 방치되어 있었다.
- 2018년 8월 4일 베네수엘라 국가방위군 창설 81주년 행사에서 니콜라스 마두로 베네수엘라 대통령에 대해 중국제 드론 2대를 이용한 테러 시도가 있었다.
- 2019년 9월 14일 이란의 지원을 받는 민병대인 예멘의 후티 반군이 자신의 소행이라고 주장한 공격으로 사우디아라비아 국영 석유회사인 아람코의 정유시설 두 곳을 드론과 순항미사일로 공격하였고 미국은 배후에 이란이 있다고 발표하였고 순항미사일 파편에서 이란제 부품이 발견되었다.
- 이처럼 드론이 테러조직에 이용되는 데에는 드론이 온라인에서 저렴한 가격으로 쉽게 구입 가능하고 조작이 간단하며 원거리에서 테러 목표물로의 세밀한 접근이 용이하기 때문이다.

4) 국가 전략인프라 시설과 주요 행사장에 드론 침입으로 인한 피해 사례

- 2013년에는 독일 메르켈 총리의 총선유세 현장에 드론 접근하였고 2015년에는 미국 백악관 외벽에 드론이 충돌하였으며 2016년 브라질 리우올림픽 개막식에는 주경기장 상공에 드론 3대 발견 진압을 위해 헬기 3대가 출동하였다. 당시 경기장 내 유엔사무총장, 프랑스/이탈리아/헝가리 정상, 각국 외무장관 등 40여 명의 VIP 참석하고 있었다.
- 2016년 6월~7월간 남아공 Koeberg 원전 주변에 7대의 드론이 출현하여 원전 내 건물에 부딪혀 추락하였다.
- 2016년 6월에 미국 서부 사우스 캐롤리나의 SRS(The Savannah River Site) 핵무기 저장시설에 드론이 수차례 출현하여 경비 담당자들에게 제압되었다.
- 2016년 4월 6일 미국 캘리포니아 통근열차(Metrolink) 전력선에 드론이 충돌하여 열차 운행이 중지되는 사태 발생하였다.

- 2016년 4월 16일 영국 히드로 공항에서 에어버스(Airbus)320이 착륙시에 드론이 충돌하는 사고가 발생하였으나 추락 등의 사고로 이어지지는 않았다.
- 2018년 12월 19일 영국 런던의 개드윅 공항에 드론 2대가 활주로에 출현하여 항공기 이착륙이 전면 금지되어 크리스마스를 앞두고 여행하려는 사람들에게 대 혼란을 야기시켰으며, 2019년 1월 8일에도 영국 히드로 공항에서 드론이 출몰하여 비행이 중단 사태가 발생하였다.
- 인천국제공항주변에서 2020년 9월부터 22년 8월까지 총 332건의 불법드론 비행이 적발되었고 이로 인하여 여객기의 출발 및 도착 지연, 회항을 한 사례가 다수 발생하였다.

5) 교도소에 불법 물품 반입 시도 사례

- 2015년 12월과 2017년 12월에 미국 오클라호마 교도소에 쇠톱, 가리화나와 필로폰, 휴대전화, 담배 등을 포장하여 팬텀 드론에 낚싯줄을 매달아 불법 반입하려는 시도가 있었다.
- 2016년 2월 오크우드 교도소에 핸드폰과 마약을 드론으로 반입하여 재소자가 마약 복용을 시도하였다.

3 드론방호시스템과 방호장비

최근 안티 드론(Anti-Drone)에 대해 국가안보, 사회적 중요성이 높아지면서 불법드론을 탐지하고 식별한 후 이를 무력화시키는 시스템과 장비에 대한 R&D 연구와 장비개발, 현장에서의 실증과 실전배치가 빠르게 진행되고 그 기술이 점점 고도화되고 있다. 현재까지 국외 · 국내에서 개발하여 상용화하거나 시험평가중인 안티드론시스템과 장비에 대해서 간략히 소개하고자 한다.

1) 드론 탐지 · 식별 · 무력화 자동공중통합방호 시스템

드론 방호를 위해서 가장 중요한 것은 접근하는 드론을 탐지하는 것이다. 탐지한 이후에 어떠한 드론인지를 파악하여 이를 제압할 수 있는 적절한 수단과 방법으로 대응하는 것이 효과적이다.

- 1차 원거리 탐지단계
  원거리를 탐지할 수 있는 레이더나 라디오주파수 탐지기를 사용하여 위치한 장비로부터 3km 내외의 거리에서부터 드론의 항적을 탐지하고 1km 내로 접근할 시 드론을 자동으로 식별할 수 있도록 한다는 것이다. 드론이 사용하는 주파수는 2.4GHz과 5.8GHz 대역의 주파수를 사용하므로 DJI LightBridge, Ocusync(오큐싱크) 영상송수신 프로토콜, MAVlink 등 주요 드론 라디오통신 메커니즘을 식별하거나 드론이 Wi-Fi 통신을 사용 시 접근하는 드론 종류까지 식별이 가능하다고 한다.
- 2차 근거리 접근 탐지단계
  드론이 라디오주파수 탐지기 영역을 돌파하여 1km의 근거리에 접근시 다중센서를 이용하여 드론을 식별하는 것으로서 드론의 외형과 음향신호 등을 다중으로 탐지하여 드론을 식별하여 탐지된 드론 영상, 음향, wi-fi 신호, 라디오주파수를 실시간으로 모니터링한다.
- 방호수단을 사용하여 제압단계
  전파교란장비 등 가용한 방호수단을 사용하여 드론을 착륙시키거나 추락시키는 단계이다. 드론이 사용하는 2.4GHz 대역과 5.8GHz 대역의 주파수에 대해서 교란전파를 발사하거나 다양한 수단을 사용하여 제압한다.

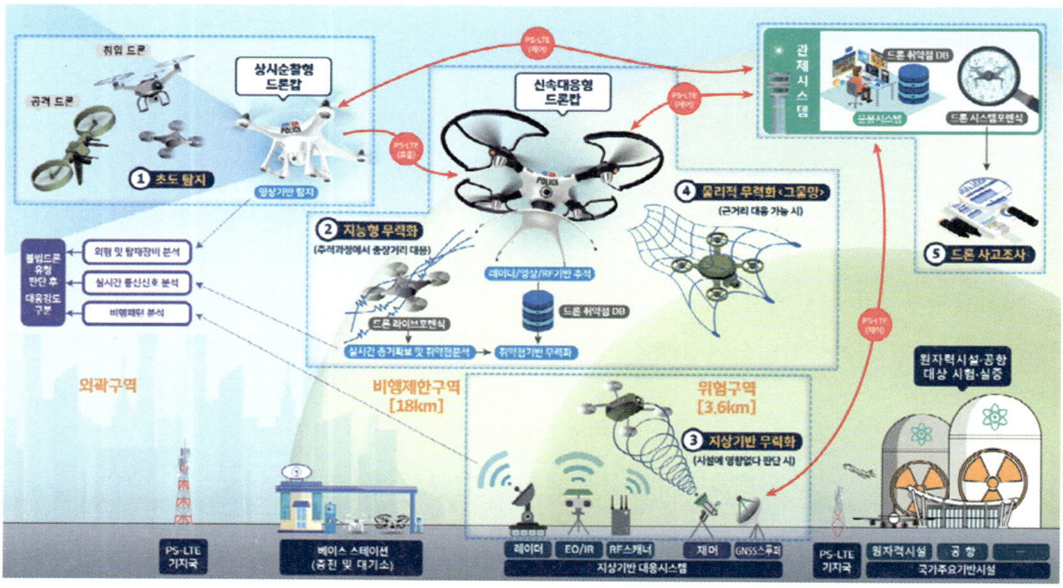

그림 4.2 드론 탐지 · 식별 · 무력화 자동공중통합방호 개념도(그림출처 : 과기정통부 홍보자료)

2) 탐지장비 소개

- 이스라엘 IAI사의 'ELM-2084MMR 저고도탐지레이더'는 현재 저고도 소형 무인기를 탐지할 수 있는 최고의 능력으로 평가되는 장비로 포탄과 로켓 등을 요격하는 아이언 돔(Iron Dome) 대포병 탐지레이더로서 최대 탐지거리는 100㎞, 새 크기의 표적은 20㎞ 거리에서 포착 가능하다.
- 이스라엘 RADA사가 개발한 RPS-42는 AESA 레이다를 탑재한 저고도탐지레이다로 30km 탐지거리, 9km 고도까지 탐지가 가능하다. 북한의 저고도 무인기 위협에 대비하여 우리나라도 도입하여 운용중인 것으로 알려져 있다.
- 이스라엘 Rafael사가 개발한 Drone Dome은 3.5km 탐지거리 내에서 접근하는 소형드론을 탐지하여 인접한 전자장비에 대한 피해를 최소화하며 재밍으로 무력화할 수 있는 시스템으로 전천후 운용이 가능한 장비이다.
- 미국의 Brighter가 개발한 A400 Series air security Radars는 20km 탐지거리내에서 드론을 식별할 수 있는 시스템이다.
- 국내 방산업체인 ㈜LIG 넥스원이 개발한 FPS 303K는 공군에서 운용하는 탐지레이다 장비로 최대 180km에서 접근하는 저고도 비행체 탐지가능하며 3km 이하의 고도로 낮게 침투해오는 비행체를 탐지 및 추적해 요격명령을 내리는 장비이다. TPS-830K는 '저고도 탐지레이더'로서 공군의 주 감시 레이더를 보완하여 육군에서 운영하는 장비로 최대 탐지거리 40km, 최대 탐지고도 3km의 성능을 가지고 있다. 최근 시험평가중인 대드론방호시스템 솔루션인 L_ADS는 드론탐지레이다, 주파수 스캐너, 재머, 주·야간 영상관측센서 카메라로 저고도에서 침투하는 북한의 무인기 등의 비행체를 탐지하여 이를 전자적으로 제어할 수 있는 통합 시스템이다.

(a) ELM-2084MMR

(b) TPS 830K 저고도 탐지 레이더

(c) 대드론방호시스템 솔루션

그림 4.3 드론 탐지 장비(그림출처 : IAI 홈페이지, 국방자료)

- 드론탐지레이더(Radar)인 'ELVIRA'는 네덜란드에서 개발한 장비로 최대 탐지거리 3 km, 반경 1.1km 내 자동 식별, 빔 발사각 10°×10°, 사용주파수 X Band 9650 MHz, 최대 출력: 4W / 36 dBm이 성능의 레이더이다.
- RF Sensor 드론 라디오주파수 탐지기는 독일에서 개발한 RF탐지 레이더로 최대 탐지거리 1km, 0~6GHz 대역의 드론 라디오주파수 및 드론의 wi-fi 신호 탐지가 가능하고 DJI 비디오 전송시그널 및 드론 조종신호를 탐지하는 탐지기이다. Passive 장비로서 인체에 유해한 전파를 발사하지 않는다.
- 드론 식별 Multi Sensor는 영상과 음향 두 가지를 식별할 수 있는 다중센서로 최대 탐지거리 150m, Full HD 카메라와 근적외선 카메라, 음향 탐지를 위한 음파 · 초음파 마이크 2대가 장착된 장비이다. 탐지된 드론의 위치는 소프트웨어 사이트맵에 표시되고 드론 경보 영상과 음향은 다운로드되어 차후에 증거자료로 활용 가능하다. 또한 전파교란장비 등 드론 무력화 장비와 연동이 가능하다.

(a) ELVIRA (b) RF Sensor (c) PTZ Camera

그림 4.4 드론 탐지 장비 (그림출처 : www.ELVIRA.com, www.STK.com)

- 근거리 드론 탐지를 위한 IP Camera와 PTZ Camera는 현재 다양하게 활용되고 있는 CCTV로서 제품의 성능에 따라서 화질과 수직방향기울기(Tilt), 줌(Zoom) 기능 등이 다양하다. 현실적으로 가장 많이 사용할 수 있는 장비이다.

3) 드론 무력화 장비

- 드론이 군사적인 목적, 산업적 목적, 개인적인 목적 등 다양한 이유와 방법으로 침투한다면 이를 제압해야 하는데 통상 직접적으로 제압하는 하드 킬(Hard Kill)방법과 전자적인 방법으로 제압하는 소프트 킬(Soft Kill)방법이 있다.
- 미국 보잉사가 개발한 CLWS(Compact Laser Weapon Systems)은 레이저를 조사하여 드론을 무력화시키는 시스템이다.

- 드론 주파수를 교란하는 장비는 통상 Jammer라고 한다. 최대 교란범위는 장비의 성능에 따라 차이가 있지만 전방위 500m 정도이며 최대 출력은 채널별 20~50 W이고 드론이 주요 사용하는 주파수인 2.4GHz 대역과 5.8 GHz 대역, GPS 신호를 교란한다.
- ㈜포윈(FOWIN)이 개발한 Jammer는 무선전파만으로 적 초소형 드론을 제압 격추시키고 사격통제장치에 의한 다수의 시스템과 자동추적 안테나와의 연동이 가능하다.
- '드론 스나이퍼(Drone sniper) AEGIS-D'는 ㈜비에이솔루션즈이 개발한 어깨에 견착하여 직접 조준하여 사용하는 Jammer로서 조종기와 드론간의 전파를 방해(jamming)하여 드론의 움직임을 막고 GPS신호 수신을 방해한다. 재밍거리는 150m~1 km 정도이다.
- 'SkyWall 100'는 영국에서 개발한 드론 포획용 장비로 바주카포식으로 10~100m 내의 드론에 대해 그물을 쏘아서 포획하는 장비이다. 조준경을 통해 자동으로 추적할 수 있고 사용한 그물탄은 회수하여 재활용이 가능하다. 간편하게 휴대하면서 사용이 가능한 NET GUN X-1 그물 발사기도 있다.
- '드론 킬러(Drone killer)'는 국내 기업인 ㈜유콘시스템이 개발한 장비로 드론 킬러에 탑재된 영상 카메라에 의해 목표로 하는 드론에 직접 추돌하여 제압하는 장비이다.
- 'Drone Catcher'는 드론 잡는 드론으로 사람이 들어갈 수 없는 곳에 드론이 직접 그물을 살포하여 비행하여 들어가 접근하는 드론을 포획하여 제압하는데 효과적이다.

(a) Jammer (b) SkyWall 100 (C) Drone Catcher

그림 4.5 드론 제압 장비

4) 드론방호에 대한 현 실태와 향후 방향

- 드론방호, 안티드론(Anti Drone)에 대한 개념과 기술발전은 드론산업이 발전하면서 같이 발전시켜야 할 핵심 분야이다. 최근 우크라이나와 러시아의 전쟁에서 연일 보도되는 드론을 활용한 다양한 공격과 이를 격추시켰다는 뉴스, 22년 연말에 발생한 서울 · 인천 · 김포 · 강화 · 백령도 지역에 침투한 북한의 무인기로 인하여 우리의 국가안보적인 측면에서도 눈앞에 당면한 위협이다.

- 국제사회적으로도 드론이 테러에 이용되고 국가 주요 인프라 시설이나 주요 행사 등에 출현하여 위협을 가하는 사건, 드론으로 인한 사생활 침해가 빈번히 발생하기 때문에 드론택배, UTM 사업 등이 속도를 내기 위해서는 안티드론에 대한 개념, 법과 제도의 정비, 기술적인 발전이 함께 이루어져야 한다.
- 이러한 위협과 요구에 대해 주요 선진국들이 대비하여 정책을 추진하고 기술적인 발전을 이루고 있으며, 특히 드론 선진국이라 할 수 있는 미국과 이스라엘, 독일, 영국 등과 같은 국가에서 개발한 안티드론 시스템과 장비가 공항 등 주요 국가급 시설에 배치되어 운용중에 있다.
- 우리나라도 2020년 공항시설법을 개정하여 '비행중인 기체에 드론으로 위협을 가하면 2,000만원 이하의 벌금에 처한다'는 등 불법 드론을 퇴치할 수 있는 법적인 근거를 마련하였고, 국토부에서는 '드론분야 선제적 규제혁파 로드맵'을 발표하여 기존에 전파법에서 금지되었던 전파차단 재밍장비 도입 및 운영을 합법화하는 등 제도와 법을 정비 중에 있다.
- 국방분야에서는 방위사업청과 국방과학연구소(ADD)가, 민간분야에서는 국토교통부, 과기정통부, 산업부, 경찰청 등 관련된 다양한 부처와 민간업체가 협력하여 불법 드론을 탐지하고 이를 무력화시키기 위한 시스템과 장비를 개발하는데 심혈을 기울이고 있다. 시작단계에서는 외국에서 이미 개발된 시스템과 장비를 도입하여 운용하였지만 현재는 IT강국의 강점과 방위산업 기술의 노하우 등을 결합하여 지속적인 기술개발을 통해서 탐지 · 식별 · 무력화를 하나의 통합솔루션으로 개발하여 실증을 진행하고 있다.
- 그러나 이러한 노력도 시작단계라 할 수 있다. 다양한 산업에서 드론의 적극적인 운용, 특히 드론택시(UAM, Urban Air Mobility)가 도시의 하늘을 비행하는 국가 드론관제체계(UTM)로 진입하기위해서는 지금보다 더 노력을 배가해야 할 것이다.
- 우선적으로 현재 개발하고 있는 탐지 · 식별 · 무력화라는 통합시스템을 완성하기 위한 국내 R&D 및 실증을 조속히 완성하여 우리만의 기술을 완성하고, 안티드론에 대한 문제는 국가안보와 직결되는 문제이기에 이를 국외 특허화하는 노력을 하여야 한다. 4차 산업의 핵심 추진분야 중의 하나라고 생각한다. 그리고 현재 정부 산하기관에서 진행되는 안티드론에 대한 다양한 R&D연구 결과를 공유하고 기술이전을 통하여 관련 민간기업이 안티드론에 대한 장비를 개발하는속도를 높여 해외시장 진출 등 전체적인 국가경쟁력을 높여야 할 것이다.
- 제도와 법적인 측면에서도 도심에서의 드론교통시대를 대비한 세부적인 드론통제방안 등을 마련하고 불법 드론에 대한 무력화시 거주하는 민간인 2차 피해의 최소화를 위한 대비와 피해발생시 보상에 대한 기준 등도 마련되어야 할 것이다.
- 무엇보다 드론을 비행하는 사람들의 올바른 생각과 법 테두리 안에서의 실천이 중요하다.

어렵게 제정된 드론법과 통신법 등을 준수하려는 노력이 선행되어야 할 것이다. 드론 종류에 따른 기체 신고 및 승인번호 부착, 드론조종 자격 취득, 비행/촬영 승인, 조종자 준수사항 이행 등의 일련의 절차를 드론 산업을 같이 발전시킨다는 긍정적인 생각을 가지고 준수해야 할 것이다. 안티드론기술은 의도적이고 불법적으로 드론을 운용하여 국가와 사회에 악한 영향을 미치려는 집단과 개인에 대한 제재의 기술이 되는 것이 바람직하지 않을까 생각한다.

드론 기술개발

16 CHAPTER

1 미래 드론 핵심기술

무인이동체 드론이 4차 산업혁명의 주요산업으로 자리매김하기 위해서 공통적으로 개발해야 할 핵심기술은 센서를 통해서 정보를 분석 · 처리하는 탐지 및 인식 기술, 조종기와 이동체, 이동체와 이동체간 정보를 교환하는 통신·네트워크 기술, 사람의 개입없이 상황을 인지 · 판단 · 처리하는 자율지능 기술, 에너지를 공급하고 이동하며 작업하는 동력원 · 이동체 제작기술, 무인이동체 조종-감독을 위한 인간-무인이동체간 의사소통기술, 자율지능 기반 무인이동체 시스템에 적합한 개발 프로세서와 HW, SW의 시스템 통합 기술의 발전이 이루어져야 한다.

1) Non GNSS 환경에서의 드론의 비행 기술

- 현재의 드론은 GPS위성에서 보내오는 신호를 GPS센서가 수신하여 위치를 보정하며 안정된 비행을 실시하고 있다. 그러나 GPS 신호가 제대로 잡히지 않는 터널, 지하 공간 등 다양한 GPS 음영지역에서도 안정되게 비행할 수 있는 기술이 절대적으로 필요하다. 자율비행기술은 이러한 환경에서 드론이 주어진 임무를 스스로 수행하기 위해, 위치 이동, 돌발 상황 처리 등에 스스로 인지하고 판단하고 행동하는 기술이다.
- 자율비행을 위해 드론에 탑재되는 장비로는 EO(Electric Optic)카메라, IR(Infra Red)카메라, 초음파센서, LiDAR, RADAR 등이 있다. EO카메라와 IR카메라는 빛을 수신하여 감지하기에 피동(Passive)센서라고 하며 초음파센서, LiDAR, RADAR는 전방으로 에너지를 발생시켜 물체로부터 반사된 신호를 이용하여 감지하기 때문에 능동(Active)센서라고 부른다.

- GPS가 안되는 환경에서 피동(Passive)센서와 능동(Active)센서를 통해서 360도로 확인하며 사전에 학습된 경로에 대해 Big Data와 비교하면서 드론 스스로 모든 상황을 판단해가면서 자율비행 실시한다. 주변에 대한 장애물을 끊임없이 인지하며 일정한 거리를 지속적으로 유지하면서 드론을 제어한다. 인공지능과 FC가 끊임없이 연동하면서 자세제어, 위치제어, 속도제어를 끊임없이 실시한다.
- 카메라를 통해 받아들이는 비전(Vision)인식과 딥러닝(Deep Learning)[120]으로 학습된 이미지와 계속 비교해가면서 계속 진행해야 할 경로지점(Waypoint)을 생성하고 방향(Direction)과 속도(Velocity)를 산출하여 실제로 드론을 제어하는 FC로 1Mbps의 통신채널을 이용하여 전송하여 드론을 제어하며 장애물이 일정거리에 들어오면 LiDAR(라이다)를 통해서 수집된 전송된 장애물에 대한 정보 데이터를 받아서 비행제어값(Rcll값, Yaw값 등)에 변화를 주어 사전 알고리즘에 되어있는 지점으로 드론이 제어되어 비행을 계속 진행하는 것이다.

2) 전천후 장애물 감지 및 회피(see & avoid) 기술

- 드론이 악천후 기상조건 등 다양한 환경에서 안정적인 비행과 임무수행을 위해서는 전천후 조건하에서 장애물을 감지하고 회피하며 비행하는 성능을 갖추어야 한다. 장애물 감지 및 회피기술은 자연의 다양한 장애물들을 고성능 센서와 FC에 내장된 다양한 S/W의 지능형 알고리즘과 융합하여 실시간에 장애물을 감지하고 충돌회피를 실현하는 기술이다.
- LiDAR를 설치한 기체라면 LiDAR가 시계방향 또는 반시계방향으로 회전하면서 장비의 성능에 따라 차이는 있지만 일정거리 이내 주변의 사물을 식별하여 거리를 측정한 데이터를 산출한다. 이러한 데이터가 FC에 보내지면 FC의 소프트웨어는 주기적로 데이터를 수집하여 여러개의 섹터(secter)로 분리된 구역 단위로 장애물을 인지하여 진행하고자 하는 방향에서 가장 가까운 장애물의 각도와 거리를 주기적으로 분석한 후에 이를 회피해야 할지, 회피한다면 어느 방향 어느지점으로 회피해 할 지를 산출하여 그 결과값으로 회피 제어를 한다. 예를 들어 좌측에 장애물이 있다면 오른쪽으로 회피, 모든 방향에 장어물이 있다면 위로 상승한다든지 사전에 회피를 해야할 방향과 좌표를 선정한다. 이러한 것들은 드론에 임베디드(Embeded)되어 있는 RTOS의 리얼타임 스케줄링을 통해서 처리한다.
- 항공기의 충돌 방지를 위하여 장착하여 적용하고 있는 충돌방지경보기(TCAS)[121] 혹은

120) 딥 러닝(deep learning, 심층학습)은 여러 비선형 변환기법의 조합을 통해 높은 수준의 추상화(다량의 데이터나 복잡한 자료들 속에서 핵심적인 내용 또는 기능을 요약하는 작업)를 시도하는 기계학습 알고리즘의 집합으로 정의되며, 큰 틀에서 사람의 사고방식을 컴퓨터에게 가르치는 기계학습의 한 분야이다.

121) TCAS(Traffic Alert and Collision Avoid System)는 주변의 비행기들에게 상대방의 위치정보(고도, 거리, 각도)를 문의하고 응답을 받는 장비이다.

방송형자동탐지기(ADS-B)[122]와 유사한 방법으로 드론 기체들끼리 서로 비행 위치 및 속도 등의 정보를 주고 받으며 일정한 거리를 두고 비행을 할 수 있도록 해주는 비행간격 보장(Separation Assurance) 시스템을 드론에도 도입하려는 연구가 활발히 진행되고 있다.

3) 경량 복합 항법센서 개발

- MEMS 기반으로 소형화 된 센서들이 더욱 소형화되면서 단일센서 모듈이 복합 센서화되고 이것이 다시 원칩(One Chip)형태의 복합센서로 지능화되고 있다. 드론에는 지자기 센서, 기압 센서, 자이로스코프, 가속도 센서, 초음파 센서를 비롯하여 기울기 센서(tilt sensor), IMU(inertial measurement unit) 등이 사용되는데 이러한 센서들이 복합센서로 기술발전하고 있다.
- 특히, 자율비행을 위해 드론 충돌회피를 위한 인공지능형 영상센서와 전방향 충돌감지 초음파센서, 실내 비행을 위한 SLAM[123]용 라이다센서 등에 대해 경향화 복합화하기 위한 기술개발이 진행중이다.

4) 통신네트워크(Connectivity)분야 기술

① SWARM[124] 기술

- 드론의 SWARM기술은 **떼 지능**(Swarm Intelligence, SI)기술로서 분산된 집단적 행동과 자기조직시스템에 기반을 둔 인공지능이다. 지상통제소(GCS)와 드론이 1:1로 연결 되어 통제되는 것이 아니라 1:N 또는 N:N 형태로 드론과 드론간에 상호 통신하면서 임무를 수행할 수 있는 기술이다.
- 드론이 주로 군사용으로 연구 및 개발되었지만, ICT 기술 발전으로 인해 현재는 많은 민간 서비스분야에서도 이용이 급증되고 있는 현실에서 드론이 수행하는 임무가 단순 사진 촬영 등 단일하고 단순한 임무에서 많은 컴퓨팅 자원과 데이터를 확보하면서 복잡한 임무를 수행하기 위해서는 드론의 군집 비행이 필수적이다.
- 군집비행 기술은 리더-팔로워 제어 기술, ACC(Airborne ControlCenter) 기반 군집 제어 기술, 복합 UAV 군집 비행 제어 기술 등이 있다.

  리더-팔로워 제어 기술은 드론 군집에서 리더를 선출하여 리더 드론과 GCS가 통신하고 나머지 드론은 리더 드론에 의해서 제어되는 기술이다. 각 드론으로부터 수집된 정보는

---

122) ADS-B(Automatic Dependent Surveillance /Broadcast)는 비행기가 자기의 위치 및 속도 정보를 (상대방 문의가 없더라도) 주변에 지속적으로 알려주는 장비이다.

123) SLAM(Simultaneous localization and mapping), '동시적 위치추정 및 지도작성'의 뜻으로 임의 공간에서 이동하면서 그 공간의 지도 및 현재 위치를 추정하는 것이다.

124) SWARM은 '무리'라는 의미로 벌 떼, 개미 떼 등의 의미이다

개별적으로 GCS에게 전송할 수 있다. 그러나 리더 드론에게 이상이 생겼을 때 군집에 대한 통제권을 잃을 수 있으며 리더 드론을 제외한 나머지 드론은 항상 리더 드론과 네트워크로 연결이 되어 있거나 광학카메라나 적외선카메라 등의 시야 안에 있어야 한다.

ACC(Airborne Control Center) 기반 군집 제어 기술은 드론 군집이 GCS와 커뮤니케이션하지 않고 네트워크상에 있는 ACC를 통해서 제어신호와 데이터를 드론에 전달하는 방식이다. ACC는 리더 드론이 수행하지 못했던 복잡한 연산 기능을 수행할 수 있기 때문에 드론이 GCS와 통신이 안되는 곳에서도 원활하게 군집드론을 통제할 수 있는 장점이 있다. 그러나 많은 비용이 소요된다는 점과 여전히 드론 군집이 ACC의 시야 안에 있어야 한다는 단점이 있다.

복합 UAV 군집 비행 제어 기술은 각 드론이 부여 받은 임무에 따라 GCS에게 개별 제어 받거나 리더 드론으로부터 통제를 받아 제어를 받는 개념이다. 리더 드론은 드론 군집의 나머지 드론을 제어하면서 GCS와 커뮤니케이션을 하지만 GCS와의 통신거리가 닿지 않거나 긴급한 상황인 경우 가까이 있는 ACC와 커뮤니케이션을 하여 임무를 수행한다. ACC는 GCS와 UAV 군집 사이에서 정보를 전달하며 리더 드론에게 이상이 생겼거나 임무에 필요한 경우 리더를 재지정하여 드론 군집이 원활하게 임무를 수행할 수 있도록 할 수 있다. 복합 구조에서는 다양한 구성요소들이 유기적으로 연결되어 있으므로, 수행하는 임무나 비용 및 자원에 따라 구조를 변경할 수 있으며, 긴급한 상황에도 대처할 수 있다.[125)]

② 센서 퓨전(Sensor Fusion) 기술

- 센서 퓨전(Sensor Fusion)은 여러 개의 센서에서 전송하는 데이터를 지능적으로 결합하여 애플리케이션이나 시스템의 성능을 개선하는 소프트웨어이다. 즉, 복수의 센서에서 나오는 데이터를 취합하여 개별 센서의 결함을 수정하고 그 결과로 정확한 위치와 방향 정보를 계산할 수 있다.
- 다양한 센서 조합(가속도계-지자계, 가속도계-자이로스코프 및 가속도계-지자계-자이로스코프)을 지원하고 편향과 이상 현상에 대한 교정, 보정 및 수정 작업을 수행하며 센서 전력 소모를 관리하여 배터리 수명을 연장하고 다른 유형의 센서 간에 발생하는 간섭을 방지할 수 있다.
- 카메라, 레이더, 라이다, 초음파는 각각 센서별로 역할과 장・단점이 있기 때문에 각 센서의 장점을 상호 보완하고 융합할 기술이 필요하다. 특히 자율주행은 안전이 제일 중요하기 때문에 야간, 눈, 비 등의 목표물에 대한 인식이 어려운 기상조건에서도 안전한 비행을 위해 비행상황에 대한 확실한 인식을 위한 데이터정보가 필요하다. 예를 들어 안개가 심하면 카메라에서 얻는 정보가 부정확하기 때문에 라이더와 레이더 등을 통해 얻은 정보와

125) 자료출처 : 무인기 군집 비행 보안위협 및 보안요구사항 연구 2017.8 숭실대학교 김만식, 강정호, 전문석

같이 종합하여 안전한 비행을 위한 판단을 할 수 있도록 한다는 것이다.

③ 통신지연 최소화와 임무데이터 극대화 기술

드론에서 촬영한 영상과 정보를 실시간의 전송하는데 지연되는 시간을 최소화하기 위한 기술과 드론으로 수집한 필요한 데이터를 극대화하기 위한 기술이 필요하다. 현재 일부 시험중에 있는 5G통신과 WAVE[126] 통신기술이 본격적으로 시행되어 드론비행통제 및 수행임무에 적용된다면 드론을 활용하여 대용량의 영상과 임무데이터를 실시간으로 신속하게 필요한 요구자에게 전송할 수 있는 환경이 이루어질 것이다.

④ 재밍(Jamming) 및 스푸핑(Spoofing) 등의 전파를 이용한 공격에 대한 방지기술[127]

- 불법으로 침입해 오는 드론에 대해서는 재밍과 스푸핑을 통해서 방호를 해야 하지만 드론을 운용하는 운용자 입장에서는 내가 비행하는 드론에 대한 재밍과 스푸핑에 방호를 해야 한다. 이러한 전파공격에 대해서 개발중인 대응기술은 다음과 같다.
- 첫째, 안테나 기술은 적응형 어레이안테나(adaptive arrayantenna)를 사용하는 기술로서 위성 신호 방향에 매우 좁은 폭의 빔을 형성하거나 재밍 신호방향에 널(null)[128]을 형성하여 재밍 신호를 억압하는 기술이다.
- 둘째, 프론트 엔드(front-end) 필터링 기술은 수신기에 강하게 유입되는 재밍 전력을 차단하는 기술이다. 위성항법신호대역 이외의 재밍 신호를 억압하고 위성항법신호만을 통과시키는 기술로 재밍과 스푸핑을 방지할 수 있다. 이스라엘의 라드사가 개발한 미클록(MiCLK)이 프론트 엔드 필터링 기술의 한 종류이다.
- 셋째, AGC(Automatic Gain Control) 기술은 재밍이 시도된다면 드론에 장착된 수신기로 신호 자체를 전달하지 않음으로서 전파공격을 방호하는 기술이다.
- 넷째, 디지털 항재밍 신호처리기술이다. 이 기술은 대표적인 전처리 항재밍 위성항법시스템 기술로 위성항법 수신신호가 복조되기 전에 디지털화된 신호 샘플들을 이용하여 재밍 및 간섭신호를 제거하는 기술이다. 최근의 위성항법시스템을 위한 재밍 및 간섭 제거 시스템 기술은 디지털 신호처리 기술 및 소프트웨어 기술의 발달로 전 디지털 구현(all-digital implementation)을 통한 장비의 소형화 및 성능의 극대화를 위한 연구가 진행되고 있는 추세이다.

---

126) WAVE는 IEEE 표준으로 제안된 차량간 통신기술(vehicle to vehicle communication)과 차량-인프라간 통신기술(vehicle to infrastructure)에 활용되는 통신규격이다. 무선랜, 와이브로와 달리 자동차 사이의 직접 통신이 가능하다는 장점이 있다.

127) 위성항법시스템을 위한 항재밍 기술 분석 김기윤, 한국통신학회논문지(J-KICS)

128) 널(null)은 안테나에서 복사되는 전파가 수신되지 못하는 포인트이다.

⑤ 드론이 항법시스템으로 사용하고 있는 GPS에 대한 대체기술 개발

- GPS는 비교적 저렴한 비용으로 자신의 위치를 알 수 있고, 항법오차가 누적되지 않는다는 장점이 있지만, 재밍에 취약하고 지형지물에 의한 음영이 나타나며 실내나 지하 그리고 수중 등에서 사용할 수 없다는 단점이 있어 이를 보완할 대체기술이 필요하고 이에 대한 연구가 진행중이다.
- 그중의 한 기술로 미국 UC 리버사이드(University of California, Riverside) 소속 과학자들이 '2016 ION GNSS[129]에서 현재 GPS를 대체하여 위치를 확인할 수 있는 항법 시스템을 개발했다고 발표하였다.

  이 기술은 센서를 추가하기보다는 기존의 이동전화망(LTE), 와이파이, TV, 의성신호 등 무선신호를 활용하여 항법시스템 운용이 가능하도록 하는 기술이다. 이 무선신호는 'SOP (signals of opportunity)'라고 불린다. 방법은 드론이 GPS 신호 수신에 실패하던 SOP 데이터를 통해 INS 데이터를 보완하여 SOP데이터로부터 시간정보와 위치정보를 추출해 SDR신호[130]를 구성하여 위치를 식별하는 기술이다.[131] GPS를 대체할 수 있는 기술이 대한 연구가 다양한 방법과 기술로 더욱 활성화되기를 기대해 본다.

5) 이동 및 작업(Mobility and Manipulation) 관련 기술

- 기동을 위한 신소재 배터리, 하이브리드 전기 동력원 개발

  현재 멀터콥터 형태 드론의 가장 큰 제한사항은 짧은 비행시간에 있다. 따라서 비행시간을 늘리기 위한 연구와 노력이 대단히 중요하다.

  가장 먼저 연구되고 있는 것이 **첫째, 유선충전방식**으로 연처럼 전력을 공급해주는 장치에 전력선을 연결하여 동력을 전달받는 형식이다. 케이블이 절단되지 않는 이상 지속적으로 비행이 가능하다. 또한 파워 케이블을 통하여 드론과 유선통신을 병행해서 할 수 있는 장점이 있다.

  둘째, 하이브리드 전기 동력원 방식이다. 전기모터-배터리의 동력원 체계에 엔진-희발유, 엔진-가스를 추가적으로 사용하는 방식이다. 휘발유나 가스의 에너지 밀도가 버터리 보다 100배 정도 높으므로 훨씬 장시간 드론을 비행시킬 수가 있다. 그러나 근본적으로 엔진을 사용하게 되면 소음이 발생한다는 것과 충돌시 폭발과 화재 위험이 있다는 단점으로 특수목적의 드론에 사용되고 있으며 이러한 단점을 보완하기 위한 연구가 진행 중이다.

  셋째, 태양광에 의한 동력원 방식이다. 솔라셀을 드론에 부착해야 하기 때문에 많은 면적이

129) ION GNSS(Institute of Navigation Global Navigation Satellite System Conference)는 GNSS 기술, 제품 및 서비스를 보여주는 세계 최대의 기술 회의이다.
130) SDR신호(software-defined radios)는 소프트웨어적으로 정의된 무선신호의 의미
131) 자료출처 : GPS 대체용 항법시스템 개발 장길수 ksjang@irobotnews.com 2016 로봇신문사

소요되어 기체 크기가 적은 멀티콥터형 드론에는 적합하지 않고 기체의 크기가 큰 고정익 드론에 적합한 방식이다.

넷째, 무선충전에 의한 동력원 방식이다. 배터리를 교체하거나 직접 충전을 하지 않고 무선으로 충전하는 방식으로서 자기유도전력전송방식과 레이저 전송방식이 있다. 자기유도전력전송방식이 레이저 전송방식보다는 비용면에서 저렴하나 주변 전자기기에 영향을 줄 수 있다는 단점이 있다.

또한 새로운 동력원으로 수소 연료를 이용한 전기 동력원을 개발중에 있으나 폭발위험에 대한 안전성이 확보되는 등 추가적인 연구가 필요하다.

- **소량생산을 위한 생산성 확보(3D 프린팅), 작업을 위한 로봇 팔, 무인화를 위한 동력원의 소형화, 모듈화 등**

대표적인 적층생산(additive manufacturing)[132] 기술인 3D 프린팅 기술도 드론소재 개발분야에서 매우 중요한 핵심과제이다.

3D 프린팅의 장점으로는 시제품의 제작비용 및 시간 절약이 가능하고 다품종의 소량 생산과 손쉬운 맞춤형 제작이 가능하며 복잡한 형상 제작 및 재료비 절감에 기여할 수 있다는 것이다. 제작 시에는 제조 공정이 간소화되고 이에 따른 인건비와 조립 비용이 절감된다는 장점도 있다. 또한 제품 대신에 디지털 도면을 직접 유통할 수 있으며, 소재제품을 필요로 하는 장소에서 출력이 가능하다.

무인이동체는 제품 특성상 다품종 소량생산이 필수적이다. 다양한 응용분야에 최적화되어 설계되어야 하며, 이를 위해서는 대량생산시스템의 적용은 불가능하며 소량생산에 최적화된 생산기술 확보가 반드시 필요하다.[133]

- **경량화된 신소재 프레임 기술**

현재 드론의 프레임 소재로 가장 많이 사용하는 것이 플라스틱이다. 플라스틱은 가벼우면서 전기 전도율이 낮고, 가격이 저렴하다는 장점이 있지만 충격에 약하며 비행 시 내부 발생되는 열 배출에 취약하다는 단점이 있다.

그 다음으로 사용하는 것이 **마그네슘 합금**인데 알루미늄 합금에 비해 가벼워 스마트폰, 태블릿 PC, 자동차 부품, 항공기 소재로 많이 사용된다. 마그네슘 합금은 가볍기 때문에 소모되는 전력을 최소화할 수 있으며 높은 열전도율로 열 배출에 탁월하며 충격에도 강한 고강도 소재이다. 가격도 저렴하고 부식에도 강하다는 장점이 있다.

---

132) 적층생산이란 재료를 분사해서 한겹 한겹, 차곡차곡 쌓아 나가면서 실제 모양과 같이 입체적으로 만들어 나가는 생산기법

133) 자료출처 : 드론 4차 산업혁명 기술개발방안, 항공우주연구원 박사 강왕구, 2017. 6.30

탄소섬유(카본)는 가벼운 소재로서 최근 드론 프레임 소재로 가장 많이 사용되고 있다. 두꺼운 카본 프레임은 모터의 추력을 방해하거나 충격에 취약하고 카본은 전기가 흐르는 도체이기 때문에 RF 신호에 영향을 줄 수 있다는 단점이 있다.

미래의 드론은 사람이 탑승해서 비행하는 유인드론시대이다. 그렇게 하기 위해서는 사람의 몸무게를 견딜 수 있는 강도가 보장되어야 하고 가벼워야 한다. 이러한 요구에 개발되고 있는 프레임 원료가 그레이드 5 티타늄(Ti–6Al–4V) 소재이다. 그레이드 5 티타늄은 티타늄, 알루미늄, 바나듐의 합금강이다. 티타늄은 부식에 강하고 한계 강도 또한 일반 강철보다 두 배나 강하며, 피로 강도도 현저히 적어 차세대 드론의 프레임 소재로써 적합한 소재로 인정되어 연구개발 · 시험 중에 있다.

6) 드론과 자율 지능(Autonomy) 기술

- 4차산업혁명에서 가장 핵심적인 기술은 인공지능 기술이다. 인공지능은 기계에 의해 발현되는 지능으로 기계나 시스템이 지식을 습득하고 이를 적용하면서 지적인 행동을 수행할 수 있는 능력이다.
- 드론은 무선통신으로 외부 조종사의 명령에 따라 이동과 기동을 수행하는 단순한 RC비행기로부터 시작하여, 현재는 미시적인 조종은 탑재 컴퓨터와 프로그램에 의해 작동되고 거시적인 기동은 외부 조종사에 의해 수행되는 수준까지 발달했다. 앞으로는 스스로 외부 환경을 인식하고 이에 따라 상황을 판단하고 임무수행이 가능한 자율지능형 드론까지 발전할 것이다. 이러한 인공지능 기술은 드론과 무인이동체, 차세대로봇 등의 자율화 기술과 함께 상호보완작용하며 발달할 것이다.
- 한 단계 더 발전하여 현재 연구가 진행중인 Explainable AI(설명이 가능한 인공지능)[134]에 대한 연구가 완성된다면 더욱 지능화된 드론이 등장할 수 있을 것이다.

7) 인간과 드론의 상호 연동(Interface) 기술[135]

- 인간과 드론간 연동(Interface)이란 드론을 운용하는 관점에서 인간-기계간 인터페이스와 인간-기계간 상호작용을 모두 의미한다.

  현재 드론은 조종자가 드론에 직접 명령을 내리고 드론은 조종자가 조작한 대로만 움직이는 단계(Human as operator, 조작자로서 인간)에서 드론이 주어진 기동과 임무를 사람의 허락

134) XAI(Explainable AI, 설명이 가능한 인공지능)은 사용자가 인공지능 시스템의 동작과 최종 결과를 이해하고 올바르게 해석하여 결과물이 생성되는 과정을 설명가능하도록 해주는 기술을 의미한다.

135) 자료출처 : 무인이동체 제어 편의성과 활용성 향상을 위한 HMI 기술, 정용운 한국우주연구원, 무인이동체 미래선도 핵심기술개발사업단 발표자료

하에 스스로 수행하고 사람은 이를 감독하는 단계(Human as supervisor, **감독자로서 인간**), 인간과 드론이 서로 협력하여 임무를 수행하는 단계(Human machine teaming, **인간과 드론과 한팀**)까지 발전하여 적용될 것이다. 현재는 2단계인 감독자(supervisor)단계를 시험 중에 있다.

- 드론에 증강현실과 가상현실을 연동하여 적용할 수가 있는데, **증강현실 기술**은 입력된 영상 데이터를 이용하거나 드론에 카메라를 장착하고 무선 네크워크를 이용해 실시간으로 원거리에 있는 운용자에게 정보를 제공해준다. **가상현실 기술**은 드론 통제를 위한 가상의 공간을 재구성하여 데이터를 분석하고 가시화하여 드론 제어를 위하여 활용하는 기술이다.
- **NUI(Natural User Interface)기술**은 사람과 드론간의 빠르고 직관적인 상호 작용 수단으로 음성 인식, 동작 인식, 뇌 신호 등을 이용하여 자연스러운 사용자 조작 환경을 구축하는 것이다. 예를 들어 시선을 인식시켜 드론을 제어하는 방법, 음성을 인식시켜 드론을 제어하는 방법, 동작을 인식시켜 드론을 제어하는 방법, 더 나아가서 뇌파를 인식시켜 드론을 제어하는 기술로 발전할 수가 있다. 현재 IoT기술과 연계하여 다양한 연구가 진행되고 있다.
- **원격 운용 기술**은 인간이 드론을 제어하고 감시하며 인간이 내리는 의사결정을 지원해주는 기술이다. 첫째, **직접 운용 기술**은 사용자가 드론을 쉽고 효율적으로 이용할 수 있도록 운용자에 친화적인 원격조작시스템을 지원하고 운영자가 현재의 상황을 효율적으로 인식할 수 있도록 수집정보를 취합하여 제시해주는 기술이다.
  둘째, **감시 제어 기술**은 운용자가 다수의 드론을 감시하고 제어하며, 필요한 상황에서 적절한 판단을 할 수 있도록 정보를 분석하여 운영자에게 제공해주는 기술이다.
  셋째, **의사결정 지원 기술**은 제한된 조건과 다양한 환경에서 운영자가 정보에 근거하여 의사 결정을 내일 수 있도록 지원해주는 소프트웨어 기술이다.
- **사용자 의도 추론 및 대응 기술**은 무인이동체가 운용자의 행동과 의도를 분석하고 학습하여 오작동을 방지하기 위해 무인이동체와 운용자가 상호 소통하며 적절하게 대응하도록 지원해주는 하드웨어 및 소프트웨어 기술이다. 드론과 운용자 간에 정확하고 효과적인 소통을 위해 시각 · 청각 · 촉각 등 다양한 의사전달방식의 조합을 활용하는 인터페이스이다.
- **협력 기술**은 무인이동체가 운용자 의도 파악의 한계와 운용자 상태 혹은 상황 인지에 대한 무인시스템의 무지 등의 한계를 극복하기 위한 기술이다. 단일 유인 · 무인이동체보다 유인 · 무인이동체가 복합적인 팀이 되는 연구로 무인이동체간의 협업 상황에서 무인이동체와 운용자가 팀이 되어서 서로 느끼는 신뢰도를 측정하고, 서로의 역할 및 한계를 정하여 상호 신뢰도를 향상시키는 기술이다.

8) 시스템 통합(System Integration)

- Open source 기반의 SW체계가 시스템 통합을 위한 발전요건에 중요한 요소이다. 지금처럼 드론 기술이 발전하게 된 결정적인 이유중의 하나가 Open source 기반의 SW체계 덕분이다. Ardupilot가 대표적인 Open source SW라 할 수 있다. 드론이 사람처럼 움직이기 위해서는 반드시 소프트웨어가 필요하다. 소프트웨어를 효율적이고 체계적으로 만들고 적용하기 위해서는 플랫폼 형태의 소프트웨어가 필요하고 다양한 곳에서 사용하게 하기 위해서는 개방형 형태가 되어야 한다.
  - 드론은 통신 기반으로 동작하기 때문에 센서나 인식 · 동작을 처리하는 단위로 소프트웨어를 만들어야 한다. 각 상황에 따른 소프트웨어가 존재하면 똑 같은 동작이 필요할 때 같은 소프트웨어를 사용하게 된다. 즉, 최소 실행 단위로 단위 소프트웨어를 준비하여 소프트웨어 재사용이 자연스럽게 적용되는 것이다.
  - 재사용은 플랫폼의 가장 큰 목적 중의 하나이다. 플랫폼이 구성되면 거기에 맞춰 개발 환경이 정해진다. 개발자에 따라 여러가지 환경 구성이 나타나면 개발 생태계를 구성하기가 어렵기 때문에 플랫폼에서 일관된 개발 환경을 제공하고 그에 맞춰 개발함으로써 플랫폼에 맞는 개발 생태계가 조성되는 것이다.
  - 이러한 플랫폼이 오픈소스로 공개되면 더 다양하고 고사양의 드론 소프트웨어가 만들어지며 이렇게 만들어진 소프트웨어를 통해 드론의 성능이나 활용분야가 더욱 다양해질 수 있는 것이다.

- 가상공간 기반의 설계 · 개발 · 시험평가 수행여건이 필요하다. 2017년 2월에 MS에서 드론과 다른 자율 주행 로봇 트레이닝을 위한 시뮬레이션 플랫폼 Aerial Informatics and Robotics Platform을 공개했다. 이 시뮬레이션 플랫폼을 통해서 많은 개발자들이 고가 장비의 파손, 실제 건축물 훼손, 누군가를 해치는 걱정 없이 드론을 추락 또는 파손시켜가면서 이를 통해 얻은 많은 양의 트레이닝 데이터를 기반으로 알고리즘을 구축해 시스템에 안전한 대처방법을 교육하는 방법으로 AI 연구에 가속화를 가능하게 할 수 있게 되었다.
  이처럼 드론 산업이 발전하기 위해서는 가상공간 기반의 설계 · 개발 · 시험평가 여건이 확대되고 시행되어야 다양한 형태의 시험으로 인한 드론산업의 발전이 이루어질 수 있을 것이다.

- UTM(UAS Traffic Management)기술은 무인비행장치 교통관리체계로서 전세계적으로 드론의 선진국에서는 개발과 연구가 추진중에 있는 사업이다. 미국은 NASA에서 주도하여 연구와 시범사업이 추진중에 있고 우리나라는 항공안전기술원에서 주관하여 무인비행장치가 안전하고 효율적으로 운용될 수 있도록 지원하고 관리하는 저고도 무인비행장치 교통관리

(UTM : UAS Traffic Management)시스템의 설계 및 구축을 목표로 개발 및 실증사업을 진행 중에 있다.

- 현재 우리나라에서 진행 중인 사업은 고도 150m 이하, 자체무게 150kg 이하인 무인비행장치를 대상으로 연구를 진행 중인데 이 사업이 시행이 된다면 **드론 조종자(사용자)**는 이 시스템을 통해 기체를 등록하고 비행계획을 수립 후 등록 · 이력시스템을 통해 신고 후 비행을 실시하며, **UTM시스템/통제센터**에서는 UTM시스템으로부터 비행관련 외부정보를 획득하고 비행승인여부를 판단하며 비행 시에는 비행상황을 모니터링하면서 실시간으로 비행이상유무를 확인할 수 있다. 또한 UTM시스템과 연계된 인천공항교통관제소, 기상청, 국방부 등 외부연계시스템을 통해 NOTAM, 기상상태 등의 정보를 수집하여 제공받고 조종자는 이를 제공받을 수 있다. 이렇게 수집된 다양한 정보들은 빅데이터로 저장되어 지속적으로 활용할 수 있다.
- UTM사업이 진행되기 위해서는 공역 구조 설정 및 지형적 경계설정기법에 대한 연구와 비행계획 리스크 평가 및 비행승인 알고리즘이 개발되어야 하고 비행흐름관리 전략 평가 도구 등이 개발되어야 한다. 현재 사업에 참여한 다부처간의 연구사업이 활발히 진행중이다.
- 이러한 연구와 실증이 완료된다면 저고도 공역 내에서 안전한 드론 운영이 가능해 질 것이고 드론을 이용할 수 있는 다양한 산업분야가 활성화될 것이다. 또한 이와 연계된 위치추적, 탐지, 회피, 경로설정, 지형경계 등 핵심기술 분야의 발전이 급속히 이루어지고 취미용 드론부터 산업용 드론까지 운용기준에 대한 법제화도 함께 이루어질 것이다.

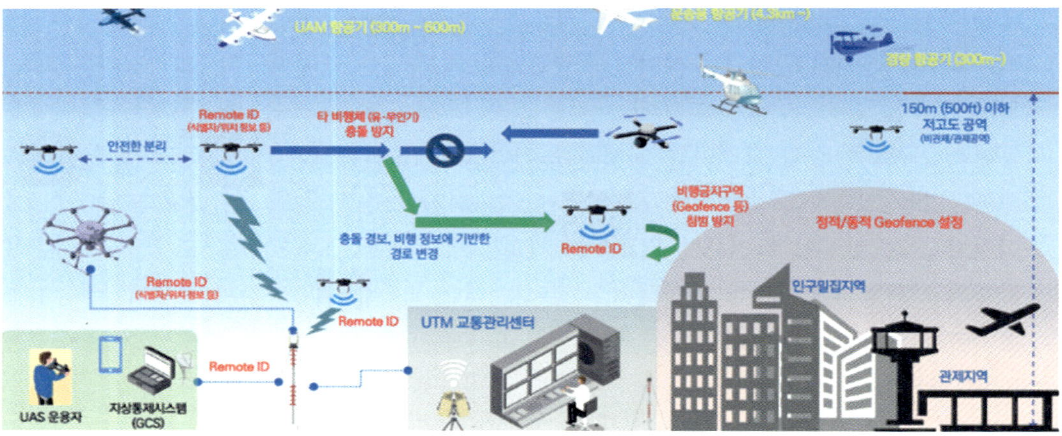

그림 4.6 UTM 개념도(그림 출처 : 항공안전 기술원 홈페이지)

- 또한 현재 진행되고 있는 드론의 자율지능에 의한 드론 제어 기술과 AI기술, VR기술이 드론에 접목되면서 이러한 기술들이 독립적이지 않고 시스템을 상호 연계하고 통합시켜 개발 프로세스를 최적화하는 방향으로 진행되어야 한다.

2 주요 국가의 드론 기술개발

1) 미국

세계에서 무인기 기술이 가장 뛰어난 나라는 미국이다. 무인기 개발에 대한 역사도 오래되었을 뿐만 아니라 항공산업이 발달한 미국은 세계 각 지역에서 발생하그 있는 전쟁과 분쟁지역에 무인기를 투입하여 실전에 운용하며 미비점을 계속 보완하면서 기술 개발을 축적하고 있다. 미국이 가장 앞선 분야는 군사용 무인기 분야이다. 중국이 틈새를 노려서 선점하고 있는 취미용 무인기 및 산업용 무인기 시장에도 관심을 갖고 다양한 연구와 시도를 하고 있다. 항공산업과 ICT에 대한 산업이 뛰어난 미국이기에 마음만 먹는다면 민수용 시장에서 중국의 독주를 견재할 수 있는 나라도 미국 밖에 없으리라 생각된다.

① 군사용 무인기 개발

2차 세계대전 전 · 후로 무인 표적기를 시작으로 군사용무인기 개발을 시작한 미국은 중동전쟁 이후 무인기의 중요성을 재인식하고 이스라엘과 함께 군사용 무인기 시장의 대부분을 차지하고 있다. 2014년 1월에 미군에서 발표한 자료에 의하면 7,362대의 RQ-11 Ravens, 990대의 AeroVironment Wasp IIIs, 1,137대의 AeroVironment RQ-20 Pumas, 306대의 RQ-16 T-Hawk, 246대의 Predators와 MQ-1C Gray Eagles, 126대의 MQ-9 Reapers, 491대의 RQ-7 Shadows, 33대의 RQ-4 Global Hawk를 운용하고 있다고 발표하였다. 이렇듯 미군은 다양한 종류의 무인기를 개발하여 세계 도처에서 발생하는 국지적인 전쟁과 분쟁지역, 특히 대 테러작전에 투입하여 실전에 운용하면서 문제점을 분석하고 성능을 개량하면서 지속적인 발전을 거듭하고 있다.

미군은 군의 특성에 따라서 다양한 종류의 무인기를 개발하여 운용하고 있는데, 하나의 무인기를 특정군에만 사용하는 것이 아니라 군의 특성에 맞도록 무인기의 성능을 개선하여 다양한 군에서 운용하고 있다.

미국의 군사용 무인기를 개발의 대표적인 기업은 보잉사(Boeing), 노드럽 구르먼사

(Northrop Gruman), 제너럴 아토믹사(General Atomic), 록히드마틴사(Lockheed Martin), 에어로 바이런먼트사(AeroVironment) 등이다.

- 보잉사(Boeing)

  항공기의 여객기 시대를 시작한 보잉 247에서 보잉 787 여객기까지 개발한 보잉사(Boeing)에서 개발한 무인기중에서 가장 뛰어난 무인기는 "Phantom Ray UCAV(팬텀 레이)"로서 감시 정찰 및 최신예 폭격용 무인기이다. 스텔스 기능, 공중급유 능력, 정찰 및 감시 임무, 공대지 공격, 적 방공무기 식별 및 파괴, 전자전 능력을 갖추고 있다. 지상에서 이 · 착륙이 가능하며 보잉 747 셔틀 캐리어 비행기에 의해서 운반되어 공중발사도 가능하다.

  또한 보잉사에서는 "X–51 Wave rider UCAV(웨이브 라이더)"를 개발 중에 있는데 이 무인기는 초음속 돌파용 무인 실험기로 날개가 없는 로켓형으로 B-52 폭격기에서 발사하는데 최대 마하 5의 속도로 3분간 비행하는 데 성공하였다. 2023년까지 개발 완료 목표로 추진 중이다.

  소부대와 해군 함정에서 운용하는 "RQ–21 Blackjack(블랙잭)", 미해병대에서 운용중인 "Scan Eagle(스캔 이글)"도 개발하여 운용중이다.

(a) Phantom Ray UCAV

(b) X-51 Wave rider UCAV

그림 4.7 보잉사 무인기(사진출처 : en.Wikipedia.org, media.defence.gov)

- 노드럽 구르먼사(Northrop Gruman)

  전투기, 폭격기 등의 항공기와 미국 최대의 군함 제작사인 노드럽 구르먼사(Northrop Gruman)사에서 개발한 무인기 중에서 가장 유명한 무인기는 "Hunter(헌터, 사냥꾼)"이다. 최초 1993년 이스라엘 IAI사가 미국의 TRW사가 합작으로 개발하였으며 2002년 미국의 Northrop Grumman사가 TRW사와 대전차 유도미사일과 폭탄(BLU-108)을 탑재한 "MQ-5B" 모델로" 다목적기능을 수행하는 무인기로 성능을 개선하였다. 발칸반도, 아프카니스탄, 코소보전, 이라크전에 투입되어 많은 역할을 하였다.
"RQ-4 Global Hawk(글로벌 호크, 지구촌의 매)"는 고고도 무인기로 본토와 괌도 등 전 세계에 분포된 미 공군 또는 우방국 기지에 위치하면서, 15~20km의 고도에서 표적을 획득하여 실시간으로 제공한다. 미 공군과 NASA와 NATO 등에서 현재 40여대가 생산되어 운용중이며 우리나라도 대북 감시능력을 보완하기 위하여 도입중인 무인기이다. RQ-4 Global Hawk를 해군에서 운용할 수 있도록 개선한 것이 MQ-4C Triton(트리톤)이다. 이 무인기 1대로 우리나라 전역과 중국 일대에 대한 충분히 감시가 가능하다.
"MQ-25A Stingray(스팅그레이, 노랑가오리)"는 최신에 폭격용 무인기로 항공모함 탑재용으로 해군에서 운용한다. 해상에서 출격하여 장거리 타격임무를 수행하기 위하여 공중급유가 가능하도록 개발된 무인기이다.

(a) RQ-4 Global Hawk

(b) MQ-25A Stingray

그림 4.8 노드럽 구르먼사 무인기 (사진출처 : www.af.mil, en.Wikipedia.org)

"MQ-8C Fire Scout(화이어 스카우트)"는 미군이 최초로 상륙함에서 운용한 헬기형태의 무인기이다. 500MD와 비교시 엔진도 동일하고, 크기도 거의 같으나 높은 고도에서 장시간 운용이 가능하다.

- 제너럴 아토믹사(General Atomic)

원자로와 항공기를 생산하는 군수기업인 제너럴 아토믹사(General Atomic)에서 개발한 "I-Gnat(아이 냇, 각다귀)"는 1989년 Gnat-750 정찰용 무인기 개발하여 미 CIA와 환경부에서 국경지역 마약감시와 환경감시용으로 활용하고 있는 무인기이다. 현재 정찰용과 전투기능이 있는 무인기의 형태로 민간 용역요원들에 의해서 운용중에 있다.
"RQ-1 Predator(프레더터, 약탈자)"는 Gnat750-45을 기본모델로 하여 개발된 무인기이다. 1994년 개발 당시에는 정찰용으로 개발되어 보스니아전, 코스보전에 투입되었다. 2001년 9.11테러 이후 미국 CIA가 통제하여 헬파이어 미사일 2발을 탑재하여 표적을 공격하는 최초의 무인기로 개선한 무인기가 "MQ-1B"이다. 아프간에 실전배치하여 탈레반군에 대한 정밀 공격을 실시하였으며 2002년에는 이라크전에 투입하여 알카에다 테러리스트 제압에 운용되었다.

"Gray Eagle(그레이 이글)"은 정찰용 무인기인 RQ-5(Hunter)의 성능을 개량한 중고도 무인기(MALE, Medium-Altitude Long-Endurance)이다. 2010년부터 아프카니스탄, 코소보, 보스니아, 이라크, 예멘에 실전 배치되어 운용하였다. 2011년 카다피를 사망시킨 공습작전시 미국 라스베가스 인근 크리치 공군 기지에서 원격조종으로 운용한 것이 언론에 보도되어 유명해졌다. 아파치 헬리콥터가 110km 거리에서도 그레이 이글을 원격으로 통제할 수 있는 정도로 기술이 발전되었다.

"MQ-9 Reaper(리퍼, 저승사자)"는 프레데터를 개선하여 개발한 다목적 무인기로 2007년에 실전에 배치되었다. 프레데터(Predator)에 비해 2배 이상의 속도와 무장을 탑재한 상태에서 비행이 가능하다. 공중급유의 제한으로 장거리 작전을 위해서는 C-17수송기에 기체를 실어서 임무지역까지 수송한다. 미공군, CIA, NASA 등에서 운용 중이다. 2020년 1월 3일 이라크 바그다그 공항에서 이라크 혁명군 사령관 솔레이마니와 2022년 7월 31일 9.11테러의 주범으로 지목된 알카에다 지도자 아이만 알자와히리를 아프카니스탄 수도 카불에서 암살한 드론이 바로 MQ-9 Reaper이다.

(a) RQ-1 Predator

(b) MQ-9 Reaper

그림 4.9 제너럴 아토믹사 무인기 (사진출처 : en.Wikipedia.org)

- 록히드마틴사(Lockheed Martin)

F-22 랩터와 F-35A 전투기를 생산하는 세계 최고의 전투기 제조회사인 록히드마틴사(Lockheed Martin)에서 개발한 무인기가 "RQ-170 Sentinal(센티널)"이다. 오사마 빈라덴 사살 작전인 제로니모작전에 투입되어 백악관에 생중계한 무인기로 유명하다. 스텔스 기능을 갖춘 무인 정찰기로서 미공군과 미중앙정보국(CIA)에서 운용한다. 외형적으로는 B-2전략폭격기를 닮았으며 15km의 고도에서 32시간을 체공하며 정찰임무를 수행할 수 있다.

RQ-170 Sentinal(센티널)이 이란에 나포된 후에 RQ-170 성능을 개선한 RQ-180을 노드롭 구르먼사(Northrop Gruman)에서 개발하여 23년 현재 미 공군에서 7대가 운용중인 것으로 알려져 있다.

(a) RQ-170 Sentinal (b) 백악관 벙커(제로니모 작전)

그림 4.10 록히드마틴사 무인기 (사진출처 : en.Wikipedia.org, The White House)

- 에어로 바이런먼트사(AeroVironment)

항공우주산업과 에너지산업을 전문으로 하는 회사인 에어로 바이런먼트사(AeroVironment)의 대표적인 무인기는 "Global Observer(글로벌 옵저버, 전세계의 감시자)"이다. 액화수소(LH2)를 연료로 하여 17~20km의 성층권에서 최대 5~7일간 비행할 수 있는 고고도 장기체공 정찰용 무인기이다. 2대를 제작하였으나 2011년 테스트 비행중 1대가 추락하여 현재는 개발사업이 중단된 상태이다.

"FQM-151 Pointer(포인터)"는 1990년부터 미육군과 미해병대에서 손으로 투척하는 소형 정찰용 무인기로 2001년 아프카니스탄과 2003년 이라크에서 운용하였다. 60분 체공시간에 300m고도에서 운용한다.

"RQ-11 Raven(레이번, 갈까마귀)"는 "포인터(Pointer)"를 개량하여 제작한 무인기로 2001년에 최초 비행을 시작으로 이라크전에서 미군의 중대급에 운용하면서 많은 활약을 하였다. 미육군, 미공군, 미해병대, 미특수전부대 등 뿐만이 아니라 호주, 캐나다, 이탈리아 등의 국가에 수출하여 약 17,000여대가 운용중인 것으로 알려졌다.

"RQ-14 Dragon Eye(드래곤 아이, 용의 눈)"은 2003년 이라크전부터 현재까지 미 해군과 해병대에서 운용중인 정찰용 소형 무인기이다. 150m고도에서 60분동안 10km 반경 내에서 운용할 수 있고 배터리를 사용하는 전기모터로 동력을 얻는 무인기이다.

"RQ-20 Puma(퓨마)"는 영하 29도에서 영상 49도, 시간당 25mm의 강수, 초속 13m의 극한 환경에서 운용이 가능한 무인기이다. 미육군, 미특수전부대, 미공군 등 대부분의 미군이 운용하고 있다. 배터리를 동력으로 사용하며 손으로 투척하는 방식이다.

"WASP(와스프, 말벌)"은 휴대용 소형 무인기로서 지상 및 해상에서 사용이 가능한 소형 무인기이다. "Wasp Block III" 모델인 경우 작전반경 5km 내에서 체공시간 45분, EO 또는 IR카메라를 탑재한다.

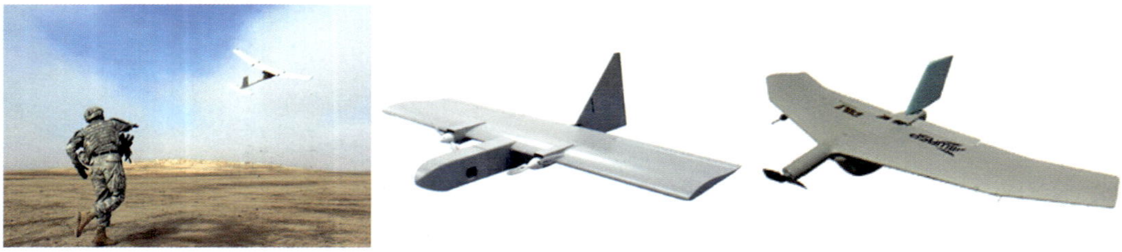

(a) RQ-11 Raven (b) RQ-14 Dragon Eye (c) WASP

그림 4.11 에어로 바이런먼트사 무인기 (사진출처 : www.army.mil, en.Wikipedia.org)

- AAI사

이스라엘이 중동전에서 무인기 운용으로 중동전에서 많은 작전성과를 거두면서 개발하자 미국이 이스라엘 IAI사와 합작하여 개발한 무인 정찰기가 "RQ-2 Pioneer(파이어니어, 개척자)"로 미 해군, 미해병대, 미육군에서 운용되었다. 파이어니어 개발 이후에 미국의 무인기 시장이 다시 활성화되어 현재에 이르고 있다. 이 무인기를 기본 모델로 체공시간을 증대시키고 전술데이터링크와 레이저거리 측정기 등을 탑재하여 개발한 무인기가 "RQ-7 Shadow (섀도우, 미행자)"이다.

(a) RQ-2 Pioneer (b) RQ-7 Shadow

그림 4.12 AAI사 무인기 (사진출처 : www.navy.mil, army.mil)

- 허니웰사(Honeywell)

"RQ-16 T-Hawk(티 호크)"는 미군이 이라크전에서 도로 급조폭발물(IED) 매복에 의한 많은 피해를 받자 사전 정찰로 급조폭발물을 발견하기 위해서 개발한 소형 무인기이다. 2011년 발생한 일본 후쿠시마 원전사고시 원자로 일대에 대한 정찰을 실시하여 유명해졌다.

- 기타 DRS 테크놀로지사가 개발하여 해상에서 운용하는 "RQ-15 Neptune(넵튠)"과 Advanced Ceramics Reserch사가 개발하여 특수부대에서 사용하는 "Silver Fox(실버 폭스, 은빛 여우)" 등이 있다.

② 민수용 드론 개발

군사용 무인기 시장을 석권하고 있는 미국에서 최근 구글, 아마존, 페이스북 등 글로벌 IT기업들과 개인비행체(PAV, Personal Air Vehicle)를 이용한 UTM(Unmanned aerial system Traffic Management) 드론 교통시대를 열기 위한 민수용 무인기 시장에 관심을 갖고 투자함으로써 중국 위주의 민수용 시장 특히, 취미용 드론을 석권하고 있는 드론시장의 영역에서 변화의 바람이 불고 있다. 테러 위협 등 민수용 시장의 성장을 저해하는 요인으로 인하여 민수분야 드론 발전의 속도는 더디나 항공우주산업과 ICT의 최강국인 미국의 여건으로 볼 때 성장 잠재력면에서는 세계 최고 수준이라 하겠다.

- UAM시장에서 두각을 나타내고 있는 업체는 위스크 에어로사(Wisk aero)와 조비 에비에이션사(Joby Aviation), 아처 에비에이션사(Archer Aviation), 오버어어사(Over Air)이다. 대부분 e_VTOL(전기 수직이착륙)형태의 기체를 제작하여 도심 내에서의 운항과 도시와 도시를 연결하는 장거리 운항을 목표로 기체 개발과 실증을 시행하고 있다.

(a) Wisk aero

(b) Joby Aviation

(c) Archer Aviation

그림 4.13 미국 에어택시 시장(사진출처 : 각 회사의 홈페이지 사진 캡처)

- 아마존(Amazon)은 세계 최대의 온라인 쇼핑 회사로서 드론을 이용한 택배인 "프라임 에어(Prime Air)" 사업을 세계 최초로 2013년부터 진행하여 영국과 미국에서 시험비행을 성공적으로 마쳤고, 2020년 미연방항공청(FAA)로부터 배달용 드론에 대한 항공운송면허를 받았다. 물류센터에서 25km 반경 내의 장소에 25kg 이내의 물품을 탑재하고 시속 24km의 속도로 장애물을 회피하며 비행하는 조건으로 캘리포니아 록포드지역에서 진행 중이다.

- **구글(Google)**에서는 지주회사인 알파벳으로 2015년 독립한 윙 에비에이션(Wing Aviation)을 통해서 드론 배송 서비스를 19년부터 미연방항공청(FAA)로부터 허가를 받아 미국 버지니아주와 호주, 핀란드 지역에서 커피, 의약품 등 일상 상품에 대한 서비스배송업무를 시행하고 있다.
- **인텔(Intel)**은 반도체 설계와 제조를 하는 다국적 기업으로 드론을 활용한 엔터테인먼트 사업에서 앞서가는 기업이다. 2016년 독일 함부르크, 2018년 평창올림픽에 이어서 2018년 7월에는 캘리포니아에서 "**슈팅스타**" 드론을 이용하여 드론쇼를 펼쳐 앞선 기술을 선보였다. 또한 홍콩의 드론업체인 유닉(Yuneec)에 투자하였고 유닉은 소음이 적고 4K 비디오를 촬영할 수 있으며 장애물 회피기술이 탑재된 "Typhoon H Plus" 헥사콥터를 출시하였다.
- **3DR**은 드론 제작 및 소프트웨어를 개발하는 업체로 오픈 소스 정책으로 고프로를 파트너로 삼고 있다. 드론의 뇌에 해당하는 FC 하드웨어인 Pixhawk도 별도로 판매하고 제어 소프트웨어도 오픈 소스 프로그램인 ArduPilot Mega를 기반으로 3DR 내에서 튜닝하는 식으로 제작하고 있다. 아이리스 플러스(Iris)에 이어서 "**솔로(Solo)**" 드론을 출시하였으나 DJI드론과의 가격 경쟁력에 밀려 에 제품에 대한 생산은 중단하고 홍콩의 유닉의 미국법인을 만들어 Yuneec 3DR H520-G 헥사콥터를 출시하여 판매중이다.
- **아우텔 로보틱스(Autel Robotics)**사는 촬영용 드론인 EVO Enterprise 시리즈로 EVO Max 4T, EVOII Pro V3 등 다양한 제품을 출시하여 DJI 위주의 취미용 드론시장의 변화를 주도하고 있다. 비행의 안전성과 성능면에서 DJI기체와 크게 차이가 없다는 평가이다.
- **닉시(Nixie)**는 웨어러블 드론을 지향하는 드론 업체이다. "**닉시**" 드론은 스마트 폰처럼 휴대하고 있다가 필요시에 프롭을 펼쳐서 날려 스마트폰처럼 셀카사진을 찍을 수 있도록 제작된 드론이다. 인텔의 초소형 컴퓨터가 내장되어 있고 무게는 45g정도로 가볍다.

(a) 프라임 에어(Prime Air) (b) EVO Max 4T (C) Typhoon H Plus

그림 4.14 미국 민수용 드론(사진출처 : Amazon, Intel, Autel Robotics 홈페이지)

2) 중국

중국은 미국에 이어 Big2의 위치를 차지하기 위해서 군사적 · 경제적으로 많은 노력을 진행하고 있다. 드론 시장에도 국가적인 역량을 집중하여 미국을 따라잡고 견제하기 위해서 기술개발과 투자를 집중하고 있다.

① 군사용 무인기 개발

중국은 2023년까지 4,200여대의 지상용, 해상용 무인기를 배치할 목표로 무인기 개발에 12조 4,000억원을 집중 투자할 것이라 발표하였다. 저장성에 군사용 드론 전용기지를 건설할 계획을 추진 중인데 2012년부터 1만4,500km의 동해(동중국해) 해안선을 따라 연안지역에 11개의 무인기 전용 기지를 건설할 계획으로 추진 중이다. 무인기 개발과 병행하여 무인기에 탑재할 소형 공대지미사일 개발도 병행하고 있다. 주변국 감시, 중국 국경 분쟁지역 감시 등에 운용이 확대될 것으로 예상된다.

- CASC사(China Aerospace Science and Technology Corporation)

  CASC(중국 우주비행 과학기술 그룹회사)는 중국 우주비행 과학기술 공업의 주요 핵심기업이자, 국가 최초의 창조형 기업으로 예하에 많은 전문회사와 직속기관을 두고 있다. CASC에서 생산한 무인기가 "CH-3(차이홍 3호, Rainbow-3)"으로 유도폭탄과 공대지 미사일을 장착할 수 있는 공격용 무인기로 실전배치되어 운용중이다.

  "CH-4(차이홍 4호, Rainbow-4)"는 정찰용과 공격용 무인기 두 종류가 있다. 미국 프레데터(Predator)와 MQ-9 리퍼(Reaper)와 엔진의 공기 흡입구 위치만 다르고 거의 유사한 모습의 중고도(MALE, medium altitude long endurance) 무인기이다. 중국이 미국의 무인기 설계를 해킹하여 개발했다는 의혹을 받고 있다. 5,000m 이상의 고도에서 체공시간은 20시간, 작전반경은 4,000km이며 최고속도는 280km/h이다. 기체중량은 1,100kg이고 100kg의 공대지 폭탄과 미사일을 탑재할 수 있다.

- GAIC사(Guizhou Aircraft Industry Corporation)

  GAIC는 중국 귀주항공공업그룹으로 항공기를 제작하는 회사이다. "Soar Dragon (Xianglon, 샹룽, 飛龍)"은 중국의 글로벌 호크라고 불릴 정도로 미국의 글로벌 호크와 유사한 고고도 정찰용 무인기이다. 향후 대함미사일을 탑재한 해군용 무인기로 추가 개발 예정이다. 고고도 드론 실전배치계획에 따라서 동중국해와 대한민국의 EEZ 이어도 근해 감시에 운용하는 것으로 판단하고 있다.

- HAI사(Harbin Aircraft Industry)

  HAI(하얼빈항공산업그룹)은 AVIC(중국 국영 항공 및 방위 복합기업)의 자회사로서 HAI에서 개발한 "Harbin BZK-005"(하얼빈 비제케이 005)은 고고도 정찰용 무인기이다. 항속거리 3,500km, 체공시간 40시간, 스텔스 기능이 일부 포함되어 있는 것으로 알려져 있다. 중국이 남중국해의 분쟁중인 인공섬에 스텔스 기술을 활용한 드론을 배치했다고 외국 언론에 보도된 바 있다.

- AVIC사(Aviation Industry Corporation of China)

  AVIC은 중국 국영 항공 및 우주 방위 복합기업으로 "AVIC 601-S(리지안, Lijian, Sharp Sword, 利劍)"은 중국이 개발중인 스텔스 기능의 무인기로 미국의 F-117 nighthawk 스텔스 기술과 RQ-170 sentinel 기술이 이용된 것으로 의심하고 있다. 외형은 B-2폭격기와 X-47B 무인기와 비슷하다. 2019년 10월 1일 중국 국경절 70주년 행사에서 전격 공개하였다.

- DF-ZF(초음속 비행체, HGV)는 중국이 미국의 극초음속 무인기 X-51 웨이브 라이더 시험에 자극받아 실험중인 극초음속 무인기이다. 2014년부터 2015년 6월까지 4차례 최대 속도 마하 10.1의 극초음속 무인기 "WU-14"을 중국 중부 Wuzhai 미사일 시험장에서 시험 발사하였다. 사거리 2,000km인 등평 미사일에 탑재되어 고도 100km에서 WU-14가 분리되어 마하 10의 속도로 대기권에 진입한후 목표에 접근하여 타격한다. 미국은 DF-ZF가 미국 미사일방어(MD)망에 위협이 될 것으로 우려하여 대비하고 있다.

(a) CH-4(Rainbow-4)　(b) Soar Dragon (Xianglon)　(c) AVIC 601-S(Lijian)

그림 4.15 중국 군사용 드론 (사진출처 : en.Wikipedia.org, dragonsdrones.com)

② 민수용 드론

드론의 민수용 시장은 현재는 중국이 세계시장의 90%를 장악하고 있다고 할 정도로 국가적인 차원에서 역점을 두고 노력하고 있는 분야이다. 중국의 민수용 드론 생산업체는 300~400여 개 정도이고 세계의 민수용 드론의 10대 중의 9대는 중국제라 하더라도 과히 틀리지 않을 정도로 기술과 가격 경쟁력에서 앞서 있다.

- DJI(Da-Jiang Innovations science and technology, 다장)는 세계적으로 DJI 드론을 빼놓고는 이야기가 안 될 정도로 현재에는 가장 앞선 기술과 가격 경쟁력을 세계의 취미용 드론 시장을 석권하고 있다. 전 세계 취미용 드론시장의 70%을 차지하고 있다는 분석이다. 2006년에 대학원생이던 프랭크 왕이 설립하여 2008년 홍콩과학기술대학으로부터 200만 위안을 투자받아 시작한 회사가 20년 기준 매출액이 4조 9000억원에 도달한 것으로 분석되고 있다. 민수용 드론시장 이익의 80% 정도이고 이러한 매출이 중국내부가 아니라 전세계적으로 발생하고 있다는 점에서 대단하다 하겠다.
  2013년 "팬텀(Phantom)"을 출시한 후 이어서 "인스파이어(Inspire)", "매트릭스(Matrics) 시리즈", "매빅(Mavic) 시리즈"를 출시하였고 최근에는 드론 4종 자격증이 없이도 비행이 가능한 249g 무게의 Mini 3 pro를 내놓았다. 농업용 드론인 "Agras MG-1 시리즈"를 출시하여 취미용 드론시장에서 산업용 드론시장에까지 영역을 확장하고 있다.
  스웨덴의 핫셀 블라드(Hasselblad) 카메라 제조 회사를 인수하여 드론에 4K를 지원하는 카메라를 부착하고 드론에 장착된 비행컨트롤러(FC)와 짐벌의 기술도 경쟁업체에서 따라오기 어려울 정도로 뛰어난 기술로 안정된 비행과 촬영을 지원한다. 고객들의 요구에 빠르게 맞추고 타 경쟁업체와의 가격경쟁에서 한발 앞서서 대응하기 때문에 당분간은 취미용 드론 시장에서 DJI의 드론기술과 가격경쟁력을 따라잡기가 어려울 것이라고 전문가들은 전망하고 있다.
  2015년부터 SDK(소프트웨어 개발도구)를 개방하여 산업용 드론 기술 개발자들이 무료로 산업에 맞는 드론을 개발할 수 있는 환경을 제공하고 있다. 또한 영상전송 시스템인 LightBridge와 OcuSync를 개발하여 적용하고 있다.
- 이항(EHang)은 2014년에 설립하여 스마트 드론 연구개발 · 생산 · 판매에 종사하고 독창적이고 정확한 알고리즘 비행제어시스템 및 스마트폰 App 조종방식을 개발하고 있는 회사이다. 드론산업 성장이 신속하고 잠재력이 큰 회사이다. 촬영 체험이 가능한 지능형 드론 "GHOSTDRONE 2.0"을 개발하였고 2016년 1월에는 전시한 "EHang 184"는 세계 최초로 저공 중/단거리 자율조종으로 사람이 탑승할 수 있는 유인드론으로 모델을 개선하면서 현재 상용화를 위해 시험 중에 있고 2020년 11월에는 우리나라 여의도 한강일대에서 시험 운행을 하였다.
- 지페이(Xaircraft)는 중국의 농업용 드론 전문제조회사로서 "Xaircraft P20", "Xaircraft P30" 농업용 드론과 중국 경찰용 드론인 "X-650"시리즈를 생산하고 있다. 농업용 드론을 제작하는 회사중에는 최고의 기술로 인정받고 있다.
- 알리바바(Alibaba) : 중국의 최대 전자상거래업체로 '15년부터 드론을 이용하여 배달하는 서비스를 시험하고 있다. '18년 9월에 상하이 진산공업지역에서 20km이내의 지역에서 6kg

무게의 물품을 65km의 속도로 배송하였다.

- 징둥물류(JD Logistics) : 중국의 2번째 큰 규모의 온라인 유통업체로 드론 배송서비스에 관심을 갖고 시험을 진행중이다. 현재 대부분의 드론 배송이 1kg남짓하나 30kg까지 배송할 수 있는 능력을 갖추기 위해 시험중이다

(a) 다장(DJI) 인스파이어　　(b) EHang 184　　(c) 지페이(Xaircraft) P30

그림 4.16 중국 민수용 드론(사진출처 : en.Wikipedia.org)

- 이처럼 중국이 민수용 드론분야에서 거침없이 질주하고 있는 내면에는 2015년 중국은 국가 기술 굴기 프로젝트 '중국 제조 2025(Made in China 2025)'를 추진하며 10대 중점에 드론을 포함하여 추진하는 등 정부의 적극적인 지원하에 성장이 진행되고 있다는 것이다. 미국과 유럽이 안전과 보안을 이유로 보류시키거나 규제를 강화하는 사이에 중국정부는 4차 산업혁명 선도국가를 목표로 드론관련 자국 기업에 보조금, 투자 및 대출, 세금 감면, 규제 완화 등 대대적인 기술 굴기 지원에 나서고 있다.
  2016년 3월에는 응급구조, 삼림방화, 환경 모니터링, 연구실험 등 무인조종 항공기시스템에 대한 수요를 충족시켜주기 위해 드론 주파수 대역을 지정(840.5~845MHz, 1430~1444 MHz와 2408~2440MHz)하였고 16년 4월부터 민용항공국의 허가를 받은 최초의 드론 클라우드 시스템인 U-Cloud가 운용하여 드론관련 환경을 제공하고 규제를 대폭 간소화하였다. 5월에는 민용 드론 생산표준 규범을 제정하여 표준화하였다.
- 그러나 중국은 드론 연구개발, 생산, 수출에서 미국을 압도하지만 미국이 세계 최대 드론 소비시장으로, 소비력과 기술력에서는 아직도 미국과 큰 격차가 존재한다. DJI가 세계에 판매한 드론 중에서 절반을 미국에 판매하였으며 중국 내에 판매한 비중은 10%에 불과한 실정이다. 또한 미국과의 반도체 패권전쟁 등 다양한 갈등요인으로 인하여 많은 어려움에 직면해 있다.

3) 러시아

우크라이나와 러시아와의 전쟁으로 인하여 러시아의 무인기에 대한 관심이 높다. 러시아는 1991년 소련 붕괴 이전에는 다양한 종류의 최신 무인기를 보유하고 있었으나 구 소련 붕괴 이후 투자 및 연구노력이 부족하여 무인기에 대한 기술과 수준이 뒤떨어져 있다.

러시아는 '08년 그루지아 침공시 러시아에서 개발한 엘레론과 같은 소형무인기를 운영하였으나 효율성이 떨어졌다고 판단하여 이스라엘 무인기 도입을 추진하였다. '09년 4월 이스라엘로부터 서쳐, 버드아이 400 등 여러 종류의 무인기를 도입하여 이를 기반으로 두인기 개발을 추진하였다.

- Forpost-M이 러시아가 이스라엘의 **서처(Searcher) 드론**을 수입하여 러시아화한 정찰용 무인기로 우크라이나와의 전쟁에도 투입되었으나 활약이 미비하다.
- Special Technology Center(STC)사에서 개발한 **오클란(Orlan)-10**은 1,000~1,500m고도에서 운용되는 정찰용 드론으로 1,000대 이상이 생산된 것으로 알려졌다.
- Kronshtadt (KT) 그룹에서 개발한 **오리온(Orion)**은 공격용 무인기로 러시아형 프레데터이고 미국의 프레데터보다는 작고 터키의 바이락타르 TB2보다는 2배 정도 크다. 영하 50도의 혹한의 환경에서도 임무수행이 가능한 무인기로 평가되고 있다.
- 수호이 전투기를 만드는 러시아 수호이사가 개발 중인 수호이70 아호트니크 -B는 공격형 중형 무인기로서 날개폭이 20m, 전투반경이 4,000km이고 스텔스기능을 갖출 것으로 예상하고 있다. 외형은 미국의 RQ170 센티널과 유사하다.

러시아의 무인기 현재 수준은 분명히 미흡하나, 러시아의 우주기술, 근사무기 개발 기술 등을 고려할 때 무인기 강국으로 부상할 것으로 전문가들은 예상하고 있다. 민수용 분야는 전체 드론시장의 10% 정도로 군사용에 비해서도 시스템적인 측면에서 훨씬 미흡한 실정으로 알려져 있다.

(a) Forpost-M (b) Oran10 (b) Orion

그림 4.17 러시아 무인기(사진출처 : en.Wikipedia.org)

4) 유럽연합(EU)

1차세계대전과 2차세계대전을 치르면서 영국, 프랑스, 독일의 항공관련 기술력은 많이 발전하였다. 그러나 항공산업에 대한 기술력은 뛰어나지만 드론에 한해서는 테러 위협 등에 대한 현실적인 문제로 법과 제도적인 측면에서 발전의 속도가 많이 뒤져있다. 우크라이나와 러시아 전쟁을 통해서 나타난 현실적인 안보 위협으로부터 영국, 프랑스, 네델란드 등의 국가는 미국으로부터 MQ-9등의 무인기를 도입하는 등 무인기의 전력증강에 속도를 내고 있다.

① 군사용 무인기

- 프랑스

유럽국가 중에서 무인기 개발에 가장 일찍부터 관심을 갖고 있는 국가이다. 1980년대부터 개발을 시작하여 코소보전에 사젬(Sagem)사에서 개발한 "**케스트렐(Crecerelle)**"이 운용되었다. 주로 저고도와 중고도 무인기를 운용중이며 고고도 무인기와 스텔스 기능의 무인기를 개발하는데 관심을 갖고 있다.

"**스페르베르(Sperwer)**"무인기는 사젬사에서 2004년에 개발한 다목적 무인기이다. 이스라엘제 공대지 미사일을 탑재할 수 있다. "**폭스 AT**" 무인기는 정찰용으로 CAC System사가 개발하여 프랑스에서 운용하고 인도네시아에서 수출도 하였다. "Harfang"은 EADS사에서 이스라엘 해론 무인기를 모방하여 개발한 정찰용 무인기이다. 미국으로부터 **MQ-9 리퍼** 12대를 구입하여 운용중이나 공대지 미사일과 전자전 능력을 강화한 6대를 추가 구매하여 2024년까지 배치하는 것으로 발표하였다. 또한 프랑스의 대표 드론회사인 **패롯(Parrot)사**로부터 군사용 **아나피(Anafi)**를 구입하여 운용하고 있다.

(a) Sperwer

(b) Harfang

그림 4.18 프랑스 군사용 무인기 (사진출처 : en.Wikipedia.org)

- 독일

독일은 1990년 10월 3일 통일된 이후 나토군의 일원으로 해외에 파병하면서 독일군의 인명피해를 최소화하기 위해 무인체계에 관심을 갖고 무인기를 개발하고 있다. 고고도 무인기보다는 중고도 무인기 위주로 운용하고 있다. 2003년 EMT사가 개발한 "LUNA" 무인기를 아프가니스탄에서 운용하였다. 2005년부터는 정찰용으로 Rheinmetall사에서 개발한 "KZO"무인기를 개발하고 이어서 KZO를 기반으로 하여 "Tares"무인기를 개발하여 정찰과 자폭용으로 독일군과 영국군에 운용하였으나 현재는 생산을 중단했다. 또한 독일 국방부는 Cassidian사와 글로벌 호크(Global hawk) 제작사인 미국의 노드럽 구르만사(Northrop Gruman)와 합작으로 "유로호크(Euro hawk)"를 제작하여 2013년에 시험비행을 완료하였다. 2018년에 이스라엘의 "헤론(Heron)"을 도입하기 위하여 이스라엘 6억 달러의 계약을 체결하고 20년 시험비행에 성공하였다.독일은 드론을 실전에 운용하며 고고도 장기체공을 통해서 감시 정찰임무를 수행할 수 있는 드론을 도입하고 개발하는데 많은 노력을 하고 있다.

(a) Tares

(b) Euro hawk

그림 4.19 독일 군사용 무인기 (사진출처 : Rheinmetall, en.Wikipedia.org)

- 영국

드론의 어머니 격인 "퀸비(Queen Bee)"가 영국에서 최초로 개발되었지만 2차세계대전 이후에 영국은 무인기 개발에 많은 관심을 기울이지 못했다. 중동전 이후 이스라엘과 미국의 무인기의 뛰어난 활약을 본 이후에 무인기의 중요성을 인식한 후에 BAE System사에서 개발한 "피닉스(Phoenix)" 무인기를 코소보, 이라크, 아프간전에 운용하였고 피닉스가 2008년 퇴역 후에는 미국과 이스라엘에서 도입한 무인기를 운용하였다. 차세대 무인기 획득을 위한 2002년 '와치키퍼(Watchkeeper)'사업을 발표한 이후 2007년 BAE System사에서 "허티(Herti)"무인기를 개발하여 영국 경찰과 육군에서 운용 중이다. 또한 영국은 미국의 록히드마틴사(Rockheed Martin)가 개발한 "데저트호크(Desert hawk)" 무인기와 제너럴 아토믹사의 "MQ-9 리퍼", 노르웨이 프록스 다이나믹스사(Prox Dynamics)사가 개발한 "블랙 호넷(Black Hornet)" 초소형 무인기도 운용하고 있다.

(a) Phoenix (b) Herti

그림 4.20 영국 군사용 무인기(사진출처 : BAE System, en.Wikipedia.org)

② 민수용 드론

• 프랑스

유럽을 대표하면서 프랑스를 대표하는 민수용 드론 업체가 패럿(Parrot)이다. 현재 상업용 드론산업을 전 세계적으로 성장시킨 1등 공신이라 해도 과언이 아니다. 무선제품회사인 패럿이 2010년 1월 미국 라스베가스 CES(세계 가전제품박람회)에서 “Parrot AR. Drone”을 선보인 이후 취미용 드론시장이 열리게 된 계기가 되었다.

스마트폰이나 태블릿으로 통제할 수 있는 에어드론(Air Drone)시리즈, 롤링 스파이더(Rolling Spider), 점핑 스모(Jumping Sumo), 비밥(Beebop) 드론시리즈와 글라이더 형태의 “디스코(Disco)” 드론을 출시하여 드론의 대중화에 앞장섰다. 초음파센서와 이미지센서를 이용한 실내 호버링 기능이 뛰어나서 실내행사시 영상촬영에 최고라는 평판을 받고 있다. 세계 민수용 드론시장의 2위를 차지하였으나 DJI사 드론의 성능과 가격경쟁력에 밀려 어려움을 겪고 있다. 현재는 접이식 기능이 있어 휴대가 간편한 아나피 Ai, 아나피 USA를 핵심상품으로 판매하고 있다. 아나피 USA 모델은 미 육군의 요청을 받아 특수하게 제작된 모델로 프랑스, 영국, 일본 등의 국가에서 계약을 맺어 군사용으로 활용하고 있는 드론이다. 32배 줌 카메라로 수 cm급 정밀 촬영과 FLIR 열화상 카메라가 장치되어 있고 보안성이 뛰어난 촬영용 드론이라는 평가를 받고 있다.

(a) Parrot AR 2.0 Drone (b) Parrot Beebop (c) Parrot ANAFI USA

그림 4.21 프랑스 Parrot사 드론(사진출처 : en.Wikipedia.org)

• 독일

현재 독일에서 민수용 드론산업이 가장 활발하게 실험중인 것이 세계 최대 물류 배송업체인 DHL사에서 "파셀콥터(Parcelcopter)"을 이용한 택배 서비스이다. 드론업체인 윙콥터(Wingcopter)는 6kg의 물품을 시속 160km의 속도 120km의 범위까지 배송할 수 있는 윙콥터 드론으로 독일국제협력공사(GIZ)와 제휴해 탄자니아에서 의약품을 드론으로 배송하고 아일랜드에서도 인슐린을 수송하는 등의 프로젝트를 추진하였다.

드론택시분야에서 볼로콥터사의 볼로시티 드론은 2인승이 한번 충전으로 35분 비행하고 시속 110km로 비행할 수 있는 기체이다. 우리나라에도 인천항만공사에서 2022년 11월 협약을 체결하여 아시아에서 최초로 드론택시 상용화를 비전으로 추진하고 있고, 2024년 파리 올림픽에서 전기 에어택시를 운항할 것을 목표로 실증을 진행하고 있다.

독일 릴리움(Lillium)사의 e_VTOL 기체는 200km의 거리를 시속 300km의 속도로 소음을 최소화하기 위한 DEVT(Ducted Electric Vectored Thrust)시스템으로 7인승 기체를 테스트 비행하고 있다.

(a) DHL Parcelcopter (b) Wingcopter 198 (c) Lillium e VTOL

그림 4.22 독일 민수용 드론(사진출처 : en.Wikipedia.org)

5) 이스라엘

베트남전쟁 이후 무인기의 중요성을 인식한 이스라엘은 방위산업이 국가의 전략 육성산업이다. 이스라엘은 군사용 드론위주로 드론 산업을 발전시키고 있고 중고도급 이하 무인기 세계시장에서 두각을 나타내고 있다. 국방분야 수출에서 드론이 차지하는 비율이 10% 정도로 대단히 높은 비중을 차지하고 있다. 이스라엘은 1982년 레바논전부터의 실전경험을 토대로 다양한 무인기를 개발, Heron, Hermes 450, Searcher, Skylark, Harpy, Harop, Bird Eye, Mosquito 등의 무인기를 운용하고 있다.

• IAI사

IAI사는 이스라엘의 국영 방산업체로서 무인기 개발 초기부터 현재까지 다양한 형태의 드론을 생산하고 있다. 이스라엘의 대표적인 무인기가 "Heron(헤론, 왜가리)"이다. 헤론은

9.75km 고도에서 총 중량 1.15t으로 51시간 체공하며 주·야간 감시정찰, 전자전, 통신중계임무를 수행한다. 우리나라에도 수대를 도입하여 운용중이다. 헤론의 성능을 개량한 중고도(MALE) 정찰용 무인기가 "Heron Eitan"(헤론 이튼)이다.

"Searcher(서쳐, 수색자)"는 1982년 레바논전에서 사용된 "스카우트", 1991년 걸프전에 "파이오니아"를 개량하여 만든 무인기이다. 6.1km 고도에서 총 중량 450kg으로 20시간 체공하며 주·야간 감시정찰, 전자전, 레이저 표적조사, 통신중계임무를 수행한다.

"NR UAV(Naval Rotary UAV)"는 해군이 사용하는 무인기이고, 유인헬기인 체탁(Chetak)을 이스라엘의 IAI사에서 무인헬기로 개조하여 운용중이다.

"Harpy(하피, 탐욕스러운 괴물)"은 적 방공 레이더를 공격하는데 사용되는 무인기로 목표까지 자율적으로 비행하여 목표를 탐지하여 자폭식 공격을 실시한다. Harpy의 성능을 개량한 무인기가 "Harop(하로프)"이다. 표적공격 이전에 감시정찰이 가능하고 원격조종으로 적 레이더는 물론 다른 표적에 대한 공격도 가능한 무인기이다. 육상과 함상에서 운용 가능한 무인기이다.

그밖에 소부대의 주·야간 감시절찰용으로 개발한 무인기로 "Bird Eye(버드 아이, 새의 눈)", "Mosquito(모스키토, 모기)" 등이 있다.

(a) Heron Eitan (b) Searcher (C) Harop

그림 4.23 IAI사 드론(사진출처 : en.Wikipedia.org, Israeli-weapons.com)

- Elbit System사

"Hermes(헤르메스, 전령의 신)"은 Elbit System사의 대표적인 무인기로 5.5km 고도에서 총 중량 450kg으로 20시간 체공하며 주·야간 감시정찰, 전자전, 레이저 표적조사, 통신중계임무를 수행한다.

"Skylark(스카이라크, 종달새)"는 모델종류에 따라서 중대~사단까지 운용이 가능한 무인기이다. "충전용 배터리와 표준 배터리를 사용시 체공시간은 각각 1.5~3시간이며 180m 고도에서 운용되며 소음이 거의 없다고 알려져 있다.

• Urban Aeronautics사에서 개발중인 "Urban Aero Mule(어번 에어로 뮬, 도시의 노새)"는 2006년 레바논과의 전쟁 이후 직접 적지역을 정찰하고 공격하는 드론도 중요하지만 전투를 지원하는 드론의 필요성을 절감하여 환자수송이나 보급품 운반용으로 개발된 무인기이다. 에어택시로도 이용이 가능한 모델로 2029년 상용화를 목표로 개발 중이다.

(a) Hermes

(b) Skylark

(C) Urban Aero Mule

그림 4.24 이스라엘 군사용 드론 (사진출처 : en.Wikipedia.org, www.urbanaero.com)

6) 국내 드론 개발

우리나라의 무인기 기술수준은 세계적으로 약 7위권의 기술경쟁력을 확보하고 있는 것으로 전문가들은 평가하고 있다. 무인기 기술 및 체계종합능력, 부품 공급처 확보 등 전반적으로 무인기에 대한 독자개발기반을 구축하고 있고 장기체공기술 개발 추진 등 지속적으로 선도기술 확보를 위해 노력중에 있다. 반면에 드론관련 항법제어 SW 등 고부가가치 부품은 미국 등 선진국이, 소형 모터와 프롭 등 드론제작에 소요되는 범용 부품은 중국 제품이 가격면에서 월등한 비교 우위에 있다.

우리나라는 IT강국이다. 스마트폰과 무인기 공통 부품인 AP, 카메라, 디스플레이, 일부 SW, 배터리 등에서는 거의 세계 최고 수준에 육박한다. 그러나 프로펠러, 동력전달장치, 전기식 작동기, 추진장치, 비행조종컴퓨터, 위성관성항법장치, 통신장비, 탑재안테나 등 무인기와 관련된 8대 핵심 부품은 기술적으로 선진국과 여전히 격차가 존재하고 있다.

① 군사용 무인기 개발

북한과 대치하고 있는 안보적인 현실에서 우리 군에서도 무인기의 중요성을 인식하여 무인기 도입과 개발에 일찍부터 많은 노력을 기울여 왔다. 최초 무인기 연구는 공군의 요청으로 '97년 국방과학연구소에서 영국의 기술지원을 받아 북한 방공망 교란을 위하여 제트추진용 형태의 기만 무인기인 "솔개"라는 명칭의 무인기를 개발한 것이었으나 실전 배치까지는 못하였다. 우리 군의 고민은 항상 직접 개발할 것인가? 아니면 성능이 보장된 무인기를 직접 도입하여 운용할 것인가?에 있었다. 우리 기술로 직접 개발하여 실전배치한다면 방위산업에 대한 역량도

성장시키는 등 가장 좋은 방법이겠지만 직접 생산에 대한 현실적인 기술면에서 한계와 개발 시간의 문제, 가격 경쟁력 문제 등 다양한 면을 고려하지 않을 수 없었다. 최초에는 군단급에만 무인기를 운용하였으나 북한의 저고도 무인기의 침투도발, 미래전장에서의 드론의 중요성 등으로 2018년 9월 육군 드론봇 전투단을 창설하여 대대급 이하까지 다양한 무인기를 도입하여 전투실험을 실시 중에 있다.

'솔개' 실전배치 실패이후 이스라엘 IAI사에서 개발한 "서처(Searcher)"를 직접 도입하여 군단급에 실전배치하여 운용하고 있으며 국내 기술개발을 병행하여 개발에 성공한 "송골매"를 서처와 같이 운용 중에 있다. "송골매"는 1991년 국방과학연구소의 기술지원하에 한국항공우주산업(KAI)에서 개발하여 2002년 군단급에 배치한 무인기이다. 첩보수집 정찰용으로 일명 "비조"라고 부른다. 수출 홍보용으로는 "The Night Intruder 300"이라는 명칭으로 부른다. 4.5km 고도에서 6시간 동안 80km 작전반경에서 운용되는 무인기이다. 22년 12월에 북한 무인기 침투에 대한 대응개념으로 북한지역의 군사시설을 탐지하고 복귀한 무인기가 바로 이 송골매이다. 또한 송골매를 대치할 군단급 무인기로 UAV-II를 국방과학연구소와 KAI가 공동으로 개발중이며 공군에서는 한국형 중고도무인기인 KUS-FS(MUAV, Medium Altitude Unmanned Aerial Vehicle)를 전력화하였다. KUS-FS는 2014년부터 국방과학연구소와 대한항공이 공동연구 및 개발하여 실전배치 준비 중이다. 주 · 야간 전천후 정찰이 가능하도록 국내 방산업체가 개발한 EO/IR 카메라와 합성개구레이더(SAR)를 탑재하였고 공격용으로 공대지 대전차미사일 천검을 탑재할 수 있도록 제작되었다.

사단급에는 대한항공이 2007년 근접감시 무인기 개발에 성공한 후 국방부에서 2010년 "KUS-9"을 사단급 무인기로 결정하여 개발을 추진하였다. 실증시험을 거쳐서 2018년부터 사단급에 실전배치되어 운용 중에 있는 것으로 언론에 보도되고 있다. "KUS-FT"로 불리기도 하며 발사대에서 이륙하여 4km의 고도에서 110km의 속도로 80km의 반경 내에서 25km내 목표물을 탐지하여 12km의 물체를 탐지할 수 있는 주야간 탐지센서를 장착하였고 6시간 동안 정찰수집 임무를 수행할 수 있는 무인기이다.

대대급 제대에도 고정익 형태의 투척이륙 방식의 무인기인 ㈜유콘시스템 "리모아이(Remo Eye)"무인기를 정찰용으로 개발하여 실전배치한 이후에 멀티콥터 형태의 드론을 포함한 다양한 임무를 수행할 수 있는 드론을 도입하여 전투실험 중에 있다.

해군은 함정에서 운용이 가능한 정찰용 무인기 "섀도우(Shadow)400"을 미국 AAI사로부터 도입 운용 중이며 공군은 적 레이더를 공격하기 위한 무인기 "하피(Harpy)"를 이스라엘 IAI사로부터 도입 운용하고 있는 것으로 보도되었다.

또한, 대한항공에서 수직이착륙 틸트로터(Tiltrotor)형 무인기인 "KUS-TR"을 개발 중에 있다. 틸트로터 형태의 기체로는 한국항공우주연구원(KARI)에서 세계 두 번째로 개발한 무인기이다.

비행고도(최고) 3km(4km), 비행속도 250km/h, 비행시간 6시간 동안 전자광학, 적외선 영상장비(EO/IR), 레이저거리측정기를 탑재하여 주야간 정찰임무를 수행한다. 2017년 7월에 함상에서 운용이 가능하도록 함상에서 자동이착륙하는 실험에 성공하였다. 향후에 해군의 전투함과 상륙함에 정찰용 무인기로 활용이 가능하고 민간용으로는 어군 탐지용 등 다양한 분야에 활용이 될 것으로 기대되는 무인기이다.

(a) 송골매 (b) KUS-9(KUS-FT) (C) KUS-TR

그림 4.25 국내 군사용 드론(사진출처 : egloos.zum.com, techcenter.koreanair.com)

② 민수용 드론 개발

군사용 무인기 시장은 미국과 이스라엘이 민수용 시장 특히, 취미용 드론에 대해서는 중국이 주도하고 있는 드론 시장에서 IT강국인 우리나라가 진입할 수 있는 시장은 산업용 드론 시장이다. 취미용 드론시장에서 미국의 3DR과 프랑스의 패럿(Parrot)이 중국 드론과의 기술 대비 가격 경쟁력에 밀려 어려움을 겪고 있는 현실에서 향후 지금보다 더욱 다양한 산업분야로 확대될 드론의 활용성을 예측할 때 산업용 드론은 경쟁력이 있다고 전문가들이 판단하고 있다.

그러나 현실에서의 어려움과 장벽은 높은 것이 사실이다. 안보적인 문제로 군사용 무인기에 대한 관심은 90년대 중반부터 관심을 갖고 기술개발을 해왔지만 민수용 드론에 대한 관심과 기술 개발은 이제 태동하여 시작하는 단계라 할 수있다. 또한 드론관련 기술의 발전이 하루가 다르게 발전하는데 비해 드론의 가격은 상대적으로 낮아지는 글로벌 시장에서 경쟁력을 발휘하여 살아남아 성장하기가 쉽지 않다. 또한 대부분의 선진국가들과 마찬가지로 우리나라도 안보 및 치안 등의 문제로 관련법규상 많은 규제와 제한을 받고 있다. 이러한 규제에 대한 대한 해결의 속도가 민수용드론산업의 발전의 속도를 맞출 수가 없는 현실이다. 이러한 제한에도 불구하고 정부에서 추진하고 있는 드론산업 육성전략에 맞추어서 군수용 드론을 생산했던 기업들을 포함하여 최근에는 많은 중소기업과 벤처기업들이 산업용 드론 제작과 관련 소프트웨어 시장에 뛰어들어 짧은 시간에도 불구하고 괄목할 만한 성과를 내면서 성장하고 있다.

무인헬기 분야에서는 ㈜무성항공, ㈜성우엔지니어링 등의 기업이 일본 야마하 등 외국과의 기술제휴와 자체 기술개발 노력으로 농업용 무인헬기 분야를 이끌고 있다.

농업용 드론은 ㈜**유콘시스템**에서 "**리모팜**", ㈜**카스콤**에서 "AFOX-1A", ㈜**메타로보틱스**에서 "**반디**", ㈜**천풍무인항공**에서 "**천풍**", ㈜**순돌이드론**에서 "**순돌이**" 등 많은 업체가 방재드론을 제작하여 판매 중에 있다.

㈜**숨비(SOOMVI)**는 국방분야, 공공사업 등 다양한 분야의 솔루션을 제공하는 기업이다. 대표적인 개발중인 유인자율운항비행체 S-PAV(Personal Air vehicle)와 "S-200"(인명구조 드론), "V-110"(영상촬영 드론) 등이고 이를 관제하는 차량형 통합관제시스템 "DMS(Drone mobile station)"이다.

(a) ㈜성우엔지니어링 REMO-H 방재드론　　(b) ㈜숨비 V-110　　(c) ㈜숨비 차량형 통합관제시스템

그림 4.26　민수용 드론 및 통합관제차량(사진출처 : 성우엔지니어링, 숨비 홈페이지)

㈜**X드론(X DRONE)**은 영상 촬영을 통한 다양한 임무를 수행하는 드론을 제작하는 업체로서 대표적인 드론은 "XD-X8S", 물류배송드론 "XD-I8D" 등이다.

㈜**두시텍(Dusi Tech)**은 위성항법보정시스템(DGNSS/DGPS) 기준국/감시국, 관성 항법 관련 제품과 솔루션 등 복합항법분야 기술을 개발하는 기업으로 이러한 기술을 바탕으로 드론 제작과 관련 소프트웨어를 개발하고 있다. 대표적인 드론이 "KnDrone"시리즈로 Kn X, KnX2 등이 있고 KnS-100RTK 장치로 50cm 이하의 정밀착륙이 가능하다.

㈜**유멕에어(UMACAIR)**는 국방분야 드론, 방재용 드론, 촬영용 드론, 레이싱 드론 등 다양한 종류의 드론을 생산하는 업체로서 대표적인 드론은 150미터 고도에서 250미터 목표물에 대해서 소총사격을 실시하는 "Aim Rifle Drone", "CERES"(방재용 드론), "UM-D16"(촬영용 드론), "Pathfinder S"(레이싱 드론) 등이다.

(a) (주)X드론 XD-X8S

(b) (주)두시텍 Kn X2

(c) (주)유맥에어 Aim Rifle Drone

그림 4.27 국내 민수용 드론(사진출처 : X DRONE, Dusi Tech, UMACAIR 홈페이지)

㈜네스앤텍(NES&TEC)는 방산용 및 산업용, 기타 특수 목적용 드론을 제작하고 드론관련 센서 및 제어 시스템 기술을 개발하는 기업이다. 대표적인 드론은 "SWID"(원거리 정찰용), "XeFi"(정찰용), "SWID-Tether"(통신중계), "PORTER"(수송용) 등이다.

㈜자이언트드론(Giant Drone)은 다목적 드론을 생산하고 특히, 수소연료전지를 사용하여 비행하는 연구에 많은 노력을 기울이고 있는 기업이다. 대표적인 드론은 "GD-H6"(수소연료전지 드론), "GD-D2"(물품투하드론) "GD-1450"(방재 및 다목적 드론), "GD-X800"(레이싱 드론) 등이다.

㈜마이크로드론 코리아(MD Korea)는 산업용 드론을 제작하고 판매하며 오픈 소스기반의 GCS가 아닌 자사의 기술로 GCS를 개발하여 운용하는 회사이다. 주요 제품은 MDK-1000, MDK-700, 수직 이착륙 방수드론, MD-GCS 등 다양하다. 2022년 과학기술정보통신부에서 주관한 DNA+드론 챌린지 대회에 참가하여 대상을 수상하는 등 기술력을 인정받고 있다.

㈜바이로봇(BYROBOT)은 완구용 드론을 생산하는 업체로서 다양한 형태의 드론을 제작하여 드론과 함께하는 환경구축에 노력하고 있다. 바이로봇에서 생산하는 드론은 BRC-105(코딩 드론), BRB-95(배틀 드론), 라이트론(미니레이싱 드론), 스카이 킥2(유소년용 드론축구볼) 등이다.

㈜로보링크(Robolink)는 코딩교육을 위한 교육용 로봇과 드론을 제작하고 판매하며 코딩 SW교육사업과 다양한 국내 및 국제 코딩대회를 개최하여 드론교육 확산에 기여하고 있는 회사이다. 대표적인 제품은 드론코딩 교육용으로 코드론 EDU, 코드론 DIY, 코드론 Pro, 코드론 Mini와 자율주행 교육용으로 로봇 주미(Zumi) 등 다양하다. 스크래치, 파이썬 프로그래밍 언어를 사용한 코딩으로 드론과 로봇을 제어하는 솔루션을 제공한다.

(a) ㈜네스엔텍 SWID-Tether

(b) ㈜자이언트 드론 GD-H6

(c) ㈜로보링크 코드론 EDU

그림 4.28 국내 민수용 드론(사진출처 : NES&TEC, Giant Drone, Robolink 홈페이지)

㈜SK telecom에서는 'T라이브캐스터 본드'와 'T라이브캐스터'를 개발하여 5G 기반의 드론 영상관제시스템을 운용하고 있다. 'T라이브캐스터 본드'는 다수의 이동통신망을 동시에 활용할 수 있는 미션컴퓨터로 'T라이브캐스터' 장치와 함께 픽스호크(Pixhawk)기반의 드론에서 촬영한 영상을 안정적으로 영상전송을 할 수 있는 기술이다. 통신환경이 원할하지 않은 산간, 도서지역 등 비도심 지역에서의 통신연결에 많은 도움을 줄 수 있다. DJI 드론과 Autel Robotics의 EVO드론에 모두 적용이 가능하다. 또한 SK 텔레콤에서는 한화시스템, 한국공항공사와 컨소시움을 구성하여 UAM사업을 추진하고 있다. SK 텔레콤이 통신과 관제를 담당하고 한화시스템은 미국의 오버에어사와 공동으로 e_VTOL '버터플라이'를 개발 중이다.

.

(a) 차량 통합관제차량

(b) 실시간 드론관제

(c) T라이브캐스터

그림 4.29 SK텔레콤 드론관제시스템(사진출처 : SK텔레콤 홍보자료화면)

㈜KT는 2022년 국토부에서 추진하는 K 드론시스템 실증사업자로 선정되어 5G 저궤도 위성서비스를 이용한 UTM 교통 및 관제체계 구축을 추진하고 있다. 5G 지상기지국의 연결로 드론택시가 비행하다가 도시의 건물로 인한 음영지역 발생시 위성을 공중기지국화하여 안전한 교통관제를 실시하겠다는 구상이다. KT는 현대자동차와 컨소시엄을 구성하여 이를 추진하고 있고 현대자동차는 실물 UAM 컨셉트인 S-A1을 선보이고 26년도에 화물운송기, 28년에 드론택시를 상용화하겠다는 목표로 추진 중이다. 또한 KT는 LTE와 5G통신을 이용한 스카이십 플랫폼 연구를 진행 중인에 무인비행선과 드론, 로봇을 KT의 통신망과 연결하여 재난발생시에 활용하는 계획이다.

(a) 현대자동차 UAM기체 S-A1
(사진출처 : 저자 촬영)

(b) UAM시대
(사진출처 : 현대 Motor Group TEC 홈페이지 화면캡처)

그림 4.30 KT와 현대자동차의 UAM시대 준비

㈜LG유플러스도 파블로 항공과 제주항공, 영국 버티컬 에어로스페이스와의 UAM 개발을 위한 컨소시엄에 참여하고 있다. 또한 스마트 드론에 이동통신 및 원격제어 기능을 탑재하여 5G와 LTE통신을 통해서 비가시권 원격관제와 서버를 통하여 다중에게 실시간 영상전송 서비스를 제공한다. 22년에는 원거리 AI 화재감지기술로 불꽃과 연기 등을 감지, 화재발생여부에 대한 정확성을 높여서 방재시험연구원 검증을 통과함으로써 이전의 시설둘 안전진단, 국토조사 · 민생순찰, 농작물 모니터링 기반의 농약살포 분야에서 드론을 이용한 화재예방이라는 영역을 확대하였다.

이밖에 많은 기업들이 드론관련 하드웨어와 소프트웨어 분야의 기술을 발전시켜 드론 산업의 발전을 이룩하고자 노력하고 있다. 4차 산업혁명의 시대가 급변하기에 드론과 관련된 기술발전의 속도는 상상 그 이상의 속도이다. 무한경쟁의 드론시장에서 살아남기 위해서는 미래를 내다보는 국가의 정책방향, 이를 추진하는 정부 각부서의 통합적인 역할과 지원시스템, 밤낮없이 기술개발에 매진하여 실증을 통하여 이를 성공시키는 민간기업의 노력이 잘 조화되어야 할 것이다. 안전이 보장된 상태에서 도심의 도로 위를 멋지게 비행하는 드론택시와 적시에 필요한 물품을 쉴새없이 배달하는 드론의 모습을 상상해본다.

부 록

APPENDIX

드론 관련 용어
참고자료

드론 관련 용어

[숫자]

4 Force of Flight 기체에 작용하는 4가지 힘

추력(Thrust), 항력(Drag), 양력(Lift), 중력(Gravity) 또는 중량(Weight)

4K UHD(Ultra High Definition) 4K 초고해상도

가로 해상도가 4 kilo pixel(4kp)로 차세대 고화질 해상도를 지칭하는 용어

8K UHD(Ultra High Definition) 8K 초고해상도

디지털 텔레비전이나 디지털 영상 분야에서 가로 · 세로 7680×4320 해상도를 지원하는 디지털 비디오 포맷을 말하며, Full UHD(Full Ultra High Definition)라고도 부름

[A]

AA(Absolute Altitude) 절대고도(絕對高度)

지표면에서 항공기까지의 수직거리로 지면고도(AGL)로 표기

Acceleration Sensor 가속도 센서

기체의 평형을 유지하기 위한 보조 장치로 자이로센서와 함께 사용하며 중력가속도를 이용하여 기체가 기울어 지는 속도를 측정하는 센서

ActionCAM 액션캠

스포츠, 레저, 액션 등에서 사용되는 초소형 광각 캠코더 제품군을 이르는 용어로 고프로, 소니 액션캠 등이 가장 대표적인 제품

Actuator 액추에이터, 구동부

전기나 공압,유압 등과 같은 각종 신호 에너지를 이용하여 구체적인 동작(기계적 에너지)으로 변환하는 소자

ADIZ(Air Defence Identification Zone) 방공식별구역

땅이나 물 위에 위치하는 공역의 하나로, 국가 안보를 위해 민간항공기의 식별, 위치 찾기, 통제를 수행하는 구역

Advisory Airspace 조언공역

항공교통조언업무가 제공되도록 지정된 공역 또는 비행로

Aerodrome Control Tower 관제탑

비행장관제업무를 제공하기 위하여 설치된 시설

AGL(Above Ground Level) 지면고도

지면 위의 고도 또는 해수면으로부터 측정되는 해면고도와 달리 지표면 위로부터 측정된 고도로 절대 고도와 동일한 의미이고 통상적으로 "AGL 00피트"로 표현

Aileron 에일러론

보조 날개, 도움날개로 회전(Roll)운동을 조정

AIM(Aeronautical Information Management) 항공정보관리

항공 관련 정보를 전자형태로 생산관리·교환하여 항공정보의 안전성 · 신뢰성 · 효율성을 확보하는 체계

AIP(Aeronautical Information Publication) 항공정보간행물

항공항행에 필수적이고 영구적인 성격의 항공정보를 수록한 간행물

Air Navigation Aids 항행 안전시설

유선통신 · 무선통신 · 불빛 · 색채 또는 형상을 이용하여 항공기의 항험을 돕기 위한 시설

Air Traffic Control Service 항공교통관제업무

항공기 간의 충돌방지, 기동지역에서 항공기와 장애물 간의 충돌방지, 항공교통 흐름의 질서유지 및 촉진 등의 목적을 위하여 수행하는 비행장관제업무, 접근관제업무, ㅈ 역관제업무

Airfoil 에어포일

공력을 발생시키는 비행기의 날개를 수직으로 자른 단면을 말한다. 에어포일(airfoil), 날개골이라고도 함

Airspace 공역(空域)

공역이란 항공기의 비행에 적합하도록 통제에 의한 안전조치가 이루어지는 공중에 설정되는 구역

Airway 항공로

비행기가 비행해 나가는 방향이나 비행 고도를 결정하고, 안전하게 운항할 수 있도록 정해진 하늘의 길

AIS(Aeronautical Information Service) 항공정보업무

지정 관할 구역 내에서 항공항행의 안전, 질서 및 효율성을 위해 필요한 항공자료 및 항공정보를 제공하는 업무

Altimeter 고도계

주로 항공기 등에 탑재되어 지상으로부터의 고도를 측정하는 장치로 일반적으로 넓게 이용되고 있는 것은 기압을 계측해서 국제적으로 정해진 계산식에 근거해 고도를 표시

ASML(Above Mean Sea Level) 해발고도

해수면(MSL : Mean Sea Level)을 기준으로 한 높이로 일반적인 항공기의 고도

Angle of Incidence 붙임각

고정익 항공기는 시위선과 항공기 종축 사이의 각도이고, 회전익 헬리콥터와 드론은 회전면과 시위선 사이의 각도로 취부각이라 함.

Angular Velocity 각속도(角速度)

회전속도(rotational velocity)라고 하며 특정 축을 기준으로 각이 돌아가는 속력을 나타내는 벡터이다. 이 벡터의 크기를 각속력(angular speed) 또는 회전속력(rotational speed)이라 함.

AOA(Angel of Attack) 받음각

공기를 받는 각도라는 뜻으로 날개의 시위선(Chord Line)과 불어오는 합력 상대풍과의 사이각

AR(Augmented Reality) 증강현실(增强現實)

실세계에 3차원의 가상물체를 겹쳐서 보여주는 기술을 활용해 현실과 가상환경의 융합하는 복합·혼합형 가상현실

Arduino 아두이노

이탈리아어로 '친한 친구'라는 뜻으로 자바에 기반한 오픈소스를 통해서 만든 저비용 컴퓨터/서킷 기판

ARF(Almost Ready to Fly) 조립제품

'거의 비행할 준비가 됐다'를 의미하는 약자. 기체, 조종기 및 콘트롤로와 액세서리 등 모든 부품이 있는 제품으로서 조립을 해야하는 상품

ARFT(Assemble Required to Fly) 반 완제품

적절히 분해되어 부피가 최적화된 상태로 포장이 되어 있기 때문에 일련의 조립의 과정이 필요한 상품

ATM(Air Traffic Management) 항공교통관리

공중 및 지상기반 기능을 포함하여 모든 당사자와의 협력으로 시설 및 연속적인 업무의 제공을 통해 안전하고, 경제적이며 효율적인 항공교통업무(ATS), 공역관리(ASM) 및 항공교통흐름관리(ATFM)를 포함한 항공교통 및 공역의 동적이고 통합된 관리

Atti Mode 반자동 모드, 자세모드

드론조정 GPS수신 상태가 좋지 않을 경우에 적용하는 반자동 모드로 비행체는 "수평유지"보다는 "고도유지"를 우선하는 비행모드

Auto Hovering 자동 제자리비행 기능

조종자가 조정기에서 손을 떼도 자동으로 드론이 공중에 떠 있는 기능

Autonomous Flight 자율비행

GPS 시스템, 탐지 및 회피(Sense & Avoid) 등의 기능에 의해 스스로 주위환경(장애물, 항로 등)을 인식하고 판단하여 목적지까지 자동으로 비행하는 시스템

Auto Return 자동회귀

고홈(Go Home)으로 최초 이륙지점으로 돌아오는 기능(RTL : Return To Launch)

[B]

Balanced Battery Charging 배터리 발란스 충전

배터리의 셀(cell)들 사이의 전압차이를 상호 조종하면서 최대 용량까지 충전하는 것

Barometer Sensor 기압센서

압력을 측정하여 고도를 측정하는 센서

BEC(Battery Eliminator Circuit) 전압조절기

모터의 전원에서 5V를 분리해서 무선수신기의 전원으로 사용하는 등 전압을 분리시키고 일정하게 유지시켜 주는 장치

Bernoulli's Equation 베르누이 방정식

베르누이(Daniel Bernoulli, 1700~1782)가 1738년 그의 저서 "유체역학(Hydrodynamic)"에서 발표한 식으로 유체의 속도와 압력, 위치에너지 사이의 관계를 나타낸 식

Binding 연결

드론 장비에서 송신기(조종기)와 수신기(드론)를 무선 연결(pairing)하여 송신과 수신이 가능하도록 신호를 맞추는 작업

BNF(Bind and Fly) 반 완제품

조립제품(ARF : Almost Ready to Fly)과 유사한 개념으로서 부품들을 조립하여 조종기와 드론의 송·수신 신호를 무선연결(pairing)하면 드론 비행을 시작할 수 있는 제품

Board 보드

인쇄 회로기판(PCB : Printed Circuit Board)을 부르는 약어

Boundary Layer Separation 경계층 박리

공기흐름이 에어포일(Airfoil)로부터 떨어져나갈 때 발생하는 유체 흐름 현상

Brush Motor 브러시 모터

브러시가 있고, 고정자(stator)와 회전자(rotor)로 구성, 직류 전원을 사용하는 모터

Brushless Motor 브러시리스 모터

브러시가 없는 모터로 드론에 많이 사용하며 제어가 쉽고 거의 영구적으로 사용하는 모터

Build 빌드

드론 사용자들은 종종 자신이 만든 드론을 가리키는 명칭

[C]

Camber 캠버

시위선(chord)와 평균 캠버선(mean camber line)의 높이 차

Camera Gimbal 카메라 짐벌

카메라의 기울어짐을 보상하여 카메라의 수평을 유지해주는 장비

Cell 셀

리튬폴리머(LiPO) 배터리의 단위로, 1셀당 3.7V의 정격전압을 가지고 직렬로 연결하여 사용

CES(Consumer Electronics Show) 국제 가전제품 박람회

미국 가전협회(CEA : Consumer Electronics Association)가 주관해 미국 라스베가스에서 매년 열리는 세계 최대 규모의 가전제품 박람회

CF(Carbon Fiber) 탄소섬유

탄소가 주성분인 섬유로 강하고 가벼워 드론의 기체 프레임 등에 많이 사용되는 재료

CG(Center of Gravity) 무게중심

모든 물체가 기울어짐 없이 어느 한 점에서 균형을 이루어 주는 중심 부분

Channel 채널

드론이 움직일 수 있는 방향 수로 4채널은 상하, 좌우, 좌우회전, 전후방향으로 이동할 수 있다는 의미

CL(Course Lock) 코스락, 헤드리스모드

드론 앞방향이 틀어져도 조종자가 보는 방향으로 앞부분이 다시 세팅되어 조종이 되는 상태

Control Area 관제권

비행장과 그 주변의 공역으로 항공교통의 안전을 위하여 국토교통부장관에 의해 지정된 공역

Control Zone 관제구

지표면 또는 수면으로부터 200m 이상 높이의 공역으로서 항공교통의 안전을 위하여 국토교통부장관이 지정한 공역

[D]

Damper 댐퍼

고주파의 진동을 막기 위해 구동부와 카메라 짐벌(Gimbal) 사이에 장착하는 고무나 실리콘 등의 부품

DC Motor 직류 모터

직류 전류가 브러시(Brush)를 통하여 모터 회전축에 인가됨에 따라 모터가 회전하는 일반적인 모터

DGPS(Differential GPS)

코드에 의해 정확도가 낮아지는 위치 데이터를 최대한 보정하기 위한 방법의 하나로 정확한 위치 데이터를 파악하고 있는 기준국에서 위성에서 수신된 위치 데이터의 오류 부분을 알려주는 위치보정시스템

Dissymmetry of Lift 양력 불균형

로터 회전면에서 발생하는 양력이 균일하지 않고 불균형하게 발생하는 현상.

DIY(Do It Yourself) Drones 디아이와이 드론

각종 용품의 제작, 수리, 장식 등의 모든 작업과 절차를 제작자가 직접 수행하는 것

DJI 디제이아이

중국 관둥성 선전에 있는 드론 제조 기업으로 세계 취미용 드론시장의 70%를 차지

Dodeca 도데카

12개의 프롭으로 비행하는 드론

Downwash 하강기류

항공역학 작용에 의해 비행기의 날개 또는 헬리콥터 프로펠러 아래와 후방으로 내리 밀리는 공기흐름

Drag 항력(抗力)

물체가 유체 내를 움직일 때 이 움직임에 저항하는 힘으로 추력의 반대방향으로 작용하는 힘

Drone Flight Prohibited Area 드론 비행금지구역

드론 및 초경량 비행장치의 비행이 원칙적으로 금지되는 구역

DSM 무선주파수 방식

2.5GHz의 무선주파수를 이용하여 드론 등의 무선 송·수신에 사용하는 Spectrum사의 무선변조 방식

[E]

EMF(Earth Magnetic Field) Sensor Calibration 지자계 센서 캘리브레이션

지자계 센서를 수정하여 정확한 방향인식을 하도록 교정하는 작업

EMI(Electromagnetic Interference) 전자파 장애, 전자파 간섭

불필요한 전자기신호 또는 전자기잡음에 의해 희망하는 전자기신호의 수신이 장해를 받는 것

EO/IR(Electro-Optical InfraRed) 전자광학/열화상 센서

근적외선을 포함한 가시광선 영역의 파장대역의 빛을 이용하여 영상을 획득하는 센서. 특히, IR (InfraRed, 적외선)센서는 온도가 있는 물체에서 방출되는 적외선 파장영역인 3~5마이크로미터 또는 8~12마이크로미터의 적외선을 이용하여 영상을 획득하는 센서

ESC(Electronic Speed Controller) 전자 변속기

비행 컨트롤러와 모터사이에 위치해 모터의 속도를 조절하는 장치로 브러시리스 모터에는 반드시 필요한 장치

[F]

FAA(Federal Aviaton Administration) 미국 연방항공청

미국 교통부의 예하 항공 전문 기관으로 항공수송의 안전 유지를 담당

Failsafe 페일세이프

GPS가 설치된 FC 이용시 드론이 조종신호를 잃었거나, 외부통신교란 요인으로 기체와 조종기간 통신이 끊기거나 배터리다 없을 때 자동으로 홈 위치로 복귀하는 기능

FC(Flight Controller) 비행 컨트롤러, 비행제어기

기압계, 고도계 및 기타 센서를 이용해서 드론을 제어하는데 최적화된 Micro보드 컨트롤러

FCC(Flight Control Computer) 비행 조종 컴퓨터

비행기에 탑재되어 비행 상태에 따라 최적의 상태로 조종 신호를 만들어 유압 작동기에 보내는 장치

FHSS(Frequency Hopping Spread Spectrum) 주파수 호핑 확산 스펙트럼 방식

주파수 도약 방식으로 스펙트럼을 확산시켜야 할 신호의 반송파 주파수를 어떤 특정한 패턴에 따라 시간적으로 전환하여 시간평균으로 협대역 신호를 광대역 신호로 변환하는 방식

FIR(Flight Information Regon) 비행정보구역

국제 민간 항공 기구(ICAO)가 항공 교통 관제를 위해 각 나라가 담당하는 공역을 나눈 것

Firmware 펌웨어

컴퓨팅과 공학 분야에서 특정 하드웨어 장치에 포함된 소프트웨어로, 소프트웨어를 읽어 실행하거나 수정되는 것도 가능한 장치를 뜻한다. 하드소프트웨어라고도 함

Flap 플랩

항공기에서 가장 일반적으로 사용되는 고양력 장치(High Lift Devices)

Follow Me 팔로우 미

조종하지 않아도 피사체를 자동으로 따라오는 기능

FPS(Frame Per Second) 초당 프레임 수

필름의 화면이 바뀌는 속도를 초단위로 나타내는 말

FPV(First Person View) 1인칭 시점

무선조종(RC)비행기나 드론을 비행하며 영상을 고글을 통해 조종자의 관점에서 실시간으로 보면서 조종하는 기능

Full HD(Full High Definition)

HD(High Definition, 고화질)가 지원하는 최적의 해상도를 지칭할 때 쓰이는 용어로 1080p(1,920×1,080의 해상도)의 해상도

[G]

GCP(Ground Control Point) 지상기준점

직접 측량에 의해 위치값을 알 수 있는 기지점(旣知點)으로 교차로 모서리, 독립된 바위 등 식별이 용이한 지점을 선정

GCS(Ground Control Station)

드론을 지상에서 조종 및 운용하기 위한 통합솔루션으로서 비행조종, 임무계획, 영상처리 등의 기능들을 통합적으로 제공하는 장치

Geo-fence 지오펜스

실제의 지형 위에 구획된 가상의 반경(Virtual Perimeter)

Gimbal 짐벌, 수평유지장치

드론에 장착되어 기체가 기울어져도 카메라가 흔들림없이 바른 자세를 유지하면서 영상을 촬영하도록 도와주는 장치

GIS(Geographic Information System) 지리정보체계

지구상의 지점에 관련된 현상과 관계된 정보를 처리하는 것을 일컫는 것으로서, 지리정보를 컴퓨터 데이터로 변환하여 효율적으로 활용하기 위한 정보체계

GLONASS 글로나스

GPS에 대응하는 러시아의 위성 항법 체계(GNSS)

GNSS(Global Navigation Satellite System) 범지구위성항법시스템 또는 위성항법시스템

인공위성을 이용해 위치를 결정할 수 있게 하는 체계

GPS(Global Positioning System) 범지구 위치결정시스템, 위성측위체계

미국 국방부에서 개발되었으며 공식 명칭은 NAVSTAR GPS로 유도무기, 항법, 측량, 지도 제작, 측지, 시각 동기 등의 군용 및 민간용 목적으로 사용

GPS Mode 지피에스 모드

GPS를 기반으로 드론의 움직임이 제어되며, 바람이 부는 등 외부에서 물리적인 힘이 가해지더라도 그 위치를 그대로 유지시켜주는 드론 비행모드의 한 종류

Ground Effect 지면효과(地面效果)

기체가 지면 가까이에서 비행시 지면 때문에 기체가 받는 영향

Gyro Sensor 자이로 센서

가속도를 측정하는 가속도 센서와 달리 각속도를 측정하는 센서로 각속도는 3차원 공간에서 x축, y축, z축으로 시간당 회전하는 각의 속도를 의미

[H]

HD(High Definition) 고화질

SD보다 뛰어난 해상도를 가지고 디지털 방송에 쓰이는 영상 기술

HDMI(High Definition Multimedia Interface) 고선명 멀티미디어 인터페이스
비압축 방식의 디지털 비디오/오디오 인터페이스 규격의 하나

Headless Mode 헤드리스 모드, 조종자 기준 모드
기체가 어디를 향하고 있든 상관없이 조종자 기준으로 방향을 조할 수 있는 기능

Helicam 헬리캠
헬리콥터(helicopter)와 카메라(camera)의 합성어

Hertz 헤르츠
SI 단위계의 주파수 단위로 파의 주기(cycle)적 현상의 매 1초당 주파수

HMD(Head Mounted Display) 헤드 마운트 디스플레이
머리에 착용하여 3차원적인 느낌을 만들어내는 입체영상 안경 또는 헬멧 모니터 장치

Hopping 호핑
주변 환경의 영향을 받지 않고 동일 주파수 대역에서 간섭이나 잡파를 스스로 회피하여 수신되는 방식

Hypersonic 극초음속(極超音速) 마하 5 이상의 음속

[I]

ICAO(International Civil Aviation Organization) 국제민간항공기구

IGS(Inertial Guidance System) 관성 유도장치(慣性誘導裝置)
일반적으로 잠수함이나 미사일과 같은 운항체(運行體)의 위치와 가속도를 감지해서 기지(基地)와 교신할 필요 없이 항해 자료를 제공하거나 운항체를 제어하는 전자장치

IMU(Inertial Measurement Unit) 관성 측정장치
이동 물체의 속도와 방향, 중력, 가속도를 측정하는 장치로 IMU의 기본구성요소는 3차원 공간에서 자유로운 움직임을 측정하는 자이로스코프(gyroscope), 가속도계, 지자계 센서

INS(Inertial Navigation System) 관성 항법장치
GPS가 일시적으로 작동하지 않을 경우 동체의 속도와 모션 센서를 사용하여 기체의 위치를 파악하는

시스템

ISA(International Standard Atmosphere) 국제표준대기

ITU(International Telecommunication Union) 국제전기통신협회

Inverted Flight 배면 비행(背面飛行), 뒤집기 비행
드론이 윗면을 아래로 향하고 비행하는 것

IR(Infrared) 적외선(赤外線)
0.7(0.75)μm~1mm(1,000μm) 파장대역으로 가시광선과 레이더 · 신 파장영역 사이에 존재하는 전자파

ISM(Industrial–Scientific–Medical) Band 산업 · 과학 · 의료용 전파, 비허가 주파수 대역
산업 · 의료 · 과학 등의 분야에서 사전허가 없이 세계 공통적으로 사용할 수 있는 주파수 대역

[J]

Jello Effect 젤로현상
고주파 진동으로 카메라를 좌우로 움직이면 젤리처럼 영상이 출렁거리며 보이는 현상

Jet Stream 제트기류
대류권계면에서 평균 65km/h인 강한 공기의 흐름이며, 공기 밀도의 차이가 가장 큰 겨울철에 풍속도 매우 강함.

[K]

Keel Effect 킬 효과
항공기의 종축(Longitudinal Axis)이 상대풍(Relative Wind)쪽으로 선회하려는 경향

Kp–Index 케이 지수, 지자기 교란 지수
지자계 교란수치를 나타내는 0~9단계 지표로 지자기의 교란 정도를 나타내며 국내에서는 국립전파연구원 우주전파센터(www.spaceweather.go.kr)에서 확인 가능함

Kv 케이브

볼트당 회전수로 모터의 속도 상수

[L]

Landing Skid 랜딩스키드

헬기나 드론의 기체의 하단 부분으로서 이·착륙 시 충격으로부터 기체를 보호해주는 장치

Launcher 발사대

레일 위에 장착시킨 드론을 끌어당겨 사출시키거나 무인항공기에 로켓부스터를 부착하여 로켓 추진력으로 이륙시키는 장치

Library 라이브러리

아두이노 스케치에서 참조하는 지원코드이고 이를 사용하면 스케치 프로그램을 상대적으로 간단하게 유지할 수 있음

LiDAR(Light Detection And Ranging) 라이다, 레이저 레이다

레이저 펄스를 쏘고 반사되어 돌아오는 시간을 측정하여 반사체의 위치좌표를 측정하는 레이다 시스템

Li-Fi 라이파이

Li-Fi는 Light Fidelity의 줄임말. 발광 다이오드(LED)의 가시광선 빛을 이용한 5세대 이동통신기술로서 빛에 정보를 실어 스마트폰 등의 송·수신기 간에 데이터를 송·수신

Li-Fi는 Wi-Fi보다 1만 배 넓은 대역폭이며 속도는 Wi-Fi의 100배, LTE-A보다 66배 빠름

Lift 양력(揚力)

물체 주위에 유체가 흐를 때 물체의 표면에서 유체의 흐름에 대하여 수직 방향으로 발행하는 역학적 힘

LiPO Alram 리포알람

리포 배터리의 잔량이 부족할 때 소리나 램프로 수치를 표기해주며 기체에 장착시켜서 배터리 양을 알 수 있게 해주는 장치

LiPO Battery 리튬폴리머 배터리

로봇 및 RC 분야에서 사용되는 재충전 가능한 배터리

LOS(Line of Sight) 통신 가시선

관측자가 눈으로 확인할 수 있는 물체의 직선거리

(M)

Mach Number 마하 수

마하 수(M)는 비행속도(V)에 대한 음속(a)의 비(比)로 정의된다. 마하 1은 공기 중에서의 음속인 시속 약 1,200km

Magnetic North 자북(磁北)

나침판의 자침이 가리키는 북쪽 방향

Magnus Effect 마그누스 효과

유체(액체 또는 기체)속에서 회전하며 운동하는 물체에 유체와의 사이에 상대속도가 존재할 때 물체의 속도에 수직인 방향으로 물체에 힘이 발생하는 현상

mAh 밀리암페어시

배터리의 용량을 뜻하며 1000mAh 배터리는 1암페어(A)의 부하를 1시간 동안 견딜 수 있는 용량

Mannual Mode 수동모드

수동으로 사용자가 모든 것을 조종해야 하는 모드

MCU(Micro Controller Unit) 엠씨유, 마이크로 컨트롤러

비행컨트롤러(FC)에 내장되어 특정 시스템을 제어하기 위한 전용 프로세서, 컴퓨터의 CPU에 해당

MEA(Minimum En-route Altitude) 최저 항공로 고도

관련 항행과 항공교통업무(ATS) 통신시설의 적절한 수신을 제공하고, 공역 구조에 부합되면서 필요 장애물 회피기준을 제공하는 항공로 비행단계를 위한 고도

Memory Effect 메모리 효과

배터리가 자신의 사용 패턴을 기억한다는 의미로 방전이 충분하지 않은 상태에서 재충전을 계속 반복하다보면 배터리의 실질 용량이 감소하는 현상이 발생

MEMS(Microelectromechanical systems) 멤스, 미세전자기계시스템

나노기술을 이용해 반도체를 만드는 공정과 비슷하게 눈으로 보이지 않은 아주 작은 단계에서 전기소자적인 작용과 기계적인 작용을 동시에 하게 만든 극초소형 시스템으로 '나노머신'이란 용어로 쓰임

Micrometer 마이크로미터

백만분의 1미터(m)(1×10^{-6}m)에 해당하는 길이의 단위

MIMO(Multiple Input Multiple Output) 미모

무선통신 용량을 높이기 위한 스마트 안테나 기술로 기지국과 단말기에 여러 안테나를 사용하여, 사용된 안테나수에 비례하여 용량을 높이는 기술

Mission Planner 미션플래너

3DR에서 후원하는 아두이노보드(APM) 포럼에서 제작된 무인 항공기, 자동차, 보트 등을 원격조정하기 위한 오픈소스 소프트웨어

Multicopter 멀티콥터

일반적으로 3개 이상 모터 및 프로펠러를 가진 비행체를 일컬음.

Multtiwi 멀티위

오픈 소스를 통해 모든 취미 드론 사용자들이 복잡한 자이로스코프를 닌텐도 위(Will) 컨트롤러를 통해 사용할 수 있도록 한 소프트웨어 프로젝트를 뜻하며, 아두이노를 사용해 센서를 제어하는 시스템을 의미

[N]

NASA(National Aeronautics and Space Administration) 나사, 미국 항공우주국

우주 계획 및 항공 연구 등을 수행하고 있는 미국의 항공우주관련 국가기관

NAZA 나자

DJI에서 만든 비행 컨트롤러(FC)의 종류

NDVI(Normalized Difference Vegetation Index) 정규 식생지수

식생지수는 단위가 없는 복사값으로서, 녹색식물의 상대적 분포량과 활동성, 엽면적 지수, 엽록소 함량, 엽량 및 광합성 흡수복사량 등과 관련된 지표로 사용

NoCon(No Control) 노콘, 조정 불능상태

원어는 조정 불능(Out of Control)이다. 기체와 조종기 사이의 신호에 문제가 생겨 조종자가 의도하지 않은 기체동작이 발생하는 현상

NOTAM 항공고시보

항공시설, 서비스, 절차 또는 장애의 신설, 상태 또는 그 변경에 관한 정보를 수록하고 있는 공고문을 무선통신에 의하여 배포하는 고시보

[O]

On-line Real Time Processing System 온라인 실시간 처리시스템

데이터가 발생하면 데이터를 즉시 컴퓨터에 전달하여 처리하는 방식의 시스템

Open Source H/W and S/W 오픈 소스 하드웨어와 소프트웨어

코드와 전기 도면이 자유롭게 공유되어 있고 누구나 자유롭게 수정하거나 재생산할 수 있는 전자 프로젝트

OSD(On Screen Display) 스크린 디스플레이, 비행정보 확인장치

드론의 배터리 전압(잔량)이나, 기체의 기울기(자세), 방위, 출발위치의 방향과 거리고도, 속도 등의 정보를 화면에 표시해 주는 장치

Outrunner 아웃러너

일명 통돌이 모터로서 모터의 외부 케이스와 전자석이 중심 축 주위를 회전하는 모터

[P]

PA(Prohibited Area) 비행금지구역

안전 · 국방 및 그 밖의 이유로 항공기의 비행을 금지하는 육지 또는 영해 상공에 설정된 일정범위의 공역

Parrot 패롯

프랑스의 드론제조업체로 패롯, 비밥드론, 디스코 드론 등 드론의 선구자 역할을 한 업체

PAV(Personal Air Vehicle) 퍼스널 에어 비히클

UAM 체계 내에서 교통수단으로 이용되는 개인 비행체를 의미한다.

Payload 유상하중

드론이 싣고 이동 가능한 물체의 중량

PCB(Printed Circuit Board) 인쇄 회로 기판

전도성 물질로 쌓여진 복합 보드

PTP(Picture Transfer Protocol) 사진 전송 프로토콜

PID(Proportional, Integral, Derivative) 비례, 적분, 미분

PIR Sensor(Passive Infrared Sensor) 동작감지센서

온도의 미묘한 변화를 감지하여 동작을 감지하는 적외선 센서

Pixel 픽셀

가장 작은 화면 구성요소이며 이미지를 구성하는 가장 작은 단위

POI(Point Of Interest) 관심지점 회전비행

중앙에 있는 피사체를 중심으로 원을 그리며 공중에서 회전하며 촬영하는 기능

Propeller Guard 프로펠러 가드

드론이 충돌하거나 추락할 경우 프로펠러의 손상을 막고 사람이 부상당하지 않도록 하기 위해 프로펠러에 부착하는 액세서리

PWM(Pulse Width Modulation) 펄스폭 변조

프로세서의 디지털 출력으로 아날로그 회로를 제어하는 강력한 기법으로 계측과 통신에서 전력제어와 전력 변환에 이르기까지 광범위한 영역에서 사용되고 있다. PWM은 아날로그 신호를 디지털화(On, Off)하여 인코딩하는 방법

[Q]

QGroundControl 비행경로 설정 소프트웨어

소형 무인 항공기, 자동차, 보트 등을 원격조정하기 위한 오픈소스 소프트웨어

QHD(Quad High Definition, Quad HD) 큐에이치디

해상도 2,560×1,440 이상의 픽셀 수를 지원하는 디스플레이 규격으로 기존 일반 고선명(HD)보다 약 4배, Full HD규격보다 약 2배 선명한 화질을 제공

Quadcopter 쿼드콥터

4개의 프로펠러와 모터가 4변형에 설치된 소형 비행체. 4개의 로터를 가진 드론을 의미

[R]

RA(restricted Area) 비행 제한구역

항공사격 · 대공사격 등으로 인한 위험으로부터 항공기의 안전을 보호하거나 그 밖의 이유로 비행허가를 받지 않은 항공기의 비행을 제한하는 육지 또는 영해 상공에 설정된 공역

Radio Navigation Service 무선 항행업무

하나 이상의 무선항행안전시설을 이용하여 항공기가 안전하고 효율적으로 운항할 수 있도록 유도정보나 위치자료를 제공하는 업무

R/C(Radio Control) 무선조종

무선에 의해 원격 조작하는 것

RC(Radio Controlled) 무선제어

일반적으로는 사물을 무선을 제어하는 모든 행위

R/C(Radio Controller) System 무선조종체계

컨트롤러와 리시버로 구성된 제어 시스템

RealSense 리얼센스

카메라를 통해 물체 및 사람의 움직임을 인식하는 인텔의 카메라 센싱기술

Relative Wind 상대 기류

비행방향(flight path)과 평행하지만 방향은 정반대인 공기의 흐름

RFID(Radio Frequency Identification) 전파식별

전파식별, 라디오 주파수 식별 관리할 대상 사물에 태그를 부착하고 전파를 이용하여 사물 및 주변 상황정보를 감지하고 필요한 정보를 수집, 저장, 가공 축적함으로써 사물에 대한 측위, 원격처리 관리, 사물간 정보 교환 등 다양한 서비스를 제공하는 시스템

RPA(Remotely Piloted Aircraft) 원격조종항공기

조종사가 탑승하지 않은 상태에서 원격조종 또는 탑재 컴퓨터 프로그래밍에 따라 비행이 가능한 항공기

RPM(Revolutions Per Minute) 분당 회전수

1분당 회전수로 모든 회전체의 회전수를 나타낼 때 쓰는 단위

RPV(Remotely Piloted Vehicle) 원격조종기

지상에서 무선에 의해 원격 조작되는 운항체

RTF(Ready To Fly) 완제품

박스에서 꺼내 바로 비행할 수 있는 상태의 드론을 뜻하며 RTF 제품은 조종기와 드론이 모두 완제품으로 배달되는 제품

RTH(Return To Home) 리턴 투 홈

이륙 후 거쳤던 지점을 따라서 다시 출발지점으로 돌아오도록 하는 비행 모드

RTK(Real Time Kinematic) 실시간 이동측위

정밀한 위치정보를 가지고 있는 기준국의 반송파 위상에 대한 보정치를 이용하여 이동국(rover)에서 실시간으로 1~2cm 정확도의 측위결과를 얻는 일련의 측량 과정

RTL(Return To Launch) 리턴 투 라운치

이륙 지점으로 돌아와 착륙하도록 하는 비행 모드로 DJI기체 RTH(Return To Home)와 같은 의미이다.

Rx 수신기

수신기(Receiver)의 약어

[S]

SA(Selective Availability) 선택적 유용성

미국 국방부에서 군사용으로 개발한 위성 위치 확인 시스템(GPS) 위성을, 민간용으로 전환하면서 민간용 단말기에서 정확한 위치 데이터 파악이 어렵도록 위성에서 암호화된 에러 코드를 함께 송출하도록 한 것

Safety Management System 안전관리시스템

SBAS((Satellite Based Augmentation System) 위성기반 오차보정시스템

추가적인 위성방송메시지를 사용해서 광범위한 지역 또는 지역적인 보강으로 GPS 오차를 보정하는 시스템

Sense and Avoid 감지 및 회피

드론에 탑재된 각종 센서들을 이용해 장애물을 탐지(Sense)하고 충돌 위험이 있다고 판단될 경우 스스로 이를 회피(Avoid)하는 기술

Servo 서보

서보는 "추종한다" 혹은 "따른다"라는 의미로서 명령을 따르는 모터를 '서보모터'라고 함.

Smart Battery 스마트배터리

인텔리전트 배터리라고도 하며 DJI사의 팬텀/인스파이 등에 사용되는 배터리, 과충전 방지, 배터리 방전관리 등 다양한 기능의 배터리

SONAR(Sound Navigation And Ranging) 소나, 수중 음파탐지기

물속의 소리를 들을 수 있게 해주는 장치

Sonic Boom 소닉 붐

마하1을 넘는 속도로 비행하면 압력파와 충돌한다. 이때 비행체는 엄청난 충격을 받게 되고, 큰 폭발음이 발생하는데 이를 '소닉붐(sonic boom)'으로 칭함

Spread Spectrum 대역확산

전송하고자 하는 정보를 필요한 대역폭에 비해 훨씬 넓은 대역폭으로 신호를 송신하고 수신기에서는 원래의 정보 대역폭으로 수신된 신호를 복원하는 방식. 이 협대역 신호와 광대역 신호간의 변·복조 기술

Stall 실속(失速)

날개의 윗면을 흐르는 공기가 표면으로부터 박리되어 일어나는 현상

Stalling Angle 실속각(失速角)

실속이 일어나는 받음각(Angle of Attack, 영각)

Standard Pressure 표준기압

표준대기의 기압으로 760mmHg는 1013.25hPa, 즉 1기압에 해당

Standoffs 스탠드오프

인쇄 회로 기판(PCB)을 사용할 때 다른 접착면과 공간을 만들고 지지하기 위해 사용되는 금속 또는 플라스틱

Streaming 스트리밍

인터넷에서 음성이나 영상, 애니메이션 등을 실시간으로 재생하는 기법으로 파일의 일부만 실시간으로 전송하여 주는 것

[T]

TA(True Altitude) 진고도

평균해수면(MSL : Mean Sea Level)을 기준으로 하는 고도

TCAS(Traffic alert and Collision Avoidance System) 공중충돌방지장치

항공기간 전파를 주고 받으며 거리, 고도 및 방위정보를 분석하여 조종사에게 주위에 다른 항공기가 있다는 정보를 제공하는 장치

Telemetry 텔레메트리, 원격측정

원격 체계에서 전달되는 데이터를 뜻하는 단어로 대개 속도와 고도, 배터리 잔량 등의 정보를 포함

Thrust 추력

비행기의 엔진에서 발생되는 힘으로서, 비행기를 앞으로 전진시키는 역할을 한다. 즉, 비행기를 앞으로 나아가게 하는 힘

Tilting 틸팅

카메라를 위아래(상 · 하)로 움직이면서 촬영하는 방법

Torque 토크

물체에 작용하여 물체를 회전시키는 원인이 되는 물리량으로서, 비틀림 모멘트

Torque Action 토크 작용

블레이드는 시계반대방향으로 회전하기 때문에 동체는 뉴턴의 제3법칙인 작용과 반작용의 법칙에 의해 헬리콥터의 동체는 회전익블레이드 회전방향에 반대로 회전하려는 경향, 즉 시계방향으로 돌아가려고 하는데 이 현상을 토크(Torque)작용이라 함

Torr 토르

압력의 단위로 1mm의 수은주 압력에 해당한다. 즉 1 Torr = 1mmHg

Track 항적(航跡), 트랙

지구표면상에 투영된 항공기 통행로

Traffic Avoidance Advice 교통 회피 조언

충돌회피를 위하여 항공교통업무시설이 조종사에게 특정기동을 하도록 하는 조언

Tx(Transmitter) 송신기

송신기(Transmitter)의 약어

Trimming 트리밍 미세조정

조종기 캘리브레이션시 드론이 한쪽으로 움직일 시 미세하게 조정하여 영점을 맞추는 과정

[U]

UAM(Urban Air Mobility) 도심항공 모빌리티

하늘을 이동통로로 활용하는 미래의 도시 교통 체계

UAS(Unmanned Aerial System) 무인항공체계

군용 무인항공기 운용에서 유래한 단어로 무인기 비행을 위한 탑재 장비, 관제소, 지상지원, 통신장비 등으로 구성된 기반시설까지 포함한 개념으로 미군들이 주로 사용하는 무인기 용어

UAV(Unmanned Aerial Vehicle) 무인기, 무인항공기

항공용 드론의 또 다른 명칭이다. 원격으로 조종되는 모든 형태의 무인기

Ultra Light Flying Equipment 초경량 비행장치

Ultrasonic Sensor 초음파 센서

사람의 가청 주파수 밖의 소리인 20KHz 이상의 음향에너지 발생 및 검출을 위해 압전의 부(-)효과(송신)와 정(+)(수신)를 이용한 센서

UTM(Unmanned aerial system Traffic Management) 저고도 무인항공기 교통관리

150m 이하 상공을 비행하는 공공 및 민간 무인비행장치가 안전하고 효율적으로 운용될 수 있도록 관리와 연구·개발하는 사업

[V]

Vegas 베가스

전문가나 가능했던 영상편집을 일반인도 사용할 수 있도록 소니에서 만든 동영상 편집 소프트웨어

Vegetation Index 식생지수

다중 분광 영상자료를 이용하여 각 파장대에 따른 반사특성에 기초를 두고 분광대 간의 특성을 조합하여 식생의 밀집도를 구하는 식

Vision Positioning 비전 포지셔닝

기체 하단부에 달린 초음파센서와 카메라로 바닥의 이미지패턴을 감지해서 안정적으로 제자리를 유지할 수 있는 기능

Visual Flight 시계비행

기상상태가 양호한 경우 계기비행 방식에 의하지 아니하고 시각으로 비행하는 것

VLOS(Visual Line Of Sight) 시야거리, 시계 가시 영역

항공기가 항행할 때의 가시거리 및 구름 상황을 고려하여 국토교통부령으로 정하는 시계상 양호한 기상상태

Vortex 와류, 소용돌이

비행기의 날개 끝 위에 흩어지는 공기는 난류의 소용돌이 형태로 회전한다. 회오리바람은 강력한 와류의 형태

VR(Virtual Reality) 가상현실

컴퓨터 등을 사용한 인공적인 기술로 만들어낸 실제와 유사하지만 실제가 아닌 어떤 특정한 환경이나 상황 혹은 그 기술 자체를 의미

VRX(Video Receiver) 비디오 수신기

드론의 비디오 송신기로부터 비디오신호를 수신하여, 1인칭 시점(FPV : First Person View) 고글 또는 드론 조정기의 화면이나 스마트폰 화면 및 태블릿 등에 실시간으로 영상을 표시하는 장치

V-Tail Copter 브이(V)자형 꼬리 멀티콥터

VTOL(Vertical takeoff and landing) 브이 톨

헬리콥터처럼 수직으로 이착륙하고 수평으로 나는 비행기 또는 장치를 말한다. 전기적인 동력을 이용하는 것은 e_VOLT(Electric Vertical takeoff and landing)라 한다.

VTX(Video Transmitter) 비디오 송신기

드론 카메라의 영상을 송신하는 역할을 하는 장치

[W]

Waypoint 웨이포인트, 경로점, 항공로점

중간지점, 즉 미리 지정된 일련이 장소를 뜻한다. 드론이 중간 중간 설정된 웨이포인트를 지나도록 지정하면 경로를 따라 자동 비행이 가능한 기능.

Wi-Fi 와이파이, 무선 랜

Wi-Fi는 Wireless Fidelity의 준말. 와이파이 얼라이언스(Wi-Fi Alliance)의 상표명으로 무선 랜 연결과 장치 간 연결 등을 지원하는 일련의 기술.

Wobbling Effect 워블링 현상

저주파 진동 등으로 진동이 심한 물체 위에는 카메라를 고정하더라도 이미지가 춤추듯이 왜곡되는 현상

[Y]

Y4 Copter 와이4 멀티콥터

트라이 콥터(Tri-Copter)와 비슷하게 생겼지만 꼬리쪽 로터를 하나 더 추가하여 꼬리 프로펠러의 반발력을 상쇄시키는 구조

[Z]

ZigBee 지그비

저속 전송속도를 갖는 홈오토메이션 및 데이터 네트워크를 위한 표준기술. Bluetooth의 고가격, 고전력 소비의 단점을 보완한 기술

참고서적

『무인멀티콥터 드론 조종자 교과서』, 오인선 · 강창구, 2018, 복두출판사
『드론 용어사전』, 이강원 · 손호웅, 2016, 구미서관
『그때는 거북선 이제는 로봇』, 이원승, 2010, 시대고시기획
『항공기상』, 이강희 편저, 2015, 비행연구원
『날아라 드론』, TAKAHASHI TAKAO, 2017, ㈜골든벨
『기초 항공과학과 RC, 드론』, 이재우, 2015, 제이앤씨
『초경량비행장치 조종자 자격과정』, 고양무인항공기교육원, 2016, 알씨디에이치
『헬리콥터 역학과 비행』, 이강희 · 최연철 편저, 2016, 비행연구원
『무인비행장치 운용 이론 및 필기시험』, 박장환 · 류영기, 2017, ㈜골든벨
『무인멀티콥터 드론요점&필기시험』, 류영기 · 박장환, 2017, ㈜골든벨
『드론의 기술』, 최준호, 2017, 홍릉과학출판사
『Drone in 드론』, 장문기, 2017, 호영
『드론학 개론』, 민진규, 박재희 공저, 2018, ㈜세종홍익
『드론 정비개론』, 김영준 · 유지창 · 장선호 · 최명수 공저, 2018, 성안당
『드론 무인멀티콥터』, 서일수 · 장경석 공저, 2018, 시대고시기획
『한권으로 파이썬과 드론 날로먹기』, 이현종 · 박재일 저, 2020, ㈜잇플ITPLE
『픽스호크 드론의 정석』, 공현철 · 한기남 · 김지연 · 서동훈 공저, 2020, 성안당

참고발표자료

『창조국방과 드론의 군사적 운용모색』, 상명대학교 안보통일연구소 주관, 2016
『프래그십 프로젝트 2016년 추진과제 성과공유회의』, 한국과학기술기획평가원 주관, 2017
『무인항공기 기술의 현주소와 추진전략 세미나』, 한국전자통신연구원 주관, 2017
『드론산업 발전계획』 정부합동 발표자료, 2017
『미래 전장을 선도하기 위한 드론봇 전투발전 컨퍼런스』 육군교육사령부, 2018
『혁신성장동력 드론산업 활성화 방안』, 한국인지과학산업협회, 2018
『중소기업 기술로드맵』 중소벤처기업부, 중소기업정보진흥원, 2018
『2018 대한민국 스마트 국방 · 드론산업대전 발표자료』 국방부 · 교육부 · 경상북도 · 구미시 등, 2018
『국방기술 민수사업화 기술이전 설명회 자료』 국방과학연구소, 2018
『드론안전 정책토론회 자료』 한국교통안전공단, 2018

『초경량비행장치 조종교관교관과정』 한국교통안전공단 항공교육센터, 2018
『드론 기술현황 및 기술경쟁력 분석』 산은조사 월보 제733호, 이성엽, 2016
『드론 무선통신 기술 개발 동향』 한국전자통신연구원 책임연구원 전황수, 2017
『미국의 군사용 무인항공기 진화적 개발 사례분석』 김재우, 심상렬, 2020
『드론산업육성정책 2.0』 국토교통부, 2020
『드론산업경쟁력 강화방안』 국토교통부 등 관계부처 합동, 2021
『안티드론』 한국과학기술기획평가원 책임연구원 최진철, 임승혁, 2021
『실시간 리눅스 기반 드론시스템 소프트웨어 연구』 황인중 · 신동군 등, 2016
『LTE 기반의 다중 드론 통신 시스템에 관한 연구』 이승엽, ㈜호그린에어, 2018
『드론 무선통신의 개요 및 이슈』 손성화 · 강진혁 · 박경준, 2016
『무인기 군집 비행 보안위협 및 보안요구사항 연구』 김만식 · 강정호 · 전문석, 2017

참고 웹사이트

Wikipedia.org; the free encyclopedia
박장환의 무인항공기 센터 (www.uavcenter.com)
[네이버 지식백과]
[두산 백과사전]
[나무위키]
[위키백과]
[다음 백과사전]
한국교통안전공단 홈페이지
항공교육훈련포탈 홈페이지
한국교통안전공단 배움터 홈페이지
관련 공공기관 홈페이지(국토교통부, 정보통신정책연구원, 정보통신산업진흥원, 교육부, 산업통산자원부 등)
항공안전법, 항공안전법 시행령, 항공안전법 시행규칙
전문용어사전(정보통신용어사전, 국립국어원, 시사용어집 등)
기타 : 항공, 드론, 기상 관련 홈페이지 및 개인 블러그(해외, 국내), 드론관련 업체 대표 홈페이지

저자 소개

저자 강창구

現 인하공업전문대학 공간정보빅데이터과 겸임교수
現 한양사이버대학교 드론 강사
現 (주)도일 기술연구소 기술이사
現 무인멀티콥터 지도조종자
前 ㈜숨비 항공교육원 원장, 항공제조운항 본부장
前 육군종합행정학교 교수부장(예비역 육군 준장)
著書 무인멀티콥터 드론 조종자 교과서(2018)
4차산업 드론의 바다에 빠지다(2020)

저자 신정호

現 인하공업전문대학 메카트로닉스과 교수
現 공공기관 동반성장 평가위원
現 대한로봇축구협회 이사
前 인하공업전문대학 산학협력단장
前 (사)한국창업보육협회 이사
前 기후대학교 전임강사

저자 오인선

現 ㈜숨비 대표이사
現 NAUI COURSE DIRECTOR
現 인천광역시 4차산업혁명 위원
現 (사)한국인지과학산업협회 전문위원
現 무인멀티콥터 지도조종자
著書 무인멀티콥터 드론 조종자 교과서(2018)

저자 김기원

現 동강대학교 드론과 교수
現 무인항공기 지도조종자(한국모형항공협회)
現 NCS소형무인기 학습모듈 개발위원
現 전라남도 정보문화산업진흥원 드론 자문위원
現 광주광역시 4차산업형명 드론 TF 위원
前 전라남도 지역전략사업(드론) 추진단 위원

AN INTRODUCTION TO DRONE

드론학 개론

2023년 3월 2일　　4판 1쇄 발행

저자　강창구, 신정호, 오인선, 김기원
발행인　송광헌
편집　한승희
표지　최지혜

펴낸곳　복두출판사
출판등록 | 1993년 11월 22일 제10-902호
주소 | 서울 영등포구 경인로82길 3-4 807호(문래동 센터플러스)
전화번호 | 02-2164-2580 팩스 | 02-2164-2584
이메일 | info@bogdoo.co.kr
홈페이지 | www.bogdoo.co.kr

ISBN 979-11-6675-257-5　13550

값 30,000원